土木工程材料

俞家欢 杨千葶 主 编

清华大学出版社
北 京

内 容 简 介

本书主要内容包括土木工程材料的基本性质、砌筑材料、石材、无机气硬性胶凝材料、水泥、功能混凝土、砂浆、建筑钢材、沥青材料、合成高分子材料、木材、其他工程材料和土木工程试验等。全书以介绍材料的种类、技术性质和基本应用为主线，内容力求全面新颖，部分章节内容反映了该领域土木工程材料的发展动态。本书既可作为高等学校土木工程及其相关专业本科生的教材，也可供从事土木工程设计、施工、科研及管理等工作的人员参考。

本书封面贴有清华大学出版社防伪标签，无标签者不得销售。
版权所有，侵权必究。举报：010-62782989，beiqinquan@tup.tsinghua.edu.cn。

图书在版编目(CIP)数据

土木工程材料/俞家欢，杨千荨主编. —北京：清华大学出版社，2021.1（2024.2重印）
ISBN 978-7-302-57015-8

Ⅰ. ①土… Ⅱ. ①俞… ②杨… Ⅲ. ①土木工程—建筑材料—高等学校—教材 Ⅳ. ①TU5

中国版本图书馆 CIP 数据核字(2020)第 238041 号

责任编辑：石　伟
封面设计：刘孝琼
责任校对：王明明
责任印制：宋　林

出版发行：清华大学出版社
网　　址：https://www.tup.com.cn，https://www.wqxuetang.com
地　　址：北京清华大学学研大厦A座　　邮　编：100084
社 总 机：010-83470000　　邮　购：010-62786544
投稿与读者服务：010-62776969，c-service@tup.tsinghua.edu.cn
质量反馈：010-62772015，zhiliang@tup.tsinghua.edu.cn
课件下载：http://www.tup.com.cn，010-62791865

印 装 者：北京鑫海金澳胶印有限公司
经　　销：全国新华书店
开　　本：185mm×260mm　　印　张：20　　字　数：483千字
版　　次：2021年1月第1版　　印　次：2024年2月第2次印刷
定　　价：59.00元

产品编号：087556-01

前　　言

"土木工程材料"是土木工程专业一门重要的专业基础课程，该课程是后续专业课程的基础。了解和掌握土木工程材料的种类、技术性质、基本应用以及合理选择土木工程材料的方法是本课程学习的目的。

本书根据土木工程领域技术发展和人才培养的需求，与时俱进地更新和充实了传统土木工程材料教科书的架构和内容，使之更适合现代社会的知识需求和教学要求。本书依据高等学校土木工程专业指导委员会制定的"土木工程材料"课程教学大纲的要求编写，突出内容的全面性和实用性，主要内容包括土木工程材料的基本性质、砌筑材料、石材、无机气硬性胶凝材料、水泥、功能混凝土、砂浆、建筑钢材、沥青材料、合成高分子材料、木材、其他工程材料和土木工程试验等。

本书具有如下特点。

(1) 以介绍材料的种类、技术性质和基本应用为主线，内容力求全面，适用于土木工程各个专业方向。

(2) 内容力求新颖，涉及的技术规范和标准均为最新标准，部分章节内容反映了该领域土木工程材料的发展动态。

(3) 每章后附有复习思考题，有利于对每章内容的总结和学习巩固。

本书由沈阳建筑大学俞家欢、杨千荦主编，各章具体编写分工为：第1章、第6章、第7章由沈阳建筑大学洪丹丹编写；第2章、第8章、第12章由沈阳建筑大学杨普少编写；第3章、第9章、第13章由沈阳建筑大学张浩、高扬编写；第4章、第5章、第10章、第11章由沈阳建筑大学杨东方编写。全书由俞家欢统稿，由杨千荦校稿。

本书编写过程中参考了许多专家学者的相关著作，以及多个院校的教材及其他文献资料，主要的资料已经列入参考文献，在此谨向各位作者表示衷心感谢！

鉴于土木工程材料涉及范围广，新材料、新技术不断出现，相关标准繁多且更新较快，加之编者水平所限，书中难免有不足、不妥之处，敬请广大读者批评指正。

编　者

目 录

绪论 1
  0.1 土木工程材料的定义与分类 1
  0.2 土木工程材料与建筑工程的关系 2
  0.3 土木工程材料的发展现状 3

第1章 土木工程材料的基本性质 5
  1.1 材料的组成、结构与构造对材料
       性质的影响 5
      1.1.1 材料的组成 5
      1.1.2 材料的结构与构造 5
  1.2 材料的基本物理性质 6
      1.2.1 材料的密度、表观密度和
            堆积密度 6
      1.2.2 材料的孔隙率与密实度 7
      1.2.3 材料的空隙率与填充率 8
  1.3 材料的力学性质 9
      1.3.1 强度和比强度 9
      1.3.2 弹性变形与塑性变形 10
      1.3.3 脆性材料与韧性材料 10
      1.3.4 硬度和耐磨性 11
  1.4 材料与水有关的性质 11
      1.4.1 材料的亲水性与憎水性 11
      1.4.2 材料的含水状态 11
      1.4.3 材料的吸水性与吸湿性 12
      1.4.4 材料的耐水性 13
      1.4.5 材料的抗渗性 13
      1.4.6 材料的抗冻性 14
  1.5 材料的热性质 14
      1.5.1 导热性 14
      1.5.2 热阻 14
      1.5.3 比热容 15
      1.5.4 耐燃性 15
  1.6 材料的耐久性 15
  本章小结 16
  课后习题 16

第2章 砌筑材料 18
  2.1 砌墙砖 18
      2.1.1 烧结砖 18
      2.1.2 蒸养(压)砖 23
      2.1.3 混凝土路面砖 23
  2.2 砌块 24
      2.2.1 普通混凝土小型空心砌块 24
      2.2.2 石膏砌块 26
      2.2.3 加气混凝土砌块 26
  2.3 砌筑用石材 26
      2.3.1 石材的分类 26
      2.3.2 石材的技术性质 27
      2.3.3 石材的应用 29
  本章小结 30
  课后习题 30

第3章 石材 31
  3.1 天然石材 31
      3.1.1 天然岩石的分类 32
      3.1.2 主要技术性质 33
      3.1.3 岩石的物理性质 33
      3.1.4 岩石的力学性能 34
      3.1.5 岩石的耐久性 35
      3.1.6 岩石的工艺性能 35
  3.2 常用天然石材 36
      3.2.1 常用天然石材 36
      3.2.2 常用石材制品 37
  3.3 人造石材 38
  本章小结 39
  课后习题 40

第4章 无机气硬性胶凝材料 41
  4.1 石灰 41
      4.1.1 石灰的生产 41

4.1.2 石灰的熟化与硬化 42
　　　4.1.3 石灰的品种与技术标准 43
　　　4.1.4 石灰的特性 45
　　　4.1.5 石灰的应用 46
　　　4.1.6 石灰的储存 47
　4.2 石膏 47
　　　4.2.1 石膏的生产与分类 47
　　　4.2.2 建筑石膏的凝结硬化 49
　　　4.2.3 石膏的技术标准 50
　　　4.2.4 建筑石膏的特性 50
　　　4.2.5 建筑石膏的应用 51
　　　4.2.6 建筑石膏的储存 52
　4.3 水玻璃 52
　　　4.3.1 水玻璃的生产 52
　　　4.3.2 水玻璃的硬化 53
　　　4.3.3 建筑用水玻璃的技术标准 53
　　　4.3.4 水玻璃的性质 54
　　　4.3.5 水玻璃的应用与储存 54
　4.4 菱苦土 55
　　　4.4.1 菱苦土的生产 55
　　　4.4.2 菱苦土的硬化 55
　　　4.4.3 菱苦土的性质 55
　　　4.4.4 菱苦土的应用 55
　本章小结 56
　课后习题 56

第5章 水泥 57

　5.1 硅酸盐水泥 57
　　　5.1.1 硅酸盐水泥的生产与组成
　　　　　　成分 57
　　　5.1.2 硅酸盐水泥的水化和凝结
　　　　　　硬化 58
　　　5.1.3 影响水泥凝结硬化的
　　　　　　主要因素 61
　　　5.1.4 硅酸盐水泥的技术性质 62
　5.2 通用硅酸盐水泥 65
　　　5.2.1 水泥混合材料 65
　　　5.2.2 硅酸盐水泥的特性 67
　　　5.2.3 掺混合材料硅酸盐水泥的
　　　　　　特性 68

　　　5.2.4 通用硅酸盐水泥的强度和
　　　　　　技术要求 70
　　　5.2.5 水泥石的腐蚀与防止 71
　　　5.2.6 通用硅酸盐水泥的选用与
　　　　　　储存 74
　5.3 特种水泥与专用水泥 75
　　　5.3.1 铝酸盐水泥 75
　　　5.3.2 硫铝酸盐水泥 77
　　　5.3.3 抗硫酸盐水泥 79
　　　5.3.4 磷酸镁水泥 80
　　　5.3.5 道路硅酸盐水泥 82
　　　5.3.6 白色和彩色硅酸盐水泥 82
　　　5.3.7 砌筑水泥 83
　　　5.3.8 中热水泥、低热水泥和
　　　　　　低热矿渣水泥 84
　　　5.3.9 其他特种水泥 84
　本章小结 85
　课后习题 85

第6章 功能混凝土 87

　6.1 防水混凝土 87
　　　6.1.1 集料级配防水混凝土 88
　　　6.1.2 普通防水混凝土 88
　　　6.1.3 外加剂防水混凝土 91
　　　6.1.4 膨胀水泥防水混凝土 94
　　　6.1.5 矿渣碎石防水混凝土 94
　6.2 耐酸混凝土 95
　　　6.2.1 原材料及其技术要求 95
　　　6.2.2 固化剂 97
　　　6.2.3 耐酸骨料 98
　　　6.2.4 外加剂 98
　　　6.2.5 配合比设计 98
　　　6.2.6 施工工艺 99
　6.3 耐碱混凝土 99
　　　6.3.1 碱性介质对混凝土的腐蚀
　　　　　　机理 99
　　　6.3.2 材料及技术要求 100
　　　6.3.3 耐碱混凝土的配合比设计 ... 101
　　　6.3.4 施工工艺 102

6.4 耐油混凝土 102
   6.4.1 原材料及技术要求 103
   6.4.2 配合比设计 104
   6.4.3 施工工艺 104
6.5 耐热混凝土 105
   6.5.1 水泥耐热混凝土 105
   6.5.2 水玻璃耐热混凝土 106
   6.5.3 原材料及技术要求 106
   6.5.4 耐热混凝土的配合比 108
   6.5.5 施工工艺 108
6.6 防爆混凝土 109
   6.6.1 原材料及技术要求 109
   6.6.2 配合比设计 109
   6.6.3 施工工艺 109
6.7 导电混凝土 110
   6.7.1 碳质骨料导电混凝土 110
   6.7.2 树脂导电混凝土 112
6.8 防辐射混凝土 112
   6.8.1 特点 112
   6.8.2 原材料 113
   6.8.3 配合比设计 115
   6.8.4 施工工艺 118
   6.8.5 防辐射混凝土裂缝控制
         措施 118
本章小结 119
课后习题 119

第7章 砂浆 121

7.1 砂浆的性质 121
7.2 砌筑砂浆 124
   7.2.1 砌筑砂浆的材料组成 124
   7.2.2 砌筑砂浆的配合比设计 125
   7.2.3 砌筑砂浆配合比的试配、
         调整与确定 128
7.3 抹面砂浆 129
   7.3.1 普通抹面砂浆 129
   7.3.2 装饰砂浆 130
   7.3.3 其他特种砂浆 131
本章小结 133

课后习题 133

第8章 建筑钢材 134

8.1 金属的微观结构及钢材的
    化学组成 134
   8.1.1 金属的微观结构概述 134
   8.1.2 钢材的化学组成 137
8.2 建筑钢材的主要力学性能 140
   8.2.1 抗拉性能 140
   8.2.2 冷弯性能 142
   8.2.3 冲击韧性 143
   8.2.4 硬度 144
   8.2.5 耐疲劳性能 145
8.3 钢材的冷加工强化及时效强化、
    热处理和焊接 146
   8.3.1 钢材的冷加工强化及时效
         强化 146
   8.3.2 钢材的热处理 147
   8.3.3 钢材的焊接 148
8.4 钢材的防火和防腐蚀 149
   8.4.1 钢材的防火 149
   8.4.2 钢材的锈蚀与防止 150
8.5 建筑钢材的品种与选用 151
   8.5.1 建筑钢材的主要钢种 151
   8.5.2 常用建筑钢材 156
本章小结 159
课后习题 160

第9章 木材 161

9.1 木材的物理特征 161
   9.1.1 木材来源 161
   9.1.2 木材的宏观特征 161
   9.1.3 木材的微观构造 162
9.2 木材的物理及力学性能 163
   9.2.1 密度、表观密度、含水量 163
   9.2.2 木材的强度 164
9.3 木材的防护 165
   9.3.1 木材的防腐 165
   9.3.2 木材的防火 165

  9.3.3 木材的干燥 165
 9.4 木材的应用 166
  9.4.1 胶合板 166
  9.4.2 纤维板 167
  9.4.3 刨花板、木丝板、木屑板 167
  9.4.4 木塑材料 168
 本章小结 168
 课后习题 169

第 10 章 沥青材料 170

 10.1 石油沥青 170
  10.1.1 石油沥青的组分 170
  10.1.2 石油沥青的结构 172
  10.1.3 石油沥青的技术性质 173
  10.1.4 石油沥青的技术标准及
      选用 175
 10.2 煤沥青 178
  10.2.1 煤沥青的化学成分 179
  10.2.2 煤沥青的技术特性 179
  10.2.3 石油沥青和煤沥青的比较
      鉴别 180
 10.3 乳化沥青 180
  10.3.1 乳化沥青的组成材料 180
  10.3.2 乳化沥青的特点 181
 10.4 改性沥青 181
  10.4.1 橡胶改性沥青 181
  10.4.2 树脂改性沥青 182
  10.4.3 橡胶和树脂改性沥青 183
  10.4.4 矿物填充料改性沥青 183
 10.5 沥青混合料 183
  10.5.1 沥青混合料的分类和
      组成 183
  10.5.2 沥青混合料的组成结构 185
  10.5.3 沥青混合料的技术性质 186
  10.5.4 沥青混合料配合比设计 189
 本章小结 193
 课后习题 194

第 11 章 合成高分子材料 195

 11.1 合成高分子材料的基本知识 195

 11.2 建筑塑料 197
  11.2.1 塑料的组成 197
  11.2.2 塑料的分类 198
  11.2.3 塑料的特性 198
  11.2.4 常用的建筑塑料品种 200
  11.2.5 常用的建筑塑料制品 201
 11.3 建筑胶黏剂 202
  11.3.1 胶黏剂的组成 202
  11.3.2 常用的胶黏剂 203
  11.3.3 胶黏剂的选用原则 204
 11.4 建筑涂料 204
  11.4.1 建筑涂料的组成 204
  11.4.2 常用的建筑涂料与分类 205
 11.5 聚氨酯 206
  11.5.1 聚氨酯的原料组成 206
  11.5.2 聚氨酯的应用 207
 11.6 土工合成材料 207
  11.6.1 土工织物 208
  11.6.2 土工膜 208
  11.6.3 土工格栅 208
  11.6.4 土工特种材料 209
  11.6.5 土工复合材料 209
 本章小结 209
 课后习题 210

第 12 章 其他工程材料 211

 12.1 防水材料 211
  12.1.1 防水卷材 211
  12.1.2 防水涂料 218
 12.2 防火材料 221
  12.2.1 防火板材 221
  12.2.2 建筑防火涂料 223
 12.3 隔热材料 226
  12.3.1 绝热材料的绝热机理 227
  12.3.2 绝热材料的性能 228
  12.3.3 常用绝热材料及其性能 229
 12.4 吸声隔声材料 232
  12.4.1 概述 232

         12.4.2 吸声材料..................232
         12.4.3 隔声材料..................234
   12.5 建筑装饰陶瓷..................235
         12.5.1 陶瓷制品分类..............235
         12.5.2 陶瓷的原料................237
         12.5.3 陶瓷的生产工艺流程........238
   12.6 建筑装饰玻璃..................238
         12.6.1 平板玻璃..................239
         12.6.2 压花玻璃..................241
         12.6.3 安全玻璃..................242
         12.6.4 特种玻璃..................243
         12.6.5 建筑玻璃原料及生产过程....245
   12.7 建筑塑料........................246
         12.7.1 建筑塑料的分类............246
         12.7.2 建筑塑料原料及其生产
               过程....................250
   12.8 建筑涂料........................251
         12.8.1 涂料的分类................251
         12.8.2 涂料的组成................254
         12.8.3 建筑涂料的功能............254
   本章小结..............................255
   课后习题..............................255

第13章 土木工程试验..................256

   试验1 材料基本物理性质试验..........256
         13.1.1 密度试验..................256
         13.1.2 表观密度试验..............257
         13.1.3 堆积密度试验..............259
         13.1.4 吸水率试验................260
   试验2 水泥技术性质检测试验..........261
         13.2.1 一般规定..................261
         13.2.2 细度检测
               (GB/T 1345—2005)........262
         13.2.3 标准稠度用水量测定(标准法)
               (GB/T 1346—2011)........264

         13.2.4 凝结时间测定
               (GB/T 1346—2011)........265
         13.2.5 安定性测定(标准法)
               (GB/T 1346—2011)........267
   试验3 建筑用砂、卵石(碎石)试验......269
         13.3.1 砂的颗粒级配和粗细程度
               试验(JGJ 52—2006)......269
         13.3.2 砂的表观密度试验
               (标准法)................270
         13.3.3 砂的堆积密度试验..........271
         13.3.4 砂的含水率试验............272
         13.3.5 石子的颗粒级配试验........273
         13.3.6 碎石或卵石的表观密度
               试验....................274
   试验4 普通混凝土试验................276
         13.4.1 普通混凝土拌和物性能
               试验....................276
         13.4.2 普通混凝土力学性能试验....280
   试验5 建筑砂浆试验..................284
         13.5.1 试验依据..................284
         13.5.2 取样及试样制备............284
         13.5.3 砂浆稠度试验..............285
         13.5.4 密度试验..................286
         13.5.5 砂浆分层度试验............287
         13.5.6 保水性试验................287
         13.5.7 砂浆立方体抗压强度试验....289
   试验6 钢筋试验......................290
         13.6.1 拉伸试验..................290
         13.6.2 冷弯试验..................293
   试验7 石油沥青及防水卷材试验........294
         13.7.1 针入度试验................294
         13.7.2 延度试验..................296
         13.7.3 软化点试验................297
         13.7.4 弹性体改性沥青防水卷材
               (SBS卷材)试验..........299

参考文献..................................305

绪 论

0.1 土木工程材料的定义与分类

土木工程材料可分为狭义土木工程材料和广义土木工程材料。狭义土木工程材料是指构成建筑工程实体的材料,如水泥、混凝土、钢材、墙体与屋面材料、装饰材料、防水材料等。广义土木工程材料除了包括构成建筑工程实体的材料之外,还包括两部分:①施工过程中所需要的辅助材料,如脚手架、模板等;②各种建筑设备,如给水、排水设备,采暖通风设备,空调电气、消防设备等。

本书所介绍的主要是狭义的土木工程材料。

土木工程材料种类繁多,分类方法多样,通常按材料的化学成分和使用功能进行分类。

1. 按化学成分分类

土木工程材料按化学成分可分为无机材料、有机材料和复合材料三大类,每一类又可细分为许多小类,具体分类见表 0.1 所示。所谓复合材料是由两种或两种以上性质不同的材料通过物理或化学复合,组成的具有新性能的材料,该类材料不仅性能优于组成中的任意一个单独的材料,而且还具有组成材料单独所不具有的独特性能。复合化已成为当今材料科学发展的趋势之一。

表 0.1 土木工程材料的化学成分分类

分 类		实 例
无机材料	金属材料	黑色材料:生铁、碳素钢、合金钢等
		有色金属:铝、铜及其合金等
	非金属材料	天然石材:砂、石及石材制品等
		烧土制品:烧结砖、瓦、陶瓷、玻璃等
		胶凝材料:石膏、石灰、水玻璃、水泥等
		混凝土及硅酸盐制品:混凝土、砂浆及硅酸盐制品
有机材料	植物质材料	木材、竹材、植物纤维及其制品
	沥青材料	石油沥青、煤沥青、改性沥青及其制品
	高分子材料	塑料、有机涂料、胶黏剂、橡胶等

续表

分类		实例
复合材料	金属-非金属复合	钢筋混凝土、钢纤维混凝土等
	非金属-有机复合	沥青混凝土、聚合物混凝土、玻璃纤维增强塑料等
	有机-有机复合	橡胶改性沥青、树脂改性沥青
	非金属-非金属复合	玻璃纤维增强水泥、玻璃纤维增强石膏

2. 按使用功能分类

土木工程材料按使用功能可分为承重结构材料、非承重结构材料及功能材料三大类。

1) 承重结构材料

承重结构材料主要指土木工程中承受荷载作用的材料，如梁、板、柱、基础、墙体和其他受力构件所用的材料，常用的有钢材、水泥混凝土、砖等。对承重结构材料要求的主要技术性能是力学性能。

2) 非承重结构材料

非承重结构材料主要包括框架结构的填充墙、内隔墙及其他围护材料。

3) 功能材料

功能材料主要指以材料力学性能以外的功能为特征，赋予建筑物围护、防水、绝热、吸声隔声、装饰等功能的材料。这些功能材料的选择与使用是否合理，往往决定了工程使用的可靠性、适用性及美观效果等。

0.2 土木工程材料与建筑工程的关系

1. 土木工程材料是重要的物质基础

建筑业是国民经济的支柱产业之一，而土木工程材料是建筑业的重要物质基础。一个优秀的建筑产品就是建筑艺术、建筑技术和以最佳方式选用的土木工程材料的合理组合。没有土木工程材料作为物质基础，就不会有建筑产品。而工程质量的优劣与所用材料的质量水平及使用的合理与否有直接的关系，材料的品种、组成、构造、规格及使用方法都会对建筑工程的结构安全性、坚固耐久性及适用性产生直接的影响。为保障建筑工程的质量，必须从材料的生产、选择、使用和检验评定以及材料的储存、保管等各个环节确保材料的质量，否则可能会造成工程的质量缺陷，甚至导致重大质量事故。

2. 材料费在建筑工程总造价中占较大的比重

在一般的建筑工程总造价中，与材料直接相关的费用占到60%以上，材料的选择、使用与管理是否合理对工程成本影响甚大。在工程建设中可选择的材料品种很多，而不同的材料由于其原料、生产工艺等因素的不同，导致材料价格有较大的差异；材料在使用与管理环节的合理与否也会导致材料用量的变化，从而使材料费用发生变化。

因此，可以通过正确地选择和合理地使用材料，来降低工程的材料费，这对创造良好的经济效益与社会效益具有十分重要的意义。

3. 土木工程材料对设计、施工的影响

材料、设计与施工三者是密切相关的一个系统工程。从根本上来说，材料是基础，是

决定结构设计形式和施工方法的主要因素。一种新材料的出现必将促使建筑结构形式的变化、施工技术的进步，而新的结构形式和施工技术必然要求提供新的更优良的土木工程材料。例如，钢筋和混凝土的出现，使得钢筋混凝土结构形式取代了传统的砖木结构形式，成为现代建筑工程的主要结构形式，而钢筋技术、混凝土技术和模板技术也随之产生；轻质高强结构材料的出现，使大跨径的桥梁和大跨度的工业厂房得以实现；各种新型墙体材料的标准化、大型化和预制化，使得现场的湿作业和手工作业明显减少，实现了快速施工。可以说没有土木工程材料的发展，也就没有建筑业的飞速发展。新型土木工程材料的不断出现、已有材料性能的日益改进和完善，共同推动着建筑设计、结构设计和施工工艺等方面的发展。

0.3　土木工程材料的发展现状

土木工程材料是随着人类社会的发展而进步的，而材料本身的进步又反过来推动了社会的发展。从上古时代人类的先辈开始，人们使用最简单的工具，凿石成洞、伐木为棚，利用树木、泥土、石头等天然材料，建成最简单的房屋，用于抵御大自然和野兽的侵袭。其后，在很长的历史时期内人们都沿用这三种天然材料。传统的吊脚楼和木结构房屋就是其中的代表，如图 0.1 和图 0.2 所示。到了人类能够用黏土烧制砖、瓦，用岩石烧制石灰、石膏之后，土木工程材料才由天然材料进入人工生产阶段，与此同时，木材的加工技术和金属的冶炼与应用技术，也有了相应的发展，为较大规模建造建筑工程创造了基本条件。

图 0.1　吊脚楼

图 0.2　木结构房屋

18、19 世纪，资本主义兴起，促进了工商业及交通运输业的蓬勃发展，原有的材料已不能与此相适应。在科学技术进步的推动下，土木工程材料进入了一个新的发展阶段。1824 年，在英国首先出现了由几种材料混合加工而成的"波特兰水泥"，继而出现了水泥混凝土，1850 年钢筋混凝土在法国出现，1928 年预应力混凝土问世。这些材料的相继出现，使建筑技术水平提高到了一个前所未有的水平。到目前为止，水泥混凝土仍是最重要的土木工程材料之一，而水泥的品种则由当初单一的"波特兰水泥"发展到了一百多个品种，由此产生了多种混凝土，如防水混凝土、耐热混凝土、耐酸混凝土、纤维混凝土、聚合物混凝土等，以满足多种建筑物的特殊要求。

20世纪后，材料科学的形成和发展使土木工程材料的品种增加、性能改善、质量提高。以有机材料为主的化学建材异军突起，一些具有特殊功能的土木工程材料(如绝热材料、吸声隔热材料、耐火防火材料、防水抗渗材料、防爆防辐射材料等)应运而生，这些材料为房屋建筑提供了强有力的物质保障。

在现代建筑工程建设中，尽管传统的土、石等材料仍在基础工程中广泛应用，砖瓦、木材等传统材料在工程的某个方面应用也很普遍，但是这些传统材料在建筑工程中的主导地位已逐渐被新型材料所取代。目前新型合金、陶瓷、玻璃、化学有机材料及其他人工合成材料和各种复合材料在建筑工程中已占有愈来愈重要的位置。

未来土木工程材料的发展有着以下的发展趋势。

(1) 在材料性能方面，要求轻质、高强、多功能和耐久。

(2) 在产品形式方面，要求大型化、构件化、预制化和单元化。

(3) 在生产工艺方面，要求采用新技术和新工艺，改造和淘汰陈旧设备和工艺，提高产品质量。

(4) 在资源利用方面，既要研制和开发新材料，又要充分利用工农业废料和地方材料。

(5) 在经济效益方面，要降低材料消耗和能源消耗，进一步提高劳动生产率和经济效益。高性能土木工程材料和绿色土木工程材料是适应材料发展趋势的两类优秀的土木工程材料。高性能土木工程材料是指性能质量更加优异的、轻质、高强、多功能和更加耐久、更富装饰效果的材料。绿色土木工程材料又称生态土木工程材料或无公害土木工程材料。它是指生产土木工程材料的原料尽可能少用天然资源，大量使用工业废渣、废液，采用低能耗制造工艺和无污染环境的生产技术，原料配制和产品生产过程中不使用有害和有毒物质，产品设计以人为本，以改善生活环境、提高生活质量为宗旨，产品可循环再利用，不产生污染环境的废弃物。

新的世纪，人类的环保意识不断增强，无毒、无公害的"绿色建材"将日益推广，人类将用性能更优异的土木工程材料来营造自己的"绿色家园"。

第1章 土木工程材料的基本性质

土木工程材料是构成土木工程的物质基础。所有的建筑物、桥梁、道路等都是由各种不同的材料经设计、施工建造而成的。这些材料在各个部位起着各种不同的作用,为此要求材料必须具备相应的不同性质。为了保证建筑物或构筑物能安全、经济、美观、经久耐用,必须熟悉和掌握各种土木工程材料的基本性质,并在工程设计与施工中正确选择和合理使用材料。

1.1 材料的组成、结构与构造对材料性质的影响

1.1.1 材料的组成

材料的组成不仅影响材料的化学性质,也是决定材料的物理、力学性质的重要因素。

1. 化学组成

化学组成是指材料的化学元素及化合物的种类和数量。无机非金属材料的化学成分常用各种氧化物的含量来反映。土木工程材料的诸多性质都与其化学成分有关,如耐火性能、力学性能、耐腐蚀性等。

2. 物相组成

物相是指物质中具有特定的物理化学性质的相。同一元素在一种物质中可以一种或多种化合物状态存在。自然界中的物质可分为气相、液相和固相,凡由两相或两相以上物质组成的材料称为复合材料,土木工程材料大多数是多相固体。

3. 矿物组成

矿物是指材料中具有特定的晶体结构和特定的物理力学性能的组织结构。矿物组成是指构成材料的种类和数量。

1.1.2 材料的结构与构造

通常,按结构和构造的尺度范围,材料可分为微观结构、细观结构和宏观结构。

1. 微观结构

微观结构是指可用电子显微镜或 X 射线来分析研究的原子或分子层次的结构。土木工程材料的使用状态一般为固体，固体的微观结构可分为晶体和非晶体两大类。

1) 晶体

晶体是物质(原子、分子、离子)按一定规律在空间呈周期性排列所形成的结构体，晶体具有特定的几何形状、固定的熔点和化学稳定性。

2) 非晶体

非晶体是指组成物质(原子、分子、离子)不呈现空间有规则周期性排列的固体。它没有一定规则的外形，如玻璃、松香、石蜡、塑料等，它的物理性质在各个方向上是相同的。非晶体没有固定的熔点和几何形状，且各向同性，其强度、导电性、导热性等低于晶体。

2. 细观结构

细观结构是指用光学显微镜所能观察到的材料结构，其尺寸范围介于宏观和微观之间。材料的细观结构对其性质影响很大。通常材料内部的晶体越细小、分布越均匀，其受力越均匀、强度越高、脆性越小、耐久性越好；晶体或不同材料组合之间的界面黏结越好，则其强度和耐久性越好。

3. 宏观结构

宏观结构是指用肉眼或放大镜可分辨出结构和构造状况，尺度范围在 10^{-3}m 以上的材料结构。材料的宏观结构形式主要有以下几种。

(1) 按其孔隙特征可分为致密结构、层状结构、散粒结构。

(2) 按存在状态或构造特征可分为纤维结构、微孔结构、多孔结构、堆聚结构。

宏观结构不同的材料具有不同的性质和用途。工程上常用改变材料的密实度、孔隙结构等方法来改善材料的性能，以满足不同的需要。

1.2 材料的基本物理性质

1.2.1 材料的密度、表观密度和堆积密度

1. 材料的密度(ρ)

密度是指材料在绝对密度状态下单位体积的质量。按式(1.1)计算：

$$\rho = \frac{m}{V} \tag{1.1}$$

式中：ρ——材料的密度，g/cm³；

m——材料在干燥状态下的质量，g；

V——材料在绝对密实状态下的体积，cm³。

绝对密实体积是指只有构成材料的固体物质本身的体积，即固体物质内不含有孔隙。通常土木工程材料中，除了钢材、玻璃等少数材料外，绝大多数材料内部都有一些孔隙，

如砖、石材等块状材料。在测定这些有孔隙材料的密度时,为了获得绝对密实状态的试样,应把材料磨成细粉,经干燥至恒重后,用李氏瓶测定其绝对密实体积,然后计算得到密度值。材料磨得越细,内部孔隙消除得越完全,测得的密实体积数值也就越精确,因此,一般要求细粉的粒径至少要小于0.20mm。

2. 材料的表观密度(ρ_0)

表观密度是指材料在自然状态下体积的质量。按式(1.2)计算:

$$\rho_0 = \frac{m}{V_0} \tag{1.2}$$

式中：ρ_0——材料的表观密度，kg/m³或g/cm³；

m ——材料的质量，kg 或 g；

V_0——材料在自然状态下的体积(包括材料实体及其内部孔隙的体积)，m³或cm³。

表观体积是实体积加闭口孔隙体积再加上开口孔隙体积。测定材料自然状态体积的方法较简单,对于规则形状材料,可直接度量外形尺寸,按几何公式计算。对于不规则形状材料,可用蜡封法封闭孔隙,再用排液法测量体积。此外,材料的表观密度与含水状况有关。材料含有水分时,它的质量和体积都会发生变化,因而表观密度亦不相同。测定材料的表观密度时,以其干燥状态为准,而对含水状态下测定的表观密度,应注明含水情况,未特别表明者,常指干燥状态下的表观密度。

3. 材料的堆积密度(ρ'_0)

堆积密度是指散粒材料或粉状材料在自然堆积状态下单位体积的质量。按式(1.3)计算:

$$\rho'_0 = \frac{m}{V'_0} \tag{1.3}$$

式中：ρ'_0——材料的堆积密度，kg/m³；

m ——材料的质量，kg；

V'_0——材料的自然堆积体积，m³。

材料的堆积体积是指在自然、松散状态下,按一定方法装入容器的容积,包括颗粒体积和颗粒之间空隙的体积。

1.2.2 材料的孔隙率与密实度

1. 材料的孔隙率(P)

材料的孔隙率是指材料内部孔隙的体积(V_P)占材料总体积(V_0)的百分率,因为$V_P = V_0 - V$,所以孔隙率P的计算公式为

$$P = \frac{V_P}{V_0} \times 100\% = \left(1 - \frac{\rho}{\rho_0}\right) \times 100\% \tag{1.4}$$

式中：P——材料孔隙率，%；

V_0——材料总体积(在自然状态下的体积,包括材料实体及其内部所含孔隙体积)，cm³或m³；

V——材料在绝对密实状态下的体积，cm^3或m^3。

孔隙率与多孔介质固体颗粒的形状、结构和排列有关。煤、混凝土、石灰石和白云石等的孔隙率最小可低至 2%～4%，地下砂岩的孔隙率大都为 12%～34%，土壤的孔隙率为 43%～54%，砖的孔隙率为 12%～34%，皮革的孔隙率为 56%～59%，均属中等数值。

2. 材料的密实度(D)

与材料孔隙率相对应的另一个概念是材料的密实度。

密实度是指材料内部固体物质的实体积占材料总体积的百分率，可用式(1.5)表示：

$$D = \frac{V}{V_0} \times 100\% = \frac{\rho}{\rho_0} \times 100\% = 1 - p \tag{1.5}$$

式中：D——材料的密实度，%。

材料的孔隙特征(指材料孔隙的大小、形状分布、连通与否等孔隙构造方面的特征)对材料的物理力学性质均有显著影响。以下为经常涉及的 3 个特征。

(1) 按尺寸大小，可把孔隙分为微孔、细孔和大孔 3 种。

(2) 按空隙之间是否相互贯通，可分为相互隔开的孤立孔或相互贯通的连通孔。

(3) 按孔隙与外界之间是否连通，可分为与外界相连通的开口孔隙(简称开孔)或不相连通的封闭孔隙(简称闭孔)，如图 1.1 所示。若把开孔的孔体积记为 V_k，闭孔的孔体积记为 V_B，则有 $V_p = V_k + V_B$。此外若定义开孔孔隙率为 $p_k = \frac{V_k}{V_0}$，闭孔孔隙率为 $p_B = \frac{V_B}{V_0}$，则孔隙率：

$$p = p_k + p_B \tag{1.6}$$

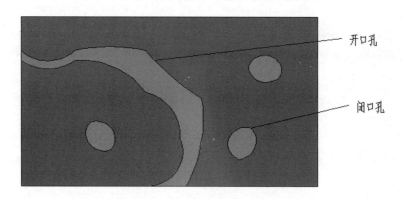

图 1.1　材料内部孔隙示意

1.2.3　材料的空隙率与填充率

材料的空隙率是指散粒或粉状颗粒之间的空隙体积(V_S)占堆积体积(V_0')的百分率，$V_S = V_0' - V_0$，所以空隙率 p' 的公式为

$$p' = \frac{V_0' - V_0}{V_0'} \times 100\% = (1 - \frac{\rho_0'}{\rho_0}) \times 100\% \tag{1.7}$$

式中：p'——材料的空隙率，%。

空隙率表示的是材料颗粒间的空隙，与它相对的是填充率，即散粒材料的堆积体积中颗粒填充的程度。按式(1.8)计算：

$$D' = \frac{V_0}{V_0'} \times 100\% = \frac{\rho_0'}{\rho_0} \times 100\% = 1 - p' \tag{1.8}$$

式中：D'——材料的填充率，%。

1.3 材料的力学性质

1.3.1 强度和比强度

1. 强度

强度是指材料在外力作用下不抵抗破坏的能力。由于外力的作用形式不同，材料破坏时的应力形式也不同，工程中最基本的外力作用如图1.2所示。相应的强度就分为抗压强度、抗拉强度、抗弯(抗折)强度及抗剪强度等。

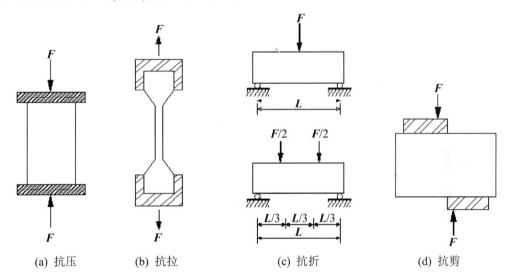

(a) 抗压　　(b) 抗拉　　(c) 抗折　　(d) 抗剪

图1.2 材料所受外力示意

材料的抗压、抗拉、抗剪强度可由式(1.9)计算：

$$f = \frac{P}{F} \tag{1.9}$$

式中：f——材料的抗压、抗拉或抗剪强度，MPa；

P——材料破坏时的最大荷载，N；

F——受力面积，mm²。

对于矩形截面的条形试件，其抗弯强度有两种情况。将抗弯试件放在两支点上，当外力为作用在试件中心的集中荷载时，抗弯强度(也称抗折强度)可用式(1.10)计算：

$$f_{弯} = \frac{3PL}{2bh^2} \tag{1.10}$$

当在试件两支点的三分点处作用两个相等的集中荷载($P/2$)时，其抗弯强度按式(1.11)计算：

$$f_{弯}=\frac{PL}{bh^2} \tag{1.11}$$

式中：$f_{弯}$——材料的抗压(抗折)强度，MPa；

P——材料破坏时的最大荷载，N；

b、h——分别为试件截面的宽度和高度，mm；

L——试件的长度，mm。

材料的强度是材料在不同影响因素下的各种力学性能指标，受材料的组成及构造等内部因素影响。材料的孔隙率增加，强度降低；一般表观密度大的材料，其强度也大，晶体结构的材料，其强度还与晶粒粗细有关，其中细晶粒的强度高。材料的强度还与其含水状态及温度有关，含有水分的材料，其强度比较干燥时的低；一般情况下，温度升高时，材料的强度降低，这对沥青混凝土尤为明显。此外，材料的强度还与测试条件和方法等外部因素有关。如材料相同，采用小试件测得的强度要比大试件强度高；加荷速度快时荷载的增长大于材料的变形速度，所测出的强度值就会偏高；试件表面涂有润滑剂时所测强度值偏低。

2. 比强度

比强度是材料的强度(断开时单位面积所受的力)除以其表观密度，又被称为强度-重量比。比强度的国际单位为(N/m²)/(kg/m³) 或 N·m/kg。

1.3.2 弹性变形与塑性变形

弹性变形是指物体受外力作用时所产生的在外力去除后，能够完全恢复它原来的形状和尺寸的变形。塑性变形是指当外力去除后，材料应保持变形后的形状与尺寸，且不产生裂缝、不可恢复的变形。

材料在弹性变形范围内，弹性模量E为常数，其值等于应力σ与应变ε的比值，即：

$$E=\frac{\sigma}{\varepsilon} \tag{1.12}$$

式中：E——材料的弹性模量，MPa；

σ——材料的应力，MPa；

ε——材料的应变。

弹性模量是指材料在外力作用下产生单位弹性变形所需要的应力。弹性模量可视为衡量材料产生弹性变形难易程度的指标，其值越大，使材料发生一定弹性变形的应力也越大，即材料刚度越大，亦即在一定应力作用下，发生弹性变形越小。

1.3.3 脆性材料与韧性材料

脆性材料是指在外力作用下(如拉伸、冲击等)仅产生很小的变形的材料。韧性材料是指在外力作用下(如拉伸、冲击等)产生较大的变形而不发生突然破坏的材料。韧性可用材料受荷载达到破坏时所吸收的能量来表示，由式(1.13)进行计算：

$$a_K = \frac{A_K}{A} \tag{1.13}$$

式中：a_K——材料的冲击韧性，J/mm²；
　　　A_K——试件破坏时所消耗的功，J；
　　　A——试件受力净面积，mm²。

1.3.4 硬度和耐磨性

硬度是指材料局部抵抗硬物压入其表面的能力。硬度是衡量金属材料软硬程度的一项重要的性能指标，它既可理解为材料抵抗弹性变形、塑性变形或破坏的能力，也可表述为材料抵抗残余变形和反破坏的能力。硬度不是一个简单的物理概念，而是材料弹性、塑性、强度和韧性等力学性能的综合指标。硬度试验根据其测试方法的不同可分为静压法(如布氏硬度、洛氏硬度、维氏硬度等)、划痕法(如莫氏硬度)、回跳法(如肖氏硬度)及显微硬度、高温硬度等。耐磨性是指材料抵抗磨损的能力，用耐磨率表示，可按式(1.14)计算：

$$M = \frac{m_0 - m_1}{A} \tag{1.14}$$

式中：M——材料的耐磨率，g/mm²；
　　　m_0——磨前质量，g；
　　　m_1——磨后质量，g；
　　　A——试件受磨面积，mm²。

1.4 材料与水有关的性质

1.4.1 材料的亲水性与憎水性

当材料与水接触时，水分与材料表面的亲和情况是不同的，在材料、水和空气的三相交叉点处沿水滴表面做切线，此切线与材料和水接触面的夹角 θ 称为湿润边角。θ 角越小，表面材料越易被水润湿。一般认为，当 $\theta \leq 90°$ 时，材料能被水润湿而表现出亲水性，这种称为亲水性材料，表明水分子之间的内聚力小于水分子与材料分子间的吸引力；当 $\theta > 90°$ 时，表面不能被水润湿而表现出憎水性的称为憎水性材料，表明水分子之间的内聚力大于水分子与材料分子间的吸引力；当 $\theta = 0°$ 时，表明材料完全被水润湿，称为铺展。

土木工程材料绝大部分为亲水性材料，憎水性材料常用作防水材料。而对亲水性材料表面进行憎水处理，可改善其耐水性能。

1.4.2 材料的含水状态

亲水性材料的含水状态可分为 4 种，如图 1.3 所示。
(1) 干燥状态。材料的空隙中不含水或含水极微。
(2) 气干状态。材料的空隙中所含水与大气湿度相平衡。
(3) 饱和面干状态。材料表面干燥而空隙中充满水达到饱和。
(4) 湿润状态。不仅材料的空隙中含水饱和，而且表面上为水湿润，附有一层水膜。

除上述 4 种基本含水状态外，材料还可处于某两种基本状态之间的过渡状态。

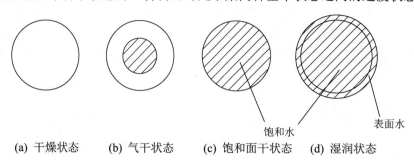

图 1.3 材料的含水状态

1.4.3 材料的吸水性与吸湿性

1. 材料的吸水性

吸水性是指材料在水中吸收水分的性质。吸水性的大小常用吸水率表示，吸水率有质量吸水率和体积吸水率两种表示方法。

1) 质量吸水率

质量吸水率是指材料吸水饱和时，所吸水质量占材料干燥时质量的百分率。用公式表示如下：

$$W_m = \frac{m_b - m_g}{m_g} \times 100\% \tag{1.15}$$

式中：W_m——材料的质量吸水率，%；

m_b——材料吸水饱和状态下的质量，g；

m_g——材料在干燥状态下的质量，g。

2) 体积吸水率

体积吸水率是指材料吸水饱和时，所吸水分体积占材料干燥状态时体积的百分率。用公式表示如下：

$$W_V = \frac{m_b - m_g}{V_0} \times \frac{1}{\rho_w} 100\% \tag{1.16}$$

式中：W_V——材料的体积吸水率，%；

V_0——绝干材料在自然状态下的体积，cm³；

ρ_w——水的密度，常温下为 1g/cm³。

质量吸水率与体积吸水率二者之间的关系为

$$W_V = W_m \rho_0 \tag{1.17}$$

式中：ρ_0——材料干燥状态下的表观密度(简称干表观密度)，g/cm³。

材料的吸水性与材料的孔隙率和孔隙特征有关。对于细微连通孔隙，孔隙率越大，则吸水量越小；对于封闭孔隙，则水分难以渗入，吸水率就越小；对于较粗大开口的孔隙，虽然水分容易进入，但不易在孔内存留，只能湿润孔壁，因而吸水率也较小。

2. 材料的吸湿性

吸湿性是指材料在潮湿空气中吸收水分的性质。材料的吸湿性用含水率表示，其公式为：

$$W_h = \frac{m_s - m_g}{m_g} \times 100\% \tag{1.18}$$

式中：W_h——材料的含水率，%；

m_s——材料在吸湿状态下的质量，g；

m_g——材料在干燥状态下的质量，g；

材料的含水率随空气的湿度和环境温度的变化而改变。当空气湿度较大、温度降低时，材料的含水率变大，反之变小。材料中所含水分与空气温、湿度相平衡时的含水率，称为平衡含水率(或称气干含水率)。材料的开口微孔越多，吸湿性越强。

1.4.4 材料的耐水性

耐水性是指材料抵抗水破坏的能力，通常用软化系数来表示材料的耐水性。耐水性强的材料，力学性能不易降低。其公式为：

$$K_R = \frac{f_b}{f_g} \tag{1.19}$$

式中：K_R——材料的软化系数；

f_b——材料在饱和状态下的抗压强度，MPa；

f_g——材料在干燥状态下的抗压强度，MPa。

一般来说，材料的耐水性差，力学性能均会有所降低。强度降低越多，软化系数就越小，说明该材料的耐水性就越差。材料的 K_R 值在 0～1 之间，设计长期处于水中或潮湿环境中的重要结构时，必须选用 $K_R > 0.85$ 的土木工程材料。对用于受潮较轻或次要结构物的材料，其 K_R 值不会小于 0.75。

1.4.5 材料的抗渗性

抗渗性是指材料抵抗压力水渗透的性质。材料的抗渗性通常用渗透系数或抗渗等级表示。渗透系数可用式(1.20)表示：

$$K = \frac{Qd}{AtH} \tag{1.20}$$

式中：K——材料的渗透系数，cm/h；

Q——渗透水量，cm³；

d——试件厚度，cm；

A——渗水面积，cm²；

t——渗水时间，h；

H——静水压力水头，cm。

对于土木建筑工程中大量使用的砂浆、混凝土等材料，其抗渗性能常用抗渗等级表示：

$$P = 10H - 1 \tag{1.21}$$

式中： P ——材料的抗渗标号；

H ——材料透水前所能承受的最大水压力，MPa。

材料的渗透系数越小或抗渗等级越高，材料渗透的水越少，即抗渗性越好。地下建筑及水工建筑等，因长期受压力水的作用，设计时必须考虑材料的抗渗性。对于防水材料也应具有良好的抗渗性。

1.4.6 材料的抗冻性

抗冻性是指材料在吸水饱和的状态下经历多次冻融循环，保持其原有性质或不显著降低原有性质的能力。材料的抗冻性常用抗冻等级(记为 F)表示。抗冻等级是将材料吸水饱和后，按规定方法进行冻融循环试验，所能承受的最大冻融循环次数。抗冻等级越高，抗冻性越好。

材料受冻融破坏的原因，是材料孔隙内所含水结冰时产生的体积膨胀应力(约增大 9%)以及冻融时的温差应力所产生的破坏作用，对孔壁造成很大的静水压力(可高达 100MPa)，造成孔壁开裂所致。

材料抗冻性能的好坏主要取决于材料内部孔隙率和孔隙特征，孔隙率小及具有封闭孔的材料抗冻性较好。此外，抗冻性还与材料吸水程度、材料强度及冷冻条件(如冻结温度、冻结速度及冻融循环作用的频繁程度)等有关。在严寒地区和环境中进行结构设计和材料选用时，必须考虑材料的抗冻性能。

1.5 材料的热性质

1.5.1 导热性

导热性是指当材料两侧存在温度差时，热量将由高温侧传递到低温侧，材料的这种传导热量的性质，常用导热系数来表示，计算公式为

$$\lambda = \frac{Qa}{(t_1 - t_2)AZ} \tag{1.22}$$

式中： λ ——材料的导热系数，W/(m·K)；

Q ——传导热量，J；

a ——材料的厚度，m；

A ——材料的传热面积，m²；

Z ——传热时间，s；

$t_1 - t_2$ ——材料两侧温度差($t_1 > t_2$)，K。

材料的导热系数越小，表示其越不易导热，绝热性能越好。

材料的导热性与孔隙特征有关，增加孤立的不连通孔隙能降低材料的导热能力。

1.5.2 热阻

热阻是指材料层厚度 δ 与导热系数 λ 的比值，用 R 表示。它表明热量通过材料层时所

受到的阻力。在同样的温差条件下，热阻越大，通过材料层的热量就越小。

导热系数 λ 和热阻 R 是评定材料绝热性能的主要指标，其大小受材料的孔隙结构、含水状况影响很大。通常，材料的孔隙率越大，表观密度越小，导热系数就越小；具有细微而封闭孔结构的材料，其导热系数比具有粗大连通孔结构的材料小，材料受潮或冰冻后，导热性能会受到严重影响，绝热材料应经常处于干燥状态，以利于发挥材料的绝热性能。

1.5.3 比热容

比热容又称比热容量，简称比热，是单位质量物质的热容量，即单位质量物体改变单位温度时所吸收或释放的内能。比热容是表示热性质的物理量，通常用符号 c 表示。可用式(1.23)表示：

$$c = \frac{Q}{m(t_1 - t_2)} \tag{1.23}$$

式中：c ——材料的比热容，kJ/(kg·K)；

Q ——材料的热容量，kJ；

m ——材料的质量，kg；

$t_1 - t_2$ ——材料受热或冷却前后的温度差，K。

1.5.4 耐燃性

耐燃性是指材料对火焰和高温的抵抗能力，它是决定建筑物防火、建筑结构耐火等级的重要因素。土木工程材料的耐燃性可分为 3 类。

1. 非燃烧材料

非燃烧材料是指在空气中受到火烧或高温高热作用时不起火、不碳化、不微燃的材料，如钢铁、砖、石等。用非燃烧材料制作的构件称为非燃烧体。钢铁、铝、玻璃等受到火烧或高热作用会发生变形、熔融，所以它们虽然是非燃烧材料，但不是耐火材料。

2. 难燃材料

难燃材料是指在空气中受到火烧或高温高热作用时难起火、难微燃、难碳化，当火源移走后，已有的燃烧或微燃烧立即停止的材料。例如，经过防火处理的木材和刨花板。

3. 可燃材料

可燃材料是指在空气中受到火烧或高温高热作用时立即起火或微燃，且火源移走后仍继续燃烧的材料，如木材。用这种材料制作的构件称为燃烧体，此种材料使用时应作防燃处理。

1.6 材料的耐久性

耐久性是指材料在使用过程中，抵抗各种自然因素及其他有害物质长期作用，能长久保持其原有性质的能力。由于耐久性是材料的一项长期性质，所以对耐久性最可靠的判断是在使用条件下进行长期的观察和测定。通常是根据使用要求，在试验室进行快速试验，并据此对耐久性作出判断。快速检查的项目有干湿循环、冻融循环、加湿与紫外线干燥循环、碳化、盐溶液浸渍与干燥循环、化学介质浸渍等。耐久性是衡量材料在长期使用条件下安全性能的一项综合指标，包括抗冻性、抗风化性、抗老化性、耐化学腐蚀性等。材料在使用过程中，会与周围环境和各种自然因素发生作用，这些作用包括物理作用、化学作用等。

1. 物理作用

物理作用一般是指干湿变化、温度变化、冻融循环等。这些作用会使材料发生体积变化或引起内部裂纹的扩展，而使材料逐渐被破坏，如混凝土、岩石、外装修材料的热胀冷缩等。

2. 化学作用

化学作用是指酸、碱、盐等物质的水溶液及有害气体的侵蚀作用。这些侵蚀作用会使材料逐渐变质而破坏，如水泥石的腐蚀、钢筋的锈蚀、混凝土在海水中的腐蚀、石膏在水中的溶解作用等。

在建筑物的设计及材料的选用中必须综合考虑其耐久性问题，提高耐久性的措施有：

(1) 减轻大气或周围介质对材料的破坏作用，降低湿度、排除侵蚀性物质等。

(2) 提高材料本身对外界作用的抵抗性，采取防腐措施。

(3) 用其他材料保护主体材料免受破坏，在材料表面设置保护层，覆面、抹灰、刷涂料等。

本 章 小 结

材料的组成包括化学组成、物相组成和矿物组成；材料的结构和构造可分为微观结构、细观结构和宏观结构。

土木工程材料的基本物理性质包括：材料的密度、表观密度和堆积密度；材料的孔隙率与密实度；材料的空隙率与填充率等。

土木工程材料的基本力学性质指标主要有材料的强度和比强度、弹性与塑性等。

土木工程材料与水有关的性质主要有材料的亲水性与憎水性、材料的含水状态、材料的吸水性与吸湿性、材料的耐水性、材料的抗渗性以及材料的抗冻性等。

土木工程材料的热性质参数主要包括导热性、热阻、比热容以及耐燃性等。

土木工程的工程特性与土木工程材料的基本性质直接相关，在建筑物的设计及材料的选用中，必须根据材料所处的结构部位和使用环境因素，综合慎重考虑其耐久性问题，并根据各种材料的耐久性特点，合理地选用，以利于节约材料、减少维修费用、延长建筑物的使用寿命等。

课 后 习 题

1. 材料的组成一般包括哪几类？材料的结构分为哪几类？
2. 材料的孔隙率和孔隙特征对材料的哪些性能有影响？有何影响？

3. 什么是材料的强度？影响材料强度的因素有哪些？
4. 什么是材料的弹性与塑性？
5. 材料的含水状态有哪几种？
6. 材料的吸水率有几种表示方法？请分别表述。
7. 影响材料导热系数的因素有哪些？
8. 材料的耐水性、抗渗性、抗冻性的含义是什么？
9. 什么是材料的比热容？
10. 材料的耐久性包括哪些？

第2章 砌筑材料

砌筑材料是土木工程中最重要的材料之一。我国传统的砌筑材料有砖和石材，但从对土地的破坏、资源与能源的耗费以及对环境的污染等任何一个角度来分析，砖和石材的大量开采都不符合可持续发展的要求，而且砖、石自重大，体积小，生产效率低，影响建筑业的发展速度。因此，因地制宜地利用地方性资源和工业废料来生产轻质、高强、多功能、大尺寸的新型砌筑材料，是土木工程可持续发展的一项重要内容。

2.1 砌 墙 砖

虽然当前出现了各种新型墙体材料，但由于砖的价格低廉，且又能满足一定的建筑功能要求，因此，砌墙砖仍然是当前主要的墙体材料。目前土木工程中所使用的砌墙砖按生产工艺分为两类：①通过焙烧工艺制成的，称为烧结砖；②通过蒸养或蒸压工艺制成的，称为蒸养砖或蒸压砖，也称免烧砖。砌墙砖的形式有实心砖和空心砖。

2.1.1 烧结砖

目前，在墙体材料中，烧结普通砖、烧结多孔砖和烧结空心砖使用最多。烧结普通砖按生产原料可分为黏土砖、页岩砖、煤矸石砖和粉煤灰砖等几种。黏土砖因其毁田取土，能耗大、块体小、施工效率低、砌体自重大、抗震性差等缺点，在我国已被禁止使用。

1. 烧结普通砖

1） 生产工艺

各种烧结普通砖的生产过程基本相同，烧结黏土砖的生产工艺流程：采土→配料调制→制坯→干燥→焙烧→成品，其中焙烧是所有生产过程中最重要的环节。砖坯在焙烧过程中，应控制好烧成温度，以免出现欠火砖或过火砖。欠火砖烧成温度过低，孔隙率大、强度低、耐久性差。过火砖的烧成温度过高，会有弯曲等变形，砖的尺寸极不规整。欠火砖色浅、声哑，过火砖色较深、声清脆。

在氧化气氛中焙烧砖坯，可制得红砖。若在氧化气氛中烧成砖坯后，再经浇水闷窑，使窑内形成还原气氛，将砖内的红色高价氧化铁(Fe_2O_3)还原成青色的低价氧化铁(FeO)，即制得青砖。近年来，我国烧砖普遍采用了内燃烧法，这是将煤渣、粉煤灰等可燃工业废渣作为内燃料以适当比例掺入制坯黏土原料中，当砖坯焙烧到一定温度时，内燃料在坯体内也进行燃烧，这样烧制而成的砖称为内燃砖。这不但可以节省大量燃煤，节约原料黏土 5%～10%；而且，砖的强度会提高 20%左右，表观密度减小，导热系数降低。

2) 主要技术性质

根据国家标准《烧结普通砖》(GB 5101—2003)的规定，烧结普通砖的主要技术要求包括尺寸、外观质量、强度等级、抗风化性能、泛霜和石灰爆裂等，并规定产品中不允许有欠火砖、酥砖和螺旋纹砖。根据抗压强度分为 MU30、MU25、MU20、MU15、MU10 五个强度等级。强度、抗风化性能合格的砖，根据尺寸偏差、外观质量、泛霜和石灰爆裂等分为优等品(A)、一等品(B)和合格品(C)三个质量等级。砖的检验方法按照国家标准《砌墙砖试验方法》(GB/T 2542—2003)的规定进行。

(1) 外观质量。烧结普通砖的优等品颜色应基本一致，合格品对颜色无要求。外观质量包括两条面高度差、弯曲程度、杂质凸出高度、缺棱掉角、裂纹长度和完整面的要求等。

(2) 外形尺寸。烧结普通砖为矩形体，其标准尺寸为 240mm×115mm×53mm。考虑到 10mm 厚的砌筑灰缝，则 4 块砖长、8 块砖宽或 16 块砖厚均为 1m，1m³ 砌体所需用砖数量为 512 块。尺寸允许偏差应符合《砌墙砖试验方法》(GB/T 2542—2003)的规定。

(3) 强度等级。烧结普通砖强度等级通过取 10 块砖试样进行抗压强度试验，根据抗压强度平均值和强度标准值来划分，见表 2.1。

表 2.1 烧结普通砖强度等级划分规定

单位：MPa

强度等级	抗压强度平均值 $\bar{f} \geqslant$	变异系数 强度标准值 $f_k \geqslant$	变异系数 $\delta > 0.21$ 单块最小抗压强度值 $f_{min} \geqslant$
MU30	30.0	22.0	25.0
MU25	25.0	18.0	22.0
MU20	20.0	14.0	16.0
MU15	15.0	10.0	12.0
MU10	10.0	6.5	7.5

烧结普通砖的抗压强度标准值按式(2.1)、式(2.2)计算：

$$f_k = \bar{f} - 1.8S \tag{2.1}$$

$$S = \sqrt{\frac{1}{9}\sum_{i=1}^{10}(f_i - \bar{f})^2} \tag{2.2}$$

式中：f_k——烧结普通砖抗压强度标准值，MPa；

$\bar{f}$——10 块砖样的抗压强度算术平均值，MPa；

S——10 块砖样的抗压强度标准值，MPa；

f_i——单块砖样的抗压强度测定值，MPa。

(4) 抗风化性能。抗风化性能是烧结普通砖重要的耐久性之一，对砖的抗风化性要求应根据各地区风化程度的不同而定。通常以其抗冻性、吸水率及饱和系数等指标来判别烧结普通砖的抗风化性能。在严重风化区中的黑龙江、吉林、辽宁、内蒙古、新疆等地区使用的烧结普通砖，其抗冻性能必须符合《烧结普通砖》(GB 5101—2003)的规定。在其他地区使用的烧结普通砖，若 5h 沸煮吸水率及饱和系数符合《烧结普通砖》(GB 5101—2003)规定，可不做冻融试验。

(5) 石灰爆裂。若原料土中夹杂有石灰石，将被烧成生石灰留在砖中。生石灰有时也会由掺入的内燃料(煤渣)带入。生石灰会因吸水消化而产生体积膨胀，导致砖发生胀裂破坏。石灰爆裂对砖砌体影响较大，轻则影响外观，重则将使砖砌体强度降低直至破坏砖砌体。国家标准规定，优等品砖不允许出现破坏尺寸大于 2mm 的爆裂区域，一等品砖不允许出现破坏尺寸大于 10mm 的爆裂区域，合格品砖不允许出现破坏尺寸大于 15mm 的爆裂区域。

(6) 泛霜。当砖的原料中含有硫、镁等可溶性盐类时，在使用过程中，这些盐类会随着砖内水分蒸发而在砖表面产生盐析现象，常为白色粉末，一般会在砖表面形成絮团状斑点，严重时会起粉、掉角或脱皮，即为泛霜。通常，轻微泛霜就能对清水砖墙建筑外观产生较大影响。中等程度泛霜的砖用于建筑中的潮湿部位时，约 7~8 年后因盐析结晶膨胀将使砖砌体表面产生粉化剥落，在干燥环境中使用约 10 年以后也将开始剥落。严重泛霜对建筑结构的破坏性则更大。国标规定，优等品砖应无泛霜现象，一等品砖不得出现中等泛霜，合格品砖不得严重泛霜。

3) 烧结普通砖的应用

烧结普通砖的表观密度为 1 600~1 800kg/m³，孔隙率为 30%~35%，吸水率为 8%~16%，导热系数为 0.78W/(m·K)。烧结普通砖因多孔结构而具有良好的绝热性、透气性和稳定性，且具有较高的强度。

烧结普通砖在建筑工程中主要用作墙体材料，其中优等品砖可用于清水墙建筑，一等品砖和合格品砖可用于混水墙建筑。中等泛霜的砖不得用于潮湿部位。烧结普通砖也被广泛用于砌筑柱、拱、窑炉、烟囱、沟道及基础等(此外还可用作预制振动砖墙板、复合墙体等)，在砌体中配置适当的钢筋或钢丝网，可代替钢筋混土柱、梁等。

在普通砖砌体中，砖砌体的强度不仅受砖强度的影响，还受砌筑砂浆性质的影响。砖的吸水率大，在砌筑时须事先将其润湿，否则它将大量吸收水泥砂浆中的水分，使水泥不能正常水化和硬化，导致砖砌体强度下降。

2. 烧结多孔砖与烧结空心砖

根据《砖和砌块名词术语》(JC/T 790—1996)的定义，常用于承重部位、孔洞率等于或大于 15%、孔的尺寸小而数量多的砖称为多孔砖；常用于非承重部位，孔洞率等于或大于 35%、孔的尺寸大而数量少的砖称空心砖。

1) 烧结多孔砖与烧结空心砖的特点

烧结多孔砖和空心砖对原料的可塑性要求相比烧结普通砖要高，但原料及生产工艺基本相同。多孔砖为大面有孔洞的砖，孔多而小，使用时孔洞垂直于承压面，表观密度为 1 400kg/m³ 左右。烧结空心砖为顶面有孔洞的砖，孔大而少，表观密度为 800~1100kg/m³，使用时孔洞平行于受力面。

生产多孔砖和空心砖相比于烧结普通砖，砖坯焙烧均匀、烧成率高，可节省黏土 20%~30%，节约燃料 10%~20%。采用多孔砖或空心砖砌筑墙体，可减轻自重 1/3 左右，提高工效约 40%，同时还能改善墙体的热工性能。

近年来，为了节约土地资源和减少能源消耗，多孔砖和空心砖的发展也十分迅速，国家和各地方政府的有关部门都制定了限制生产和使用实心砖的政策，鼓励生产和使用多孔砖及空心砖。

2) 主要技术要求

根据《烧结多孔砖》(GB 13544—2000)及《烧结空心砖和空心砌块》(GB 13545—2003)的规定，其具体技术要求如下。

(1) 形状与规格尺寸。

烧结多孔砖和烧结空心砖均为直角六面体，它们的形状分别如图 2.1 和图 2.2 所示，其中烧结多孔砖的长度、宽度、高度尺寸(单位均为 mm)应符合下列要求：

长度为 290，240，190，宽度为 240，190，180，175，140，115mm，高度为 90mm。

图 2.1　烧结多孔砖

图 2.2　烧结空心砖

其孔洞尺寸应符合表 2.2 的规定。

表 2.2　烧结多孔砖孔洞尺寸

单位：mm

圆孔直径	非圆孔内切圆直径	手抓孔
≤22	≤15	(30～40)×(75～85)

另外，按标准《烧结空心砖和空心砌块》(GB 13545—2003)的规定，烧结空心砖和空心砌块的长度、宽度、高度尺寸应符合下列要求：390，280，240，190，180(175)，140，115，90(mm)。其孔型采用矩形条孔或其他孔型。

(2) 强度等级及质量等级。

烧结多孔砖根据其抗压强度分为 MU30、MU25、MU20、MU15 和 MU10 五个等级(见表 2.3)，强度和抗风化性能合格的砖，根据尺寸偏差、外观质量及耐久性等又分为优等品(A)、一等品(B)和合格品(C)三个产品等级。

表 2.3　烧结多孔砖的强度等级

单位：MPa

强度等级	抗压强度平均值 $f \geq$	变异系数≤0.21 强度标准值 $f_k \geq$	变异系数 $\delta > 0.21$ 单块最小抗压强度值 $f_{min} \geq$
MU30	30.0	22.0	25.0
MU25	25.0	18.0	22.0

续表

强度等级	抗压强度平均值 f≥	变异系数≤0.21 强度标准值 f_k≥	变异系数 δ>0.21 单块最小抗压强度值 f_{min}≥
MU20	20.0	14.0	16.0
MU15	15.0	10.0	12.0
MU10	10.0	6.5	7.5

烧结空心砖和空心砌块根据其大面和条面的抗压强度值分为 MU10.0、MU7.5、MU5.0、MU3.5、MU2.5 五个等级(见表2.4)，同时又按其表观密度分为 800、900、1000、1100 四个密度级别。每个密度级别的产品根据其孔洞及孔排列数、尺寸偏差、外观质量、强度等级和耐久性等分为优等品(A)、一等品(B)和合格品(C)三个质量等级。

表2.4 烧结空心砖和空心砌块强度等级

强度等级	抗压强度/MPa			密度等级范围 (kg/m³)≤
	抗压强度平均值 $\bar{f}$≥	变异系数 δ>0.21 强度标准值 f_k≥	变异系数 δ>0.21 单块最小抗压强度值 f_{min}≥	
MU10.0	10.0	7.0	8.0	1100
MU7.5	7.5	5.0	5.8	
MU5.0	5.0	3.5	4.0	
MU3.5	3.5	2.5	2.8	
MU2.5	2.5	1.6	1.8	800

(3) 耐久性。烧结多孔砖的耐久性要求主要包括：泛霜、石灰爆裂和抗风化性能。各质量等级砖的泛霜、石灰爆裂和抗风化性能要求与烧结普通砖相同。

烧结多孔砖和烧结空心砖的技术要求，如尺寸允许偏差、外观质量、强度和耐久性等均按《砌墙砖试验方法》(GB/T 2542—2003)规定进行检测。

3) 烧结多孔砖和空心砖的应用

烧结多孔砖强度较高，主要用于砌筑6层以下的承重墙体。空心砖自重轻、强度较低，多用作非承重墙，如多层建筑内隔墙、框架结构的填充墙等。

3. 空心玻璃砖

空心玻璃砖由两块半坯在高温下熔接而成(见图 2.3)。由于中间是密闭的腔体并且存在一定的微负压，具有透光、不透明、隔音、热导率低、强度高、耐腐蚀、保温、隔潮等特点。

图2.3 空心玻璃砖

1) 成分及特点

空心玻璃砖的化学成分是高级玻璃砂、纯碱、石英粉等硅酸盐无机矿物，各原料被高温熔化，并经精加工而成，无毒无害无污染，无异味，不对人体构成任何侵害，是一种绿色环保产品。

2) 常见规格

空心玻璃砖的规格，主要从形状、大小、颜色、纹理等几个方面来描述。玻璃砖最常见的形状为正方形，最常见的长、宽、厚度为 190mm×190mm×80mm，另外 145mm×145mm×80mm 型号在国内的销量也是很不错的。其他的还有 240mm×240mm×80mm、240mm×115mm×80mm 及异型砖，如 190mm×90mm×80mm。

颜色方面，因为生产工艺以及技术方面的不同，各个厂家产品的颜色也是不尽相同的，但总体来讲，一般有蓝色、绿色、粉色、棕色、灰色 5 个色系，还会在这些颜色的基础上，衍生一些浅色或者加入其他颜色融合为另一种新颜色。另外，厂家也会根据客户的要求，研制生产其他颜色的玻璃砖。

3) 主要性能

空心玻璃砖是玻璃家族的新成员，它保持了玻璃的原有特性，又融合了作为结构砌块等建筑施工方面的新功能，还由于其本身具有不同规格、花纹和颜色，因而还具有极强的装饰功能。由于空心玻璃砖内部有密封的空腔，因而具有隔音、隔热、控光、防火、减少灰尘通过及防结露等性能。

空心玻璃砖主要应用于银行、办公、医院、学校、酒店、机场、车站、景观、影墙、民用建筑、室内隔断、舞台、疗养院、车站、机场、体育馆、游乐场、公寓等，是当今国际市场较为流行的新型饰材。水立方国家游泳馆、上海世博会联合国馆、上海东方体育中心、上海广播电视大学、京沪高铁德州站、北京全国政协大厦、天津晚报大厦、山东卫视大厦、济南机场、深圳体育馆等著名建筑均采用了空心玻璃砖。

2.1.2 蒸养(压)砖

蒸养(压)砖属于硅酸盐制品，以石灰和含硅原料(砂、粉煤灰、炉渣、矿渣、煤矸石等)加水拌和，经成型、蒸养(压)制成，其规格尺寸与烧结普通砖相同。目前使用的蒸养(压)砖主要有粉煤灰砖、灰砂砖和炉渣砖。

1. 粉煤灰砖

粉煤灰砖是以粉煤灰和石灰为主要原料，掺入适量的石膏和炉渣，加水混合制成坯料，经陈化、轮碾、加压成型，再经常压或高压蒸养而制成的一种墙体材料。

2. 灰砂砖

灰砂砖是用石灰和天然砂经混合搅拌、陈化、轮碾、加压成型、蒸养而制得的墙体材料。根据国家标准《蒸压灰砂砖》(GB 11945—1999)规定，按抗压强度和抗折强度分为 MU25、MU20、MU15 和 MU10 四个等级。根据尺寸偏差和外观质量分为优等品(A)、一等品(B)和合格品(C)三个质量等级。

2.1.3 混凝土路面砖

混凝土路面砖(见表 2.5)分为人行道砖和车行道砖两种，按其形状又分为普通型砖和异型砖两种。路面砖通常采用彩色混凝土制作，也有本色砖。普通型铺地砖有方形、六角形等多种，其表面可做成各种图案花纹，故又称花阶砖。异型路面砖铺设后，砖与砖之间相互产生连锁作用，故又称连锁砖。连锁砖可由不同的排列形式呈现出多种不同图案的路面。采用彩色路面砖铺筑，可铺成丰富多彩具有美丽图案的路面和永久性的交通管理标志，具有美化城市的作用。

表 2.5　混凝土路面砖的规格尺寸

单位：mm

边长	100，150，200，250，300，400，500
厚度	50，60，80，100，120

彩色混凝土路面砖在使用中表面会出现"白霜"，其原因是混凝土中的氢氧化钙及少量硫酸钠随混凝土内水分蒸发而迁向表面，并在混凝土表面结晶沉淀，然后又与空气中的二氧化碳作用而生成白色的碳酸钙和碳酸钠晶体，这就是"白霜"。"白霜"会遮盖混凝土的色彩，严重降低其装饰效果，可采取以下措施防止"白霜"：混凝土采用低水灰比、采用机械搅拌和振动成型提高砖的密实度、采用蒸汽养护；硬化混凝土表面喷涂有机硅系憎水剂、丙烯酸系树脂等表面处理剂；并尽量避免使用深色的混凝土。

2.2 砌　　块

砌块是一种比黏土砖体型大的块状砌筑材料，除了用于砌筑墙体外，还可用于挡土墙、高速公路音障及其他砌块构成物。我国目前使用的砌块品种很多，其分类的方法也不同。按砌块特征，可分为实心砌块和空心砌块两种，凡块承重面的面积小于毛截面的 75%者属于空心砌块，等于或大于 75%者属于实心砌块。空心砌块的空心率一般为 30%～50%。按生产砌块的原材料不同，可分为混凝土砌块和硅酸盐砌块。

2.2.1　普通混凝土小型空心砌块

混凝土小型空心砌块是由水泥、水、砂、石按一定比例配合，经搅拌、成型和养护而成，其空心率为 25%～50%，常用的混凝土小型空心砌块外形如图 2.4 所示。小型空心砌块的主规格为 390mm×190mm×190mm，配以 3～4 种辅助规格，即可组成墙用砌块基本系列。

图 2.4　混凝土小型空心砌块

1．混凝土小型空心砌块的特点

混凝土小型空心砌块自重轻、热工性能好、抗震性能好、砌筑方便、墙面平整度好、施工效率高等，不仅可以用于非承重墙，较高强度等级的砌块也可用于多层建筑的承重墙。可充分利用我国各种丰富的天然轻集料资源和一些工业废渣，对降低砌块生产成本和减少环境污染具有良好的社会和经济双重效益。

混凝土小型空心砌块的生产、设计、施工以及质量管理等方面均应注意保证其特殊要求。砌块出厂必须达到规定的强度。砌块装卸和运输应平稳，装卸时，应轻拿轻放，避免撞击，严禁倾斜、重掷。装饰砌块在装运过程中，不得弄脏和损伤饰面。砌块应按不同规格和等级分别整齐堆放，堆垛上应设标志，堆放场地必须平整，并做好排水，地面上宜铺垫一层煤渣屑或石屑、碎石等。砌块应按密度等级、强度等级和质量等级分批堆放，不得混杂。混凝土空心小型砌块的堆叠高度不超过 1.6m，开口端应向下放置。堆垛间应保留适当通道,并采取防止雨淋措施。

2. 主要技术性质

(1) 砌块的密度。混凝土砌块的密度取决于原材料、混凝土配合比、砌块的规格尺寸、孔型和孔结构、生产工艺等。普通混凝土砌块的密度一般为 $1100\sim1500$kg/m^3,轻混凝土砌块的密度一般为 $700\sim1000$kg/m^3。

(2) 砌块的强度。混凝土砌块的强度用砌块受压面的毛面积除以破坏荷载求得,砌块按强度分为 MU3.5、MU5.0、MU10.0、MU15.0 和 MU20.0 五个等级。

(3) 砌块的吸水率和软化系数。混凝土砌块原材料的种类、配合比,砌块的密实度和生产工艺等决定了砌块的吸水率和软化系数。用普通砂、石作骨料的砌块,吸水率低,软化系数较高;用轻骨料生产的砌块吸水率高,而软化系数低。砌块密实度高,则吸水率低,而软化系数高;反之,则吸水率高,软化系数低。通常普通混凝土砌块的吸水率为 $6\%\sim8\%$,软化系数为 $0.85\sim0.95$。

(4) 砌块的收缩。与烧结砖相比较,砌块砌筑的墙体较易产生裂缝。其原因是多方面的,就墙体材料本身而言,由砌块失去水分而产生收缩和砂浆失去水分而收缩两种原因造成。砌块采用的骨料种类、混凝土配合比、养护方法和使用环境的相对湿度决定了其收缩值的大小。在相对湿度相同的条件下,轻骨料混凝土砌块的收缩值较普通混凝土砌块大一些;采用蒸压养护工艺生产的砌块比采用蒸汽养护的砌块收缩值要小。

目前我国普通混凝土砌块的收缩值为 $0.235\sim0.427$mm/m,煤渣砌块的收缩值为 0.34mm/m。

(5) 砌块的导热系数。混凝土砌块的导热系数随混凝土材料的不同而有差异。例如,在相同的孔结构、规格尺寸和工艺条件下,以卵石、碎石和砂为集料生产的混凝土砌块,其导热系数要大于以煤渣、火山渣、浮石、煤矸石、陶粒等为骨料的混凝土砌块。又如在相同的材料、壁厚、肋厚和工艺条件下,由于孔结构不同(如单排孔、双排孔或三排孔砌块),单排孔砌块的导热系数要大于多排孔砌块。

3. 混凝土砌块的应用

混凝土砌块是由可塑的混凝土加工而成,其形状、大小可随设计要求不同而改变,因此它既是一种墙体材料,又是一种多用途的新型建筑材料。通过改变混凝土的配合比和砌块的孔洞,可使混凝土砌块的强度在较大幅度内得到调整,适用于建筑地震设计烈度为 8 度及 8 度以下地区的各种建筑墙体,包括高层与大跨度的建筑,也可以用于围墙、挡土墙、桥梁和花坛等市政设施,应用范围十分广泛。混凝土砌块自重较实心黏土砖轻,地震荷载较小,砌块有空洞便于浇注配筋芯柱,能大大提高建筑物的延性。此外,混凝土砌块的绝热、隔声、防火、耐久性等与黏土砖基本相同,能满足一般建筑要求。

铺地砌块是混凝土砌块中的另一类主要产品。它的外形一般为工字形、六边形及其他多边形。其特点是块型变化多、色彩丰富、铺砌简便、更换方便且经久耐用,适用于多种地面和路面工程。

混凝土砌块还可用于挡土墙工程,这些砌块可采用密实砌块或空心块,外表面可用砌块原型,也可将外露面加工成各种有装饰效果的表面。例如,北京的一些立交桥所用的琢毛砌块,外观如天然毛石。此外,混凝土砌块还在道路护坡、堤岸护坡等工程中使用。

2.2.2 石膏砌块

生产石膏砌块的主要原材料为天然石膏或化工石膏。在石膏中掺入防水剂可提高其耐水性。掺入适量的锯末、膨胀珍珠岩、陶粒等轻质多孔填充材料可减小石膏砌块的表观密度和降低其导热性。石膏砌块质轻、不可燃、绝热吸气、便于加工，生产工艺简单，价格低廉，多用作内隔墙。

2.2.3 加气混凝土砌块

加气混凝土砌块是用钙质材料(如水泥、石灰)、硅质材料(粉煤灰、石英砂、粒化高炉矿渣等)和加气剂作为原料，经混合搅拌、浇注发泡、坯体静停与切割后，再经蒸压养护而成。

加气混凝土砌块具有表观密度小、保温性能好及可加工等优点，一般在建筑物中主要用作非承重墙体的隔墙。另外，由于加气混凝土内部含有许多独立的封闭气孔不仅切断了部分毛细孔的通道，而且在水的结冰过程中起着压力缓冲作用，所以具有较高的抗冻性。

2.3 砌筑用石材

砌筑石材有天然形成的和人工制造的两大类。我国对天然石材的使用已有悠久的历史和丰富的经验，如河北的隋代赵州桥、江苏的洪泽湖大堤、北京的人民英雄纪念碑等，都是使用石材的典范。近几十年来，由于钢筋混凝土和新型土木工程材料的应用和发展，虽然在很大程度上代替了天然石材，但由于天然石材在地壳表面分布广，蕴藏丰富，便于就地取材，加之石材具有相当高的强度、良好的耐磨性和耐久性，因此，在土木工程中仍得到了广泛的应用。

2.3.1 石材的分类

天然石材是采自地壳表层的岩石，根据生成条件，按地质分类法可分为火成岩、沉积岩和变质岩三大类。

1. 火成岩

火成岩又称岩浆岩，是岩浆侵入地壳或喷出地表后冷凝而成的岩石，是组成地壳的主要岩石。它根据冷却条件的不同，可分为深成岩、喷出岩和火山岩三类。

(1) 深成岩。深成岩是岩浆在地壳深处，受上部覆盖层的压力作用，缓慢且均匀地冷却成的岩石。深成岩的特点是晶粒较粗，呈致密块状结构。因此，深成岩的表观密度大、强度高、吸水率小、抗冻性好。工程上常用的深成岩有花岗岩、正长岩、闪长岩和辉长岩等。

(2) 喷出岩。喷出岩为熔融的岩浆喷出地壳表面，迅速冷却而成的岩石。由于岩浆喷出地表时压力骤减且迅速冷却，结晶条件差，多呈隐晶质或玻璃体结构。如喷出岩凝固成很厚的岩层，其结构则接近深成岩。当喷出岩凝固成比较薄的岩层时，常呈多孔构造。工程上常用的喷出岩有玄武岩、安山岩和辉绿岩等。

(3) 火山岩。火山岩是火山爆发时岩浆喷到空中，急速冷却后形成的岩石。火山岩为玻璃体结构且呈多孔构造，如火山灰、火山砂、浮石和凝灰岩。火山砂和火山灰常用作水泥的混合材料。

2. 沉积岩

沉积岩是在地壳发展演化过程中，在地表或接近地表的常温常压条件下，由岩石遭受风化剥蚀作用的破坏产物，以及生物作用与火山作用的产物在原地或经过外力的搬运所形成的沉积层经成岩作用而成的岩石。沉积岩大都呈层状构造，表观密度小、孔隙率大、吸水率大、强度低、耐久性差，而且各层间的成分、构造、颜色及厚度都有差异。沉积岩可分为机械沉积岩、化学沉积岩和生物沉积岩。

(1) 机械沉积岩。机械沉积岩是各种岩石风化后，经过流水、风力或冰川作用的搬运及逐渐沉积，在覆盖层的压力下或由自然胶结物胶结而成，如页岩、砂岩和砾岩等。

(2) 化学沉积岩。化学沉积岩是岩石中的矿物溶解在水中，经沉淀沉积而成，如石膏、菱镁矿、白云岩及部分石灰岩等。

(3) 生物沉积岩。生物沉积岩是由各种有机体残骸经沉积而成的岩石，如石灰岩、硅藻土等。

3. 变质岩

岩石由于强烈的地质活动，在高温和高压下，矿物再结晶或生成新矿物，使原来岩石的矿物成分及构造发生显著变化而成为一种新的岩石，称为变质岩。

一般沉积岩形成变质岩后，其建筑性能有所提高，如石灰岩和白云岩变质后成为大理岩，砂岩变质后成为石英岩，都比原来的岩石坚固耐久。相反，深成岩经变质后会产生片状构造，建筑性能反而恶化，如花岗岩变质成为片麻岩后，易于分层剥落，耐久性差。

整个地表岩石分布情况为：沉积岩占 75%，火成岩和变质岩占 25%。

2.3.2 石材的技术性质

1. 表观密度

石材的表观密度与矿物组成及孔隙率有关。孔隙率较小的石材如花岗岩和大理岩等，其表观密度与密度接近，约为 2500~3100kg/m³。孔隙率较大的石材，如火山凝灰岩、浮石等，其表观密度较小，约为 500~1700kg/m³。天然石材按表观密度分为轻质石材和重质石材。表观密度小于 1800kg/m³ 的为轻质石材，一般用作墙体材料；表观密度大于 1800kg/m³ 的为重质石材，可作为建筑物的基础、贴面、地面、房屋外墙、桥梁和水工构筑物等。

2. 吸水性

石材的吸水性主要与其孔隙率和孔隙特征有关。孔隙特征相同的石材，孔隙率越大，吸水率也越高。深成岩以及许多变质岩孔隙率都很小，因而吸水率也小。石材吸水后强度降低，抗冻性变差，导热性增加，耐水性和耐久性下降。表观密度大的石材，孔隙率小，吸水率也小。

3. 耐水性

石材以软化系数表示其耐水性。根据软化系数的大小，石材的耐水性分为高、中、低三等，软化系数大于 0.90 的为高耐水性石材，软化系数为 0.70～0.90 的为中耐水性石材，软化系数为 0.60～0.70 的为低耐水性石材。土木工程中使用的石材，软化系数应大于 0.80。

4. 抗冻性

抗冻性是指石材抵抗冻融破坏的能力，石材的抗冻性与吸水率大小有密切关系。一般吸水率大的石材，抗冻性能较差。此外，抗冻性还与石材的吸水饱和程度、冻结温度和冻融次数有关。石材在水饱和状态下，经规定次数的冻融循环后，若无贯穿裂缝且重量损失不超过 5%，强度损失不超过 25%时，则为抗冻性合格。

5. 耐火性

石材的化学成分及矿物组成决定了其耐火性。由于各造岩矿物热膨胀系数不同，受热后体积变化不一致，将产生内应力而导致石材崩裂破坏。另外，在高温下，造岩矿物会产生分解或晶型转变。例如，含有石膏的石材，在 100℃以上时即开始遭到破坏。含有石英和其他矿物结晶的石材，如花岗岩等，当温度在 700℃以上时，由于石英受热膨胀，花岗岩的强度会迅速下降。

6. 抗压强度

天然石材的抗压强度取决于其矿物组成、结构、构造特征、胶结物质的种类及均匀性等。例如，花岗岩的主要造岩矿物是石英、长石、云母和少量暗色矿物，若石英含量高，则强度高；若云母含量高，则强度低。

石材是非均质和各向异性的材料，而且是典型的脆性材料，其抗压强度高，抗拉强度比抗压强度低得多，约为抗压强度的 1/10～1/20。测定岩石抗压强度的试件为尺寸 50mm×50mm×50mm 的立方体。按吸水饱和状态下的抗压极限强度平均值，天然石材的强度可分为 MU100、MU80、MU60、MU50、MU40、MU30、MU20、MU15、MU10 九个等级。

7. 硬度

天然石材的硬度以莫氏或肖氏硬度表示，它主要取决于组成岩石的矿物硬度与构造。由致密、坚硬的矿物所组成的岩石，其硬度较高；结晶质结构的硬度高于玻璃质结构；构造致密的岩石硬度也较高。岩石的硬度与抗压强度密切相关，一般抗压强度高的其硬度也大。岩石的硬度越大，其耐磨性和抗刻画性能越好，但表面加工越困难。

8. 耐磨性

石材的耐磨性是指石材在使用条件下抵抗摩擦、边缘剪切以及撞击等复杂作用而不被磨损(耗)的性质，耐磨性包括耐磨损性和耐磨耗性两个方面。耐磨损性以磨损度表示，它是石材受摩擦作用，其单位摩擦面积质量损失的大小。耐磨耗性以磨耗度表示，它是石材同时受摩擦与冲击作用，其单位质量产生的质量损失的大小。

石材的耐磨性与岩石组成矿物的硬度及岩石的结构和构造相关。通常，岩石的强度高、构造致密，则耐磨性也较好。

2.3.3 石材的应用

1. 毛石

毛石是不成形、处于开采以后的自然状态的石料。毛石有乱毛石和平毛石两种。乱毛石各个面的形状不规则，平毛石虽然形状也不规则，但大致有两个平行的面。土木工程用的毛石一般要求中部厚度不小于 15cm，长度为 30~40cm，抗压强度应大于 10MPa，软化系数不小于 0.80。毛石主要用于砌筑建筑物基础、勒脚、墙身、挡土墙、堤岸及护坡等，还可以用于浇筑片石混凝土，致密坚硬的沉积岩可用于一般的房屋建筑，而重要的工程应采用强度高、抗风性能好的岩浆岩。

2. 料石

料石是由人工或机械开采出的较规则的六面体石块，通常按加工平整程度分为毛料石、粗料石、半细料石和细料石 4 种。

料石一般由致密的砂岩、石灰岩、花岗岩加工而成，有条石、方石及楔形的拱石等。毛料石形状规则，大致方正，正面的高度不小于 20cm，长度与宽度不小于高度，抗压强度不得低于 30MPa。粗料石形体方正，其正面经锤凿加工，要求正表面的凹凸相差不大于 20mm。半细料石和细料石是用作镶面的石料，规格、尺寸与粗料石相同，而凿琢加工的要求则比粗料石更高更严，半细料石正表面的凹凸相差不大于 10mm，而细料石则相差不大于 2mm。

料石主要用于建筑物的基础、勒脚、墙体等部位，半细料石和细料石主要用作镶面材料。

3. 石板

石板是用致密的岩石凿平或锯成的一定厚度的岩石板材。作为饰面用的板材，一般采用大理岩和花岗岩加工制作。饰面板材要求耐磨、耐久、无裂缝或水纹，色彩丰富，外表美观。花岗岩板材主要用于建筑工程的室外装修、装饰，板材(表面平滑无光)主要用于建筑物外墙面、柱面、台阶及勒脚等部位；磨光板材(表面光滑如镜)主要用于室内外墙面、柱面。大理石板材经研磨抛光成镜面，主要用于室内装饰。

4. 广场地坪、路面、庭院小径用石材

广场地坪、路面、庭院小径用石材主要有石板、方石、条石、拳石、卵石等，这些岩石要求坚实耐磨，抗冻和抗冲击性好。当用平毛石、拳石、卵石铺筑地坪或小径时，可以利用石材的色彩和外形镶拼成各种图案。

本 章 小 结

砌筑材料是土木工程中最重要的材料之一,其中包括砌墙砖、砌块和砌筑石材等。

砌墙砖的主要技术要求包括尺寸、外观质量、强度等级、抗风化性能、泛霜和石灰爆裂。泛霜和石灰爆裂轻则影响外观,重则导致砖体表面粉化脱落而影响砌体强度。空心砖、多孔砖具有重量轻、节省原料、节能环保等优点,因而国家和各地方政府的有关部门都制定了限制生产和使用实心砖的政策,鼓励生产和使用多孔砖及空心砖。

砌块是一种比黏土砖体型大的块状的砌筑材料,可分为实心砌块和空心砌块。根据砌块所用材料不同可具有不同功能特性,如加气混凝土砌块具有质轻、保温、抗冻性好等特点;石膏砌块具有阻燃、隔热等特点。

砌筑石材根据生成条件,按地质分类法可分为火成岩、沉积岩和变质岩三大类,其性质包含表观密度、吸水性、耐水性、抗冻性、耐火性、抗压强度、硬度和耐磨性等。

课 后 习 题

1. 砌墙砖有哪几种?它们各有什么特性?
2. 什么是砖的泛霜和石灰爆裂?它们对建筑的影响是什么?
3. 简单叙述判断普通烧结砖抗风化性能的方法?
4. 混凝土空心砌块与蒸压加气混凝土砌块有什么不同?
5. 天然原石按成岩条件可分为哪几类?它们各自的特点是什么?

第3章 石 材

3.1 天然石材

岩石是由各种不同的地质作用所形成的天然矿物构成的集合体，组成岩石的矿物称为造岩矿物。矿物是地壳中受各种不同的地质作用所形成的具有一定化学组成和物理性质的单质或化合物。目前已经发现的矿物有 3300 多种，绝大多数是固态无机物，主要造岩矿物有 30 多种，其中由单一矿物组成的岩石称为单成岩，由两种或者多种矿物组成的岩石称为复成岩。单成岩的性质取决于其矿物组成及结构，而复成岩的性质则由其矿物的相对含量及结构构造来决定。

凡是从天然岩石中开采出来的，经加工或未经加工的石材，统称为天然石材。天然石材在地壳中蕴藏丰富，分布广泛，便于就地取材。在性能上，天然石材具有抗压强度高、耐久、耐磨等优点。天然石材是最古老的建筑材料之一，意大利的比萨斜塔、古埃及的金字塔、我国河北的赵州桥等(见图 3.1)，均为著名的古代石结构建筑。由于石材脆性大、抗拉强度低、自重大、开采加工较困难等原因，近代已逐步被混凝土材料替代。但石材用于建筑装饰已有悠久的历史，早在 2000 多年前的古罗马时代，就开始使用白色及彩色大理石等作为建筑饰面材料，在建筑立面上使用天然石材，不仅具有坚定、稳重的质感，还可以取得庄重、雄伟的艺术效果。天然石材不仅可以直接用作土木工程材料，还是许多材料及制品的原材料，如石灰、水泥及玻璃的主要原料就是石灰石，而天然砂、卵石以及人工碎石又是配制砂浆和混凝土等的原料。因此，在现代建筑领域中，石材的应用前景依然十分广阔。

(a) 比萨斜塔

(b) 金字塔

(c) 赵州桥

图 3.1　天然石材

3.1.1 天然岩石的分类

岩石根据其形成地质条件分为岩浆岩、沉积岩和变质岩三大类。

1. 岩浆岩

岩浆岩又叫做火成岩，是地壳深处的熔融岩浆上升到地表附近或者喷出地表时，由于热量散失逐渐冷凝而成，如图3.2所示。

岩浆岩根据形成条件不同分为深成岩、喷出岩和火山岩三类。其中，深成岩结晶完整、晶粒粗大且结构较密，具有抗压强度高、孔隙率及吸水率小、体积密度大、抗冻性好等特点。喷出岩因形成的岩层厚度不同而具有不同的结构和特点，岩层较厚时，其结构与性质类似深成岩；若岩层较薄时则形成玻璃质结构及多孔构造，其性质近于火山岩。火山岩具有玻璃质结构和多孔构造。

岩浆岩按照其结晶程度分为全晶质结构、半晶质结构和非晶质结构。全晶质结构中的矿物为结晶体，其矿物颗粒比较粗大，肉眼可以辨别，这些是深成岩的结构特征。半晶质结构中的矿物部分结晶，这是由于岩浆冷却较快，部分来不及冷凝为玻璃质，常见于喷出岩。非晶质结构中的矿物全部为玻璃质，几乎不含结晶体，多是岩浆喷出地表迅速冷却而成的岩石。

2. 沉积岩

沉积岩又称为水成岩，是由岩石经风化、破碎后，在水流、山峰或者冰川作用下搬运、堆积，再经过胶结、压密等成岩作用而成的岩石。沉积岩的主要特征是具有层理性，呈层状构造，各层的组成、颜色、性能均不同且为各向异性。反映了在不同地质年代含有的大量次生矿物，如胶土矿物、碳酸盐类和硫酸盐类等。按照成岩作用的性质，沉积岩的成因可分为碎屑沉积、化学沉积和生物沉积三类，如图3.3所示。

图3.2 岩浆岩

图3.3 沉积岩

沉积岩具有碎屑结构、泥质结构、化学结构与生物结构等。碎屑结构是由碎屑物质被胶结而成的岩石结构；泥质结构是由极细小的碎屑和胶土矿物积聚而成的岩石结构，其结构质地较弱，但比较均匀一致；化学结构是通过化学溶液沉淀结晶而成的岩石结构；生物结构是由生物遗体或者碎片相互堆聚所构成的结构。与岩浆岩相比，沉积岩体积密度小、孔隙率和吸水率较大、强度和耐久性较低。

3. 变质岩

变质岩是岩浆岩或沉积岩在地质条件发生剧烈变化时,在高温、高压或者其他因素作用下,经过变质作用后形成的岩石。其结构与岩浆岩相似,主要形式有变晶结构、变余结构等。

变晶结构是由重结晶作用形成的,是变质岩中最常见的结构,如图 3.4 所示。根据变晶矿物颗粒的相对大小可分为等粒变晶结构、不等粒变晶结构和斑状变晶结构等。变余结构是原岩在变质作用时,重结晶不完全,残留着部分原岩的结构,它也是变质岩的最大特征之一。

图 3.4 变质岩

3.1.2 主要技术性质

工程中使用天然石材时,要根据用途、使用部位等考虑其技术性质。作为承重材料使用主要考虑物理性质、力学性质和耐久性等。物理性质包括表观密度、吸水率、耐水性、耐热性和导热性等;力学性质包括抗压强度、冲击韧性、硬度等;耐久性主要考虑抗冻性和耐磨性等。石材用作装饰材料时,主要考虑其加工性、磨光性、可胶性等。板材制品则主要检测其形状尺寸的偏差范围和表面质量,以保证装饰材料的要求。

3.1.3 岩石的物理性质

1. 表观密度

石材的表观密度与其矿物组成和孔隙率有关。致密的石材如花岗石、大理石等,其表观密度接近于其密度,一般为 2500~3100kg/m³。而孔隙率较大的石材,如火山凝灰岩、浮石等,其表观密度远小于其密度,为 500~1700 kg/m³。因此,表观密度的大小间接地反映了石材内部结构的密实性和坚硬程度。同种石材,其表观密度越大,石材越坚硬,其抗压强度越高,耐久性越好。

按照表观密度的大小,可将石材分为重石和轻石两类。

表观密度小于 1800 kg/m³ 时,称为轻石,多用作有轻质保温要求的墙体材料。表观密度大于或者等于 1800m kg/m³ 时,称为重石,主要在基础、贴面、地面、桥梁及水工构筑物等结构物中作为较高强度的材料、高耐久性的耐腐蚀面材与水工覆面材料,以及耐磨性和装饰性的道路材料或者装饰材料等。

2. 吸水性

岩石吸水性的大小主要取决于其内部孔隙率及孔隙特征,因此吸水性也是反映石材内部结构致密性和密实程度的物理性能指标。深成岩以及一些变质岩的孔隙率很小,因而吸水率也很低,如花岗岩的吸水率通常小于 0.5%。

沉积岩由于形成条件的不同,密实程度也有所不同,内部孔隙率与孔隙特征的变化也很大,因而其吸水率波动也很大。致密的石灰岩,吸水率一般小于 1%;表面多孔的贝壳石灰岩，吸水率则可达15%。

通常吸水率小于15%的岩石称为低吸水性岩石，吸水率15%～30%的岩石称为中吸水性岩石，吸水率大于30%的岩石称为高吸水性岩石。

石材的吸水性对其强度和耐久性有很大影响。石材吸水后，内部结构减弱，降低了矿物颗粒之间的胶结力，从而使石材的强度降低。同时，吸水性还会影响其导热性、抗冻性等性质。

3. 耐水性

耐水性是指石材在吸水饱和状态下的抗压强度与干燥状态下的抗压强度之比。当岩石中含有较多的胶土或易溶物时，软化系数较小，耐水性较差。石材的耐水性用软化系数来衡量。

高耐水石材软化系数大于0.90，中耐水石材软化系数为0.70～0.90，低耐水石材软化系数为0.60～0.70。对于软化系数小于0.60的石材，不能用于重要建筑。

4. 耐热性

石材的耐热性主要取决于其化学成分和矿物组成。含有石膏的石材，温度超过100℃其结构开始发生破坏；含有碳酸镁的石材，温度高于625℃时其结构会发生破坏；含有碳酸钙的石材，温度达到827℃时其结构才开始发生破坏；而由石英组成的石材，如花岗石等，当温度超过573℃时，由于石英受热膨胀，石材强度会迅速下降。

5. 导热性

石材的导热性主要与其致密程度和结构状态有关。相同成分的石材，玻璃态比结晶态的导热系数小，孔隙率较高且具有封闭孔隙的石材导热性差。轻质石材的导热系数为0.23～0.70W/(m·K)，而重质石材的导热系数可达2.91～3.49W/(m·K)。

6. 抗风化性

水、冰、化学因素等造成岩石开裂或者剥落的过程，称为岩石的风化。孔隙率的大小对风化有很大影响。当岩石内含有较多的黄铁矿、云母时，风化速度快，此外由方解石、白云石组成的岩石在酸性气体环境中也易风化。

防风化的措施主要有磨光石材表面、防止表面积水、采用有机硅喷涂表面，对于碳酸盐类石材可采用氟硅酸镁溶液处理石材表面。

3.1.4 岩石的力学性能

1. 抗压强度

石材的抗压强度主要取决于矿石的矿物组成、结构与构造特征、胶结物质的种类与均匀性等。用于砌体结构的石材抗压强度采用边长为70mm的立方体试件进行测试，并以三个试件破坏程度的平均值表示。

石材的强度等级是根据抗压强度值来划分的。根据《砌体结构设计规范》(GB 50003—2001)的规定，石材的强度可分为MU100、MU80、MU60、MU50、MU40、MU30、MU20七个等级。石材的尺寸换算系数详见表3.1。

表 3.1　石材的尺寸换算系数

立方体边长/mm	200	150	100	70	50
换算系数	1.43	1.28	1.14	1	0.86

2. 硬度

石材的硬度主要与其组成矿物的硬度和构造有关，多以莫氏硬度或肖氏硬度来表示。抗压强度越高，其硬度越高；硬度越高，其耐磨性和抗刻画性越好，但其表面加工更困难。

3. 冲击韧性

石材的冲击韧性取决于矿物的组成与结构。通常，晶体结构的岩石比非晶体结构的岩石韧性好；石英岩、硅质砂岩的脆性较高而表现为更差的韧性；含暗色矿物多的辉长岩、辉绿岩等具有相对较好的韧性。

3.1.5　岩石的耐久性

1. 抗冻性

石材的抗冻性是用冻融循环次数来表示的。石材在吸水饱和状态下，经反复冻融循环，若无贯穿裂缝，且质量损失不超过 5%，强度损失不超过 25%，则认为抗冻性合格。其允许的冻融循环次数就是抗冻等级。

石材的抗冻能力主要与其吸水性、矿物组成及冻结情况有关。通常，吸水率越低，抗冻性越好。

2. 耐磨性

石材的耐磨性与其组成矿物的硬度、结构构造、抗压强度等因素有关。石材的组成矿物越坚硬、结构越致密、抗压强度越高时，其耐磨性越好。耐磨性用单位面积磨耗量来表示。对于可能遭受磨损作用的场所，如地面、路面等，应采用高耐磨性的石材。

3.1.6　岩石的工艺性能

石材的工艺性能指开采及加工的适应性，包括加工性、磨光性和抗钻性等。

石材的加工性是指岩石被劈裂、破碎、凿磨等的难易程度。通常强度、硬度、韧性较高的石材多不易加工；质脆而粗糙、有颗粒交错结构、含有层状或片状解理构造以及风化较严重的岩石，其加工性能更差，很难加工成规则石材。

1. 磨光性

石材的磨光性是指岩石能够研磨成光滑表面的性质。致密、均匀、细粒的岩石，一般都有良好的磨光性，可以磨成光滑亮洁的表面。疏松多孔、有鳞片状构造的岩石，磨光性不好。

2. 抗钻性

石材的抗钻性是指岩石钻孔难易程度的性质。影响抗钻性的因素很复杂，一般与岩石的强度、硬度等有关系。

3.2 常用天然石材

石材有天然形成和人工制造两大类。由开采的天然岩石经过或不经过加工的材料称为天然石材。我国对天然石材的使用有着悠久的历史和丰富的经验，如江苏的洪泽湖大提、北京的人民英雄纪念碑等都是使用天然石材的典范。我国有丰富的天然石材资源，可用于工程的天然石材几乎遍布全国。重质致密的块体石材常用于砌筑基础、桥涵挡土墙、护坡、沟渠与隧道衬砌等；散粒石材(如碎石、砾石、砂等)广泛用作混凝土骨料、道渣和筑路材料等；轻质多孔的块体石材常用于墙体材料，粒状石材可用作轻混凝土的骨料；坚固耐久、色泽美观的石材可用作土木工程构筑物的饰面或保护材料。由于天然石材具有抗压强度高、耐久性和耐磨性良好、资源分布广、便于就地取材等优点而被广泛应用。但其性质较脆、抗拉强度较低、表观密度大、硬度高，开采和加工比较困难。

3.2.1 常用天然石材

天然石材的品种繁多，在岩浆岩、沉积岩和变质岩三大类中，常用的有以下几种。

1. 花岗石

从岩石形成的地质条件看，花岗石属深成岩，也就是地壳内部熔融的岩浆上升至地壳某层的岩石。构成花岗石的主要造岩矿物是长岩(结晶铝硅酸盐)、石英结晶(SiO_2)和少量云母(片状含水铝硅酸盐)。从化学成分看，花岗石主要含 SiO_2 (约 70%)和 Al_2O_3，CaO 和 MgO 含量很少，因此属酸性结晶深成岩，如图 3.5 所示。

花岗石的特点如下：
(1) 色彩斑润，呈斑点状晶粒花样；
(2) 硬度大，耐磨性好；
(3) 耐久性好；
(4) 具有高抗酸腐蚀性；
(5) 耐火性差；
(6) 可以打磨抛光。

花岗石板材的质量应符合《天然花岗石建筑板材》(GB/T 18601—2001)的规定。

2. 大理石

大理石因生产于云南大理而得名，从岩石的形成来看属于变质岩，即由石灰岩或白云岩变质而成。大理石的主要造岩矿物为方解石(结晶碳酸钙)或白云石(结晶碳酸钙镁复盐)，其化学成分主要是 $CaCO_3$(CaO 约占 50%)，酸性氧化物 SiO_2 很少，属碱性的结晶岩石，如图 3.6 所示。

大理石的性质如下：
(1) 颜色绚丽、纹理多姿；
(2) 硬度中等、耐磨性次于花岗石；
(3) 耐酸腐蚀性差，酸性介质会使大理石表面受到腐蚀；

(4) 容易打磨抛光；
(5) 耐久性次于花岗石。

图 3.5 花岗石

图 3.6 大理石

大理石主要用作室内高级饰面材料，也可以用作室内地面或踏步(耐磨性次于花岗石)。由于大理石为碱性岩石，不耐酸，因而不宜用于室外装饰，因为大气中的酸雨容易与岩石中的碳酸钙作用，生成易溶于水的石膏($CaSO_4$)，使大理石表面很快失去光泽变得粗糙多孔，从而降低装饰效果。

大理石板材的质量应符合《天然大理石建筑板材》(GB/T 19766—2005)的规定。

3.2.2 常用石材制品

土木工程中常用的石材制品有毛石、片石、料石和石板等。

1. 毛石

毛石又称块石，是由爆破直接得到的石块。按其表面平整程度分为乱毛石和平毛石两类。

1) 乱毛石

乱毛石是形状不规则的毛石，一般在一个方向的尺寸达 300～400mm，质量为 20～30kg，强度大于 10MPa，软化系数不应小于 0.75，常用于砌筑基础、勒脚、墙身、堤坝、挡土墙等，也可用作混凝土的骨料。

2) 平毛石

平毛石是乱毛石略经加工而成的石块，形状较整齐，表面粗糙，其中部厚度不应小于 200mm。

2. 料石

料石又称条石，是由人工或机械开采的较规则的并略加凿琢而成的六面体石块。料石按照表面加工的平整程度可以分为以下 4 种。

1) 毛料石

一般不加工或仅稍加修整，外形大致方正的石块。其厚度不小于 200mm，长度常为厚度的 1.5～3 倍，叠砌面凹凸深度不应大于 25mm。

2) 粗料石

外形较方正，截面的宽度、高度不应小于 200mm，而且不小于长度的 0.25 倍，叠砌面凹凸深度应大于 20mm。

3) 半细料石

外形方正，规格尺寸同粗料石，但叠砌面凹凸深度不应大于15mm。

4) 细料石

经过细加工，外形规则，规格尺寸同粗料石，其叠砌面凹凸深度不应大于10mm。长方形的细料石称作条石，长、宽、高大致相等的称为方料石，楔形的称拱石。

上述料石常用致密的砂岩、石灰岩、花岗岩等开采凿制，至少应有一个面的边角整齐，以便相互合缝。料石常用于砌筑墙身、地坪、踏步、拱和纪念碑等；形状复杂的料石制品可用作柱头、柱基、窗台板、栏杆和其他装饰等。

3. 片石

片石也是由爆破而得的，形状不受限制，但薄片者不得使用。一般片石的尺寸应不小于150mm，其体积不小于$0.01m^3$，每块质量一般在30kg以上。用于工程主体的片石，其抗压强度应不低于30MPa。用于其他工程的片石，其抗压强度不应低于20MPa。片石主要用作砌筑工程、护坡、护岸等。

4. 石板

石板是用致密岩石凿平或锯解而成的厚度不大的石材。用于饰面的石板或地面板，要求耐磨、耐久、无裂缝或水纹、色彩美观，一般采用花岗石和大理石制成。花岗石板材主要用于土木工程的室外饰面；大理石板材可用于室内装饰，当空气中含有二氧化硫时遇水会生成亚硫酸，进而变成硫酸，与大理石中的碳酸钙反应，生成易溶于水的石膏，使石材表面失去光泽，变得粗糙多孔而降低其使用价值。

3.3 人造石材

人造石材通常是指人造石实体面材、人造石英石、人造花岗石等。人造石材类型不同，其成分也不尽相同，主要是树脂、铝粉、颜料和固化剂等。

把开采天然石材产生的巨量的废料用作人造石材的主要原料，变废为宝以生产人造石材，无疑具有巨大的经济意义。围绕人造石材产业的发展形成的产业集群能吸收大量人员就业，带动区域经济的发展，无疑具有巨大的社会意义；人造石材所提倡和彰显的人类生产方式的环保理念对社会的进步和循环经济理念的深入人心更是意义重大。

1. 树脂型人造石材

树脂型人造石材是以不饱和聚酯树脂为胶结剂，与天然大理石碎石、石英砂、方解石、石粉或其他无机填料按一定的比例配合，再加入催化剂、固化剂、颜料等外加剂，经混合搅拌、固化成型、脱模烘干、表面抛光等工序加工而成。使用不饱和聚酯树脂的产品光泽好、颜色鲜艳丰富、可加工性强、装饰效果好。这种树脂黏度低，易于成型，常温下可固化，成型方法有振动成型、压缩成型和挤压成型等。室内装饰工程中采用的人造石材主要是树脂型的，如图3.7所示。

2. 复合型人造石材

复合型人造石材采用的黏结剂中，既有无机材料，又有有机高分子材料。其制作工艺是：先用水泥、石粉等制成水泥砂浆的坯体，再将坯体浸于有机单体中，使其在一定条件下进行聚合。对于板材而言，底层用性能稳定而价廉的无机材料，面层用聚酯和大理石粉制作。无机胶结材料可用快硬水泥、普通硅酸盐水泥、铝酸盐水泥、粉煤灰水泥、矿渣水泥以及熟石膏等。有机单体可用苯乙烯、甲基丙烯酸甲酯、醋酸乙烯、丙烯腈、丁二烯等，这些单体可单独使用，也可组合使用。复合型人造石材制品的造价较低，但它受温差影响后聚酯面易产生剥落或开裂。

3. 水泥型人造石材

水泥型人造石材是以各种水泥为胶结材料，砂、天然碎石粒为粗细骨料，经配制、搅拌、加压蒸养、磨光和抛光后制成的，如图 3.8 所示。配制过程中，混入色料，可制成彩色水泥石。水泥型石材的生产取材方便，价格低廉，但其装饰性较差，如水磨石等。

图 3.7　树脂型人造石材

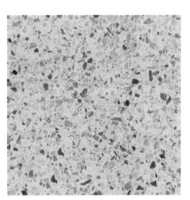

图 3.8　水泥型人造石材

4. 烧结型人造石材

烧结型人造石材的生产方法与陶瓷工艺相似，是将长石、石英、辉绿石、方解石等粉料和赤铁矿粉，以及一定量的高岭土共同混合(一般配比为石粉 60%、黏土 40%)，采用混浆法制备坯料，用半干压法成型，再在窑炉中以 1000℃左右的高温焙烧而成。烧结型人造石材的装饰性好，性能稳定，但需经高温焙烧，因而能耗大，造价高。

本 章 小 结

岩石是由各种不同的地质作用所形成的天然矿物构成的集合体，组成岩石的矿物称为造岩矿物。岩石根据其地质条件分为岩浆岩、沉积岩和变质岩三大类。

石材有天然形成和人工制造两大类。由开采的天然岩石经过或不经过加工的材料称为天然石材。

人造石通常是指人造石实体面材、人造石英石、人造花岗石等。人造石类型不同，其成分也不尽相同，主要是树脂、铝粉、颜料和固化剂等。

课 后 习 题

1. 按地质形成条件,岩石分为几类?各自有哪些特点?
2. 大理石为何不适合用于室外装修?
3. 如何测试砌筑用石材的抗压强度以及强度等级?砌筑用石材有哪些?
4. 土木工程中常用的石材制品有哪几种?它们多用在土木工程中的哪些位置?
5. 试阐述天然石材与人造石材的优缺点。

第4章 无机气硬性胶凝材料

胶凝材料是指经过自身的一系列物理作用、化学作用,能够将散粒状材料(如砂、石子等)或块状材料(如砖、石块、砌块等)胶结成整体的材料。

根据其化学组成,胶凝材料可分为有机胶凝材料和无机胶凝材料两大类。无机胶凝材料根据其硬化条件的不同,又分为气硬性胶凝材料和水硬性胶凝材料。气硬性胶凝材料只能在空气中凝结硬化,也只能在空气中保持或继续发展其强度,所以气硬性胶凝材料一般只适用于干燥环境中,而不宜用于潮湿环境,更不宜用于水中,如常用的石灰、石膏、水玻璃、菱苦土等。水硬性胶凝材料是指不仅能在空气中凝结硬化,还能在水中硬化,并保持和发展其强度的胶凝材料,如水泥。有机胶凝材料是以高分子化合物为主要成分的胶凝材料,如沥青、树脂等。

4.1 石　　灰

石灰是一种古老的建筑材料,是土木工程应用中使用较早的一种无机气硬性胶凝材料。因其生产原料分布广、生产工艺简单、成本低廉并且使用方便而被广泛应用于土木工程中。

4.1.1 石灰的生产

生产石灰的原料主要是以碳酸钙为主要成分的天然岩石,如石灰石、白云石、白垩、贝壳等。将石灰石原料在高温下煅烧,碳酸钙分解为生石灰,生石灰的主要成分为氧化钙。煅烧反应式为

$$CaCO_3 \xrightleftharpoons{900℃} CaO + CO_2 \uparrow$$

在石灰石煅烧过程中,当温度达 600℃左右时 $CaCO_3$ 开始分解,随着温度的增高分解速度逐渐加快;当温度达到 900℃时,分解速度较快,因此通常将 900℃作为 $CaCO_3$ 的分解温度。在实际生产中,为加速 $CaCO_3$ 的分解过程提高生产效率,通常将煅烧温度控制在 1000~1200℃。

在煅烧过程中,若煅烧温度过低,煅烧时间不足或原料体积过大,则碳酸钙不能完全分解,生产出的石灰石内部含有未分解的石灰石核心,这种石灰称为"欠火石灰"。欠火石灰的有效氧化钙含量较低,使用时黏结力不足,降低了石灰的利用率。含有欠火石灰的

石灰块与水反应时仅表面水化，其内核不能水化。若煅烧温度过高或煅烧时间过长，则易生成内部结构致密的过火石灰。此时石灰内部孔隙减少，体积收缩，晶粒变得粗大。过火石灰与水反应速度十分缓慢，往往需要很长时间才能产生明显的水化效果。若将过火石灰用于工程中，石灰会在浆体硬化以后才发生水化作用，从而产生体积膨胀，使已硬化的制品产生开裂、隆起等现象，严重影响工程质量。

但是在实际生产中，很难做到窑体中各部分的温度都在要求的范围内，过火和欠火石灰都可能存在。因此，在使用时对过火和欠火石灰进行处理是十分必要的。

4.1.2 石灰的熟化与硬化

1. 石灰的熟化

生石灰与水发生反应生成氢氧化钙$[Ca(OH)_2]$的过程称为石灰的消化，又称熟化，其反应式为

$$CaO + H_2O = Ca(OH)_2 + 64.9kJ$$

石灰的熟化为放热反应，会产生大量的热量而使温度急剧上升，会产生体积不稳定的不良现象，体积膨胀约为原来的1.5～3.5倍。

按照用途不同石灰熟化的方式通常有两种。

1) 石灰膏

将块状生石灰放在消化池中，加入较多量的水(为生石灰体积的3～4倍)进行熟化，熟化后的浆体通过筛网(去除欠火石灰中未反应的颗粒)进入储灰池，沉淀后去除上层水分，即得到具有一定稠度的石灰膏。

2) 消石灰粉

将块状生石灰淋以适量的水，经熟化而得的粉状材料即为消石灰粉。考虑到水分蒸发的影响，加水量为生石灰质量的60%～80%，以能充分消解块状生石灰而又不过湿成团为度。施工现场常用分层喷淋法进行消化，目前许多工厂用机械法将生石灰熟化成消石灰粉。

为消除过火石灰的危害，保证石灰完全熟化，石灰膏在使用前应进行"陈伏"，即在储灰池中储存两周以上，同时石灰浆表面应有一定厚度的水以隔绝空气，避免与空气中的二氧化碳发生碳反应。消石灰粉在使用前也应有类似"陈伏"的库存期，并做好防止碳化的工作。此外，可以提高消石灰粉的细度，来减少过火石灰的危害。

2. 石灰的硬化

石灰浆体在空气中的硬化是由下列两个同时进行的过程来完成的。

1) 干燥硬化(结晶作用)

石灰浆在干燥过程中，随着水分蒸发或被吸收，形成孔隙网，留在孔隙中的自由水由于表面张力作用而形成毛细管压力，使得氢氧化钙颗粒逐渐相互靠拢、搭接而产生强度；同时由于水分蒸发，也会引起浆体中氢氧化钙溶液过饱和，结晶析出氢氧化钙晶体。

2) 碳化硬化

在潮湿的空气环境中，石灰浆体中的氢氧化钙与空气中的二氧化碳接触后，反应生成难溶于水的碳酸钙晶体，并释放出水分的过程称为碳化。其反应式为

$$Ca(OH)_2 + CO_2 + nH_2O = CaCO_3 + (n+1)H_2O$$

碳化可以提高石灰制品的强度，但是由于空气中二氧化碳的浓度较低，而且碳化主要发生在与空气接触的表层，形成的碳酸钙膜层又较为致密，这就会阻碍空气中二氧化碳的渗入，同时也阻碍了石灰制品内部水分的蒸发，造成碳化过程很缓慢，强度增加并不明显。因此，可以通过增加二氧化碳的浓度来提高碳化的反应速率进而增强碳化的效果。

4.1.3　石灰的品种与技术标准

1. 石灰的品种

(1) 根据成品加工方法的不同，石灰可以分成 5 类。

① 生石灰块。由石灰石直接煅烧所得到的块状物，主要成分为氧化钙（CaO）。

② 生石灰粉。由生石灰块磨细而成，主要成分为氧化钙（CaO）。

③ 消石灰粉。由生石灰加适量水消化并干燥而成的粉末，主要成分为氢氧化钙，也称熟石灰粉。

④ 石灰膏。由生石灰块加过量的水(为生石灰块体积的 3～4 倍)消化或将消石灰粉加水拌和，得到具有一定稠度的膏状物，主要成分为氢氧化钙$[Ca(OH)_2]$和水(H_2O)。

⑤ 石灰乳。由消石灰粉加大量水消化或将石灰膏加水稀释而成的乳状液体，主要成分为氢氧化钙$[Ca(OH)_2]$和水(H_2O)。

(2) 根据消化速度不同，石灰可以分为 3 类。

① 快熟石灰。在 10min 以内可完成熟化过程的石灰。

② 中熟石灰。完成熟化过程需要 10～30min 的石灰。

③ 慢熟石灰。完成熟化过程需要 30min 以上的石灰。

根据我国现行建材行业标准《建筑生石灰》(JC/T 479—2013)和《建筑消石灰》(JC/T 481—2013)的规定，建筑石灰按其氧化镁含量分为钙质石灰和镁质石灰，生石灰按加工情况分为建筑生石灰和建筑生石灰粉两类。建筑生石灰的名称、代号见表 4.1；建筑消石灰的名称、代号见表 4.2。

表 4.1　建筑生石灰的分类

类　别	名　称	代　号
钙质生石灰	钙质生石灰 90	CL90
	钙质生石灰 85	CL85
	钙质生石灰 75	CL75
镁质生石灰	镁质生石灰 85	ML85
	镁质生石灰 80	ML80

注：CL 为钙质石灰，ML 为镁质石灰，代号中形如 90 的数字为(CaO+MgO)的百分含量，生石灰块在代号后加 Q，生石灰粉在代号后加 QP。

表 4.2　建筑消石灰的分类

类　别	名　称	代　号
钙质消石灰	钙质消石灰 90	HCL90
	钙质消石灰 85	HCL85
	钙质消石灰 75	HCL75

续表

类别	名称	代号
镁质消石灰	镁质消石灰85	HML85
	镁质消石灰80	HML80

2. 石灰的技术标准

(1) 根据我国现行建材行业标准《建筑生石灰》(JC/T 479—2013)规定，建筑生石灰按有效氧化钙和氧化镁含量、氧化镁含量、二氧化碳含量、三氧化硫含量、产浆量和细度6个项目的指标分为CL90、CL85、CL75、ML85、ML80五个等级。建筑生石灰的化学成分应符合表4.3的要求，物理性质应符合表4.4的要求。

表4.3 建筑生石灰的化学成分

名称	(CaO+MgO)含量/%	MgO含量/%	CO_2含量/%	SO_3含量/%
CL90-Q CL90-QP	≥90	≤5	≤4	≤2
CL85-Q CL85-QP	≥85	≤5	≤7	≤2
CL75-Q CL75-QP	≥75	≤5	≤12	≤2
ML85-Q ML85-QP	≥85	>5	≤7	≤2
ML80-Q ML80-QP	≥80	>5	≤7	≤2

表4.4 建筑生石灰的物理性质

名称	产浆量 $dm^3/10kg$	细度	
		0.2mm筛余量/%	90μm筛余量/%
CL90-Q	≥26	—	—
CL90-QP	—	≤2	≤7
CL85-Q	≥26	—	—
CL85-QP	—	≤2	≤7
CL75-Q	≥26	—	—
CL75-QP	—	≤2	≤7
ML85-Q		—	—
ML85-QP		≤2	≤7
ML80-Q		—	—
ML80-QP		≤7	≤7

(2) 根据我国现行建材行业标准《建筑消石灰》(JC/T 481—2013)规定，建筑消石灰按有效氧化钙和氧化镁含量、氧化镁含量、三氧化硫含量、游离水、体积安定性和细度6个项目的指标分为HCL90、HCL85、HCL75、HML85、HML80五个等级。建筑消石灰的化学成分应符合表4.5的要求，物理性质应符合表4.6的要求。

表 4.5　建筑消石灰的化学成分

名称	(CaO+MgO)含量/%	MgO 含量/%	SO_3 含量/%
HCL90	≥90	≤5	≤2
HCL85	≥85	≤5	≤2
HCL75	≥75	≤5	≤2
HML85	≥85	>5	≤2
HML80	≥80	>5	≤2

表 4.6　建筑消石灰的物理性质

名称	游离水含量/%	细度 0.2mm 筛余量/%	细度 90μm 筛余量/%	体积安定性
HCL90	≤2	≤2	≤7	合格
HCL85	≤2	≤2	≤7	合格
HCL75	≤2	≤2	≤7	合格
HML85	≤2	≤2	≤7	合格
HML80	≤2	≤2	≤7	合格

4.1.4　石灰的特性

1. 保水性与可塑性好

生石灰熟化为石灰浆时，能自动形成极微细的、呈胶体状态的氢氧化钙颗粒，且颗粒表面吸附一层较厚的水膜，因而能保持水分不泌出，这使得石灰浆具有良好的保水性。同时水膜使氢氧化钙颗粒间的摩擦力减小，使得石灰浆具有良好的可塑性。因此，石灰膏除单独用作胶凝材料外，还可成为混合砂浆的增塑材料，增加砂浆的和易性。

2. 凝结硬化慢且强度低

从石灰浆体的硬化过程可以看出，由于空气中二氧化碳的浓度较低，其碳化过程极为缓慢，碳化后表面形成致密的 $CaCO_3$ 外壳，不仅不利于 CO_2 向内部扩散，同时也阻止了水分向外蒸发，导致 $Ca(OH)_2$ 和 $CaCO_3$ 结晶体生成量减少且生成缓慢。另外，石灰熟化时需水量较大(为保证石灰浆的可塑性)，多余的水分在硬化后蒸发，这样便在硬化后的石灰体内留下大量的孔隙，使其密实度小，强度也不高。按 1∶3 配合比(质量比)制成的石灰砂浆，其 28d 的抗压强度只有 0.2～0.5MPa，受潮后石灰溶解，强度更低。

3. 硬化时体积收缩大

石灰浆在硬化过程中，蒸发大量游离水，引起体积显著收缩，使其变形开裂，因此石灰膏(浆)除调制成薄层涂刷用的石灰乳外不宜单独使用。工程上应用时，常在其中掺入砂、纸筋等材料，以抵抗收缩引起的开裂和增加抗拉强度，节约石灰。

4. 耐水性差

在石灰硬化体中，绝大部分仍是未碳化的 $Ca(OH)_2$，$Ca(OH)_2$ 易溶于水，硬化后的石灰体受潮时，耐水性较差，其中的氢氧化钙和氧化钙会溶解，甚至在水中产生结构溃散，故石灰不宜在潮湿环境中使用，也不宜单独使用在建筑物基础中。欲提高石灰硬化物的耐水性，可在其中掺入憎水性物质或改变其硬化反应机理而形成水硬性结构。

5. 吸湿性强

块状生石灰在放置的过程中，会吸收空气中的水分并自动消化，因此可作为干燥剂。此外，由于生石灰会吸湿熟化成熟石灰，再发生碳化反应生成 $CaCO_3$，从而失去胶凝能力，所以，生石灰不宜储存过久，储存期间要防止受潮。最好将生石灰运到工地(或熟化场地)后立即熟化成石灰膏，将储存期变为陈伏期。

4.1.5 石灰的应用

1. 配置石灰乳涂料

将消石灰粉或消石灰浆掺大量水拌和，可调制成稠度合适的石灰乳。石灰乳是一种廉价涂料，施工方便，可用于建筑物室内墙面和顶棚粉刷。掺入 107 胶或少量磨细的粒化高炉矿渣(或粉煤灰)，可提高粉刷层的防水性；掺入各种色彩的耐碱颜料，可获得更好的装饰效果。

2. 配置砂浆

石灰膏或消石灰粉可以单独或与水泥一起配置各种砂浆，用于墙体抹面或砌体砌筑。前者称为石灰砂浆，主要用于墙体的多层抹面或室内墙体的砌筑；后者称为混合砂浆，用于顶棚抹灰、外墙及易受潮砌体的砌筑等。当砂浆用于抹灰时，为减少其开裂，常在其中加入麻丝、纸筋或玻璃纤维等纤维增强材料。石灰乳和石灰砂浆应用于吸水性较大的基面(如加气混凝土砌块)上时，应事先将基面润湿，以免石灰浆脱水过速而成为干粉，丧失胶结能力。

3. 配置石灰土和三合土

石灰土(简称灰土)是消石灰与黏土拌和的混合物，其配比一般为 1∶(2～4)；若再加入砂、碎石或炉渣等其他材料即成为三合土，其配比一般为 1∶2∶3。石灰土或三合土在强力夯实或振实作用下可获得较密实的结构，其中的 $Ca(OH)_2$ 可与黏土中的部分活性氧化硅及氧化铝等产生化学反应，生成具有水硬性的水化硅酸钙和水化铝酸钙矿物，从而获得一定的抗压强度、耐水性和抗渗性等。这种反应通常较慢，且在很长时期内不断地进行。石灰土中石灰用量增大，则其强度和耐水性就会提高，但超过某一用量后，就不再提高了。一般石灰用量约为石灰土总重的 6%～12%或更低。灰土和三合土可就地取材，施工技术简单，成本低，具有很大的使用价值。灰土和三合土的应用在我国已有数千年的历史，主要用于建筑物的地基基础和道路工程的基层、垫层等。

4. 生产硅酸盐制品

石灰是制作硅酸盐混凝土及其制品的主要原料之一。硅酸盐混凝土是以磨细的石灰与硅质材料为胶凝材料，必要时加入少量石膏，经高压或常压蒸汽养护，生成以水化硅酸钙为主要产物的混凝土。所谓硅质材料是指含 SiO_2 的材料，其中往往同时含有 Al_2O_3。硅酸盐混凝土中常用的硅质材料有粉煤灰，磨细的煤矸石、页岩、浮石、砂等。

硅酸盐混凝土按其密度可分为密实(有骨料)和多孔(加气)两类，前者可生产墙板、砌块及压制砖(如灰砂砖、粉煤灰砖)等，后者用于生产加气混凝土制品，如轻质墙板、砌块、各种隔热保温制品等。

5. 制作碳化石灰板

碳化石灰板是指将磨细生石灰、纤维状填料(如玻璃纤维)或轻质骨料(如矿渣)搅拌、成型，然后用二氧化碳进行人工碳化(12~24h)而形成的一种轻质板材。为减轻自重，提高碳化效果，一般制作为薄壁或空心板。碳化板能锯、刨、钉，适合作非承重内墙隔板、天花板顶棚等。

碳化深度可用酚酞快速测出：将碳化物体折断，在新形成的断面上用酚酞进行处理，利用酚酞的碱性特性，未碳化的氢氧化钙会变红，已经碳化的部分颜色不变。

石灰在建筑上除了以上用途外，还可以用于配置无熟料水泥，如石灰矿渣水泥、石灰火山灰水泥、石灰粉煤灰水泥等。

4.1.6 石灰的储存

生石灰的吸湿性较强，块状石灰在放置过程中会吸收空气中的水分而自动消化成消石灰粉，并与空气中的二氧化碳作用生成碳酸钙，失去胶结能力。所以石灰在储存过程中应注意防潮和防碳化。生石灰应储存在干燥的环境中，注意防水防潮，并且不宜久存；消石灰在储存过程中应包装密封，以隔绝空气防止碳化；石灰膏在储存过程中应在其上层始终保留 2cm 以上的水层，以防止碳化而失效。

4.2 石　　膏

石膏的应用有着悠久的历史，它是一种以硫酸钙为主要成分的气硬性胶凝材料。石灰、石膏和水泥并称为三大胶凝材料。由于石膏及其原料来源丰富，建筑性能优良，制作工艺简单，在建筑工程中应用广泛，尤其在装饰工程中凭借其独有的特性(如质轻、绝热、隔声等)而广为人知。石膏在医学领域、艺术美学等方面也应用广泛。

4.2.1 石膏的生产与分类

1. 石膏的生产

制备石膏的原料有天然二水石膏、天然硬石膏和工业副产石膏(化学石膏)，现对这三者进行详细阐述。

1) 天然二水石膏

天然二水石膏又称生石膏、软石膏，它是以天然石材形式开采所获得的石膏矿物，是由含有两个结晶水的硫酸钙($CaSO_4 \cdot 2H_2O$)复合组成的沉积岩。根据《天然石膏》(GB/T 5483—2008)规定，按其 $CaSO_4 \cdot 2H_2O$ 含量可将天然二水石膏分为 5 个等级，见表 4.7。$CaSO_4 \cdot 2H_2O$ 含量高的二水石膏矿呈无色透明或白色，质量好，但由于天然石膏中常含有各种杂质而呈灰色、褐色、黄色等颜色。

表 4.7 天然二水石膏的分级标准

等级	特级	一级	二级	三级	四级
$CaSO_4 \cdot 2H_2O$ 含量/%	≥95	≥85	≥75	≥65	≥55

2) 天然硬石膏

天然硬石膏又称无水石膏,主要是由无水 $CaSO_4$ 组成的沉积岩,多呈现白色或白色透明体,结构比天然二水石膏致密,化学活性较差。根据《天然石膏》(GB/T 5483—2008)规定,天然硬石膏按 $CaSO_4$ 含量不同可分为 4 个等级,见表 4.8。天然硬石膏掺入水泥作为调凝剂比二水石膏效果好。

表 4.8 天然硬石膏的分级标准

等级	一级	二级	三级	四级
$CaSO_4$ 含量/%	≥85	≥75	≥65	≥55

3) 化学石膏

化学石膏是指工业生产中含有天然二水石膏和硫酸钙,以 $CaSO_4$ 为主要成分的副产品或废渣,也称工业副产石膏或工业废石膏,主要包括脱硫石膏、磷石膏、柠檬酸石膏、氟石膏、盐石膏、味精石膏、铜石膏、钛石膏等。化学石膏对燃料(如煤、油等)燃烧后排放的废气进行脱硫净化处理后,得到以硫酸钙为主要成分的副产品,即称为脱硫石膏。其中,脱硫石膏和磷石膏的产量约占全部工业副产石膏总量的 85%。目前,在脱硫石膏方面开展的研究和应用很多。工业副产石膏经过适当处理,完全可以替代天然石膏。工艺条件对石膏的性能影响很大。

2. 石膏的分类

石膏的生产工序主要是破碎、加热与磨细。将天然二水石膏在不同温度、压力下煅烧,可得到不同品种的石膏。

1) 建筑石膏

建筑石膏主要是由天然二水石膏在 107~170℃的条件下加热脱水而成。在常压下,天然二水石膏在 65~75℃时脱水,直到在 107~170℃的条件下,天然二水石膏脱去部分水分,得到 β 型半水石膏($\beta\text{-}CaSO_4 \cdot 1/2H_2O$),即建筑石膏,也称熟石膏。建筑石膏以 β 型半水石膏为主要成分,不添加任何外加剂的粉状胶结材料,是建筑工程中应用最多的石膏材料。其反应式如下:

$$CaSO_4 \cdot 2H_2O \xrightarrow{107\sim170℃} \beta\text{-}CaSO_4 \cdot \frac{1}{2}H_2O + 1\frac{1}{2}H_2O$$

2) 高强石膏

将二水石膏在过饱和蒸压条件下(压力为 0.13MPa,温度为 124℃)加热,则生成晶粒较粗、较致密的 α 型半水石膏($\alpha\text{-}CaSO_4 \cdot 1/2H_2O$),即高强石膏,其反应式如下:

$$CaSO_4 \cdot 2H_2O \xrightarrow{0.13MPa, 124℃} \alpha\text{-}CaSO_4 \cdot \frac{1}{2}H_2O + 1\frac{1}{2}H_2O$$

α 型半水石膏与 β 型半水石膏虽然化学成分相同,但其内部结构和宏观性能差别很大。与β型半水石膏相比，α型半水石膏晶粒粗大且结构紧密，比表面积小，水化反应速度很慢，调制成浆体需水量少，因而硬化后结构密实，强度较高。由于高强石膏生产成本较高，因此主要用于室内高级抹灰、装饰制品和石膏板等。当加入防水剂后还可制成高强防水石膏，加入适量有机胶凝材料可使其成为无收缩的胶黏剂。

3) 可溶性硬石膏

当加热温度达到170~200℃时，半水石膏继续脱水，生成可溶性硬石膏，与水调和后仍能很快凝结硬化。继续加热，当温度上升至200~250℃时，石膏中仅残留很少的水，凝结硬化非常缓慢，但遇水后还能继续生成半水石膏直至二水石膏。

4) 不溶性硬石膏

继续加热，当温度上升至400~750℃时，天然石膏完全失去水分，成为不溶性硬石膏(也存在天然硬石膏)，又称"无水石膏"，此时石膏失去凝结硬化能力，必须加入激发剂，如各种硫酸盐、石灰、煅烧白云石、粒化高炉矿渣等，混合磨细后，才又重新具有水化硬化能力，成为无水石膏水泥，也称硬石膏水泥，表现出一定的胶凝能力。

5) 高温煅烧石膏

继续加热至温度高于800℃时，部分石膏分解为CaO，经磨细后的产品称为高温煅烧石膏。氧化钙具有催化激发作用，高温煅烧石膏又重新具有凝结硬化能力，硬化后有较高的强度和耐磨性，抗水性也较好。高温煅烧石膏，也称为地板石膏，故可用来制作地板材料。

4.2.2 建筑石膏的凝结硬化

建筑石膏与水拌和后，最初是具有可塑性的石膏浆体，然后逐渐变稠失去可塑性，但尚无强度，这一过程称为凝结。以后浆体逐渐产生强度而变成坚硬的固体，这一过程称为硬化。

建筑石膏的凝结硬化过程实为β型半水石膏与水发生化学反应生成二水石膏的过程。该反应称为石膏的水化反应，其反应式如下：

$$CaSO_4 \cdot \frac{1}{2}H_2O + 1\frac{1}{2}H_2O = CaSO_4 \cdot 2H_2O + 15.4kJ$$

给建筑石膏加水，首先建筑石膏溶解于水，然后发生上述反应，生成二水石膏。由于二水石膏的溶解度较半水石膏的溶解度小(仅为半水石膏溶解度的1/5)，因此半水石膏的饱和溶液对于二水石膏来说就成了过饱和溶液，因此会析出二水石膏晶体，促使上述反应不断向右进行，直至半水石膏全部转变为二水石膏。这一反应过程较快，一般需7~12min。

随着水化的不断进行，生成的二水石膏胶体微粒不断增多，这些微粒较原来的半水石膏更加细小，表面积很大，并吸附着很多水分；同时浆体中的自由水分由于水化和蒸发而不断减少。这种水分减少、浆体稠度增大、可塑性降低的状态称为初凝；随着反应程度的进一步进行，浆体稠度继续增大，可塑性继续降低直至消失，此时的状态称为终凝。其后，浆体继续变稠，逐渐成为晶体，晶体逐渐增多，浆体开始产生强度并不断增强，直至水分耗尽，晶体之间的摩擦力和黏结力不再增加，强度停止增加，这个过程称为建筑石膏的硬化。

石膏浆体的凝结和硬化是一个连续的过程。凝结可分为初凝和终凝两个阶段：把浆体开始失去可塑性的状态称为初凝，从加水至初凝的这段时间称为初凝时间；把浆体完全失去可塑性，并开始产生强度的状态称为终凝，从加水至终凝的时间称为终凝时间。

4.2.3 石膏的技术标准

建筑石膏为白色粉末，密度为 2.60～2.75g/cm³，堆积密度为 800～1000kg/m³。根据国家标准《建筑石膏》(GB/T 9776—2008)的规定，建筑石膏按其浸水达 2h 后的抗折强度分为 3.0、2.0、1.6 三个等级。具体的技术指标要求见表 4.9。

表 4.9 建筑石膏的技术指标

等级	细度(0.2mm 方孔筛余量)/%	初凝时间/min		2h 强度/MPa	
		初凝	终凝	抗折	抗压
3.0	≤10	≥3	≤30	≥3.0	≥6.0
2.0				≥2.0	≥4.0
1.6				≥1.6	≥3.0

高强石膏，根据国家技术标准《α 型高强石膏》(JC/T 2038—2010)的规定，按烘干抗压强度高强石膏分为 4 级。高强石膏的细度、凝结时间、强度等技术要求见表 4.10。

表 4.10 高强石膏的技术指标

等级	细度(0.125mm 方孔筛余量)/%	初凝时间/min		强度/MPa	
		初凝	终凝	抗折	烘干抗压
α 25	≤5	≥3	≤30	≥3.5	≥25.0
α 30				≥4.0	≥30.0
α 40				≥5.0	≥40.0
α 50				≥6.0	≥50.0

4.2.4 建筑石膏的特性

建筑石膏的特性主要表现在以下几方面。

(1) 凝结硬化快。建筑石膏的初凝时间和终凝时间很短，与适量水拌和后，一般几分钟内即可初凝，30min 左右可完全凝结，一星期左右能完全硬化。由于石膏的凝结速度过快，给施工带来一定困难，为解决这一问题，施工时需加适量的缓凝剂，常用的有硼砂、酒石酸钾钠、柠檬酸、磷酸盐、乙醇、聚乙烯醇、石灰活化骨胶或皮胶等。

(2) 硬化后体积微膨胀。建筑石膏的硬化与石灰和水泥相比有所不同，石膏不会出现体积收缩，一般会产生膨胀率为 0.05%～0.15% 的体积膨胀，使得硬化体表面饱满光滑，轮廓清晰，尺寸稳定而不产生裂缝，可以单独使用，特别适宜制作复杂图案的石膏装饰制品。

(3) 孔隙率高、质量轻、强度低。建筑石膏水化的理论需水量为 18.6%，但为了满足施工要求的可塑性，通常在理论需水量的基础上增加用水量，实际加水量约为 60%～80%。硬化后多余水分蒸发留下大量孔隙，孔隙率可达 50%～60%，所以表观密度小，质量减轻，抗压强度也因此下降，一般为 3～5MPa。

(4) 具有良好的功能性：保温隔热和吸声性能。由于石膏制品孔隙率高，导热系数很小，故保温隔热性能好，是理想的节能材料。同时其表面微孔可以吸收声能，降低声强，可以作为吸声材料。

(5) 具有一定的调节温度、湿度的性能。石膏制品的热容量大，其大量的孔隙可以随着室内湿度的变化，吸收和放出水分，以此来调节室内温度和湿度，因此具有一定的调温调湿功能。当空气湿度较大时，石膏制品可通过毛细孔隙吸收水分；当空气湿度较小时，石膏制品又可将吸收的水分释放出来，以维持湿度的平衡性。

(6) 防火性能优良。石膏硬化后的主要成分是 $CaSO_4 \cdot 2H_2O$。当着火时，二水石膏的结晶水蒸发，吸收大量的热量并在表面生成水蒸气幕，可阻止火焰蔓延。脱水后的无水硫酸钙是良好的绝热体，可延长耐火时间，也可起到耐火作用。但是，石膏制品在防火的同时自身也会遭到损坏，而且石膏制品也不宜长期用于靠近 65℃ 以上高温的部位，失去结晶水的石膏也会失去强度。

(7) 耐水性和抗冻性差。建筑石膏硬化后具有很强的吸水性和吸湿性，在潮湿的条件下，晶粒间结合力减弱，其强度下降，软化系数很小。石膏制品吸水后受冻，会因孔隙中水分结冰膨胀而发生破坏。所以，石膏制品的耐水性和抗冻性较差，不宜用于潮湿部位。为了改善其耐水性以扩大应用范围，可在其中掺入石灰、粉煤灰、水泥、粒化高炉矿渣等材料或有机防水剂。

(8) 装饰性和可加工性优良。石膏不仅表面光滑饱满，而且质地细腻、颜色洁白，装饰性好。此外，硬化石膏可锯、可钉、可刨，具有良好的加工性。

4.2.5 建筑石膏的应用

1. 制备石膏砂浆和粉刷石膏

建筑石膏凭其优良性能，已成为一种良好的建筑功能材料，常用于室内高级抹灰和粉刷。建筑石膏加水调制成石膏浆体可作为室内粉刷涂料，这时需加缓凝剂，以保证有足够的施工时间；也可掺入外加剂、细集料等配置成粉刷石膏。石膏抹灰层表面坚硬、光滑细腻、不起灰，装饰效果好，还便于进行再装饰，如刷涂料、贴壁纸等。

2. 建筑石膏制品

建筑石膏制品主要有石膏板材、石膏砌块及石膏装饰件等。石膏板材具有质轻、美观、保温隔热、调湿、吸声、防火抗震和施工方便等性能。目前，石膏板材包括纸面石膏板、纤维石膏板、装饰石膏板、石膏空心条板、吸声用穿孔石膏板、石膏砌块等。

(1) 纸面石膏板。纸面石膏板是以建筑石膏为主要原料，掺入适量的纤维材料、外加剂(缓凝剂、发泡剂等)构成芯材，以纸板作为增强保护材料而制成。纸面石膏板主要用于内隔墙、天花板及各种装饰面板等，耐水纸面石膏板可用于卫生间、厨房等潮湿环境，耐火纸面石膏板可用于耐火要求高的环境。

(2) 纤维石膏板。纤维石膏板是以纤维材料(如玻璃纤维、纸筋等)为增强材料，用建筑石膏、缓凝剂等制成。这种板的抗弯强度和弹性模量较高，主要用于内墙和隔墙，也可用于代替木材制作家具。

(3) 装饰石膏板。用建筑石膏、适量纤维增强材料和水搅拌成均匀浆料，浇注在底模带有花纹的模框中，即制成装饰石膏板。装饰石膏板造型美观、装饰性强，且具有良好的吸声、防火等功能，不需作饰面处理，主要用于公共建筑的内隔墙、吊顶等面板。

(4) 石膏空心条板。石膏空心条板是以建筑石膏为主要原料，掺入适量的轻质多孔填料、纤维材料(如无碱玻璃纤维)制成。石膏空心条板不用纸和黏结剂，也可不用龙骨，工艺简单、施工方便，主要用于隔墙、内墙等，并且对室内温度和湿度具有一定的调节作用。

(5) 吸声用穿孔石膏板。吸声用穿孔石膏板是以穿孔的装饰石膏板或纸面石膏板为基板，与吸声材料或背覆透气性材料组合而成，主要用于音乐厅、会议室等对音质要求高或对噪声限制严格的场所，可作为吊顶、墙面等吸声材料。

(6) 石膏砌块。石膏砌块是以建筑石膏为主要原料，经加水搅拌、浇筑成型和干燥制成的轻质建筑石膏制品，是一种自重轻、保温隔热、隔声和防火性能良好的新型墙体材料，有实心、空心和夹心三种类型，其应用越来越广，是一种良好的隔墙材料。

4.2.6 建筑石膏的储存

建筑石膏在运输及储存时应注意防潮，一般储存 3 个月后，其强度将降低 30%左右。所以储存期一般不超过 3 个月，超过 3 个月的建筑石膏应重新进行质量检验，以确定其等级等相关技术参数。

4.3 水 玻 璃

水玻璃俗称"泡花碱"(见图 4.1)，是由碱金属氧化物和二氧化硅组成的一种水溶性硅酸盐，其水溶液称为水玻璃，化学通式为 $R_2O \cdot nSiO_2$，其中 n 为 R_2O 与 SiO_2 的摩尔数的比值，称为水玻璃的模数。n 值越小，水玻璃的黏度越低，越易溶于水。当模数为 1 时，水玻璃在常温条件下即可溶解，随着模数的增大，只能在热水中溶解；当模数大于 3 时，要在 4 个大气压(0.4MPa)以上的蒸汽中才能溶解。根据碱金属氧化物的不同，分为硅酸钠水玻璃($Na_2O \cdot nSiO_2$，简称钠水玻璃)和硅酸钾水玻璃($K_2O \cdot nSiO_2$，简称钾水玻璃)等。工程中通常使用

图 4.1 水玻璃

的是硅酸钠的水溶液，模数一般为 1.5～3.5，常用模数为 2.6～2.8。因其所含杂质的不同，液体水玻璃通常呈青灰色或淡黄色，无色透明的液体水玻璃性能最好，既易溶于水又有较高的强度。

4.3.1 水玻璃的生产

生产硅酸钠水玻璃的主要原料是石英砂、纯碱或含碳酸钠的原料。硅酸钠水玻璃的生产方法分为干法(固相法)和湿法(液相法)两种。

1. 干法生产

干法生产是将石英砂和碳酸钠磨细并按一定比例混合后,在熔炉中加热到1300~1400℃,生成熔融状硅酸钠,冷却后即为固态水玻璃。将固态水玻璃放在 0.3~0.8MPa 的压力蒸锅内加热溶解成无色、淡黄或青灰色透明或半透明的胶状玻璃溶液,即为液态水玻璃。固态水玻璃制备的反应式为

$$Na_2CO_3 + nSiO_2 \xrightarrow{1300~1400℃} Na_2O \cdot nSiO_2 + CO_2 \uparrow$$

2. 湿法生产

湿法生产是以石英砂和烧碱为原料,在高压蒸锅中 0.6~1.0MPa 的蒸汽压力下加热,直接反应生成液体水玻璃。

4.3.2 水玻璃的硬化

液体水玻璃在空气中吸收二氧化碳,析出无定形的二氧化硅凝胶(又称硅酸凝胶),硅酸凝胶逐渐干燥而硬化。其化学反应式为

$$Na_2O \cdot nSiO_2 + CO_2 + mH_2O = Na_2CO_3 + nSiO_2 \cdot mH_2O$$

因为空气中二氧化碳含量较低,上述硬化反应过程很慢,为加速硬化,可掺入适量的氟硅酸钠促凝剂(Na_2SiF_6),促使二氧化硅凝胶快速析出。其反应式为

$$2(Na_2O \cdot nSiO_2) + mH_2O + Na_2SiF_6 = 6NaF + (2n+1)SiO_2 \cdot mH_2O$$

氟硅酸钠的适宜掺量一般为水玻璃质量的 12%~15%。如果掺量太少,水玻璃硬化速度慢,强度低,且未反应的水玻璃易溶于水,导致耐水性差;如果掺量过多,会引起水玻璃凝结硬化过快,造成施工困难、渗透性大,强度较低。因此,使用时应严格控制氟硅酸钠掺入量,并根据气温、湿度、水玻璃的模数、密度在 12%~15%范围内适当调整,即气温高、模数大、密度小时选下限,反之选上限。加入氟硅酸钠后,水玻璃的初凝时间可缩短到 30~60min,终凝时间可缩短为 4~6h,7d 后可基本达到最高强度。氟硅酸钠有一定的毒性,操作时应注意安全。

4.3.3 建筑用水玻璃的技术标准

根据国家技术标准《工业硅酸钠》(GB/T 4209—2008)的规定,建筑用水玻璃的技术标准见表 4.11。

表 4.11 建筑用水玻璃的技术标准

项目	优等品	一等品	合格品
铁(Fe)含量/%,≤	0.02	0.05	—
水不溶物含量/%,≤	0.20	0.50	0.80
密度(20℃)/(g/mL)	1.436~1.465		
氧化钠(Na_2O)含量/%,≥	10.2		
二氧化硅(SiO_2)含量/%,≥	25.7		
模数	2.6~2.9		

4.3.4 水玻璃的性质

(1) 黏结力和强度较高。水玻璃硬化后的主要成分为硅酸凝胶和固体，比表面积大，因而具有较高的黏结力。硬化后析出的硅酸凝胶可堵塞毛细孔隙，从而防止水渗透。用水玻璃配制的混凝土抗压强度可达 15～40MPa。

(2) 耐酸性好。硬化后的水玻璃主要成分是硅酸凝胶和二氧化硅，可以抵抗除氢氟酸(HF)、热磷酸和高级脂肪酸以外的几乎所有无机和有机酸的作用。

(3) 耐热性好。水玻璃硬化后在高温下脱水干燥形成的二氧化硅网状骨架，在高温下不分解，强度不降低，具有良好的耐热性。

(4) 耐碱性和耐水性差。水玻璃在加入氟硅酸钠后不能完全硬化，仍含有一定量的 $Na_2O \cdot nSiO_2$，因 SiO_2 和 $Na_2O \cdot nSiO_2$ 均溶于碱，故水玻璃硬化后不耐碱。同样由于 NaF、$Na_2O \cdot nSiO_2$ 均溶于水，故不耐水，但可采用中等浓度的酸对已硬化的水玻璃进行酸洗处理，提高其耐水性。

4.3.5 水玻璃的应用与储存

(1) 涂刷材料表面。直接将液体水玻璃涂刷在建筑材料表面，可提高材料的抗渗和抗风化能力；用水玻璃浸渍水泥混凝土、石孔等多孔材料时，可提高材料的密实度、强度、耐水性和抗渗性，这是因为水玻璃硬化后产生硅酸凝胶，同时水玻璃也与材料中的 $Ca(OH)_2$ 反应生成硅酸钙凝胶，两者封堵和填充材料表面及内部中的孔隙，使材料致密。

水玻璃不能用于涂刷或浸渍石膏制品，因为硅酸钠与硫酸钙会发生化学反应生成硫酸钠，在制品孔隙中结晶，体积显著膨胀，从而导致制品的破坏。

(2) 用于土壤加固。将模数为 2.5～3.0 的液体水玻璃和氯化钙溶液通过金属管交替压入土壤，二者发生化学反应，生成的硅酸凝胶可将土壤颗粒包裹并填实其空隙。硅酸胶体为一种吸水膨胀的果冻状凝胶，因吸收地下水而经常处于膨胀状态，从而阻止水分的渗透和使土壤固结，提高了地基的承载力。通过这种方法加固的砂土，抗压强度可达 3～6MPa。

(3) 配制防水剂。以水玻璃为基料，加入两种、三种或四种矾，可配制成二矾、三矾或四矾快凝防水剂，如四矾防水剂是将蓝矾(胆矾，$CuSO_4 \cdot 5H_2O$)、白矾(明矾，$KAl(SO_4)_2 \cdot 12H_2O$)、绿矾($FeSO_4 \cdot 7H_2O$)、红矾($K_2Cr_2O_7$)各取一份溶于 60 份的沸水中，再降温至 50℃，加入 400 份水玻璃，搅拌均匀制成。这类防水剂凝结速度非常快，一般为几分钟(四矾防水剂凝结时间不超过 1min)，所以在工地上使用时必须做到即配即用。工程上利用它的速凝作用，可掺入水泥浆、砂浆或混凝土中，作修补、堵漏、抢修表面用。但也因其凝结速度过快，不宜用于调配防水砂浆。

(4) 配制耐酸砂浆和耐酸混凝土。水玻璃具有很好的耐酸性，用水玻璃作胶结材料，加入促硬剂和耐酸集料，可配制耐酸砂浆或耐酸混凝土，用于有酸侵蚀的工程，如水玻璃耐酸混凝土可用于储酸槽、酸洗槽、耐酸地坪及耐酸器材等。

(5) 配制耐热砂浆和混凝土。水玻璃耐热性好，能长期承受一定的高温作用，用它与促硬剂和耐热集料等可配制耐热砂浆或耐热混凝土，用于高温环境中的非承重结构和构件。

水玻璃应在密闭条件下存放，以免和空气中的二氧化碳反应而分解，并避免落进灰尘和杂质。水玻璃长时间存放后会产生一定的沉淀，使用时应搅拌均匀。

4.4 菱 苦 土

菱苦土(也叫苛性苦土)是一种白色或浅黄色的粉末，以$MgCO_3$为主要原料。$MgCO_3$多从菱镁矿中提取，经过煅烧磨细得到以氧化镁(MgO)为主要成分的无机气硬性胶凝材料。我国的菱镁矿储存量较为丰富。

4.4.1 菱苦土的生产

生产菱苦土的原材料有菱镁矿(主要成分$MgCO_3$)、天然白云石(主要成分$MgCO_3$和$CaCO_3$)等矿物质，经煅烧再磨细而得，反应方程式如下：

$$MgCO_3 \xrightarrow{750 \sim 850℃} MgO + CO_2 \uparrow$$

碳酸镁一般在400℃开始分解，600～650℃时分解反应较为剧烈，而实际中采用的煅烧温度约为750～850℃。煅烧温度对菱苦土的质量有重要影响，若煅烧温度过低，$MgCO_3$分解不完全，会降低菱苦土的胶凝性能；温度过高，菱苦土因过火而烧结收缩，颗粒坚硬，胶凝性能很差。煅烧所得的菱苦土磨得越细，强度越高，相同粒度时，MgO含量越高，质量越好。

4.4.2 菱苦土的硬化

菱苦土加水拌和时生成$Mg(OH)_2$，凝结硬化慢且结构疏松，胶凝性差，硬化后强度也很低。所以与其他胶凝材料不同，菱苦土不能单独加水拌和，需用一定浓度的氯化镁($MgCl_2 \cdot 6H_2O$)、硫酸镁($MgSO_4 \cdot 7H_2O$)等盐类溶液来调和，不仅可以加快菱苦土凝结硬化的速度，强度也较高。实际使用中，通常采用氯化镁($MgCl_2$)溶液作为调和剂，氯化镁($MgCl_2$)适宜掺量为菱苦土质量的50%～60%，硬化后的主要水化产物是氯氧化镁($xMgO \cdot yMgCl_2 \cdot zH_2O$)和氢氧化镁[$Mg(OH)_2$]，强度可达40～60MPa，称为氯氧镁水泥或索瑞尔水泥，这两种产物容易析出、凝聚和结晶，使浆体凝结硬化。缺点是吸湿性强，溶解度高，容易返潮和翘曲变形。所以菱苦土硬化后的产物耐水性较差，不适用于潮湿环境中，仅适用于干燥部位，是一种无机气硬性胶凝材料。

4.4.3 菱苦土的性质

菱苦土碱性较弱、胶凝性能好、强度较高，与植物纤维的黏结良好，且对各种纤维物的腐蚀较弱。菱苦土在运输和储存时应注意防潮，不可久存，以防止其吸收空气中的水分而变成$Mg(OH)_2$，再碳化成$MgCO_3$，失去胶凝性能。

4.4.4 菱苦土的应用

(1) 制作地板。用菱苦土与木屑及氯化镁溶液可制作菱苦土地板，它具有保温、隔热、防火等性能，且具有一定的弹性。但不适用于经常受潮、遇水和遭受酸侵蚀的地方。

(2) 制作波瓦、平瓦。以玻璃纤维为增强材料，可制作抗折强度高和抗冲击能力好的菱苦土波瓦，用于非受冻地区一般仓库及临时建筑的屋面防水。掺加适量的粉煤灰、沸石粉等改性材料，并经防水处理，可制成氯氧镁水泥平瓦。

(3) 压制刨花板。将刨花、木丝、亚麻或其他植物纤维掺入用菱苦土制成的氯氧镁水泥中，经拌和、压制、硬化等工序可制成刨花板、木丝板等，主要用作内墙、隔墙、天花板等。

本 章 小 结

胶凝材料是指经过自身的一系列物理作用、化学作用，能够将散粒状材料(如砂、石子等)或块状材料(如砖、石块、砌块等)胶结成整体的材料。

根据其化学组成，胶凝材料可分为有机胶凝材料和无机胶凝材料两大类。无机胶凝材料根据其硬化条件的不同，又分为气硬性胶凝材料和水硬性胶凝材料。气硬性胶凝材料只能在空气中凝结硬化，也只能在空气中保持或继续发展其强度，所以气硬性胶凝材料一般只适用于干燥环境，而不宜用于潮湿环境，更不宜用于水中。水硬性胶凝材料是指不仅能在空气中凝结硬化，还能在水中硬化，并保持和发展其强度的胶凝材料。有机胶凝材料是以高分子化合物为主要成分的胶凝材料。

生产石灰的原料主要是以碳酸钙为主要成分的天然岩石，如石灰石、白云石、白垩、贝壳等。将石灰石原料在高温下煅烧，碳酸钙分解为生石灰，生石灰的主要成分为氧化钙。石灰具有良好的保水性和可塑性、凝结硬化慢且强度低、硬化时体积收缩大、耐水性差和吸湿性强等特点。

石膏的生产工序主要是破碎、加热与磨细。将天然二水石膏在不同温度、压力下煅烧，可得到不同品种的石膏。建筑石膏具有凝结硬化快、硬化后体积微膨胀、孔隙率高、轻质高强等特点。

水玻璃俗称"泡花碱"，是由碱金属氧化物和二氧化硅组成的一种水溶性硅酸盐，其水溶液称为水玻璃。水玻璃具有较高的黏结力和强度、良好的耐酸性和耐热性、耐碱性和耐水性较差的特点。

菱苦土(也叫苛性苦土)是一种白色或浅黄色的粉末，以 $MgCO_3$ 为主要原料。$MgCO_3$ 多从菱镁矿中提取，经过煅烧磨细得到以氧化镁(MgO)为主要成分的无机气硬性胶凝材料。菱苦土碱性较弱、胶凝性能好、强度较高，与植物纤维的黏结良好，且对各种纤维物的腐蚀较弱，但在运输和储存时应注意防潮。

课 后 习 题

1. 气硬性胶凝材料和水硬性胶凝材料的定义和区别是什么？
2. 欠火石灰和过火石灰各有什么特点？石灰膏为什么要经过"陈伏"后才能使用？
3. 简述石灰的熟化和硬化过程。
4. 建筑石膏具有哪些技术特点？有哪些应用？
5. 水玻璃具有哪些技术特点？有哪些应用？
6. 菱苦土具有哪些技术特点？有哪些应用？

第5章 水 泥

水泥是一种水硬性无机胶凝材料,呈暗灰色粉末状,与适量水混合后经过一系列物理化学作用,由可塑性浆体变成坚硬的石状体,并能将散粒状、块状材料牢固地胶结在一起,具有较高的强度。水泥浆体不但能在空气中凝结硬化,还能更好地在水中凝结硬化,并持续增长其强度,所以水泥是一种典型的水硬性胶凝材料。

水泥是最为重要的土木工程材料之一,广泛应用于工业与民用建筑、道路、桥涵、水利、海港、矿山和国防等工程,有"建筑工业的粮食"之称。水泥作为胶凝材料可与骨料和水调制成各种混凝土和建筑砂浆,是混凝土和建筑砂浆最基本的组成材料。

水泥品种繁多,按化学成分可分为硅酸盐类水泥、铝酸盐类水泥、硫铝酸盐类水泥和铁铝酸盐类水泥等系列,其中硅酸盐类水泥产量最大,应用最广泛。按其用途和性能分为通用水泥、专用水泥和特种水泥三大类,通用水泥是指以硅酸盐水泥熟料和适量的石膏,以及规定的混合材料制成的水硬性胶凝材料,即作为一般用途的水泥,而专用水泥是指有专门用途的水泥,特种水泥则是指某种性能比较突出的水泥。

5.1 硅酸盐水泥

根据《通用硅酸盐水泥》(GB175—2007)中的规定,由硅酸盐水泥熟料、适量石膏、0%~5%粒化高炉矿渣或石灰石磨细制成的水硬性胶凝材料,称为硅酸盐水泥。由于这种硅酸盐水泥硬化以后的颜色和性能与英国波特兰的石灰石非常相似,因此,国外将其称为波特兰水泥(Portland Cement)。硅酸盐水泥分为两种类型,不掺加混合材料的称为Ⅰ型硅酸盐水泥,代号为P·Ⅰ;在硅酸盐水泥粉磨时掺入不超过水泥质量5%的粒化高炉矿渣或石灰石的混合材料的称为Ⅱ型硅酸盐水泥,代号为P·Ⅱ。

5.1.1 硅酸盐水泥的生产与组成成分

1. 硅酸盐水泥的生产

生产硅酸盐水泥的原料主要有石灰质原料和黏土质原料,此外再辅以少量的校正原料。石灰质原料可采用石灰石、泥灰岩、白垩等,主要提供 CaO;黏土质原料可采用黏土、黄土、页岩等,主要提供 SiO_2、Al_2O_3 及少量 Fe_2O_3。一般很难找到符合要求的单一原料,通常采用集中原料进行调配,使其化学成分符合要求。如果黏土质原料中氧化铁不足，需用铁质校正原料如铁矿粉、硫铁矿渣等；如果氧化硅含量不足，则要掺入少量的硅质校正原料，如砂岩、粉砂岩等。为改善煅烧条件，通常加入少量的矿化剂，如萤石等。

硅酸盐水泥生产过程：首先将几种原料粉碎，按配合比混合在磨机中磨细成具有适当化学成分的生料，再将生料在水泥窑(回转窑或立窑)中经过约1450℃的高温煅烧至部分熔融，冷却后得到的灰黑色圆粒状物为硅酸盐水泥熟料，熟料与适量石膏共同磨至一定细度即为P·Ⅰ型硅酸盐水泥。水泥的生产工艺流程可简单概括为"两磨一烧"，即生料磨细、生料煅烧、熟料磨细，其基本生产工艺过程如图5.1所示。

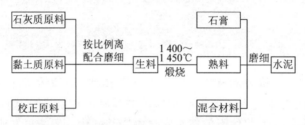

图5.1 硅酸盐水泥生产工艺流程

2. 硅酸盐水泥的组成成分

硅酸盐水泥熟料的，4种氧化物不是以单独的氧化物存在，而是以两种或两种以上的氧化物反应生成的多种矿物集合体存在，氧化物的名称和含量见表5.1。

表5.1 水泥熟料化学组成

氧化物名称	化学式	缩写式	一般含量范围
氧化钙	CaO	C	62%~67%
氧化硅	SiO_2	S	20%~24%
氧化铝	Al_2O_3	A	4%~7%
氧化铁	Fe_2O_3	F	2.5%~6.0%

硅酸盐水泥熟料主要由4种矿物组成，上述四种氧化物在高温下生成新的化合物即为水泥熟料。硅酸盐水泥熟料的主要矿物名称和含量范围见表5.2。

表5.2 水泥熟料矿物组成

矿物名称	化学式	缩写式	一般含量范围
硅酸三钙	$3CaO \cdot SiO_2$	C_3S	36%~60%
硅酸二钙	$2CaO \cdot SiO_2$	C_2S	15%~37%
铝酸三钙	$3CaO \cdot Al_2O_3$	C_3A	7%~15%
铁铝酸四钙	$4CaO \cdot Al_2O_3 \cdot Fe_2O_3$	C_4AF	10%~18%

5.1.2 硅酸盐水泥的水化和凝结硬化

水泥加适量的水拌和后，各组分开始溶解并产生复杂的物理、化学、力学变化，这个过程称为水泥的水化。水泥的凝结是指水泥加水拌和后，先形成可塑又具有流动性的浆体，其中的水泥颗粒表面的矿物开始与水发生水化反应，使水泥浆逐渐变稠失去可塑性，但还不具备强度的过程。硬化是指随着时间的延长，水泥浆体产生明显的强度并逐渐增强而变成坚硬水泥石的过程。水泥的水化与凝结硬化是一个连续而复杂的物理化学过程，水化是凝结硬化的前提，凝结硬化是水化的结果。

1. 硅酸盐水泥的水化

硅酸盐水泥的性能是由其组成矿物的成分和相对含量决定的，不同的矿物成分，其水化、凝结、硬化的特性也有较大的差异，讨论硅酸盐水泥的水化、凝结、硬化需先讨论水泥熟料中不同矿物的水化反应。

1) 硅酸三钙水化

硅酸三钙的水化反应式如下：

$$2(3CaO \cdot SiO_2) + 6H_2O = 3CaO \cdot 2SiO_2 \cdot 3H_2O + 3Ca(OH)_2$$

硅酸三钙的水化反应速度较快，水化热较大，生成了水化硅酸钙(C-S-H 凝胶)凝胶和氢氧化钙晶体。水化硅酸钙以凝胶的形态析出，构成具有很高强度的空间网状结构，其强度较高能不断增长，是水泥强度的主要来源；生成的氢氧化钙在溶液中的浓度很快达到饱和，以六方晶体形态析出。因此各矿物的水化反应主要在氢氧化钙饱和溶液中进行。

2) 硅酸二钙水化

硅酸二钙的水化反应式如下：

$$2(2CaO \cdot SiO_2) + 4H_2O = 3CaO \cdot 2SiO_2 \cdot 3H_2O + Ca(OH)_2$$

硅酸二钙的水化反应与硅酸三钙的水化反应并无大的区别，但水化速率慢很多，水化热小，氢氧化钙生成量比硅酸三钙的少，且结晶粗大些。其水化产物和水化物主要表现在后期，因此其对水泥早期的强度贡献很小，但对水泥后期强度的增加至关重要，一年后可赶上甚至超过硅酸三钙的强度，是保证水泥后期强度增长的主要矿物。

3) 铝酸三钙水化

铝酸三钙水化反应式如下：

$$3CaO \cdot Al_2O_3 + 6H_2O = 3CaO \cdot Al_2O_3 \cdot 6H_2O$$

铝酸三钙水化反应迅速、放热快、水化热大且集中，其水化产物和结构受氢氧化钙溶液浓度和温度的影响很大，先生成介稳状态的水化铝酸钙，最终转化成水石榴石(C_3AH_6)。

为了控制铝酸三钙的水化和凝结硬化速度，必须在水泥中掺入适量的石膏作缓凝剂，其机理为：石膏能与最初生成的水化铝酸钙反应，生成难溶的水化硫铝酸钙晶体，又称钙矾石，常用 AFt 表示。反应方程式如下：

$$3(CaSO_4 \cdot 2H_2O) + 3CaO \cdot Al_2O_3 + 6H_2O + 19H_2O = 3CaO \cdot Al_2O_3 \cdot 3CaSO_4 \cdot 31H_2O$$

掺入适量的石膏不仅能调节水泥凝结时间达到标准规定的要求，而且能在水泥水化过程中与水化铝酸钙生成一定数量的水化硫铝酸钙晶体，交错地填充在水泥石的孔隙中，从而增加水泥石的致密性，提高水泥强度，尤其是早期强度。如果石膏掺量过多，则在水泥凝结后，未发生反应的部分石膏会在条件成熟时与水化铝酸钙继续反应生成钙矾石，造成体积膨胀使水泥石开裂、强度降低，严重时还会导致水泥体积安定性不良；如果不掺入石膏或石膏掺量不足，水泥会发生瞬凝现象。因此，严格控制石膏掺量，不但能使水泥发挥最好的强度，还能确保水泥体积安定性良好。

4) 铁铝酸四钙水化

铁铝酸四钙水化反应式如下:
$$4CaO \cdot Al_2O_3 \cdot Fe_2O_3 + 7H_2O = 3CaO \cdot Al_2O_3 \cdot 6H_2O + CaO \cdot Fe_2O_3 \cdot H_2O$$

铁铝酸四钙水化反应速率较快,仅次于铝酸三钙,水化热中等,抗压强度较低,但其抗折强度较高,即使单独水化也不会引起瞬凝。其水化产物为水化铝酸钙和水化铁酸钙,水化反应与铝酸三钙相似。

综上所述,水泥熟料在水化时,其所含 4 种矿物在不同龄期的水化热不同,如图 5.2 所示;抗压强度的发展也不相同,如图 5.3 所示。各熟料水化硬化特性的比较见表 5.3。因此,当改变水泥熟料中矿物组成的比例时,水泥的技术性质也随之改变。例如,提高硅酸三钙的含量,可制得快硬高强水泥;降低硅酸三钙、铝酸三钙的含量,提高硅酸二钙的含量,可制得水化热较低的低热水泥。因此,掌握硅酸盐水泥熟料矿物成分的含量及特性规律,可大致了解水泥的性能特点。

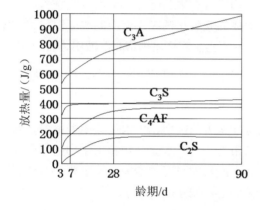

图 5.2 水泥熟料矿物在不同龄期的水化热   图 5.3 水泥熟料矿物在不同龄期的抗压强度

表 5.3 熟料矿物的水化硬化特性

矿物名称	密度/(g/cm³)	水化速率	水化放热量	强度 早期	强度 后期	耐腐蚀性	干缩性
C_3S	3.25	快	大	高	高	差	中
C_2S	3.28	慢	小	低	高	良	小
C_3A	3.04	最快	最大	低	低	最差	大
C_4AF	3.77	快	中	低	低	优	小

2. 硅酸盐水泥的凝结硬化

硅酸盐水泥的凝结硬化过程一般按水化反应速度和物理化学的主要变化分为 4 个阶段:初始反应期、潜伏期、凝结期和硬化期。

1) 初始反应期

水泥加水拌和后,水泥颗粒表面与水迅速发生化学反应,生成相应的水化物,组成"水泥—水—水化产物"混合体系,这一阶段称为初始反应期。硅酸三钙水化生成硅酸钙凝胶和氢氧化钙,氢氧化钙立即溶于水,当溶液达到过饱和时氢氧化钙呈结晶析出;同时暴露在颗粒表面的铝酸三钙亦溶于水，并与溶于水的石膏反应，生成钙矾石结晶析出，附着在水泥颗粒表面。这一阶段大约经过10min，约有1%的水泥发生水化。

2) 潜伏期

在初始反应期之后，约有1~2h的时间，由于水泥颗粒表面形成的水化硅酸钙凝胶和钙矾石晶体构成的膜层阻止了颗粒与水的接触，使水化反应速度变慢，这一阶段水化产物增加不多，水泥浆体仍保持良好的可塑性，随后开始进入凝结期。

3) 凝结期

在潜伏期中，由于水缓慢穿透水泥颗粒表面包裹物与矿物成分发生水化反应，而水化生成物穿透膜层的速度小于水分渗入膜层的速度，形成渗透压，导致水泥颗粒表面膜层破裂，水进入膜内与熟料发生反应，水泥继续水化，自由水逐渐减少，水化产物不断增加，水泥颗粒表面的新生成物厚度逐渐增大，使水泥浆中固体颗粒间的间距逐渐减小，而包有胶凝体的颗粒逐渐接近，以致相互接触，越来越多的颗粒相互连接形成空间网架结构，使水泥浆体慢慢失去可塑性而凝结，这一阶段称为凝结期。

4) 硬化期

水化反应进一步进行，固态的水化产物不断增多并填充颗粒间的空隙，水泥颗粒之间的毛细孔不断被填实，使结构更加致密，水泥浆体逐渐硬化，形成具有一定强度的水泥石，且强度随时间不断增长，这一阶段称为硬化期。水泥的硬化期可以延续很长时间，但28d表现出大部分强度。

水泥的水化是从表面开始向内部逐渐深入进行的，其凝结硬化是由表及里、由快到慢的过程，在最初的1~3d，水化产物增加迅速，强度发展很快，随着水化反应的不断进行，水化产物增加的速度逐渐变慢，强度增长的速度也逐渐变缓，28d之后显著减慢。但是，只要维持适当的温度与湿度，水泥石中未水化的水泥颗粒仍将继续水化，使水泥石的强度在未来还会继续缓慢增长。

5.1.3 影响水泥凝结硬化的主要因素

水泥凝结硬化的过程，也就是水泥强度发展的过程。为了正确使用水泥，必须了解影响水泥凝结硬化的因素，以便采取合理有效的措施调节水泥的性能。

1) 熟料矿物组成

硅酸盐水泥熟料的矿物组成是影响水泥凝结硬化的主要内因。不同的熟料矿物成分单独与水作用时，水化反应的速度、强度的增长、能量的放出等这些水化特性是不同的，因此，水泥中各矿物的相对含量不同时，其凝结硬化将产生明显的改变。

2) 石膏的掺入量

水泥粉磨时掺入适量的石膏可延缓水泥的凝结硬化速度。石膏的掺入量必须严格控制。石膏的适宜掺量主要取决于水泥中铝酸三钙和石膏中SO_3的含量，同时与水泥细度及熟料中SO_3的含量有关，石膏掺量一般为水泥质量的3%~5%。

3) 水泥的细度

在同等条件下，水泥颗粒粉磨得越细，总表面积越大，与水接触的水化反应面积也越大，水化速度越快，水化反应产物增长越快，水化放热量越大，凝结硬化越快，早期强度就越高。通常认为，水泥颗粒小于40μm时，才有较高的活性，大于100μm时活性很

小；但水泥颗粒过细时，会增加磨细的能耗，提高生产成本，不宜久存，而且在水泥硬化过程中会产生较大的体积收缩。因此水泥的细度应适中。

4) 水灰比

水泥浆的水灰比指水泥浆中水与水泥质量的比。为使水泥浆体具有一定的可塑性和流动性，实际加入水的质量通常要超过水泥充分水化所需的用水量，多余的水在硬化的水泥石内蒸发后形成毛细孔。拌和水越多，水泥石中的毛细孔越多。例如，水灰比为 0.40 时，完全水化后水泥石的总孔隙率约为 30%；水灰比为 0.70 时，水泥石的孔隙率高达 50%左右。水泥石的强度随其孔隙增加呈线性关系下降。水灰比较大，水泥的初期水化反应可以充分进行，但水泥浆凝结较慢，孔隙率高，水泥石的强度也会降低。因此，在熟料矿物组成大致相近的情况下，水灰比的大小是影响硬化水泥石强度的主要因素。

5) 温度和湿度

环境温度对水泥的凝结硬化有着明显的影响。若适当提高温度，可使水泥的水化反应加快，早期强度发展加快；若降低温度，水化反应速度减慢，强度发展缓慢，但最终仍可获得较高的强度。当温度低于 5℃时，凝结硬化速度大大减慢；而当温度低于 0℃时，凝结硬化将完全停止，水泥石结构可能遭受冰冻破坏。因此冬季施工时，需采取保温措施。

同时，水泥的强度必须在较高的湿度环境下才能得到充分发展，若处在干燥环境下或水分不足，水化反应不能正常进行，硬化就会停止。潮湿环境下的水泥石，能保持充足的水分进行水化和凝结硬化，会促进其强度不断发展。

在工程中，保持一定的温度和湿度，使水泥石强度不断增长的措施称为养护，混凝土在浇筑后的一定时间内需进行养护。

6) 养护龄期

水泥的水化是从表面开始向内部逐渐渗入进行的，随着时间的延续，水泥的水化程度逐渐增大，水泥石的强度逐渐提高，7d 的强度可达到 28d 强度的 70%，28d 以后明显增长缓慢，并在未来一定时间内还会缓慢增长。因此，水泥制品必须保证一定的养护龄期，达到一定的强度后才能使用。

除上述因素外，水泥的凝结硬化还与其受潮程度、混合材料的掺加量、所掺外加剂种类等因素有关。

5.1.4 硅酸盐水泥的技术性质

硅酸盐水泥的技术性质是水泥应用的理论基础，根据国家标准《通用硅酸盐水泥》(GB 175—2007)的规定，硅酸盐水泥的技术性质包括化学性质和物理性质。化学性质包括氧化镁含量、三氧化硫含量、烧失量、不溶物含量和氯离子含量等，物理性质包括细度、凝结时间、体积安定性、强度、水化热等，实际工程中有时还需了解水泥中的碱含量(选择性指标)。

1. 化学性质

(1) 氧化镁含量。在煅烧而成的水泥熟料中，常含有少量未与其他矿物结合的游离氧化镁，它水化为氢氧化镁的速度很慢，一般在水泥硬化以后才开始，水化时能产生体积膨胀，导致水泥石结构开裂甚至破坏。氧化镁是引起水泥安定性不良的原因之一。

(2) 三氧化硫含量。水泥中的三氧化硫主要是在生产水泥的过程中为调节凝结时间掺入石膏,或者是煅烧水泥熟料时加入石膏矿化剂带入熟料中的。如果石膏掺量超出一定限度,水泥性能会变坏,甚至在水泥硬化后它会继续水化并产生膨胀,导致结构物破坏。适量的石膏可改善水泥性能。因此,三氧化硫也是引起水泥安定性不良的原因之一。

(3) 烧失量。烧失量是用于限制水泥中石膏和混合材料中的杂质,检验水泥质量的一项指标。烧失量测定是将水泥试样在 950~1000℃下灼烧 15~20min,冷却至室温称量;如此反复灼烧,直至恒重,计算灼烧前后质量损失百分率。水泥煅烧不理想或者受潮后,会导致烧失量增加。国家标准规定:P·Ⅰ型硅酸盐水泥烧失量不大于 3.0%;P·Ⅱ 型硅酸盐水泥烧失量不大于 3.5%。

(4) 氯离子含量。水泥中存在的氯离子在超过一定含量时会破坏钢筋混凝土结构中钢筋的钝化膜,加速钢筋的腐蚀,对混凝土结构产生较大的破坏。国家标准规定:水泥中氯离子含量不得大于 0.06%,当对氯离子含量有更低要求时,则由买卖双方协商确定。

(5) 不溶物含量。水泥中的不溶物是指水泥经盐酸处理后的残渣,再以氢氧化钠溶液处理,经盐酸中和过滤后所得的残渣在高温灼烧后所剩的物质。灼烧后不溶物质量占试样总质量的比例为不溶物含量。国家标准规定:P·Ⅰ型硅酸盐水泥不溶物含量不大于 0.75%;P·Ⅱ型硅酸盐水泥不溶物含量不大于 1.50%。不溶物含量高对水泥质量有不良的影响。

2. 物理性质

1) 细度(选择性指标)

细度是指水泥颗粒的粗细程度,是影响水泥性能的主要因素之一。水泥颗粒粒径一般在 7~200μm 范围内。一般认为,小于 40μm 时,才具有较高的活性,大于 100μm 后活性则很小。

国家标准规定,水泥颗粒的细度可采用筛析法或比表面积法测定。筛析法是用 80μm 或 45μm 的方孔筛对水泥试样进行筛析试验,用筛余百分数表示水泥的细度。筛析法有负压筛析法、水筛法和手工筛析法三种,当测定结果有差异时,以负压筛析法为准。

比表面积法是根据一定量的空气通过一定孔隙率和厚度的水泥层时,所受阻力不同而引起流速的变化来测定的(单位质量的水泥颗粒所具有的总表面积),以 m^2/kg 表示。比表面积越大,表示水泥颗粒越细。国家标准规定:硅酸盐水泥的比表面积应不小于 300 m^2/kg。

2) 凝结时间

水泥的凝结硬化是一个复杂的过程,是水泥从加水开始到水泥浆失去可塑性所需的时间,可将其凝结时间分为初凝时间和终凝时间。初凝时间是指水泥从加水拌和起至标准稠度,水泥净浆开始失去可塑性所需的时间;终凝时间是指从水泥加水拌和起至标准稠度,水泥净浆完全失去可塑性并开始产生强度所需的时间。

国家标准规定:水泥的凝结时间应根据《水泥标准稠度用水量、凝结时间、安定性检验方法》(GB/T 1346—2011)进行试验,通用硅酸盐水泥初凝时间不小于 45min,终凝时间不大于 390min。初凝和终凝时间有一项指标不符合要求的为不合格品。

水泥凝结时间对工程施工有重要的意义:为使混凝土或砂浆有足够的时间进行搅拌、

运输、浇筑或砌筑，水泥的初凝时间不宜过短，否则混凝土或砂浆将失去流动性和可塑性而无法施工；当施工完毕，为使水泥尽快硬化产生强度，顺利进入下一道工序，水泥的终凝时间不能过长，否则将延长施工进度和模板周转期。

3) 体积安定性

水泥的体积安定性(简称安定性)是指水泥在凝结硬化过程中体积变化的均匀性。水泥硬化后若其体积变化是轻微且均匀的，则对结构的质量没什么影响。但是如果由于水泥中某些有害成分的作用，在水泥硬化时产生剧烈的且不均匀的体积变化，则会在水泥石内部产生破坏应力，使水泥制品、混凝土构件产生膨胀性裂缝，甚至引起严重的工程事故。体积安定性不良一般是因水泥中有过多的游离氧化钙、游离氧化镁或石膏超量。游离氧化钙、游离氧化镁是在高温下生成的，它们在水泥已经凝结硬化后才进行水化，会产生体积膨胀；而石膏在水泥硬化后，还会继续与固态的水化铝酸钙反应生成水化硫铝酸钙，体积膨胀引起不均匀的体积变化而使水泥石结构破坏。

国家标准规定，用沸煮法检验水泥中游离氧化钙引起的体积安定性不良，测试方法可用试饼法和雷氏法。由于游离氧化镁的熟化比游离氧化钙更加缓慢，必须在蒸压条件下才能检验它的危害作用，石膏的危害则需长期在常温水中才能发现，两者造成的不良影响均不便于快速检验。所以国家标准规定：硅酸盐水泥中游离氧化镁含量不得大于 5.0%，如果水泥经蒸压安定性检验合格，则水泥中氧化镁的含量允许宽松到 6.0%，三氧化硫含量不得超过 3.5%，以控制水泥的安定性。

体积安定性不符合要求的水泥为不合格品。但某些体积安定性不合格的水泥存放一段时间后，由于水泥中的游离氧化钙吸收空气中的水分而熟化，会变为合格品。这种水泥安定性随时间变化的特性，称为安定性的时效性。

4) 强度

水泥强度是评定水泥质量的基本指标，是水泥重要的技术性质之一。水泥的强度除了与水泥本身的性质(如熟料的矿物组成、细度等)有关外，还与水灰比、试件制作方法、养护条件和时间等有关，主要取决于水泥的矿物组成和细度。根据国家标准《通用硅酸盐水泥》(GB175—2007)和《水泥胶砂强度检验方法(ISO法)》(GB/T 17671—1999) 的规定：将水泥和标准砂按 1∶3 混合，水灰比为 0.5，按规定的方法制成 40mm×40mm×160mm 的试件，在标准温度(20±1)℃的水中养护，测定试件 3d、28d 龄期的抗压和抗折强度，来划分水泥的强度等级。硅酸盐水泥的强度分为 42.5、42.5R、52.5、52.5R、62.5、62.5R 6 个等级，其中代号 R 表示早强型水泥，各强度等级硅酸盐水泥的各龄期强度应符合表 5.4 的规定。

表5.4 硅酸盐水泥各龄期的强度要求

强度等级	抗压强度/MPa		抗折强度/MPa	
	3d	28d	3d	28d
42.5	≥17.0	≥42.5	≥3.5	≥6.5
42.5R	≥22.0		≥4.0	
52.5	≥23.0	≥52.5	≥4.0	≥7.0
52.5R	≥27.0		≥5.0	

续表

强度等级	抗压强度/MPa		抗折强度/MPa	
	3d	28d	3d	28d
62.5	≥28.0	≥62.5	≥5.0	≥8.0
62.5R	≥32.0		≥5.5	

5) 水化热

水泥在凝结硬化过程中因水化反应所放出的热量，称为水泥的水化热，通常以 kJ/kg 表示。大部分水化热集中在早期放出。水泥水化热的大小和释放速率主要与水泥熟料的矿物组成、混合材料的品种与数量、外加剂的品种、水泥的细度及养护条件等因素有关。

冬季施工时，水化热有利于水泥的正常凝结硬化。大型基础、水坝、桥墩等大体积混凝土，由于水化热聚集在内部不易散发，内部温升可达 50℃以上，内外温差产生的应力和降温收缩时产生的应力可使混凝土产生裂缝。因此水化热对大体积混凝土是不利因素，大体积混凝土工程不宜采用水化热较大、放热较快的硅酸盐水泥。

3. 碱含量(选择性指标)

水泥中的碱含量以($Na_2O+0.658K_2O$)计算值表示。若在混凝土工程中使用活性骨料，水泥碱含量过高将会引起有害的碱骨料反应。若使用者要求提供低碱水泥时，水泥中的碱含量不应大于 0.60%，或由供需双方协商确定。碱含量高的水泥与混凝土外加剂适应性不好，水泥开裂敏感性高，若遇到含活性二氧化硅的骨料还会引起碱骨料反应。

5.2 通用硅酸盐水泥

5.2.1 水泥混合材料

在磨制水泥时，为了改善水泥性能，调节水泥强度等级而加入水泥中的人工的和天然的矿物材料，称为水泥混合材料。混合材料按其性能和作用通常分为活性混合材料、非活性混合材料和窑灰等。

1. 混合材料的种类

1) 活性混合材料

混合材料磨成细粉与水拌和后，本身并不具有胶凝性质，或胶结能力很小，但与石灰、石膏或硅酸盐水泥一起加水拌和后，在常温下能生成具有水硬性的水化产物，称为活性混合材料。掺混合材料具有增加水泥品种、扩大水泥应用范围、节约水泥熟料、增加水泥产量等优点。常用的活性混合材料有粒化高炉矿渣、火山灰质混合材料和粉煤灰等。

(1) 粒化高炉矿渣。粒化高炉矿渣是炼铁高炉的熔融炉渣，经急速冷却而成的松软颗粒，颗粒直径一般为 0.5～5mm。急冷一般采用水淬方式进行，故又称水淬矿渣。成粒的目的在于阻止结晶，使其绝大部分成为不稳定的玻璃体，具有较高的潜在化学能，从而有较高的潜在活性。

粒化高炉矿渣的化学成分主要是 CaO、SiO_2、Al_2O_3、MgO 和 Fe_2O_3 及少量硫化物等，在一般矿渣中，CaO、SiO_2、Al_2O_3 的质量百分数占 90%以上。粒化高炉矿渣中的活性成分一般认为是活性氧化铝和活性氧化硅,即使在常温下也可与氢氧化钙作用而产生强度。含氧化钙较高的碱性矿渣中,因其中还含有硅酸二钙等成分,故本身具有弱的水硬性。

(2) 火山灰质混合材料。火山喷发时,随同熔岩一起喷发的大量碎屑沉积在地面或水中成为松软物,称为火山灰。火山灰质混合材料是指天然的或人工的,以活性氧化硅和活性氧化铝为主的矿物质材料,经磨成细粉后,本身不具有水硬性,但在常温下与石灰和水混合后,能生成水硬性的化合物的性质,称为火山灰性,起到一定的胶凝作用。具有火山灰性的矿物质材料,都称为火山灰质混合材料。按其化学成分与矿物结构,火山灰质混合材料可分为含水硅酸质混合材料、铝硅玻璃质混合材料、烧黏土质混合材料等。

含水硅酸质混合材料有:硅藻土、硅藻石、蛋白石和硅质渣等,其活性成分以氧化硅为主。铝硅玻璃质混合材料有:火山灰、凝灰岩、浮石和某些工业废渣等,其活性成分为氧化硅和氧化铝。烧黏土质混合材料有:烧黏土(如碎砖瓦)、煤渣等,其活性成分以氧化铝为主。

(3) 粉煤灰。粉煤灰是燃煤发电厂以煤粉作燃料,从烟道气体中收集的粉末,又称飞灰。它的颗粒直径一般为 1~5μm,呈玻璃态实心或空心的球状颗粒,表面致密。粉煤灰的主要成分是活性氧化硅和活性氧化铝,其活性主要取决于玻璃体的含量以及无定形氧化铝、氧化硅含量,同时颗粒形状和大小对其活性也有较大的影响。国家标准《用于水泥和混凝土中的粉煤灰》(GB/T 1596—2005)规定,水泥活性混合材料用粉煤灰的烧失量不大于 8.0%,强度活性指数不小于 70.0%。

2) 非活性混合材料

非活性混合材料是指常温下加水拌和后不能与水泥、石灰或石膏发生化学作用或化学作用甚微的人工的或天然的磨细矿物质材料。它们掺入水泥中可以提高水泥产量、降低水泥强度等级、降低水泥成本、减少水化热、扩大使用范围等。另外,凡不符合技术要求的粒化高炉矿渣、火山灰质混合材料及粉煤灰等均可作为非活性混合材料使用,加入量一般比较少。

3) 窑灰

窑灰是指用回转窑生产硅酸盐类水泥熟料时,随气流从窑尾排出的,经收集得到的干燥粉末。窑灰的活性较低,掺入水泥后可减少污染、保护环境。

2. 活性混合材料在硅酸盐水泥中的水化

磨细的活性混合材料与水调和后,本身不会水化或水化极为缓慢,强度很低,但在氢氧化钙溶液中就会发生显著的水化反应,而在饱和的氢氧化钙溶液中水化会更快。反应式为

$$x\mathrm{Ca(OH)}_2 + \mathrm{SiO}_2 + m\mathrm{H}_2\mathrm{O} = x\mathrm{CaO} \cdot \mathrm{SiO}_2 \cdot (m+x)\mathrm{H}_2\mathrm{O}$$

$$y\mathrm{Ca(OH)}_2 + \mathrm{Al}_2\mathrm{O}_3 + n\mathrm{H}_2\mathrm{O} = y\mathrm{CaO} \cdot \mathrm{Al}_2\mathrm{O}_3 \cdot (n+y)\mathrm{H}_2\mathrm{O}$$

式中,x、y 值随混合材料的种类、石灰与活性氧化物的比例、环境温度及作用所延续的时间变化而变化,一般为 1 或稍大。n 值一般为 1~2.5。

当液相中有石膏时,石膏将与水化铝酸钙反应生成水化硫铝酸钙,这些水化产物能在空气中凝结硬化,并能在水中继续硬化,具有相当高的强度。可以看出,氢氧化钙和石膏

的存在使活性混合材料的潜在活性得以发挥，即氢氧化钙和石膏起着激发水化、促进凝结硬化的作用，故称为激发剂。激发剂的浓度越高，活性发挥越充分。常用的激发剂有碱性激发剂和硫酸盐激发剂两类。一般用作碱性激发剂的是石灰和能在水化时析出氢氧化钙的硅酸盐水泥熟料；硫酸盐激发剂有二水石膏或半水石膏，并包括各种化学石膏，硫酸盐的激发作用必须在碱性激发剂的条件下，才能得到充分发挥。

掺活性混合材料的硅酸盐水泥水化时，首先是熟料矿物的水化，熟料矿物水化生成的氢氧化钙再与活性混合材料发生反应，生成水化硅酸钙和水化铝酸钙；当有石膏存在时，还会进一步反应生成水化硫铝酸钙。而凝结硬化过程基本上与硅酸盐水泥相同。水泥熟料矿物水化后的产物又与活性氧化物进行反应，生成新的水化产物，称为二次水化反应或二次反应。

5.2.2　硅酸盐水泥的特性

硅酸盐水泥中即使有混合材料，掺量也很少，因此它的特性基本由水泥熟料所决定。硅酸盐水泥主要有以下一些特性。

(1) 凝结硬化快、强度高。硅酸盐水泥强度高，其中硅酸三钙含量较多，有利于 28d 内水泥强度的快速增长；同时铝酸三钙含量也较高，有利于水泥早期强度的增长。因此硅酸盐水泥适用于早期强度要求高的工程、现浇和预制混凝土工程、预应力混凝土工程、高强混凝土工程等。

(2) 水化热高。硅酸盐水泥中硅酸三钙和铝酸三钙的含量较高，水化时放热速度快且放出的热量大，因此它适用于冬季施工工程并可避免冻害，但高水化热不利于大体积混凝土工程的建设，因此不适用于大体积混凝土工程。

(3) 干缩小。硅酸盐水泥水化时形成较多的硅酸钙凝胶，使水泥石密实，游离水分少，硬化时不易产生干缩裂纹，干缩较小，故其适用于干燥环境。

(4) 抗冻性好。硅酸盐水泥的水灰比较低，在充分养护的条件下，硬化后的水泥石孔隙率较低，具有较高的密实度，因此其抗冻性好，适用于严寒地区遭受反复冻融循环的混凝土工程。

(5) 抗碳化性好。水泥石中的氢氧化钙与空气中的二氧化碳反应生成碳酸钙的过程称为碳化。硅酸盐水泥经过水化反应后，会生成较多的氢氧化钙，其碳化后的内部碱度下降不明显，因此抗碳化性好。

(6) 耐热性差。硅酸盐水泥石中的水化产物一般受热达到 250～300℃时，就开始脱水、体积收缩、强度下降；温度达 700～1000℃时，强度下降很大，水化产物分解，甚至水泥石的结构几乎完全破坏。所以硅酸盐水泥不适于有耐热、高温要求的混凝土工程。但当温度为 100～250℃时，强度反而有所提高，因为此时尚存有游离水，水泥水化可继续进行，并且凝胶产生脱水，生成部分氢氧化钙的结晶，使水泥石进一步密实。

(7) 耐磨性好。硅酸盐水泥强度高，耐磨性好，适用于地面和道路等对耐磨性要求高的工程。

(8) 耐腐蚀性差。硅酸盐水泥石中的氢氧化钙和水化铝酸钙较多，耐软水及耐化学腐蚀能力差，因此不适用于受流动软水和压力水作用的工程，也不宜用于受海水、矿物水等其他侵蚀性介质作用的工程。

5.2.3 掺混合材料硅酸盐水泥的特性

凡在硅酸盐水泥熟料中掺入一定量的混合材料和适量石膏,共同磨细制成的水硬性材料,均属掺混合材料的硅酸盐水泥。掺混合材料的硅酸盐水泥的特性与所掺混合材料的种类、数量及相对比例有很大关系。

1. 普通硅酸盐水泥

1) 普通硅酸盐水泥的定义及代号

由硅酸盐水泥熟料、质量分数 6%～20%混合材料、适量石膏磨细制成的水硬性胶凝材料,称为普通硅酸盐水泥(简称普通水泥),代号 P·O。掺混合材料时,活性混合材料掺加量应大于 5%且不得超过 20%,其中允许用不超过水泥质量 8%的符合规定的非活性混合材料或不超过水泥质量 5%的符合规定的窑灰代替。

2) 普通硅酸盐水泥的特性

普通硅酸盐水泥中绝大部分仍为硅酸盐水泥熟料,其性质与硅酸盐水泥相近。但因为掺入了少量混合材料,与同强度等级的硅酸盐水泥相比,早期硬化速度稍慢,3d 抗压强度稍低,抗冻性及耐磨性能也略差,但其耐腐蚀性能力有所改善。它广泛应用于各种混凝土或钢筋混凝土工程,是我国建筑行业应用最广、使用量最大的水泥品种。

2. 矿渣硅酸盐水泥、火山灰质硅酸盐水泥及粉煤灰硅酸盐水泥

1) 三种水泥的定义、类型及代号

由硅酸盐水泥熟料、适量石膏及掺加量(质量分数)大于 20%且小于 70%的粒化高炉矿渣或粒化高炉矿渣粉活性混合材料磨细制成的水硬性胶凝材料,称为矿渣硅酸盐水泥(简称矿渣水泥)。水泥按粒化高炉矿渣掺加量不同,分为两种类型:矿渣掺加量大于 20%且小于 50%的为 A 型,代号 P·S·A;矿渣掺加量大于 50%且小于 70%的为 B 型,代号 P·S·B。其中活性混合材料掺加量允许用不超过水泥质量 8%的符合规定的活性混合材料、非活性混合材料或窑灰中的任一种材料代替部分矿渣,替代后水泥中的粒化高炉矿渣不得少于 20%。

由硅酸盐水泥熟料和火山灰质混合材料、适量石膏磨细制成的水硬性胶凝材料,称为火山灰质硅酸盐水泥(简称火山灰水泥),代号 P·P。水泥中的火山灰质混合材料掺加量为 20%～40%。

由硅酸盐水泥熟料和粉煤灰、适量石膏磨细制成的水硬性胶凝材料,称为粉煤灰硅酸盐水泥(简称粉煤灰水泥),代号 P·F。水泥中的粉煤灰掺加量为 20%～40%。

以上三种水泥的组分要求见表 5.5。

表 5.5 三种水泥各成分含量

品种	代号	组分/%			
		熟料和石膏	粒化高炉矿渣	火山灰质混合材料	粉煤灰
矿渣水泥	P·S·A	≥50且<80	>20且<50	—	—
	P·S·B	≥30且<50	>50且<70	—	—

续表

品种	代号	组分/%			
		熟料和石膏	粒化高炉矿渣	火山灰质混合材料	粉煤灰
火山灰水泥	P·P	≥60且<80	—	>20且<40	—
粉煤灰水泥	P·F	≥60且<80	—	—	>20且<40

这三种水泥的区别仅在于掺加的活性混合材料不同。由于三种活性混合材料的化学组成和化学活性基本相同，其水泥的水化产物及凝结硬化速度也相近，所以这三种水泥的大多数性质和应用基本相同，存在很多共性。同时，又由于这三种活性混合材料的物理性质和表面特征及水化活性等有些差异，使得这三种水泥分别具有各自的特性。

2) 三种水泥的共性

(1) 凝结硬化慢，早期强度低，后期强度发展快。由于三种水泥熟料中矿物含量少，且二次水化反应又比较慢，因此水泥早期(3d、7d)强度较低，但后期由于二次水化反应的不断进行及熟料的继续水化，二次水化产物不断增多，使得水泥强度增加较快，后期强度可赶上甚至超过同强度等级的硅酸盐水泥或普通水泥。活性混合材料掺量越多，早期强度降低越多，但后期强度可能增长越多。这三种水泥不适用于早期强度要求较高的工程、冬季施工和现浇混凝土工程等，而且还需加强早期养护。

(2) 耐腐蚀性强。由于水泥中熟料数量相对较少，水化生成的氢氧化钙和水化铝酸钙较少，而且活性混合材料的二次水化反应又消耗了部分氢氧化钙，水泥石中易受硫酸盐腐蚀的水化铝酸三钙也相对降低，使水泥石受腐蚀的成分减少，故水泥抵抗软水、海水、硫酸盐及镁盐腐蚀的能力增加，可适用于水工、海港工程等对耐腐蚀性要求高的工程。

(3) 对温度敏感，适合高温养护。这三种水泥在低温下水化速率和强度发展较慢，若采用高温养护可大大加快活性混合材料的水化速率、活性混合材料与熟料水化析出氢氧化钙晶体的反应速率，故可大大提高早期强度，且不影响常温下后期强度的发展，此类水泥适用于蒸汽和蒸压等高温湿热养护。

(4) 水化热低。由于水泥中熟料含量少，水化放热量少，尤其是早期放热速度慢，适用于大体积混凝土工程、大型基础和水坝等工程。

(5) 抗碳化能力差。由于这三种水泥硬化后的水泥石中氢氧化钙含量减少，低碱度使得表层碳化作用进行得较快，且碳化深度也较大，对防止钢筋锈蚀不利，影响混凝土的耐久性，因此这三种水泥不适用于重要钢筋混凝土结构和预应力混凝土等二氧化碳浓度较高的环境。

(6) 抗冻性差、耐磨性差。由于水泥中加入较多的混合材料，拌和时的需水量增加，使水泥石硬化后易形成较多的毛细孔或粗大孔隙，且早期强度较低，导致水泥石抗冻性和耐磨性变差。因此这三种水泥不宜用于严寒地区水位升降范围内的混凝土和有耐磨性要求的工程。

3) 三种水泥的特性

(1) 矿渣水泥。矿渣水泥耐热性强，矿渣含量较高，矿渣本身又是高温形成的耐火材料，硬化后氢氧化钙含量少，故矿渣水泥的耐热性好，适用于高温车间、高炉基础及热气体通道等耐热工程。但也有保水性差、泌水性大、干缩性大的缺点。粒化高炉矿渣难以磨细，加上矿渣玻璃体亲水性差，在拌制时容易形成毛细管通道或粗大孔隙，在空气中硬化时容易产生较大干缩，导致水泥石的密实度较低，应加强保湿养护。因此矿渣水泥的抗冻性、抗渗性和抵抗干湿交替循环作用的性能不及普通硅酸盐水泥，不适用于对抗渗有要求的混凝土工程。

(2) 火山灰水泥。火山灰质混合材料含有大量的微细孔隙，使其具有良好的保水性，并且水化后形成较多的水化硅酸钙凝胶，使水泥石结构密实，从而具有良好的抗渗性。火山灰水泥含有的大量胶体若长期处于干燥环境中，胶体会脱水产生收缩，易产生干缩裂纹，且在水泥石表面产生"起粉"现象(空气中的二氧化碳作用于水泥石表面的水化硅酸钙凝胶，生成碳酸钙和氧化硅的粉状物，称"起粉")。因此，火山灰水泥适用于有一般抗渗要求的工程，不宜用于干燥环境的地上工程和对耐磨性有要求的混凝土工程。

(3) 粉煤灰水泥。粉煤灰是表面致密的球形颗粒，比表面积小，吸附水的能力较差，故其保水性差，易泌水，其在施工阶段易使制品表面因大量泌水而产生收缩裂纹，因而粉煤灰水泥抗渗性差；同时，粉煤灰比表面积小，拌和需水量少，水泥的干缩较小，抗裂性好，所以粉煤灰水泥不适用于对抗渗性有要求的混凝土工程，也不适用于干燥环境中的混凝土和对耐磨性要求高的混凝土工程。由于粉煤灰致密的球形颗粒，比表面积小而不易水化，活性主要在后期发挥，因此粉煤灰水泥的早期强度、水化热要比矿渣水泥和火山灰水泥低，特别适用于大体积混凝土工程。

3. 复合硅酸盐水泥

(1) 复合硅酸盐水泥的定义及代号。国家标准规定：由硅酸盐水泥熟料、两种或两种以上规定的混合材料、适量石膏磨细制成的水硬性胶凝材料，称为复合硅酸盐水泥(简称复合水泥)，代号 $P·C$。水泥中混合材料总掺加量为大于 20%且不超过 50%，同时允许用不超过水泥质量 8%的符合规定的窑灰代替部分混合材料，掺矿渣时混合材料掺量不得与矿渣水泥重复。

(2) 复合硅酸盐水泥的特性。由于复合水泥中掺入了两种或两种以上的混合材料，通过复掺混合材料可取长补短，弥补掺入单一混合材料时水泥性能的不足，有利于发挥各种材料的优点，达到单一混合材料不能起到的优良效果。因此，复合水泥的性能略优于其他掺单一混合材料的水泥，为充分利用混合材料生产水泥，扩大水泥应用范围提供了广阔的途径，并扩大了水泥的适用范围。

5.2.4 通用硅酸盐水泥的强度和技术要求

1. 通用硅酸盐水泥的强度

在国家标准《通用硅酸盐水泥》(GB175—2007)中，规定了通用硅酸盐水泥应达到的强度指标。掺混合材料的硅酸盐水泥的强度指标见表 5.6。

2. 通用硅酸盐水泥的技术要求

根据国家标准的规定，通用硅酸盐水泥的技术要求见表 5.7。同时，标准中规定：不溶物、烧失量、三氧化硫、氧化镁、氯离子含量以及凝结时间、安定性、强度均符合要求者为合格品；反之，其中有任何一项技术指标不符合标准要求者，均为不合格品。若水泥压蒸试验合格，则水泥中氧化镁的含量允许放宽至 6.0%；若水泥中氧化镁的含量大于

6.0%时,需进行水泥压蒸安定性试验并合格。

表 5.6 掺混合材料的硅酸盐水泥的强度指标

品 种	强度等级	抗压强度/MPa		抗折强度/MPa	
		3d	28d	3d	28d
普通硅酸盐水泥	42.5	≥17.0	≥42.5	≥3.5	≥6.5
	42.5R	≥22.0		≥4.0	
	52.5	≥23.0	≥52.5	≥4.0	≥7.0
	52.5R	≥27.0		≥5.0	
矿渣硅酸盐水泥 火山灰质硅酸盐水泥 粉煤灰硅酸盐水泥 复合硅酸盐水泥	32.5	≥10.0	≥32.5	≥2.5	≥5.5
	32.5R	≥15.0		≥3.5	
	42.5	≥15.0	≥42.5	≥3.5	≥6.5
	42.5R	≥19.0		≥4.0	
	52.5	≥21.0	≥52.5	≥4.0	≥7
	52.5R	≥23.0		≥4.5	

表 5.7 通用硅酸盐水泥的技术要求

项 目	硅酸盐水泥		普通水泥	矿渣水泥		火山灰水泥 粉煤灰水泥 复合水泥
	P·Ⅰ	P·Ⅱ	P·O	P·S·A	P·S·B	
不溶物含量	≤0.75%	≤1.50%	—			
烧失量	≤3.0%	≤3.5%	≤5.0%	—		
细度	比表面积≥300 m²/kg			80 μm 方孔筛筛余≤10%或 45 μm 方孔筛筛余≤30%		
初凝时间	≥45min					
终凝时间	≤390min		≤600min			
MgO 含量	≤5.0%			≤6.0%		≤6.0%
SO₃ 含量	≤3.5%			≤4.0%		≤3.5%
安定性	沸煮法合格					
强度	各强度等级水泥的各龄期强度不得低于各标准规定的数值					
氯离子含量	≤0.06%					
碱含量	≤0.06%					

5.2.5 水泥石的腐蚀与防止

硅酸盐水泥在硬化形成水泥石后,在通常使用条件下,有较好的耐久性。但在某些腐蚀性液体或气体介质的环境中长期作用,水泥石结构会受到侵蚀而逐渐被破坏,强度和耐久性降低,这种现象称为水泥石的腐蚀。必须采取有效措施来预防水泥石的腐蚀。

1. 水泥石的腐蚀

1) 软水侵蚀(溶出性侵蚀)

硅酸盐水泥属于水硬性胶凝材料,对于一般的江、河、湖水和地下水等"硬水",具有足够的抵抗能力,尤其是在不流动的水中,水泥石不会受到明显的侵蚀。但是当水泥石受到工业冷凝水、蒸馏水、天然的雨水、雪水及含重碳酸盐很少的河水和湖水等软水作用时，水泥石中的氢氧化钙不断溶解，又会引起水化硅酸盐、水化铝酸盐的分解，最后变成无胶结能力的低碱性硅酸凝胶和氢氧化铝，水泥石孔隙率增大，密实度和强度下降，甚至导致崩溃。这种侵蚀首先缘于氢氧化钙的溶失，又称溶出性侵蚀。

当环境水的水质较硬，即水中重碳酸盐含量较高时，则重碳酸盐与水泥石中的氢氧化钙作用，生成不溶于水的碳酸钙，其反应式为

$$Ca(OH)_2 + Ca(HCO_3)_2 = 2CaCO_3 + 2H_2O$$

生成的碳酸钙积聚在水泥石的孔隙内，形成致密的保护膜，可阻止外界水的继续侵入及内部氢氧化钙的扩散析出。所以，对需与软水接触的混凝土，若预先在空气中将其硬化，存放一段时间后使之形成碳酸钙外壳，则对溶出性侵蚀可起到一定的保护作用。

2) 盐类腐蚀

水中通常溶有大量的盐类，某些溶解于水中的盐类会与水泥石相互作用产生置换反应，生成一些易溶或无胶结能力或产生膨胀的物质，从而使水泥石结构破坏。最常见的盐类腐蚀是硫酸盐腐蚀与镁盐腐蚀。

(1) 硫酸盐腐蚀。海水、湖水、盐沼水、地下水、某些工业污水中，常含有钾、钠、铵的硫酸盐，它们与水泥石中的氢氧化钙起置换反应生成硫酸钙，硫酸钙再与水泥石中的固态水化铝酸钙反应生成(高硫型水化硫铝酸钙)钙矾石，其反应式如下：

$$3(CaSO_4 \cdot 2H_2O) + 3CaO \cdot Al_2O_3 \cdot 6H_2O + 20H_2O = 3CaO \cdot Al_2O_3 \cdot 3CaSO_4 \cdot 32H_2O$$

生成的钙矾石含有大量结晶水，体积膨胀 1.5 倍以上；当水中硫酸盐浓度较高时，生成的硫酸钙也会在水泥石的孔隙中直接结晶成二水石膏，二水石膏体积比氢氧化钙体积增大 1.2 倍以上，在已经硬化的水泥石中产生膨胀应力，造成极大的膨胀破坏作用，引起水泥石内部结构胀裂，强度下降而被破坏。钙矾石呈针状晶体，对水泥石危害严重，被形象地称为"水泥杆菌"。

需要指出的是，为了调节水泥凝结时间而掺入水泥熟料中的石膏也会生成水化硫铝酸钙，但它是在水泥浆尚有一定可塑性的溶液中形成的，故不致引起破坏水泥石的作用。因此，水化硫铝酸钙的形成是否会引起破坏作用，要依其反应时所处的环境条件而定。

(2) 镁盐腐蚀。海水及地下水中常含有大量的镁盐，主要是硫酸镁和氯化镁。它们与水泥石中的氢氧化钙发生反应：

$$MgSO_4 + Ca(OH)_2 + 2H_2O = CaSO_4 \cdot 2H_2O + Mg(OH)_2$$

$$MgCl_2 + Ca(OH)_2 = CaCl_2 + Mg(OH)_2$$

生成的氢氧化镁松软而无胶结能力，氯化钙易溶于水，从而引起溶出性腐蚀，二水石膏则会引起硫酸盐的膨胀破坏。因此，硫酸镁对水泥石起镁盐和硫酸盐的双重腐蚀作用，危害更加严重。

3) 酸类腐蚀

(1) 碳酸腐蚀。工业污水、地下水中常溶解有较多的二氧化碳，形成碳酸水，这种水对水泥石有较强的腐蚀作用。首先，二氧化碳与水泥石中的氢氧化钙作用生成碳酸钙：

$$Ca(OH)_2 + CO_2 + H_2O = CaCO_3 + 2H_2O$$

生成的碳酸钙再与含碳酸的水作用生成重碳酸钙，这是一个可逆反应：

$$CaCO_3 + CO_2 + H_2O = Ca(HCO_3)_2$$

生成的重碳酸钙易溶于水。若水中含有较多的碳酸，且超过其平衡浓度时，上式反应向右进行，因而水泥石中的氢氧化钙转变为易溶的重碳酸钙而溶失，进而导致其他水化物分解，使腐蚀作用进一步严重，水泥石结构被破坏；若水中的碳酸不多，低于平衡浓度时，并不起腐蚀破坏作用。

(2) 一般酸的腐蚀。工业废水、地下水、沼泽水中常含有无机酸和有机酸，工业窑炉中的烟气常含有氧化硫，遇水后即成亚硫酸。而水泥的水化物呈碱性，因此各种酸类对水泥石一般都会有不同程度的腐蚀作用，其中腐蚀作用最强的是无机酸中的盐酸、氢氟酸、硝酸、硫酸及有机酸中的醋酸、蚁酸和乳酸等。它们与水泥石中的氢氧化钙作用后生成的化合物，或者易溶于水，或者体积膨胀，在水泥石内部产生应力而导致水泥石破坏。例如，盐酸与水泥石中的氢氧化钙作用：

$$2HCl + Ca(OH)_2 = CaCl_2 + 2H_2O$$

生成的氯化钙易溶于水。

硫酸与水泥石中的氢氧化钙作用：

$$H_2SO_4 + Ca(OH)_2 = CaSO_4 \cdot 2H_2O$$

生成的二水石膏或者直接在水泥石孔隙中产生膨胀，或者再与水泥石中的水化铝酸钙作用，生成钙矾石，引起硫酸盐腐蚀作用，其破坏性更大。

再比如醋酸与水泥石中的氢氧化钙作用：

$$2CH_3COOH + Ca(OH)_2 = Ca(CH_3COO)_2 + 2H_2O$$

一般来说，有机酸的腐蚀作用较无机酸弱，酸的浓度越大，腐蚀作用越强。

4) 强碱腐蚀

水泥石本身具有较高的碱度，因此弱碱溶液一般是无害的。但若长期处于浓度较高的含碱溶液中会发生缓慢腐蚀，主要是化学腐蚀和结晶腐蚀。

铝酸盐含量较高的水泥石遇到强碱(如氢氧化钠)作用后也会被腐蚀而破坏。氢氧化钠与水泥熟料中未水化的铝酸盐作用，生成易溶的铝酸钠，其反应式为

$$3CaO \cdot Al_2O_3 + 6NaOH = 3Na_2O \cdot Al_2O_3 + 3Ca(OH)_2$$

当水泥石被氢氧化钠浸透后又在空气中干燥，氢氧化钠渗入水泥石，与空气中的二氧化碳作用生成碳酸钠：

$$2NaOH + CO_2 = Na_2CO_3 + H_2O$$

碳酸钠在水泥石毛细孔中结晶沉积，使水泥石体积膨胀而开裂破坏。

除了上述 4 种典型的腐蚀类型外，还有一些其他物质对水泥石有腐蚀作用，如糖、铵盐、动物脂肪、含环烷酸的石油产品等。

实际上，水泥石的腐蚀是一个极为复杂的物理化学作用过程，它在遭受腐蚀时，很少有单一的侵蚀作用，往往是几种同时存在，共同作用。但干的固体化合物不对水泥石起侵蚀作用，腐蚀性化合物必须呈溶液状态，而且只有其达到一定浓度时，才可能对水泥石构成严重危害。此外，较高的环境温度、较快的流速、频繁的干湿交替和钢筋锈蚀也是促进化学腐蚀的重要因素。

2. 水泥石腐蚀的防止

根据以上对腐蚀作用的分析可看出。水泥石被腐蚀的基本原因主要有 3 个：①水泥石中有被腐蚀的组分，即氢氧化钙和水化铝酸钙；②水泥石本身不密实，有很多毛细孔通

道，侵蚀性介质易进入其内部；③受到外界因素的影响，如腐蚀介质的存在及介质浓度的影响、环境的温湿度等。因此在使用水泥时，可采取下列措施防止腐蚀。

(1) 根据侵蚀环境特点，合理选择水泥品种，提高水泥的抗腐蚀能力。例如，采用水化产物中氢氧化钙含量较少的水泥，可以提高对各种侵蚀介质的抵抗能力；为抵抗硫酸盐的腐蚀，采用铝酸三钙含量低于5%的抗硫酸盐水泥。掺入活性混合材料，可以提高硅酸盐水泥对多种介质的抗腐蚀性。

(2) 提高水泥石的密实度，改善孔隙结构，增强水泥石结构的抗腐蚀能力。在实际工程中，提高混凝土或砂浆密实度的措施有以下几种：合理设计混凝土配合比、降低水灰比、仔细选择骨料、掺外加剂，以及改善施工方法等。

(3) 加保护层，进行表面处理，避免介质的腐蚀作用。当环境介质的侵蚀作用较强，或难以利用水泥石结构本身抵抗其腐蚀作用时，可在水泥石表面加上耐腐蚀性强且不透水的保护层，一般选用耐酸石料(石英岩、辉绿岩)、耐酸陶瓷、玻璃、塑料、喷涂沥青或合成树脂、涂料等。其效果显著，但成本通常较高。也可在混凝土或砂浆表面进行碳化或氟硅酸处理，生成难溶的碳酸钙外壳或氟化钙及硅胶薄膜，提高水泥石表面的密实度，减少毛细连通孔，减少侵蚀性介质渗入水泥石内部，是提高水泥石耐腐蚀性能的有效措施。

5.2.6 通用硅酸盐水泥的选用与储存

1. 通用硅酸盐水泥的选用

通用硅酸盐水泥的品种不同，特性不同，其应用范围也不同。水泥的选用包括水泥品种和强度等级的选择两方面，首先是水泥品种的选用，进而再根据工程需要选择其强度等级。

1) 按环境条件选择水泥品种

环境条件主要指工程所处的外部条件，包括环境的温度、湿度及周围所存在的侵蚀性介质的种类和数量等。例如，严寒地区应优先选用抗冻性较好的硅酸盐水泥、普通水泥，而不能选用矿渣水泥、火山灰水泥、粉煤灰水泥等；若环境具有较强的侵蚀性介质时，应选用掺混合材料的水泥，而不宜选用硅酸盐水泥。

2) 按工程特点选择水泥品种

工程特点是指工程的结构和施工特点。例如，对于冬期施工及有早强要求的工程，应优先选用硅酸盐水泥，而不能使用掺混合材料的水泥；对于大体积混凝土工程如大坝、大型基础、桥墩等，应优先选用水化热较小的低热矿渣水泥和中热普通硅酸盐水泥，不能使用硅酸盐水泥；有耐热要求的工程如工业窑炉、冶炼车间等，应优先选用耐热性较高的矿渣水泥等。

2. 水泥的储存

1) 水泥的风化

水泥在长期存放过程中，其中的活性矿物组分会与空气中的水分、二氧化碳等发生化学反应，使水泥颗粒表面水化甚至碳化，导致水泥变质，丧失胶凝能力，强度下降，这种现象称为水泥的风化或受潮。

水泥受潮时，与水发生化学反应生成氢氧化钙，氢氧化钙又与空气中的二氧化碳作用生成碳酸钙和水,放出的水又能与水泥继续反应,如此周而复始,加快了水泥的受潮过程。通常,水泥强度等级越高,细度越细,越容易吸湿变质。受潮的水泥由于水化产物的凝结硬化作用,大都会出现结块现象,失去活性,强度下降,严重的甚至不能再用于工程中。

此外,即使水泥不受潮,长期处于大气环境中,其活性也会降低。这是因为水泥在磨细时形成大量新的断裂面(或称破裂面),自由能很大,活性高,但在长期存放过程中,这些新表面将被"污染"而老化,使活性降低。

2) 水泥的运输与保管

水泥在正常储存条件下,储存 3 个月,强度降低约 10%~20%;储存 6 个月,强度降低约 15%~30%;储存 1 年后,强度降低约 25%~40%。因此,有关规范规定:自水泥出厂至使用,时间不宜超过 3 个月,过期水泥在使用时应重新检测,按实际强度使用。水泥受潮变质的快慢及受潮的程度与保管条件、保管期限有关。

为防止水泥受潮,最重要的是需做好水泥运输与储存时的管理。袋装水泥应入库存放,水泥仓库应保持干燥,库房地面应高出室外地面 30cm,堆放点离窗户和墙壁 30cm 以上,袋装水泥堆垛不宜过高,一般为 10 袋;露天临时储存的袋装水泥,应选择地势高、排水条件好的场地,并认真做好上盖下垫,以防水泥受潮;散装水泥应使用散装水泥罐车运输,并采用专用铁制散装水泥储仓存放。水泥应按生产厂家、品种、强度等级和出厂日期的不同分开存放,严禁混杂,也不得混入杂物;使用时应注意先存的先用,不可储存过久。

5.3 特种水泥与专用水泥

5.3.1 铝酸盐水泥

1. 铝酸盐水泥的矿物组成和水化

铝酸盐水泥是以铝矾土和石灰石为原料,经煅烧制成以铝酸钙为主要成分的熟料,再将其磨制而成的水硬性胶凝材料。铝酸盐水泥的主要矿物成分为铝酸一钙($CaO \cdot Al_2O_3$,简写为 CA),并含有少量其他的铝酸盐,如二铝酸一钙($CaO \cdot 2Al_2O_3$,简写为 CA_2)、铝方柱石($2CaO \cdot Al_2O_3 \cdot SiO_2$,简写为 C_2AS)、七铝酸十二钙($12CaO \cdot 7Al_2O_3$,简写为 $C_{12}A_7$)等,有时还含有很少量的硅酸二钙($2CaO \cdot SiO_2$,简写为 C_2S)等。

铝酸盐水泥的水化和硬化,主要是铝酸一钙的水化及其水化物的结晶情况。当温度低于 20℃时,其化学反应式为

$$CaO \cdot Al_2O_3 + 10H_2O = CaO \cdot Al_2O_3 \cdot 10H_2O$$

当温度在 20~30℃时,其化学反应式为

$$2(CaO \cdot Al_2O_3) + 11H_2O = 2CaO \cdot Al_2O_3 \cdot 8H_2O + Al_2O_3 \cdot 3H_2O$$

当温度高于 30℃时,其化学反应式为

$$3(CaO \cdot Al_2O_3) + 12H_2O = 3CaO \cdot Al_2O_3 \cdot 6H_2O + 2(Al_2O_3 \cdot 3H_2O)$$

在一般条件下,CAH_{10} 和 C_2AH_8 同时形成,一起共存,其相对比例则随温度的提高而减少。但在较高温度(30℃以上时),水化产物主要为 C_3AH_6。

CA 是铝酸盐水泥最主要的矿物成分,有很高的水硬活性,凝结时间正常,水化硬化较快。铝酸盐水泥中 CA_2 的水化与 CA 基本相同,但水化速度较慢,早期强度较低,后期

强度较高；$C_{12}A_7$ 的水化速度较快，也生成 C_2AH_8，但强度不高；而 C_2AS 与水作用则极为微弱，胶凝性极差，可视为惰性矿物；C_2S 则生成 C-S-H 凝胶。

2. 铝酸盐水泥的技术要求

铝酸盐水泥常为黄褐色，也有呈灰色的。铝酸盐水泥的密度和堆积密度与普通硅酸盐水泥相近。按国家标准《铝酸盐水泥》(GB 201—2000)的规定，铝酸盐水泥根据 Al_2O_3 的质量分数分为4类：

(1) CA-50：$50\% \leqslant Al_2O_3 < 60\%$；
(2) CA-60：$60\% \leqslant Al_2O_3 < 68\%$；
(3) CA-70：$68\% \leqslant Al_2O_3 < 77\%$；
(4) CA-80：$Al_2O_3 \geqslant 77\%$。

对其规定的主要技术要求如下。

(1) 细度。比表面积不小于 300 m²/kg 或 0.045mm，筛余量不大于 20%。
(2) 凝结时间。铝酸盐水泥的凝结时间要求见表 5.8。

表 5.8 铝酸盐水泥的凝结时间

水泥类型	初凝时间不得早于/min	终凝时间不得迟于/h
CA-50	30	6
CA-70		
CA-80		
CA-60	60	18

(3) 强度。各类型水泥各龄期强度不得低于表 5.9 中规定的数值。

表 5.9 铝酸盐水泥各龄期强度要求

水泥类型	抗压强度/MPa				抗折强度/MPa			
	6h	1d	3d	28d	6h	1d	3d	28d
CA-50	20	40	50	—	3.0	5.5	6.5	—
CA-60	—	20	45	85	—	2.5	5.0	10.0
CA-70	—	30	40	—	—	5.0	6.0	—
CA-80	—	25	30	—	—	4.0	5.0	—

3. 铝酸盐水泥的特性

1) 早期强度高，但长期强度较低

铝酸盐水泥与水反应迅速，1d 强度可达最高强度的 80%左右。在低温环境(5~10℃)下能很快硬化，强度高，而在温度 30℃以上的环境中，强度急剧下降。因此，铝酸盐水泥适用于紧急抢修、低温季节施工和早期强度要求高的特殊工程；不宜在高温季节施工，适宜的施工温度为 15℃左右，应控制施工温度不大于 25℃；铝酸盐水泥混凝土也不能进行蒸汽养护。

2) 水化热高，放热快

铝酸盐水泥的总水化热与硅酸盐水泥相近，放热量大且主要集中在早期放出，1d 内放出水化热总量的 70%~80%，而硅酸盐水泥 1d 内仅放出水化热总量的 25%~50%，这使得混凝土内部温度上升较高,在较低的温度下铝酸盐水泥也能很快凝结硬化,特别适合于寒冷地区的冬季施工,但不宜用于大体积混凝土工程。

3) 耐热性强

铝酸盐水泥硬化不宜在较高温度下进行,但硬化后的水泥石在高温下(1000℃以上)仍能保持较高强度。主要是因为在高温下各组分发生固相反应成烧结状态,代替了水化结合。因此铝酸盐水泥有较好的耐热性,若采用耐火的粗细集料(如铬铁矿等)可以配制成使用温度达 1300～1400℃的耐热混凝土。

4) 耐腐蚀性强

铝酸盐水泥水化生成铝胶,硬化后水泥石结构密实,抗渗性好。产物不含氢氧化钙和水化铝酸三钙,耐水、酸、盐溶液,对矿物水和硫酸盐的腐蚀作用具有很高的抵抗能力,甚至比抗硫酸盐水泥还好。适用于耐磨要求较高的工程和受软水、海水和酸性水腐蚀及硫酸盐腐蚀的工程。

5) 耐碱性差

铝酸盐水泥与硅酸盐水泥或石灰等析出 $Ca(OH)_2$ 的材料混合使用,不但发生闪凝而无法施工,还生成高碱性水化铝酸钙,使混凝土开裂破坏。所以施工时除不得与石灰和硅酸盐水泥混合外,也不得与尚未硬化的硅酸盐水泥接触使用。铝酸盐水泥耐碱性极差,与碱性溶液接触,甚至当混凝土集料内含有少量碱性化合物时,都会引起不断的侵蚀,因此不得用于接触碱性溶液的工程。

6) 可与石膏配合使用

将铝酸盐水泥掺入石膏或无水石膏,水化物 CAH_{10} 和 C_2AH_8 等能与石膏反应生成稳定的硫铝酸钙,可有效克服铝酸盐水泥长期强度降低的现象,可制成各种类型的膨胀水泥。这是目前铝酸盐水泥的主要用途之一。

5.3.2 硫铝酸盐水泥

1. 硫铝酸盐水泥的种类

以适当成分的生料经煅烧后得到以无水硫铝酸钙 $3(CaO \cdot Al_2O_3) \cdot CaSO_4$ 和 β 型硅酸二钙为主要矿物成分的水泥熟料掺加不同量的石灰石、适量石膏磨细制成的水硬性胶凝材料,称为硫铝酸盐水泥。按国家标准《硫铝酸盐水泥》(GB 20472—2006)的规定,硫铝酸盐水泥可分为快硬硫铝酸盐水泥、自应力硫铝酸盐水泥、低碱度硫铝酸盐水泥 3 个品种。

快硬硫铝酸盐水泥是由适量的硫铝酸盐水泥熟料和小于水泥质量 15%的石灰石、适量石膏共同磨细制成的早期强度高的水硬性胶凝材料,代号 R·SAC。石灰石掺加量应不大于水泥质量的 15%。按 3d 抗压强度,快硬硫铝酸盐水泥分为 42.5、52.5、62.5、72.5 四个等级,其 1d、7d、28d 抗压强度和抗折强度应符合国家标准的相关规定。

自应力硫铝酸盐水泥是由适量的硫铝酸盐水泥熟料加入适量石膏共同磨细制成的具有膨胀性的水硬性胶凝材料,代号 S·SAC。按 28d 自应力值,自应力硫铝酸盐水泥可分为 3.0、3.5、4.0、4.5 四个等级,其 7d、28d 自应力值应符合国家标准的相关规定。

低碱度硫铝酸盐水泥是由适量的硫铝酸盐水泥熟料和占水泥质量的 15%～35%的石灰石、适量石膏共同磨细制成的具有低碱度的水硬性胶凝材料,代号 L·SAC。按 7d 抗压强度,低碱度硫铝酸盐水泥分为 32.5、42.5、52.5 三个等级,其 1d、7d 抗压强度和抗折强度应符合国家标准的相关规定。

2. 硫铝酸盐水泥的技术性质

根据国家标准《硫铝酸盐水泥》(GB 20472—2006)的规定，硫铝酸盐水泥应满足的物理性能要求及强度指标，见表5.10～表5.13。

表5.10 硫铝酸盐水泥的物理性能和碱度

项目		快硬硫铝酸盐水泥	低碱度硫铝酸盐水泥	自应力硫铝酸盐水泥
比表面积/m²/kg		≥350	≥400	≥370
凝结时间/min	初凝	≤25		≤40
	终凝	≥180		≥240
pH值		—	≤10.5	—
28d自由膨胀率/%		—	0～0.15	—
自由膨胀率/%	7d	—	—	≤1.30
	28d	—	—	≤1.75
水泥中的碱含量(以NaOH计)/%		—	—	<0.50
28d自应力增进率/(MPa/d)		—	—	≤0.01

表5.11 快硬硫铝酸盐水泥的强度指标

强度等级	抗压强度/MPa			抗折强度/MPa		
	1d	7d	28d	1d	7d	28d
42.5	30.0	42.5	45.0	6.0	6.5	7.0
52.5	40.0	52.5	55.5	6.5	7.0	7.5
62.5	50.0	62.5	65.0	7.0	7.5	8.0
72.5	55.0	72.5	75.0	7.5	8.0	8.5

表5.12 低碱度硫铝酸盐水泥的强度指标

强度等级	抗压强度/MPa		抗折强度/MPa	
	1d	7d	1d	7d
32.5	25.0	32.5	3.5	5.0
42.5	30.0	42.5	4.5	5.5
52.5	40.0	52.5	5.5	6.0

表5.13 自应力硫铝酸盐水泥的强度指标

级别	抗折/MPa			
	7d		28d	
	≥	≥		≤
3.0	2.0	3.0		4.0
3.5	2.5	3.5		4.5
4.0	3.0	4.0		5.0
4.5	3.5	4.5		5.5

注：自应力硫铝酸盐水泥的抗折强度7d不小于32.5MPa，28d不小于42.5MPa。

3. 硫铝酸盐水泥的特性

1) 早期强度高

由于硫铝酸盐水泥中的无水硫铝酸钙遇水后水化很快,往往在水泥失去塑性前就已经形成了大量的钙矾石和氢氧化铝凝胶;该水泥中的 β-C_2S 是在较高温度下(1250~1350℃)形成的较高活性矿物成分,它的水化速度也比较快并且很快生成 C-S-H 凝胶。在硫铝酸盐水泥的凝结硬化过程中,水化形成的 C-S-H 凝胶和氢氧化铝凝胶不断填充由钙矾石结晶骨架形成的空间结构,逐渐形成致密的水泥石结构,从而使快硬硫铝酸盐水泥获得更高的早期强度。另外 C_2S 水化析出的 $Ca(OH)_2$ 还能加快与氢氧化铝及石膏的反应,从而进一步增加钙矾石的数量,使水泥石结构的早期强度得以很快提高。因此,硫铝酸盐水泥表现出很显著的快硬早强特点,适用于抢修、抢建工程。

2) 抗冻性和抗渗性好

由于硫铝酸盐水泥的水化产物对于大部分酸和盐类具有较强的抵抗能力,其内部结构很快被填充密实,因此,形成的水泥石结构不仅具有良好的抗腐蚀性,而且还具有较高的抗冻性和抗渗性,抗渗性是同强度等级硅酸盐水泥混凝土的 2~3 倍。

3) 耐热性较差

硫铝酸盐水泥水化形成的钙矾石在 150℃高温环境中容易脱水而发生晶型转变,并导致其强度大幅度下降,故其耐热性较差。

5.3.3 抗硫酸盐水泥

抗硫酸盐水泥是对硫酸盐侵蚀具有较强抵抗能力的水泥。与通用水泥相比,主要是限制熟料矿物组成中 C_3S 和 C_3A 的含量,使侵入水泥石结构的硫酸盐难以产生破坏性的钙矾石(水泥杆菌)。按水泥抵抗硫酸盐侵蚀能力的大小,可分为中抗硫酸盐水泥和高抗硫酸盐水泥两类,强度等级为 32.5 和 42.5。

以特定矿物组成的硅酸盐水泥熟料,加入适量石膏磨细制成的具有抵抗中等浓度硫酸根离子侵蚀的水硬性胶凝材料,称为中抗硫酸盐水泥,代号 P·MSR;以特定矿物组成的硅酸盐水泥熟料,加入适量石膏磨细制成的具有抵抗高浓度硫酸根离子侵蚀的水硬性胶凝材料,称为高抗硫酸盐水泥,代号 P·HSR。

国家标准《抗硫酸盐硅酸盐水泥》(GB 748—2005)规定:中抗硫酸盐水泥中 C_3S 和 C_3A 的含量分别不超过 55%和 5%,高抗硫酸盐水泥中 C_3S 和 C_3A 的含量分别不超过 50%和 3%;烧失量小于等于 3.0%;氧化镁含量小于等于 5.0%,如果水泥经压蒸试验合格,则水泥中氧化镁的含量允许放宽到 6.0%;SO_3 小于等于 2.5%;不溶物小于等于 1.5%;凝结时间初凝大于等于 45min,终凝小于等于 10h;比表面积大于等于 280 m^2/kg;用沸煮法检验安定性必须合格;水泥的强度分为 32.5 和 42.5 两个等级,各龄期强度不低于表 5.14 的数值;中抗硫酸盐水泥 14d 线膨胀率小于等于 0.06%,高抗硫酸盐水泥 14d 线膨胀率小于等于 0.04%。

抗硫酸盐水泥除了具有较强的抗侵蚀能力外,还具有较低的水化热和较高的抗冻性,特别适用于一般受硫酸盐侵蚀、冻融和干湿作用的海港、水利、地下、道路和桥梁基础等工程。

表 5.14 抗硫酸盐水泥各龄期强度指标

种 类	强度等级	抗压强度/MPa		抗折强度/MPa	
		3d	28d	3d	28d
中抗硫酸盐水泥	32.5	10.0	32.5	2.5	6.0
高抗硫酸盐水泥	42.5	15.0	42.5	3.0	6.5

5.3.4 磷酸镁水泥

20 世纪 80 年代以来，经济建设的高速发展带动了交通运输行业的快速发展，对公路建设也提出了更高的要求，高等级公路越来越多。由于水泥混凝土路面本身具有较高的强度、较大的刚度、良好的体积稳定性和优异的荷载扩散能力、耐久性等优点，并且水泥混凝土原材料丰富、适用范围广、使用寿命较长，使得水泥混凝土路面在公路建设中占有极大的比重。随着行车服务年限的延长、车流量的增大、车速的不断提高、行车载重的增大，以及水泥混凝土路面本身原材料、设计、施工技术与管理、生产质量控制等方面的不足，使得许多水泥混凝土路面出现了不同程度和形式的破坏，因此研究水泥混凝土路面的破坏机理，研制快速高性能修补材料，提高修补效率势在必行。

研究表明，磷酸镁水泥作为一种优异的水泥混凝土路面的快速修补材料，具有快凝快硬早强、优异的黏结强度、良好的体积稳定性、良好的耐磨性和耐久性等特点，因此，磷酸镁水泥作为一种新型无机胶凝材料，逐渐被广泛应用于混凝土路面、桥面、飞机跑道等领域的快速修补。

1. 磷酸镁水泥的原料选择

磷酸镁水泥(MPC)是由重烧镁砂、磷酸盐粉料、缓凝剂及矿物掺和料按照一定比例配制而成。其中，占磷酸镁水泥比重较大的 MgO 粉料是由菱镁矿($MgCO_3$)经 1700℃左右高温煅烧而成的。磷酸盐是生产磷酸镁水泥的另一种重要原材料，为水化反应提供酸性环境和磷酸根离子。磷酸盐的溶解速率和溶解的 pH 值将直接影响磷酸盐黏结相的形成。目前市面上配制磷酸镁水泥多使用磷酸二氢铵($NH_4H_2PO_4$)和磷酸二氢钾(KH_2PO_4)。此外，磷酸氢二铵及正磷酸铵等其他磷酸盐也可用于配制磷酸镁水泥。

磷酸镁水泥的原料包括以下几种。

1) 磷酸镁水泥

(1) 氧化镁。氧化镁俗称苦土，为菱镁矿($MgCO_3$)高温煅烧后破碎形成，通常制备水泥所用 MgO 为晶体磨制的粉末，颜色呈棕黄色，比表面积为 2700 cm^2/g。

(2) 磷酸二氢铵($NH_4H_2PO_4$)。一种白色结晶性粉末，在空气中表现稳定。加热会分解成偏磷酸铵(NH_4PO_3)，可用氨水和磷酸反应制成，主要用作肥料和木材、纸张、织物的防火剂，也用于制药和反刍动物饲料添加剂。

(3) 粉煤灰。粉煤灰是燃料(主要是煤)燃烧所产生烟气灰分中的细微固体颗粒物，外观类似水泥，颜色在乳白色到灰黑色之间变化，是一种人工火山灰质混合材料。

2) 中砂

中砂是指粒径在 0.5~0.25mm 范围内的碎屑物。

3) 聚丙烯纤维

聚丙烯纤维主要是由丙烯聚合而成的高分子化合物,外观为白色,无味、无毒、轻质、半透明、手感柔和,在成型混凝土的表面类似毛发。

4) 缓凝剂

缓凝剂是一种降低水泥或石膏水化速度和水化热、延长凝结时间的添加剂。

2. 磷酸镁水泥的特点

(1) 凝结硬化迅速,早期强度高,实验室的 1h 抗压强度可达 70MPa 以上。

(2) 与旧混凝土有相近的弹性模量和膨胀系数,体积相容性好,黏结强度高。

(3) 作为修补材料使用,具有优异的耐磨性能,经 5000 转的磨损作用,磨蚀深度仅在 0.30mm 左右,耐磨度高出普通硅酸盐水泥制品 1 倍。

(4) 对钢筋的防锈性能好,同等条件下,钢筋的锈蚀率仅为普通硅酸盐水泥的 22.8% 和矿渣水泥的 48.6%。

(5) 抗盐冻、冻融循环能力强,40 次冻融循环后才出现表面剥蚀现象。

(6) 耐热性能好,理论上至少可以经受 1300℃;超过 800℃时,硬化水泥石转为类似陶瓷的结构,强度反而提高。

(7) 可以有效胶结聚合物以外的各种废弃物,掺量大,有利于环保,降低成本,并提高磷酸镁水泥的性能。

(8) 镁质原料来源广泛。中国是世界上镁矿资源最丰富的国家,其菱镁矿资源总量达 31.45×10^8t,还有探明储量在 40×10^8t 以上的白云石矿,这些资源丰度高,意味着磷酸镁水泥有着无穷无尽的镁质原料来源。

但磷酸镁水泥也有明显的缺点。

(1) 尽管镁质原料来源广泛,从世界磷资源的现状分析,目前全球正面临磷资源短缺的危险,而开采磷矿的 75%~85%用于生产磷肥,可能会导致磷酸镁水泥和农业抢磷的现象。

(2) 磷酸镁水泥凝结过快,尤其在高温环境下,目前对磷酸镁仍缺少足够多的缓凝方法。

(3) 脆性大,抗冲击性能差。

(4) 作为一种气硬性胶凝材料,磷酸镁水泥制品在潮湿环境或水养条件下,强度倒退较大。

(5) 磷酸镁水泥用作建筑材料时价格较贵。

这些弊端会影响磷酸镁水泥制品的质量,直接造成材料质量的不稳定,制约其实际的应用发展。磷酸镁水泥是一种可持续发展胶凝材料,与传统硅酸盐水泥的煅烧工艺相比,磷酸镁水泥不需要消耗大量的黏土资源和能源,在一定程度上有利于耕地的保护和能源的合理规划使用。

在西方发达国家,磷酸镁水泥体系已大量用于生物材料、耐火材料、废弃物处理和建筑材料等;国内也于 20 世纪 90 年代初开始加大磷酸镁水泥基材料的研究力度。目前,磷酸镁水泥在我国仍未开始普及应用,仅有少量用于生物骨水泥方面的报道。总体而言,不论是研究还是应用领域,对于磷酸镁水泥体系我国都是处于落后追赶的状态。磷酸镁水泥的研究仍不成熟,不论是水化机理、水化产物、微观结构还是缓凝机理,争议都比较大。针对磷酸镁水泥水化过快和耐湿性差的弊端,学术界仍没有足够多的办法。至于磷酸镁水泥其他的一些性能,如长期性能、抗化学腐蚀、潮湿环境下的黏结性能、流动水侵蚀、施工办法等仍有待研究。针对目前磷酸镁水泥存在的问题,改性和降低成本依然是磷酸镁水泥未来研究的一个重要方向。

5.3.5 道路硅酸盐水泥

道路硅酸盐水泥是以硅酸钙为主要成分,较多铁铝酸钙含量的硅酸盐水泥熟料、0%~10%含量的活性混合材料、适量石膏磨细制成的水硬性胶凝材料,简称道路水泥,代号P·R。

国家标准《道路硅酸盐水泥》(GB 13693—2005)规定:用于路面的水泥熟料中铝酸三钙含量不得大于 5.0%;铁铝酸四钙的含量不得小于 16.0%;28d 干缩率不得大于 0.10%;耐磨性以 28d 磨损量表示,不得大于 3.0kg/m²;沸煮法检验安定性必须合格;分为 32.5、42.5 和 52.5 三个强度等级,强度指标见表 5.15。

表 5.15　道路硅酸盐水泥各龄期强度指标

强度等级	抗压强度/MPa		抗折强度/MPa	
	3d	28d	3d	28d
32.5	16.0	32.5	3.5	6.5
42.5	21.0	42.5	4.0	7.0
52.5	26.0	52.5	5.0	7.5

道路硅酸盐水泥具有抗折强度高、耐磨性好、抗冲击性好、干缩小、抗硫酸盐性能好和抗冻性好等优点,因此广泛用于道路路面、机场跑道、广场、停车场等对耐磨、抗干缩性能要求较高的混凝土工程。

5.3.6 白色和彩色硅酸盐水泥

1. 白色硅酸盐水泥

白色硅酸盐水泥是白色水泥中最主要的品种,是采用氧化铁含量极少的硅酸盐水泥熟料并掺入适量石膏磨细而成的一种硅酸盐水泥,简称白水泥,代号P·W。

在水泥制造过程中,为了避免有色杂质混入,煅烧时大都采用天然气或重油作燃料;也可用电炉炼钢生成的还原渣、石膏和白色粒化矿渣,配制成无熟料白色水泥。

白色水泥的色泽以白度表示,分 4 个等级,用白度计测定。白色硅酸盐水泥的物理性能与普通硅酸盐水泥相似。国家标准《白色硅酸盐水泥》(GB/T 2015—2005)规定:白度值应不低于87%;初凝时间大于等于 45min,终凝时间小于等于 10h;水泥熟料中 MgO 含量小于等于 5%;水泥中 SO_3 含量小于等于 3.5%;强度分为 32.5、42.5 和 52.5 三个等级,各龄期强度要求见表 5.16。

表 5.16　白色硅酸盐水泥各龄期强度指标

强度等级	抗压强度/MPa		抗折强度/MPa	
	3d	28d	3d	28d
32.5	12.0	32.5	3.0	6.0
42.5	17.0	42.5	3.5	6.5
52.5	22.0	52.5	4.0	7.0

白色水泥具有强度高、色泽洁白等特点，主要用于建筑物内外的表面装饰工程中，如地面、楼面、墙、柱等。

2. 彩色硅酸盐水泥

彩色硅酸盐水泥通常由白色水泥熟料、石膏和耐碱颜料共同磨细而成，简称彩色水泥。

彩色水泥所用的颜料要求在光和大气作用下具有耐久性、高的分散度、耐碱等性能，不含可溶性盐，对水泥的组成和性能不起破坏作用。常用的无机颜料有氧化铁(可制红、黄、黑色水泥)、二氧化锰(黑褐色)、氧化铬(绿色)、钴蓝(蓝色)、群青蓝(蓝色)、炭黑(黑色)；有机颜料有孔雀蓝(蓝色)、天津绿(绿色)等。在制造红、褐、黑等深色彩色水泥时，也可用硅酸盐水泥熟料代替白色水泥熟料磨制。

此外，还可在白色水泥生料中加入少量金属氧化物作为着色剂，直接煅烧成彩色水泥熟料，然后再磨细制成水泥。技术标准《彩色硅酸盐水泥》(JC/T 870—2012)规定：彩色水泥的强度分为27.5、32.5、42.5三个等级，各龄期强度要求见表5.17。

表5.17 彩色硅酸盐水泥各龄期强度指标

强度等级	抗压强度/MPa		抗折强度/MPa	
	3d	28d	3d	28d
27.5	7.5	27.5	2.0	5.0
32.5	10.0	32.5	2.5	5.5
42.5	15.0	42.5	3.5	6.5

彩色水泥主要用作建筑装饰材料，如楼地面、楼梯、墙、柱等表面涂饰，也可制成彩色砂浆、水磨石、水刷石等进行装饰。

5.3.7 砌筑水泥

根据国家标准《砌筑水泥》(GB/T 3183—2003)规定，凡由一种或一种以上的水泥混合材料，加入适量硅酸盐水泥熟料和石膏，经磨细制成的工作性能较好的水硬性胶凝材料，称为砌筑水泥，代号M。砌筑水泥中混合材料掺加量按质量百分比计应大于50%，允许掺入适量的石灰石或窑灰。

根据国家标准砌筑水泥技术要求主要为：水泥中三氧化硫含量小于等于4.0%；细度为0.08mm；方孔筛余量小于等于10.0%；凝结时间，初凝不早于60min，终凝不迟于12h；安定性用沸煮法检验，必须合格；保水率应大于等于80%；分12.5和22.5两个强度等级，各龄期强度要求见表5.18。砌筑水泥主要用于砌筑、抹面砂浆和垫层混凝土等，不应用于结构混凝土。

表5.18 砌筑水泥各龄期强度指标

强度等级	抗压强度/MPa		抗折强度/MPa	
	7d	28d	7d	28d
12.5	7.0	12.5	1.5	3.0
22.5	10.0	22.5	2.0	4.0

5.3.8 中热水泥、低热水泥和低热矿渣水泥

中热硅酸盐水泥是以适当成分的硅酸盐水泥熟料加入适量石膏磨细而成的具有中等水化热的水硬性胶凝材料,简称中热水泥,代号 P·MH。

低热硅酸盐水泥是以适当成分的硅酸盐水泥熟料加入适量石膏磨细而成的具有低水化热的水硬性胶凝材料,简称低热水泥,代号 P·LH。

低热矿渣硅酸盐水泥是以适当成分的硅酸盐水泥熟料加入粒化高炉矿渣和适量石膏磨细而成的具有低水化热的水硬性胶凝材料,简称低热矿渣水泥,代号 P·SLH。其矿渣掺量为水泥质量的 20%~60%,允许用不超过混合材料总量 50%的粒化电炉磷渣或粉煤灰代替部分高炉矿渣。

根据国家标准,这几种水泥的主要技术要求为:中热硅酸盐水泥熟料中 C_3S 的含量小于等于 55%,C_3A 的含量小于等于 6%,游离 CaO 的含量小于等于 1.0%;低热硅酸盐水泥熟料中 C_2S 的含量大于等于 40%,C_3A 的含量小于等于 6%,游离 CaO 的含量小于等于 1.0%;低热矿渣硅酸盐水泥 C_3A 的含量小于等于 8%,游离 CaO 的含量小于等于 1.2%,游离 MgO 的含量小于等于 5.0%,若水泥经压蒸安定性合格,则熟料中氧化镁含量允许放宽到 6.0%;水泥中 SO_3 的含量小于等于 3.5%;水泥的比表面积大于等于 250 m^2/kg;初凝时间大于等于 60min,终凝时间小于等于 12h;体积安定性沸煮法检验合格;各强度等级的不同龄期强度要求见表 5.19。

表 5.19 不同水泥各龄期强度指标

品 种	强度等级	抗压强度/MPa			抗折强度/MPa		
		3d	7d	28d	3d	7d	28d
中热水泥	42.5	12.0	22.0	42.5	3.0	4.5	6.5
低热水泥	42.5	—	13.0	42.5	—	3.5	6.5
低热矿渣水泥	32.5	—	12.0	32.5	—	3.0	5.5

中热水泥主要适用于大坝溢流面或大体积建筑物的面层和水位变化区等部位,要求具有低水化热和较高耐磨性、抗冻性的工程;低热水泥和低热矿渣水泥主要适用于大坝或大体积混凝土内部等要求具有低水化热的工程。

5.3.9 其他特种水泥

1. 防辐射水泥

防辐射水泥是对 X 射线、γ 射线、快中子和热中子等能起到较好屏蔽作用的水泥。这类水泥的主要品种有钡水泥、锶水泥、含硼水泥等。

钡水泥以重晶石黏土为主要原料,经煅烧获得以硅酸二钡为主要矿物组成的熟料,再掺加适量石膏磨制而成。其密度达 4.7~5.2g/cm^3,可与重骨料(如重晶石、钢锻等)配制成防辐射混凝土。钡水泥的热稳定性较差,只适合制作不受热的辐射防护墙。

锶水泥是以碳酸锶全部或部分代替硅酸盐水泥原料中的石灰石,经煅烧获得以硅酸三锶为主要矿物组成的熟料,加入适量石膏磨制而成。其性能与钡水泥相近,但防射线性能

稍逊于钡水泥。

在高铝水泥熟料中加入适量硼镁石和石膏，共同磨细，可获得含硼水泥。这种水泥与含硼骨料、重质骨料可配制成比重较高的混凝土，适用于防护快中子和热中子的屏蔽工程。

2. 抗菌水泥

抗菌水泥是在磨制硅酸盐水泥时，掺入适量的抗菌剂(如五氯酚、DDT 等)制成的。用它可配制抗菌混凝土，用在需要防止细菌繁殖之处，如游泳池、公共澡堂或食品工业构筑物等。

3. 防藻水泥

防藻水泥是在高铝水泥熟料中掺入适量硫黄(或含硫物质)及少量的促硬剂(如酒石灰等)，共同磨细而成。它主要用于潮湿背阴结构的表面，防止藻类的附着，减轻藻类对构筑物的破坏作用。

本 章 小 结

水泥品种繁多，按化学成分可分为硅酸盐类水泥、铝酸盐类水泥、硫铝酸盐类水泥和铁铝酸盐类水泥等系列，其中硅酸盐类水泥产量最大、应用最广泛。按其用途和性能分为通用水泥、专用水泥和特种水泥三大类。通用水泥是指以硅酸盐水泥熟料和适量的石膏，以及规定的混合材料制成的水硬性胶凝材料，即作为一般用途的水泥；而专用水泥是指有专门用途的水泥；特种水泥则是指某种性能比较突出的水泥。

水泥的生产工艺流程可简单概括为"两磨一烧"，即生料磨细、生料煅烧、熟料磨细。硅酸盐水泥熟料中主要有硅酸三钙(C_3S)、硅酸二钙(C_2S)、铝酸三钙(C_3A)和铁铝酸四钙(C_4AF) 4 种矿物，各自的水化特性存在差异，也影响着水泥的水化特性和水泥石性能。

影响水泥凝结硬化的主要因素有：熟料的矿物组成、石膏的掺入量、水泥的细度、水灰比、温度和湿度、养护龄期等因素。硅酸盐水泥的技术指标有：化学指标、细度、凝结时间、体积安定性、强度、水化热和碱含量等。

通用硅酸盐水泥在常规环境中可表现出较好的耐久性，在某些特殊环境条件下可能发生水泥石的腐蚀，典型的腐蚀类型有：软水侵蚀、盐类侵蚀、酸类侵蚀、强碱腐蚀等。要采取有效措施防止水泥石的腐蚀。

除通用硅酸盐水泥之外，工程中也广泛使用其他特性水泥与专用水泥，如铝酸盐水泥、硫铝酸盐水泥、道路硅酸盐水泥、白色和彩色硅酸盐水泥、砌筑水泥等。

课 后 习 题

1. 什么是硅酸盐水泥？简述其生产工艺。
2. 硅酸盐水泥熟料由哪些主要的矿物组成？它们在水泥水化中各表现出什么特征？为什么在生产硅酸盐水泥时掺入适量石膏？为什么要控制掺入石膏的量？
3. 硅酸盐水泥的技术性质有哪些？采用什么方法进行检验？各自的意义是什么？

4. 什么是水泥的初凝时间和终凝时间？
5. 什么是水泥的体积安定性？引起水泥体积安定性不良的原因有哪些？应如何检验？
6. 什么是水泥的水化热？水化热的大小对工程施工有何影响？
7. 硅酸盐水泥的强度发展规律是怎样的？影响其凝结硬化的主要因素有哪些？
8. 水泥石的腐蚀类型有哪几种？防止水泥石腐蚀的措施有哪些？
9. 常用的特性水泥和专用水泥有哪些品种？各自的特点是什么？

第 6 章　功能混凝土

功能混凝土，是由胶凝材料将粗、细骨料胶结成整体的复合固体材料。按照混凝土的功能特点，可将功能混凝土分为耐酸混凝土、耐碱混凝土、耐油混凝土、耐热混凝土、防爆混凝土、导电混凝土、防辐射混凝土、防水混凝土、防火混凝土等多种类别。功能混凝土是传统土木工程混凝土走可持续发展之路、保护生态环境的必然选择，因此，功能混凝土也必定会向着更加规模化、理论化、体系化和集成化方向发展。

6.1　防水混凝土

防水混凝土(见图 6.1)是通过调整混凝土的配合比、使用新品种水泥或掺加外加剂等方法提高其自身的密实性、抗渗性和憎水性，使其满足抗渗压力大于 0.6MPa 的不透水性混凝土。

图 6.1　防水混凝土

水是破坏混凝土的主要介质，而缝隙和毛细管是主要的渗水通道，通过总结工程经验和试验资料得知缝隙和毛细管的形成原因可能有以下几个方面：

(1) 混凝土拌合物离析或严重泌水所产生的泌水通道；
(2) 施工质量(特别是振捣)不合适造成的缝隙、孔洞、蜂窝等；
(3) 混凝土配合比设计不当而导致混凝土密实度不够；
(4) 混凝土硬化收缩形成裂缝或温度与荷载应力造成的裂缝；
(5) 使用过程中压力侵蚀水的作用形成的侵蚀孔道。

由于拌制、浇筑、养护和使用过程中出现的上述种种原因，导致混凝土内部存在着水的渗透通道，在一定压力水的作用下产生渗漏，使建筑物、构筑物不能满足其使用功能或设计寿命要求。防水混凝土具有以下特点：

(1) 兼有防水和承重双重功能，节约材料，加快施工速度；
(2) 材料来源广泛易购，成本低廉；
(3) 在结构造型复杂的情况下，施工简便，防水性能可靠；
(4) 耐久性好，一般在结构不变形开裂的情况下，防水性能与结构共存；
(5) 可改善劳动条件及强度；
(6) 渗漏水时易于检查，便于修补。

防水混凝土多用于工业与农用建筑的地下防水工程(如地下室、地坑、通廊、转运站、沟道、水泵房、大型设备基础等)、储水构筑物(如水池、水塔等)和江心、河心的取水构筑物，以及处于干湿交替作用或冻融交替作用的工程(如桥墩、码头、海港、水坝等)等。此外，也可用于屋面工程、墙体工程及其他防水工程等。与油毡等卷材防水材料相比，防水混凝土具有来源广泛、成本低廉、兼有防水与承重双重功能、施工简便快捷、便于检查维修等特点。但应注意，防水混凝土工作于酸、碱等侵蚀性介质中，其耐蚀系数(混凝土试块在侵蚀性水中养护6个月的折断强度与在饮用水中养护6个月的折断强度比值)不应小于0.8，否则应采取可靠的防侵蚀措施。另外应注意的是，防水混凝土不宜工作在表面温度大于100℃的环境中，一般应小于或等于60℃，否则应采取有效的隔绝措施。

常用的防水混凝土可分为集料级配防水混凝土、普通防水混凝土、膨胀水泥防水混凝土、外加剂防水混凝土和矿渣碎石防水混凝土等。

6.1.1 集料级配防水混凝土

集料级配防水混凝土以砂石连续级配曲线为理论依据，将3种或3种以上不同级配的砂、石按一定的比例混合配制，从而获得最小孔隙率和最大密实度，提高抗渗性能，达到防水的目的。

集料级配防水混凝土的砂率比普通混凝土的略高，一般为35%～45%，最高不超过50%。混凝土中还应加入一定数量的粒径小于0.16mm的细粉料，以便进一步减小集料间的空隙率，提高密实性。细粉料的质量一般占集料总质量的5%～8%。

集料级配防水混凝土的主要特点是对配制的要求很高。配料要准确，各种粒径的砂、石、粉料要筛分正确、称量精确，水泥和水的用量也要精确控制，这就给备料、计量、拌制等施工过程带来一定困难，所以这种防水混凝土在国内实际应用较少。

6.1.2 普通防水混凝土

普通防水混凝土就是在普通混凝土集料级配的基础上采用调整和控制配合比的方法，提高其自身密实性和抗渗性，实现防水功能。普通防水混凝土所用原材料与普通混凝土基本相同，但两者的配制原则不同。它是在普通混凝土的基础上加以改进而发展起来的，其防水机理是在保证一定施工和易性的前提下，尽量降低水灰比，以减少水泥制品毛细孔的数量和孔径；适当提高水泥用量、砂率和灰砂比，在粗骨料周围形成质量良好和足够厚度的砂浆包裹层,使粗骨料彼此隔离以阻隔沿粗骨料相互连通的渗水孔网;采用较小粒径的骨料,以降低骨料离析的孔隙;保证施工各环节质量,加强养护,以抑制或减少混凝土孔隙率,改变孔隙特征,提高砂浆及其与粗骨料界面之间的密实性和抗渗性。普通防水混凝土一般抗渗压力可达 0.6～2.5MPa,施工简便、造价低廉、质量可靠,适用于地上和地下防水工程。

1. 材料的选择和技术要求

1) 水泥

水泥要求耐水性好、水化热低、泌水性小,并且有一定的抗侵蚀能力,可以选择普通硅酸盐水泥(P·O)或火山灰质硅酸盐水泥(P·P),强度等级一般不小于 32.5MPa;如同时有抗冻要求时,可优先选用硅酸盐水泥;在有硫酸盐侵蚀时,可选用火山灰质硅酸盐水泥。严禁采用过期水泥、受潮水泥以及混入有害杂质的水泥。防水混凝土对水泥品种的选择可参考表 6.1。

表 6.1 防水混凝土对水泥品种的选择

水泥品种	特性		适用范围
	优点	缺点	
普通硅酸制水泥	早期及后期强度都较高,低温下强度增长率比其他水泥快,泌水性好,干缩率小,抗冻性及耐磨性好	抗硫酸盐腐蚀能力及耐水性比火山灰质水泥和矿渣水泥均差	一般地下和水中结构及受冻融作用与干湿交替作用的防水工程应优先选用,含硫酸盐的地下水工程不宜使用
火山灰质硅酸盐水泥	耐水性强,水化热低,抗硫酸盐腐蚀能力较好	早期强度低,在低温环境中增长速度较慢,干缩变形大,抗冻性及耐磨性差	适用于硫酸盐侵蚀介质的地下防水工程,受反复冻融及干湿交替作用的防水工程不宜采用
矿渣硅酸盐水泥	水化热较低,抗硫酸盐腐蚀能力优于普通水泥	泌水性及干缩变形较大,抗冻性及耐磨性较差	必须采用掺入外加剂或提高水泥研磨细度的方法减小或消除泌水现象后,才可用于一般地下防水工程

当水泥的品种确定以后,应根据混凝土的抗渗压力和强度等级的要求来决定水泥的强度等级,见表 6.2。

表 6.2 防水混凝土用水泥强度的选择

混凝土的抗渗压力 /MPa	防水混凝土的强度等级		
	C15	C20	C30
<1.5	32.5	32.5	42.5
>1.5	42.5	42.5	52.5

2) 骨料

砂、石的质量应符合《普通混凝土用砂、石质量及检验方法标准》(JGJ 52—2017)

的规定。

3) 掺和料

混凝土矿物掺和料不仅可以节约水泥，更重要的是能够改善混凝土的综合性能，如磨细粉煤灰、磨细砂，其细度可参照《用于水泥混凝土中的粉煤灰》(GB/T 1596—2017)规定的要求。

4) 外加剂

外加剂是用于改善混凝土性能的物质，掺量不大于水泥质量的 5%(特殊情况除外)，可改善混凝土的和易性、调节凝结时间等，如防水剂、膨胀剂、引气剂、减水剂等。

2. 配合比设计

1) 设计要求

防水混凝土配合比设计的计算方法和步骤与普通混凝土相同，但应符合下列规定。

(1) 防水混凝土最少水泥的用量不低于 320kg/m³。

(2) 砂率不宜过小，一般为 36%左右。此外，规程上虽未提出灰砂比的要求，但经验上认为不宜小于 1:2，取 1:2～1:2.5 为宜，如初配设计达不到此值，可在试配设计阶段，当抗渗性试验不合要求时，考虑改变砂率来调整灰砂比。普通防水混凝土砂率见表 6.3。

表 6.3 普通防水混凝土砂率

砂的细度模数和平均粒径		石子孔隙率/%				
细度模数 M_k	平均粒径/mm	30	35	40	45	50
0.70	0.25	35	35	35	35	35
1.18	0.30	35	35	35	35	36
1.62	0.35	35	35	35	36	37
2.16	0.4	35	35	36	37	38
2.17	0.45	35	36	37	38	39
3.25	0.5	36	37	38	39	40

注：本表是按石子平均粒径 5～50mm 计算的，若采用 5～20mm 石子时，砂率可增加 2%；用 5～31.5mm 石子时，砂率可增加 1%。

(3) 采用较小的水灰比，视抗渗等级和混凝土强度等级的不同，水灰比一般为 0.45～0.60，供试配用的最大水灰比应符合表 6.4 的规定。

表 6.4 普通混凝土最大水灰比

抗渗等级	最大水灰比	
	C20～C30 混凝土	C30 以上混凝土
P6	0.60	0.55
P8～P12	0.55	0.50
P12 以上	0.50	0.40

(4) 掺入引气剂的防水混凝土，其含气量宜控制在 3%～5%。

2) 配合比设计程序

在试配阶段先按普通混凝土的步骤设计配合比,如符合抗渗要求,就不考虑掺外加剂或掺和料;如不符合要求,则可将普通混凝土设计结果作为基准配合比,再按掺外加剂或掺和料配合比设计方法掺用外加剂或掺和料。

防水混凝土的试配、调整与普通混凝土相同,但应增加抗渗试验,规定如下。

(1) 试件的选用。可采用水灰比最大的一组试件做抗渗试验,如达到要求,水灰比较小的试件可以免检。

(2) 试件尺寸按试验设备来定,通常为两种:圆柱形试件,直径与高度均为150mm;圆台形试件,台面直径为175mm,底面直径为185mm,高度为150mm。

(3) 抗渗试件以6个为一组。

(4) 龄期按标准养护28d或按设计要求进行试验。普通防水混凝土的抗渗能力是在实验室内通过短期试验确定的,而在实际工程中,防水混凝土常年要经受水的侵蚀,有时还要受干湿交替的作用,两者之间显然有不同之处。试验证明,防水混凝土长期在压力水作用下,其抗渗性不仅不会降低,反而会有所提高,这是由于水泥石在受水浸泡后,产生体积膨胀,从而将混凝土中的毛细管通路堵塞之故。另外,防水混凝土中仍然存在一些细微裂缝,当水经过这些细微裂缝向外渗出时,体内游离的CaO会被溶出,进而转变成$Ca(OH)_2$晶体,$Ca(OH)_2$进一步被碳化生成稳定的$CaCO_3$晶体,这两种晶体均能堵塞细微裂缝,使其逐渐愈合,从而提高了混凝土的抗渗能力。

(5) 试配要求的抗渗水压值应比设计值提高0.2MPa;其抗渗等级按式(6.1)计算:

$$P_t \geq \frac{P}{10} + 0.2 \tag{6.1}$$

式中:P_t——6个试件中4个未出现渗水时的最大水压值,MPa;

P——试件要求的抗渗等级。

(6) 掺入引气剂的混凝土还应进行含气量试验,其含气量宜控制在3%~5%。

6.1.3 外加剂防水混凝土

外加剂防水混凝土是在混凝土拌合物中加入微量有机物(如引气剂、减水剂、三乙醇胺等)或无机盐(如氯化铁),以改善其和易性,提高混凝土的密实性和抗渗性。按其主要功能分为4类:密实剂防水混凝土、引气剂防水混凝土、减水剂防水混凝土和早强剂防水混凝土。

1. 密实剂防水混凝土

在混凝土拌合物中掺入适量的氯化铁防水剂配制的氯化铁防水混凝土是密实剂防水混凝土的代表,具有很高的密实度与优良的抗渗性。

氯化铁防水剂是由氧化铁皮(FeO、Fe_2O_3、Fe_3O_4混合物)、铁粉、盐酸、硫酸铝等按一定比例、一定顺序在容器中反应后生成的一种酸性液体。其主要成分是氯化铁($FeCl_3$)、氯化亚铁($FeCl_2$)和硫酸铝$[Al_2(SO_4)_3]$,掺量占水泥质量的2.5%~3.0%。氯化铁防水混凝土的作用机理如下:

$$2FeCl_3 + 3Ca(OH)_2 = Fe(OH)_2 + 3CaCl_2$$

氯化铁防水剂的三个主要成分与水泥水化过程中析出的氢氧化钙产生化学反应，生成氢氧化亚铁、氢氧化铝等一系列不溶于水的胶体，反应式如下：

$$FeCl_2 + Ca(OH)_2 = Fe(OH)_2 + CaCl_2$$

$$Al_2(SO_4)_3 + 3Ca(OH)_2 + mH_2O = 2Al(OH)_3 + 3Ca(SO_4) \cdot mH_2O$$

上述胶体填充混凝土内的微小孔隙，堵塞毛细管通路，从而提高了混凝土的密实性。同时，由于反应过程要消耗大量氢氧化钙，激发水泥熟料矿物加速水化，生成的 $CaCl_2$ 进一步与硅酸二钙、铝酸三钙和水生成氯硅酸钙和氯铝酸钙晶体，使混凝土密实性提高，抗渗性能也相应提高。

氯化铁防水混凝土以其抗渗性能优良、早期抗渗能力强、早期及后期强度高、抗腐蚀性好等优点被大量应用于各类有防水要求的工程中，是几种常用外加剂中抗渗性能较好的一种。但其中含有大量氯离子，对钢筋防锈极为不利。根据限制氯盐使用的规定，对于接触直流电源的工程、预应力钢筋混凝土及重要的薄壁结构禁止使用氯化铁防水混凝土。使用氯化铁防水剂的混凝土必须加强养护，蒸汽养护时最高温度不可超过 50℃，温度过高或过低均可使混凝土抗渗性能下降；自然养护时，温度最好保持在 10℃以上，浇筑 8h 后即可湿养护，24h 后浇水养护 14d。

属于密实剂的外加剂还有氢氧化铁防水剂，其作用机理与氯化铁防水剂大致相同。

2. 引气剂防水混凝土

引气剂防水混凝土是在普通混凝土中掺入微量引气剂配制而成的混凝土。引气剂是一种具有憎水作用的表面活性物质，能够使混凝土拌和水的表面张力明显下降，搅拌后，封闭、平稳和匀称的细小气泡会大量产生在拌和物里，从而使混凝土毛细管变得细小、曲折、分散，减少渗水通道。引气剂的优点还在于增加黏滞性、改善和易性、减少沉降泌水和分层离析、弥补混凝土结构的缺陷、提高混凝土的密实性和抗渗性等。

目前，常用的引气剂有松香酸钠(见图 6.2)和松香热聚物，此外尚有烷基磺酸钠、烷基苯磺酸钠等。影响引气剂防水混凝土性能的因素很多，包括引气剂的品种和掺量、水灰比、水泥和砂的用量比、搅拌时间、养护和振捣等。

图 6.2 松香酸钠引气剂

1) 引气剂的掺量

引气剂的掺量应该按照混凝土的含气量要求在室内试拌后来确定，绝不是单纯按照厂家的推荐掺量来计算。利用引气剂所产生的微气泡来阻隔混凝土的毛细水的通道，从而增强混凝土的耐久性能。混凝土含气量过多会减小骨料与水化物之间的界面胶结强度,从而降低混凝土的整体强度,还会降低混凝土的表观密度,因此要慎用引气剂。引气剂掺入量为水泥质量的 0.005%~0.012%,为混凝土质量的 3%~6%为宜。

2) 水灰比

气泡的生成与混凝土拌合物的稠度有关。水灰比低时,拌合物的稠度大,不利于气泡形成,含气量降低;水灰比高时,拌合物稠度小,有利于生成气泡,含气量会提高。水灰比不仅决定着混凝土内部毛细孔的数量和大小,且影响气泡的数量和质量,要控制混凝土的含气量不超过 6%。不同水灰比情况下,引气剂的极限掺量如下:

(1) 水灰比为 0.50 时,引气剂掺量为 0.01%~0.05%;
(2) 水灰比为 0.55 时,引气剂掺量为 0.01%~0.03%;
(3) 水灰比为 0.60 时,引气剂掺量为 0.005%~0.01%。

3) 水泥与砂的比例

水泥与砂的比例影响混凝土的黏滞性。水泥所占比例越大,混凝土的黏滞性越大,含气量越小。砂子的比例大,则混凝土的含气量上升,要减少引气剂掺量。砂子的粒径会影响气泡的大小,砂子越细,气泡尺寸越小;若采用细砂,会增加水泥用量和用水量,收缩将增大。工程中应尽量采用中砂。

4) 搅拌时间

搅拌时间对混凝土的含气量有明显影响。含气量一般先随搅拌时间的增加而增加,搅拌 2~3min 时,含气量达到最大值,如继续搅拌,含气量则开始下降。适宜的搅拌时间为 2~3min。

5) 振捣情况

各种振动会降低混凝土的含气量。用振动台和平板振动器捣实,空气含量下降幅度比用插入式振动器要小,且振动时间越长,含气量下降越多。用插入式振动器时,一般振动不宜超过 20s。

6) 养护条件

养护条件对引气剂防水混凝土的抗渗性影响较大。养护期间要保持高湿度环境,避免低温养护。如在合适温度的水中养护,则其抗渗性最佳。

3. 减水剂防水混凝土

减水剂防水混凝土是指在混凝土中掺入适量的减水剂,以提高抗渗性为目的的混凝土。减水剂对水泥具有强烈的分散作用,大大降低了水泥颗粒间的吸引力,有效地阻碍和破坏了颗粒间的凝絮作用,并释放出凝絮体中的水,从而提高了混凝土的和易性。

在满足施工和易性的条件下减水剂混凝土可大大降低拌用水量,使混凝土硬化后孔径及总孔隙率均显著减小,毛细孔更加细小、分散和均匀,从而提高混凝土的密实性和抗渗性。在大体积防水混凝土中,减水剂可推迟水化热峰值出现,这就减少或避免了在混凝土取得一定强度前因温度应力而开裂,从而提高了混凝土的防水效果。

用于配制防水混凝土的减水剂主要有:木钙(M 型)减水剂(见图 6.3);多环芳香族磺酸钠盐减水剂,如 MF 型、JN 型、NNO 型、FDN 型、UNF 型等多种;糖蜜缓凝减水剂等。在施工中要根据工程需要调节水灰比。当工程需要混凝土塌落度为 80~100mm 时,可不减少或稍减少拌和用水量。当要求塌落度为 30～50mm 时,可大大减少拌和用水量。减水剂的掺量必须严格控制。

4. 早强剂防水混凝土

早强剂防水混凝土使用的外加剂主要是三乙醇胺早强防水剂(见图 6.4),它可以加速水泥水化,使水泥在早期就生成较多含水结晶产物,减少游离水,从而减少游离水蒸发遗留的毛细孔。三乙醇胺与氯化钠、亚硝酸钠复合使用,会产生体积膨胀,从而堵塞混凝土内部的孔隙。但靠近高压电源或大型直流电源的防水工程不宜三乙醇胺与氯化钠或亚硝酸钠复合使用。该种防水混凝土应严格按配方配制,将三乙醇胺在混凝土拌和水中充分搅拌至完全溶解后方可投入搅拌机。三乙醇胺对不同的水泥作用有所不同,若更换水泥品种,应做水泥适应性试验,重新试配。

图 6.3 木钙(M 型)减水剂

图 6.4 三乙醇胺早强防水剂

6.1.4 膨胀水泥防水混凝土

膨胀水泥防水混凝土又叫补偿混凝土,是以膨胀水泥为胶凝材料配置而成的防水混凝土,它通过膨胀水泥在水化硬化过程中产生的体积膨胀来降低混凝土内部的空隙率、改善空隙结构、避免或减少开裂,从而使混凝土具有较高的抗渗性。膨胀水泥防水混凝土除了用于浇灌一般有防水抗渗要求的建筑物或构筑物外,还适用于修补堵漏、压力灌浆、混凝土后浇灌等方面。膨胀水泥防水混凝土常用的膨胀水泥有硫铝酸钙型膨胀水泥、氧化钙型膨胀水泥、氧化镁型膨胀水泥、铝型膨胀水泥和铁型膨胀水泥等。

膨胀水泥防水混凝土在施工前应用适配法选定适宜的配合比,配制中膨胀水泥的称量要准确,误差不得大于 1%。混凝土浇筑前,要检查模板的坚固性、稳定性及板缝的接缝严密性,以防胀模与漏浆。混凝土浇筑温度应控制为 5～35℃,否则会影响混凝土的质量。在终凝前应采用机械或人工多次抹压,防止表面收缩裂缝的产生,浇筑后要注意养护,尤其是早期养护,浇筑后 8～12h 即可覆盖浇水,并应保温养护 14d 以上。

6.1.5 矿渣碎石防水混凝土

矿渣碎石防水混凝土是用高炉重矿渣代替普通碎石作骨料配制的防水混凝土。高炉重矿渣是炼铁时产生的热熔矿渣经冷却而形成的坚硬材料再经破碎、筛分后而得到的各种粒径的矿渣碎石。矿渣碎石的抗压强度一般大于 50MPa，相当于花岗岩的强度水平。用矿渣碎石配制防水混凝土，可以废物利用，有利于环境保护，并可降低混凝土的生产成本。

矿渣碎石的饱和吸水率高于普通碎石，且其表面粗糙，内摩擦阻力较大。为了改善混凝土的和易性，要注意适当提高砂率及补充附加水。砂率以 36%~42%为宜，过高会导致混凝土强度下降。若和易性仍不能满足要求，可掺入适量的减水剂。补充附加水可以先将矿渣碎石预润湿，也可以适当增加拌和水量，附加水量一般为矿渣质量的 1%~2%或每立方米混凝土增加用水量 10~20kg。在配制混凝土过程中应注意的事项是，适当延长振捣时间，要在潮湿环境中养护。工程实践表明，只要集料级配和养护情况良好，矿渣碎石防水混凝土的抗渗等级可达 P16 以上。

与矿渣碎石防水混凝土类似的还有全矿渣防水混凝土，其粗、细骨料均为矿渣，配制要点与矿渣碎石防水混凝土相似，强度也与同等级的普通砂、石混凝土接近。特别是因为矿渣的粗、细骨料表面粗糙，与水泥浆结合紧密，且具微活性，其抗渗等级可达 P20 以上。因此，全矿渣混凝土可以广泛应用于防水混凝土工程中。

6.2　耐酸混凝土

耐酸混凝土是指在酸性介质作用下具有抗腐蚀能力的混凝土，广泛用于化学工业的防酸槽、电镀槽等。

耐酸混凝土具有优良的耐酸及耐热性能，除了氢氟酸、热磷酸和高级脂肪酸以外，几乎能够耐所有有机酸及酸性气体的侵蚀，并且在强氧化性酸和高浓度酸的腐蚀下也不受损害，因而可以解决某些具有苛刻腐蚀条件的工程问题，而这通常是一般的有机高分子材料所不能胜任的。耐酸混凝土可分为硫黄耐酸混凝土、沥青耐酸混凝土、树脂耐酸混凝土和水玻璃耐酸混凝土等。

水玻璃耐酸混凝土具有耐酸性较强、整体性较好、施工方便、原料易取、成本低、抗冲击性能好等优点，现已在化工企业中得到广泛的应用，使用场合有地坪、酸洗槽、储酸池、电解槽、结晶槽、排酸沟、设备基础等。广泛使用水玻璃耐酸混凝土，可以节约大量不锈钢、铝等金属材料。

水玻璃耐酸混凝土的原材料包括水玻璃、固化剂、耐酸骨料及外加剂等。

6.2.1　原材料及其技术要求

建筑上常用的水玻璃是硅酸钠的水溶液(见图 6.5)，它是一种黏合剂。其化学式为 $R_2O \cdot nSiO_2$，式中 R_2O 为碱金属氧化物，n 为二氧化硅与碱金属氧化物摩尔数的比值，称为水玻璃的摩数。水玻璃是呈无色或淡黄色、灰白色透明或蓝色透明的黏稠液体。

水玻璃有两个技术指标：模数和比密度。

图 6.5　水玻璃

1. 模数(M)

$$M = \frac{A}{D} \times 1.032 \tag{6.2}$$

式中：M——水玻璃的模数；

A——二氧化硅的百分比含量，%；

D——氧化钠的百分比含量，%；

1.032——氧化钠与二氧化硅的相对分子质量之比。

水玻璃在耐酸混凝土中，模数为 2.6～2.8，比重以 1.38～1.40 为宜。水玻璃的比重过大或过小都会影响砼的强度、耐酸性、抗渗性和收缩性等。当比重过小时，可加热脱水调整；当比重过大时，可在常温下加温水调整。水玻璃模数过低，会延缓混凝土的硬化时间，耐酸性也差；模数过高，会使混凝土硬化过快，特别是气温较高时更加显著，这样会造成施工操作上的困难。模数过高时，可在常温下加入清水混合，并不断搅拌至均匀为止。如需提高水玻璃模数，可掺入可溶性非晶质二氧化硅(硅藻土)，其数量根据水玻璃模数及硅藻土中可溶性 SiO_2 的含量而定；如需降低模数，可掺入氢氧化钠(NaOH)。100g 水玻璃所需 NaOH 的克数可由式(6.3)进行计算：

$$W_{NaOH} = \left(\frac{S}{n'} - N\right) \times 80.02 \tag{6.3}$$

式中：N——每 100g 水玻璃中 Na_2O 的物质的量；

S——每 100g 水玻璃中 Si_2O 的物质的量；

n'——要求调整后的水玻璃模数；

80.02——由 Na_2O 换算成 NaOH 的系数。

2. 比密度(ρ_s)

比密度是水玻璃的另一项重要技术指标，表示固体水玻璃在其水溶液中的含量或称浓度。它的大小与水玻璃溶液中溶解的固体玻璃总量及其化学组成有关。比密度用波美密度计测定。

$$\rho_s = \frac{145}{145 - B_c°} \tag{6.4}$$

式中：$B_c°$——水玻璃的波美度。

水玻璃的比密度越大，即有效成分 $Na_2O \cdot nSiO_2$ 含量较多，则水玻璃的黏度越大。水玻璃的比密度对其性能的影响规律基本上与模数的影响相同。同样地，水玻璃的比密度不宜太大，在 1.38～1.45(波美度为 40°Bé～45°Bé)为宜。

当液体水玻璃比密度太小或太大时，需要予以调整。若需提高水玻璃的比密度，可用加热浓缩的方法使水分蒸发；若需降低水玻璃的比密度，可加 40～50℃ 的热水稀释。所调整的比密度是否合乎要求，可用波美密度计测出水玻璃的波美度再按式(6.4)换算成比密度。

水玻璃类材料不耐碱，在呈碱性的基层上直接使用，碱会与水玻璃、氟硅酸钠起反应使之黏结力受破坏，在结合层处形成疏松夹层。使用时要在基层上设置隔离层，如沥青涂料或环氧玻璃钢，但是水玻璃材料与沥青、环氧类材料间黏结力差，因此施工时需在沥青层上或未固化的环氧涂层上均匀撒一些热砂以增强黏结力。在隔离层表面先均匀涂刷一遍水玻璃稀胶泥打底,并干燥 12 h 以上。水玻璃胶泥和砂浆抹面时不宜太厚,立面每层不大于 5 mm,平面每层不大于 10 mm。

6.2.2 固化剂

作为一种气硬性胶凝材料,液体水玻璃在空气中吸收二氧化碳,形成无定形硅酸凝胶,并逐渐干燥而硬化。但这一过程进行得很慢,为了加速硬化,常加入氟硅酸钠(Na_2SiF_6)作为水玻璃的固化剂。水玻璃中加入氟硅酸钠(无色六方结晶,无臭无味,有吸潮性)后发生反应,促使硅酸凝胶加速析出,使初凝时间缩短至 30~40min。

$$2[Na_2O \cdot nSiO_2] + Na_2SiF_n + mH_2O = 6NaF + (2n+1)SiO_2 \cdot mH_2O$$

氟硅酸钠质量的好坏主要看其纯度和细度,纯度高的含杂质较少,可相应减少 $Na_2O \cdot nSiO_2$ 的用量;细度的大小与水玻璃的化学方程式反应快慢及是否完全反应有密切关系。氟硅酸钠的主要技术指标应符合表 6.5 的规定。

表 6.5 氟硅酸钠的主要技术指标

指标名称	指 标	
	一 级	二 级
外观与颜色	白色结晶颗粒	允许浅灰色或淡黄色
纯度/%	≥95	≥93
游离酸(折合 HCL)/%	≤0.02	≤0.3
Na_2O/%	≤3.0	≤5.0
相对湿度/%	≤1.0	≤1.2
水不溶物/%	<0.5	—
细度:孔径 0.15mm 筛孔	全部	全部

注:氟硅酸钠如有受潮结块现象,应在不高于 60℃温度下烘干、研细、过筛。

当水玻璃与比密度确定后,氟硅酸钠的理论用量就是一个定值,其理论掺量可按式(6.5)计算:

$$G = 1.52 \times \frac{V\rho_s C}{N} = 1.52 \times \frac{PC}{N} \tag{6.5}$$

式中:G——氟硅酸钠用量;
V——所用水玻璃的体积,mL;
P——所用水玻璃的质量,g;
ρ_s——所用水玻璃的比密度;
C——所用水玻璃中 Na_2O 的含量,%;
N——氟硅酸钠的纯度,%。

表 6.6 是当水玻璃模数 M =2.4~3.2,比密度 ρ_s =1.34~1.46 时,氟硅酸钠的理论用量参考值。

表 6.6　氟硅酸钠固化剂理论用量参考值

比密度 ρ_s	水玻璃模数 M				
	2.4	2.6	2.8	3.0	3.2
1.34	—	—	—	—	12.3
1.36	14.8	14.5	14.0	13.7	12.9
1.38	15.9	15.4	14.5	14.1	13.5
1.40	16.7	16.0	15.5	15.0	13.9
1.42	17.4	16.5	15.9	15.5	14.5
1.44	17.9	17.5	16.3	15.9	—
1.46	18.9	—	—	—	—

6.2.3　耐酸骨料

水玻璃耐酸混凝土用的骨料，一般由天然耐酸岩或人造耐酸石破碎而成，如图 6.6 所示。一般可分为三类。

(1) 耐酸粉料。耐酸矿物、陶瓷、铸石或含石英质高的石料粉磨细而成。要求细度大、耐酸度高。通常每立方米水玻璃耐酸混凝土中，粉料的用量以 400~500kg 为宜。

(2) 耐酸粗骨料。酸度高、不含泥的石英石、花岗岩、碎瓷片、耐酸砖块等，骨料的粒径不宜过大。

(3) 耐酸细骨料。常用石英砂，也可用黄砂。

图 6.6　耐酸骨粉

6.2.4　外加剂

各类外加剂的掺量可由经验确定，也可参考表 6.7。

表 6.7　外加剂的掺入量(质量比)

水玻璃	外加剂品种				
	糠酮单体	糠酮单体	NNO	木质素磺酸钙+水溶性环氧树脂	多烃醚化三聚氰胺
100	5	3~5	4~5	2+3	5~8

注：用糠酮时也可加入盐酸苯胺，用量为糠酮的 4%。

6.2.5　配合比设计

(1) 具有良好的抗酸、抗水稳定性。
(2) 有适宜的强度和耐水性。
(3) 所选配合比应为施工操作提供必要的条件。
(4) 最大限度降低造价。

耐酸混凝土配合比中的水玻璃用量须根据塌落度要求确定，一般为 250～300kg/m³。氟硅酸钠用量(按纯 Na_2SiF 计)宜为水玻璃质量的 15%；掺和料的用量一般为 450～550kg/m³。粗细骨料和掺和料的混合物用振动法使其密实至体积不变时，空隙率不得超过 22%。

6.2.6 施工工艺

(1) 耐酸混凝土的凝结和硬化原理与普通混凝土不同，它的硬化主要是水玻璃与固化剂氟硅酸钠作用，产生对骨料具有胶结能力的"硅胶"，形成具有一定强度的人造石。硅胶的凝结和硬化在适宜的温度(15～30℃)和干燥的空气中进行，不能受潮，更不得浇水养护，具有"气硬"特性，这是与水泥混凝土水硬性完全不同的。但也不能受太阳曝晒，以免混凝土急剧脱水而龟裂；也不得在低于 10℃的低温环境下施工，耐酸混凝土的初凝时间约为 30min，终凝时间约为 8h，所有拌和物必须在 30min 内用完，否则将会硬化变质。

(2) 耐酸混凝土的拌制方法。无论机械搅拌或人工搅拌，投料前必须先将干料(氟硅酸钠、掺和粉料、粗细骨料等)拌匀。

(3) 耐酸混凝土的浇灌要分层进行，当采用振动棒振捣时，每层厚度不得大于 200mm，振动棒插点间距不应大于 500mm；当采用平板振动器时，每层厚度不应大于 100mm。要振捣密实，振捣时间应在 5～7min 内。当混凝土表面泛浆后要抹平压光，抹平压光工作应在初凝前完成。

(4) 耐酸混凝土宜在 15～30℃的干燥环境中施工和养护，温度低于 10℃时应采用电热、热风、暖气等保温加热措施，温度要均匀，不要急冷急热或局部过热。养护期既不能遇水，也不能曝晒，也不能蒸汽养护，要防止冲击振动。当温度为 10～20℃时不少于 12d；21～30℃时不少于 6d；31～35℃时不少于 3d。

为增强耐酸混凝土对酸性介质的适应性和提高抗渗性能，待耐酸混凝土完成硬结过程后，尚应进行表面酸化处理。所谓酸化处理，就是用硫酸、盐酸、硝酸任何一种涂刷混凝土表面，一般采用浓度为 40%～60%的硫酸、20%的盐酸或 40%的硝酸，每隔 8h 涂刷一次，并清除白色析出物。酸化处理一直到表面不再析出结晶物为止，一般约涂刷 4 次。

6.3 耐碱混凝土

耐碱混凝土是指在碱性介质作用下具有抗腐蚀能力的混凝土，用于地坪面层及储水池槽等。

6.3.1 碱性介质对混凝土的腐蚀机理

1. 物理腐蚀理论

物理腐蚀是指碱性介质从混凝土外部通过混凝土的孔隙渗透到混凝土表层甚至内部后，再与空气中的 CO_2 和 H_2O 化合而生成新的结晶，由于体积膨胀而造成混凝土的破坏。

如强碱 NaOH 在混凝土中的物理破坏如下：

$$2NaOH+CO_2 = Na_2CO_3+H_2O$$

生成新的产物 $Na_2CO_3 \cdot 10H_2O$ 具有 10 个结晶水，较原来的固相体积增大了 2.5 倍，显然，新生物在孔隙内结晶乃至膨胀，将在混凝土内部产生很大的内应力，使混凝土遭到腐蚀破坏。

2. 化学腐蚀理论

化学腐蚀是指溶液中的强碱与水泥水化物发生化学反应，生成易溶于水的新化合物，从而破坏了水泥石的整体结构，使混凝土解体。

例如，NaOH 浓度较大，温度较高时，它与水泥石会发生如下反应：

$$3CaO \cdot Al_2O_3 + 6NaOH = 3Ca(OH)_2 + 3Na_2O \cdot Al_2O_3$$

偏铝酸钠易为碱性介质所溶解，因此，会使混凝土结构遭到破坏。

混凝土的集料中如果含有容易与碱发生反应的成分，如无定形 SiO_2（特别是活性较高的无定形 SiO_2 和 Al_2O_3 等酸性氧化物），也会降低混凝土的抗碱能力。

碱性混凝土具有良好的抗压强度和耐久性，对于物理腐蚀可通过减少孔隙率、降低水灰比等方法来防止，对于化学腐蚀可通过使用耐碱性强的粗集料等来防止。

6.3.2 材料及技术要求

1. 水泥

选用硅酸盐水泥和普通硅酸盐水泥，强度等级大于 32.5MPa，也可用硅酸盐水泥熟料：石灰石粉=1：1 的碳酸盐水泥。其中铝酸三钙容易与碱发生反应，因此其在水泥中的含量应加以控制，在硅酸盐中不高于 7%，在普通硅酸盐水泥中不高于 5%。

2. 粗、细骨料

骨料（见图 6.7）的耐久性主要取决于其化学组成及致密性，常用的耐碱集料有石灰岩、白云岩、大理石的碎石及碎屑等。粗、细骨料的碱溶液应小于 1.0kg/L，级配要求严格。抗碱性要求不高的也可选用花岗岩、辉绿岩的碎石、碎屑等。

3. 磨细掺合料

在耐碱混凝土中掺加一些具有耐碱性的掺和料，可以提高混凝土的致密度，常用磨细的石灰石料，细度 4900 孔/cm² 筛的筛余量小于等于 25%，粒径小于 0.15mm，碱溶率小于等于 1.0g/L。

(a) 石灰岩

(b) 白云岩

(c) 大理石

图 6.7 骨料

4. 外加剂

在配制混凝土中掺加一些减水剂和早强剂，可以进一步降低混凝土的孔隙率从而提高混凝土的强度。其中减水剂使用非引气型，早强剂选用三乙醇胺和 Na_2SO_4。

5. 水

洁净的自来水或饮用水。

6.3.3 耐碱混凝土的配合比设计

1. 耐碱混凝土的主要技术性能

耐碱混凝土的主要技术性能要求见表 6.8。

表 6.8 耐碱混凝土的主要技术性能要求

技术性能	耐碱等级	
	一级	二级
抗压强度/MPa	≥30	≥25
抗渗等级/MPa	≥1.6	≥1.2
$[\rho(NaOH)/(g \cdot L^{-1})]$	常温下，浓度<330；40～70℃时，浓度<180；短暂作用 100℃时，浓度为 330	常温下，浓度<230；40～70℃时，浓度<120；短暂作用 100℃时，浓度为 330

2. 耐碱混凝土的配合比

耐碱混凝土的配合比一般根据工程的技术要求和经验进行设计，设计中要注意原材料的选择应严格按原来的组成和技术要求来进行，应严格控制水灰比，混凝土的 W/C 越高，密实度越低，抗渗性越差，耐碱性也越差。混凝土坍落度不宜大于 5cm，砂率在 0.38～0.42，强度等级大于等于 32.5MPa，水泥用量不少于 300kg/m³。常温条件下，其他条件相同时，与各种浓度的 NaOH 溶液相应的耐碱混凝土水灰比大致可以控制在表 6.9 所示的范围内。耐碱混凝土的参考配合比如表 6.10 所示。

表 6.9 不同碱浓度时的水灰比

NaOH 浓度/%	相应的混凝土水灰比
<10	0.60～0.65
10～25	0.50～0.60
>25	<0.50

表 6.10 耐碱混凝土的参考配合比

配合比/(kg/m³)						水	坍落度/cm	自然养护/d	浸碱养护/d	抗压强度/MPa
水泥		石灰石粉	中砂	碎石						
品种与强度等级	用量			粒径/mm	用量					
强度等级为 32.5MPa 的普通水泥	360	—	780	5～40	1170	178	5	28	14	21.0

续表

水泥品种与强度等级	配合比/(kg/m³)					水	坍落度/cm	自然养护/d	浸碱养护/d	抗压强度/MPa
^	用量	石灰石粉	中砂	碎石粒径/mm	碎石用量					
强度等级为42.5MPa 的普通水泥	340	110	740	5～40	1120	182	5	24	28	23.8
强度等级为52.5MPa 的普通水泥	330	—	637	5～15	366	188	—	—	—	30.0
				5～40	845.7					

6.3.4 施工工艺

(1) 耐碱混凝土应用秤准确计量，粗、细骨料，粉料的含水量，使用前应测定，并在配合比中扣除。

(2) 耐碱混凝土应用机械搅拌，配制时先将水泥，粗、细骨料与粉料加入搅拌 1min，再按配比加入水搅拌 1～2min，至颜色均匀一致为止，混凝土坍落度不宜大于 4cm。

(3) 浇筑应分层进行，每层厚为 25～30cm，应用振动器仔细捣实。

(4) 混凝土应一次连续浇筑完成，避免留施工缝。楼地面应一次找坡抹平、压实、压光，并在砂浆终凝前完成。

(5) 混凝土浇筑完成后，应在 12h 内加以覆盖并浇水养护，养护时间不少于 14d。

6.4 耐油混凝土

耐油混凝土既不与油类物品发生化学作用，同时能阻抗油类的渗透，经特殊配制而成。普通水泥混凝土长期与油类物质接触时，会遭到油类物质的侵蚀而使混凝土结构产生破坏。这种破坏具体表现为：混凝土的强度降低，甚至由表及里出现疏松、剥落等现象，最后完全溃散而失去使用功能。所以要求在这种环境中的混凝土密实度要大，抗渗透能力要强，其抗渗等级均要在 P8 以上，一般应为 P8～P10。

众多耐油混凝土工程证明，导致水泥混凝土出现以上侵蚀作用的原因很多，归纳起来主要有以下几个方面。

(1) 油类物质中含有高分子量的有机酸，如油酸、硬脂酸、脂肪族酸等，这些有机酸或其他氧化物使油的酸度增加，与水泥的水化产物氢氧化钙[$Ca(OH)_2$]发生化学反应，生成相应的有机酸复盐，这些有机酸复盐使水泥石的结构产生破坏，从而导致混凝土结构疏松、溃散。

(2) 由于水泥混凝土在凝结硬化过程中的水分蒸发，使混凝土产生许多毛细孔道，如果油类物质逐渐沿混凝土的毛细孔和各种微裂缝渗透到混凝土的内部，再渗透到硬化水泥浆体与粗细骨料的界面，使硬化水泥浆体与骨料之间的界面黏结遭到破坏，必然会造成界面黏结力的严重下降,最终导致混凝土结构疏松。

(3) 如果在混凝土中的水泥尚未完全水化时,油类物质就浸入混凝土中,油就有可能包裹住尚未水化的水泥颗粒,使水与水泥分离开来,水泥颗粒因不能接触水而无法发生水化,从而导致混凝土达不到应有的强度,自然也降低了混凝土的耐油性能。

通过以上分析混凝土产生油类侵蚀的主要原因,要提高混凝土的耐油性能,应从以下几个方面采取措施。

(1) 尽量提高混凝土的抗渗能力,不使油类物质渗入混凝土中,减少油类物质对混凝土的渗透作用,这是混凝土减少或避免油腐蚀破坏的根本措施。

(2) 尽量减少混凝土中能与油类物质中有机酸发生反应的成分,这是在配制混凝土时选择材料方面的一项重要措施。

(3) 在混凝土中的水泥尚未达到足够的水化程度时,应尽量避免与油类物质接触。也就是说,在混凝土浇筑完毕后,要加强对混凝土结构的养护和保护,使混凝土结构(构件)不与油类物质接触。

6.4.1 原材料及技术要求

1. 水泥

水泥选用强度等级大于 42.5MPa 的硅酸盐水泥和普通硅酸盐水泥,泌水性小、细度高、游离 CaO 含量少、无结块,储存期小于 3 个月。

2. 粗、细骨料

(1) 粗骨料。粒径 5~40mm 符合筛分曲线的碎石、级配良好、空隙率小于 45%,质地坚硬、致密、吸水率小。

(2) 细骨料。石英砂(见图 6.8),平均粒径 0.35~0.38mm 的中砂,细度模数大于 2.5,洁净,不含泥块杂质,砂、石混合后级配空隙率小于 35%。

图 6.8 石英砂

3. 水

洁净的自来水或饮用水。

4. 外加剂

外加剂选用氢氧化铁或三氯化铁混合剂(见图 6.9)。氢氧化铁用三氯化铁加氢氧化钠或氢氧化钙配制而成。1kg 纯三氯化铁加 0.74kg 纯氢氧化钠(或 0.68kg 生石灰)可以制成

0.66kg 纯氢氧化铁，胶状氢氧化铁按折固量计，占水泥质量的 1.5%～2%。制得的氢氧化铁含有较多的食盐，需用 6 倍于总配制量的清水分 3 次清洗、沉淀、过滤。此外，也可用三氯化铁(固体或液体)掺入固体含量为 33%的木质素糖浆配制耐油混凝土，三氯化铁占水泥质量的 1.5%，为改善三氯化铁的收缩性，可在三氯化铁溶液中加入占水泥质量 0.01%的硫酸铝。

(a) 氢氧化铁　　　　　　　　　(b) 二氯化铁

图 6.9　外加剂

6.4.2　配合比设计

耐油混凝土水灰比通常不得大于 0.6，水泥用量不少于 300kg/m³，宜为 330～370kg/m³。耐油混凝土配合比的设计方法和步骤与普通混凝土基本相同，水泥∶砂∶石=1∶1.74∶3.22，水灰比 $\frac{W}{C}=0.55$，$Fe(OH)_3$ 为 0.22，耐油混凝土的设计参考配合比及技术性能见表 6.11。

表 6.11　耐油混凝土的设计参考配合比及技术性能

耐油混凝土配合比/(kg/m³)								28d 抗压强度/MPa	抗渗性	
水泥	砂	碎石	水	氢氧化铁	三氧化铁	明矾	木糖浆		抗渗等级	油渗深度/cm
355	617.7	1143.1	195.3	—	—	—	—	28.1～33.4	P3～P4	15.0
355	617.7	1143.1	195.3	—	532.5	0.355	0.355	29.3～43.3	P12	1.3～2.7
370	643.8	1191.4	203.5	—	—	—	—	28.1	P4	15.0
370	643.8	1191.4	203.5	7.4	—	—	—	31.0	P12	6～8
370	643.8	1191.4	203.5	—	5.55	—	5.55	37.2	P12	2～4.5

6.4.3　施工工艺

(1) 要用秤按照配合比准确计量，并严格控制水灰比；材料中的含水量应在配合比中扣除，外加剂测定其固体含量和纯度。

(2) 混凝土应用机械拌制，如用 400L 自落式搅拌机，搅拌时间一般不少于 2～3min，以保证搅拌均匀一致，如有离析，应进行二次拌和。

(3) 混凝土浇灌应分层进行，下料均匀；用振动器捣固时要插点均匀，振捣密实，底板、顶板表面应刮平、压光。

(4) 施工结构次序为先底板，后立壁、柱，最后顶板。混凝土应一次浇筑完成，避免留施工缝。如有间歇，必须留施工缝时，罐壁水平施工缝应留在底板以上 200～300mm 及顶板以下 30～50mm 处；底板、罐壁、顶板必须留垂直施工缝时，对于尺寸大的油罐，应留在后浇缝；施工缝均应做成企口形式，以延长渗透路线；施工缝的处理应按规范要求进行。

(5) 加强混凝土的养护，适当延长养护时间。冬季施工要及时做好保温措施；夏季施工，在混凝土浇捣整平 12h 内，须在表面覆盖草袋，浇水养护不少于 14d，使水泥在水化过程中产生的强度得以充分发展，同时可以防止混凝土产生裂缝。

(6) 当油罐内壁及底板表面需做耐油砂浆防渗层时，应在罐体浇筑完拆模后立即进行。先将抹灰表面清理干净，光滑表面适当凿毛，并洒水湿润。抹灰一般采用铺抹法施工(配合比为：水泥：中粗砂：三氯化铁：水=1：0.375：0.0015：0.75)，先在基层上刷油浆液一层，未干前立即抹耐油砂浆 5～8mm 厚，用木抹子抹平。

6.5 耐热混凝土

耐热混凝土是指能够长时间承受 200～1300℃ 温度作用，并在高温下保持所需要的物理化学性质的特种混凝土。耐热混凝土常用于热工设备、工业窑炉和受高温作用的结构物，如炉墙、炉坑、烟囱内衬及基础等，具有生产工艺简单、施工效率高、易满足异形部位施工和热工要求、维修费用少、使用寿命长、成本低廉等优点。

耐热混凝土按其胶凝材料不同，一般可分为水泥耐热混凝土和水玻璃耐热混凝土。

6.5.1 水泥耐热混凝土

1. 普通硅酸盐水泥耐热混凝土

普通硅酸盐水泥耐热混凝土由普通硅酸盐水泥、磨细掺和料、粗骨料和水调制而成。这种混凝土的耐热度为 700～1200℃，强度等级为 C10～C30，高温强度为 3.5～20MPa，最高使用温度达 1200℃ 或更高，适用于温度较高，但无酸碱侵蚀的工程。

2. 矿渣硅酸盐水泥耐热混凝土

矿渣硅酸盐水泥耐热混凝土由矿渣硅酸盐水泥、粗细骨料，有时掺加磨细掺和料和水调制而成。这种混凝土耐热度为 700～900℃，强度等级为 C15 以上，最高使用温度可达 900℃，适用于温度变化剧烈，但无酸碱侵蚀的工程。

3. 高铝水泥耐热混凝土

高铝水泥耐热混凝土是由高铝水泥或低钙铝酸盐水泥、耐热度较高的掺和料以及耐热骨料和水调制而成的。这种混凝土的耐热度为 1300～1400℃，强度等级为 C10～C30，高温强度为 3.5～10MPa，最高使用温度可达 1400℃，适用于厚度小于 400mm 的结构及无酸、碱、盐侵蚀的工程。高铝水泥耐热混凝土虽然在 300～400℃ 时强度会剧烈降低，但此后残余部分的强度都能保持不变。而在 1100℃ 以后结晶水全部脱出而烧结成陶瓷材料，其强度又重新提高。因高铝水泥的熔化温度高于其极限使用温度，使用时不会被熔化从而降低强度。

6.5.2 水玻璃耐热混凝土

水玻璃耐热混凝土由水玻璃、氟硅酸钠、磨细掺和料及粗细骨料按一定比例配合而成。这种混凝土耐热度为 600~1200℃，强度等级为 C10~C20，高温强度为 9.0~20MPa，最高使用温度可达 1000~1200℃。水玻璃耐热混凝土因掺和材料、粗细骨料及最高使用温度不同，其使用范围集中于两方面。

(1) 当设计最高使用温度为 600~900℃时，采用黏土熟料或黏土砖、安山岩、玄武岩等骨料(见图 6.10)配制，可用于同时受酸(HF 除外)作用的工程，但不得用于经常有水蒸气及水作用的部位。

(a) 黏土熟料　　　　　　　　　　(b) 黏土砖

(c) 安山岩　　　　　　　　　　(d) 玄武岩

图 6.10　水玻璃耐热混凝土骨料

(2) 当设计最高使用温度为 1200℃时，采用一等冶金镁砂或镁砖配制的耐热混凝土，可用于受钠盐溶液作用的工程，但不得用于受酸、水蒸气及水作用的部位。

6.5.3　原材料及技术要求

1. 胶凝材料

1) 水泥

耐热混凝土选择强度等级大于等于 32.5MPa 的普通硅酸盐水泥、矿渣硅酸盐水泥和高铝水泥等，用量为 300~450kg/m³。

2) 水玻璃

选用技术指标：模数 M 为 2.6～2.8，比密度为 1.38～1.40，氟硅酸钠纯度(按质量计)大于 95%，含水率小于 1%，细度要求 0.125mm 方孔筛筛余小于等于 10%；水玻璃用量 300～400kg/m³，氟硅酸钠用量为水玻璃的 12%～15%。

2. 粗、细骨料

要选择燃烧温度大于等于 1350～1450℃的耐热骨料，严禁骨料中混入石灰石、方解石等在高温下易分解的有害杂质。

(1) 粗骨料。粒径 5～15mm，不得大于 20mm，在配筋稀疏的厚大结构中粒径小于等于 40mm。

(2) 细骨料。粒径 0.15～5mm。

3. 磨细掺和料

耐热混凝土所用磨细掺和料有黏土质、高铝质、镁质、粉煤灰及高炉矿渣等。磨细掺合料的技术要求可参考表 6.12。

表 6.12 耐热混凝土掺和材料的技术要求

种类		细度(通过 0.08mm 筛不少于/%)		掺和料化学成分/%							
		水泥耐热混凝土	水玻璃耐热混凝土	Al_2O_3	SiO_2	MgO	CaO	Fe_2O_3	SO_3	Cr_2O_3	烧失量
黏土质	黏土熟料	70	50	≥30				≤5.5	≤0.3		
	黏土耐火砖	70	50	≥30							
	红砖	70	—		≥70		≤8	≤5			≤8
高铝质	高铝砖	70	—	≥65			≤5				
	矾土熟料	70	—	≥48							
镁质	镁砂	—	70			≥87	≤4				≤0.5
	镁砖		70			≥87	≤3.5				
其他	铬铁矿	85	—	≤8	—		≤1.5	≤16		≥45	
	粉煤灰	85	—	≥20					≤4		≤8

注：掺和料含水量小于 1.5%。

4. 水

洁净的自来水或饮用水。

6.5.4 耐热混凝土的配合比

耐热混凝土的配合比应根据混凝土的工作强度、极限工作温度、材料来源及经济因素加以综合考虑,并通过试验确定。如果要求混凝土结构在高温下保持较高强度,则宜采用水玻璃耐热混凝土,此类混凝土在高温下具有强度不降低的特点。

设计时,可参考经验配合比。以此作为初步配合比,然后通过试拌得出适用的配合比,工程中常用的经验配合比见表 6.13。

表 6.13 耐热混凝土经验配合比

工程项目	52.5MPa的普通水泥	52.5MPa的矿渣水泥	粗骨料(5～25mm)	细骨料(0.15～5mm)	掺和料	水	抗压强度/MPa	极限使用温度/℃
高炉基础	1		2.7	1.90	1	0.95	24	1200
储矿槽		1	2.25	1.50		0.48	38	1200
返矿槽		1	2.50	1.80		0.70	37	900

6.5.5 施工工艺

耐热混凝土宜采用机械搅拌,在拌制耐热混凝土时,应按下列规定进行。

(1) 拌制水玻璃耐热混凝土时,氟硅酸钠和掺和材料必须预先混合均匀,可用机械或人工搅拌。

(2) 水玻璃耐热混凝土拌制要求与水玻璃耐酸混凝土相同,应遵守下列具体规定。

① 粉状骨料应先与氟硅酸钠拌和,再用筛孔为 2.5mm 的筛子过筛两次。

② 干燥材料应在混凝土搅拌机中预先搅拌 2min,然后再加水玻璃。搅拌时间:自全部材料装入搅拌机后算起,应不少于 2min。

③ 每次拌制量应在混凝土初凝前用完,但不得超过 30min。

(3) 耐热混凝土的用水量(或水玻璃用量)在满足施工要求条件下,应尽量少用,其坍落度应比普通混凝土相应地减少 1～2cm。如果采用机械振捣,其坍落度应比普通混凝土相应地减少 1～2cm,可控制在 2cm 左右;用人工捣固,宜控制在 4cm 左右。

(4) 应分层浇筑,每层厚度为 25～30cm。

(5) 耐热混凝土的搅拌时间应比普通混凝土延长 1～2min,使混凝土混合料颜色达到均匀为止。

(6) 水泥耐热混凝土浇筑后,宜在 15～25℃ 的潮湿环境中养护,其中普通水泥耐热混凝土养护不少于 7d,矿渣水泥耐热混凝土养护不少于 14d,矾土水泥耐热混凝土一定要加强初期养护管理,养护时间不少于 3d。

(7) 水玻璃耐热混凝土宜在 15～30℃ 的干燥环境中养护 3d,烘干加热并须防止直接曝晒而脱水产生龟裂,一般为 10～15d 即可吊装。

(8) 水泥耐热混凝土在气温低于 7℃和水玻璃耐热混凝土在低于 10℃的条件下施工时，均应按冬季施工执行。

6.6 防爆混凝土

防爆混凝土又称不发火花混凝土，是一种能经受冲击而不发生火花的功能性混凝土，当金属或坚硬石块等物体与该类混凝土发生摩擦冲击等机械作用时，均不发生火花或火星。防爆混凝土多用于冶金、石油、化工工厂、易燃品仓库等或具有一定防火要求的建筑物和构筑物的地面和墙裙等部位。

6.6.1 原材料及技术要求

1. 水泥

混凝土发火与否与水泥无关，防爆混凝土水泥选择强度等级大于 32.5MPa。

2. 粗、细骨料

防爆混凝土粗、细骨料选用硬度较低、颗粒较细的石灰岩类的石材。
(1) 粗骨料。白云石、大理石或石灰石，粒径偏小(小于 15mm)。
(2) 细骨料。主要成分为碳酸钙且不产生火花的石砂，粒径 0.15～5mm。

3. 水

洁净的自来水或饮用水。

6.6.2 配合比设计

防爆混凝土的配合比设计与普通混凝土基本相同，其参考配合比见表 6.14。

表 6.14 防爆混凝土的参考配合比(质量比)

水泥强度等级	防爆混凝土强度等级及配合比							
	C15				C20			
	水泥	石砂	碎石	水	水泥	石砂	碎石	水
32.5MPa	1	3.10	5.50	0.82	1	1.90	3.40	0.53
42.5MPa	1	3.70	6.50	0.92	1	2.30	4.00	0.62

6.6.3 施工工艺

(1) 在原材料加工过程中，防止其他品种的骨料及杂质引入，加工完毕，应用吸铁石进行检查。
(2) 严格控制材料的配合比，搅拌均匀。人工拌和时，干拌不可少于 3 次，湿拌不可少于 4 次，直至拌和均匀、颜色一致。
(3) 施工时必须按标高线分仓浇捣，铺上混凝土后用直尺刮平，用滚筒来回滚压，直至表面漏浆，随即用铁抹子抹光，收水后再压 2～3 遍，待混凝土养护 8h 后，才能拆去分仓木模条，同时嵌入20mm×(15～20mm)的铝片。

(4) 不产生火花水磨石地面施工时，应注意养护7d后分两次打磨，然后打蜡。

6.7 导电混凝土

导电混凝土是用导电材料部分或全部取代混凝土中的普通骨料配制而成，具有一定导电性能和力学性能的特种混凝土。导电材料可以取代细骨料也可以取代粗骨料或两者皆有之。导电相可以纤维形式掺入混凝土中，导电相纤维的掺入不仅赋予混凝土一定的导电性，而且可以极大地改善混凝土的力学性能，尤其是抗拉强度、抗裂性能和韧性等。

由水泥、石墨和耐水材料组成的导电混凝土，既具有普通混凝土的易成型性，又能承受一定程度的高温，还具有一定的导电性，因此，该混凝土可以加工成较为理想的电阻加热元件，只需调节石墨骨料的含量，就可以方便地调整混凝土块的导电性，从而改变其电阻值，以满足各种电热元件的功率要求。例如，输入电路的合闸、分闸都是依靠电路器来完成的，合闸电阻的阻值一般在数百至上千欧姆，只要适当调节导电混凝土中的石墨含量，就可以使电阻值满足合闸电阻的要求。

导电混凝土的另一个主要功能是对金属的保护，即起防水作用。金属的腐蚀主要发生在电子导电转向离子导电的界面处，由于导电混凝土主要是依靠电子导电的，如果将导电混凝土置于钢筋混凝土中，就可以消除这种界面，达到防止钢筋锈蚀的目的。导电混凝土还可用于消除静电、防雷、接地、屏蔽无线电干扰、防御电磁波等多处场所。

根据胶凝材料不同可将导电混凝土大体分为三类，无机类(如水泥导电混凝土和水玻璃导电混凝土)、有机类(如沥青导电混凝土和树脂导电混凝土)和复合类(如聚合物导电混凝土和浸渍导电混凝土)。

6.7.1 碳质骨料导电混凝土

1. 混凝土的导电机理

普通混凝土既不属于绝缘体也不属于导体，而是介于绝缘体和导体之间。混凝土干燥后具有极高的电阻率，一般在 $10^4 \sim 10^7 \Omega \cdot m$ 范围内，因此往往将混凝土归结为绝缘材料。然后在潮湿状态下，混凝土中的水泥水化产物可溶出导电化合物，这种化合物是一种可允许电流通过的电解质，可通过混凝土中的水分进行运动，一旦混凝土中的水分较多时，就使混凝土具有一定的导电性。

混凝土要获得稳定的导电性就要使电能够借助电解质中离子的运动或金属与半导体中电子的运动而流动，新浇筑混凝土的导电性取决于可溶盐的数量、混凝土拌合物温度和水灰比等，水灰比为0.35～0.60的普通水泥混凝土，电阻率为30～60kΩ·cm。混凝土拌合物自成型捣实至静止状态，电阻率会发生很大变化。

混凝土中存在三种导电方式：①离子导电，通过孔溶液中的 Ca^{2+}、Na^+、K^+、OH^- 和 SO_4^{2-} 等离子运动形成；②电子导电，通过自由电子的迁移形成；③空穴导电，通过空穴迁移形成。因此混凝土的电导率 ρ 由式(6.6)决定。

$$\rho = \rho_1 + \rho_2 + \rho_3 \tag{6.6}$$

式中：ρ ——混凝土电导率；
ρ_1 ——离子电导率；
ρ_2 ——电子电导率；
ρ_3 ——空穴电导率。

三种导电方式的作用随着混凝土内部各种组成材料的变化而变化。当导电相较少时，混凝土导体导电和空穴导电占主导地位；当导电相较多时，则连续导电相的电子导电和空穴导电将占主导地位。

2. 原材料

1) 水泥

导电混凝土选择强度等级大于等于 42.5MPa 的硅酸盐水泥和普通硅酸盐水泥，用量大于等于 500kg/m³。

2) 骨料

导电混凝土导电骨料(见图 6.11)所具备的特点：电阻率较低、机械强度较高、颗粒级配适当、化学性质呈惰性且略偏碱性、硫酸盐与氧化物含量少、结构致密、吸水性较差等，满足上述条件的导电骨料主要有三种类型：石墨骨料、碳质骨料、导电粉末。

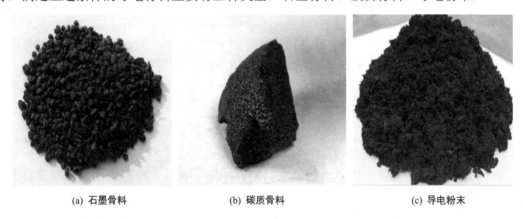

(a) 石墨骨料　　　　　　(b) 碳质骨料　　　　　　(c) 导电粉末

图 6.11　导电骨料

3) 拌和用水

拌和水的含盐量(因掺入早强剂 $CaCl_2$ 或使用海水带入)对电阻的影响取决于混凝土的强度，在水灰比高的混凝土中影响最大，在高强度混凝土中影响最小，根据配置混凝土强度等级不同，对水质有不同的要求。

3. 配合比设计

配制导电混凝土根据所选用的碳质材料种类不同，水灰比也相应不同。相对于普通混凝土而言，配制导电混凝土的水灰比偏大，用水量偏多。采用碳质轻骨料比较容易控制水灰比，当水灰比一定时，碳质轻骨料采用 15%的吸水率会稍稍降低混凝土的和易性，使得混凝土干硬一些。如果采用炭黑、乙炔黑等无定形碳作为添加材料，则混凝土和易性会明显降低，因此必须添加较多的水泥来保证施工所需的和易性。

试验资料表明，当碳质轻骨料与普通硅酸盐水泥的质量比为 2∶1 时，混凝土的电阻率较小。碳质骨料导电混凝土的参考配合比见表 6.15。

表6.15 碳质骨料导电混凝土(砂浆)的参考配合比

种 类	配合比(质量比)			
	普通硅酸盐水泥	炭黑粉	砂	石子或石碴
碳质导电砂浆	1	1	3	—
碳质导电混凝土	1	1	3	10
碳质导电水磨石	1	1	—	2

4. 施工工艺

(1) 碳质骨料导电混凝土所用骨料的最大粒径不得大于2cm，浇筑时一般无须振捣，将表层赶平抹光即可。但由于加入乙炔黑、炭黑等骨料使混凝土的和易性降低，施工困难时也可稍加振捣，时间不宜过长，否则会导致炭黑等上浮或其内铺设的金属网折断。

(2) 碳质导电混凝土地面是在普通混凝土垫层或基层上抹平1.5~2.0cm厚的水泥砂浆层后，再施工厚度不少于5cm的导电混凝土而成。其中粗骨料可用石子或碳质骨料。

(3) 碳质导电砂浆地面是在普通砂浆中加入炭黑粉或乙炔黑粉，在其底层铺设网眼为4~11cm的11~16号左右的镀锌金属网或铜丝网作为地线。要求镀锌金属网或铜丝网的一端要牢固接地，还可以在表面再用铁抹子抹压一层掺入铁粉的砂浆。

(4) 碳质导电水磨石地面是在普通混凝土基层上抹平1.5~2.0cm厚的水泥砂浆层后，抹3~4cm厚导电砂浆，压实抹平后在其中铺设20号左右的铜线(一端牢固接地)。导电砂浆施工以后，再将水磨石的石碴和导电砂浆按2∶1比例抹出导电水磨石。

(5) 为了保持碳质骨料导电混凝土和砂浆地面的正常使用功能，在使用中应每星期用中性洗涤剂清洗一次，平时要避免用油性物质污染而降低其导电性。

6.7.2 树脂导电混凝土

树脂导电混凝土主要有环氧树脂或聚氨酯树脂导电混凝土及合成橡胶导电混凝土两种，前者是用环氧树脂或聚氨酯代替水泥作为胶凝材料，与碳质骨料按1∶3的质量比配制而成。后者是在合成橡胶乳液中掺入石碴、石粉及炭黑等，涂布于普通混凝土面层上，厚度约1cm，也具有合适的导电性能，且无须接地金属网。

6.8 防辐射混凝土

防辐射混凝土又称为防射线混凝土、原子能防护混凝土、屏蔽混凝土、核反应堆混凝土或重混凝土等。作为原子能反应堆、粒子加速器及含放射源装置的防护材料，它能有效地屏蔽原子核辐射，即射线，一般指α、β、γ、χ等射线和中子辐射。核技术自诞生以来便得到迅速的发展，目前已在核电、军事、教育、科研、医疗等众多领域得到广泛的应用。

6.8.1 特点

作为反应堆、加速器或放射性装置的防护结构应当由轻元素和重元素适当组合的材料构成。含轻重元素的材料可以是分层布置，也可以是均匀的混合物，这种混凝土采用硅酸盐水泥或密度很大、水化后含结合水很多的水泥与特重(高密度)骨料或含结合水很多的重骨料制成，具有以下特点。

(1) 厚重密实，干表观密度高达 2500～7000kg/m³。
(2) 含结合水多，防护效果好。
(3) 价格低廉，但比普通混凝土高。
(4) 可浇注成任何形状，易施工。
(5) 有足够的强度和耐久性。

对于防辐射混凝土不仅要求表观密度高及含结合水多，而且要求混凝土具有良好的均匀性。混凝土结构在施工和使用期中的收缩应最小，不允许存在空洞、裂纹等缺陷。除此之外，要求混凝土具有一定的结构强度和良好的耐火性。

6.8.2 原材料

1. 水泥

配制防辐射混凝土所用的胶凝材料有普通硅酸盐水泥、高铝水泥、钡水泥、含硼水泥、锶水泥等。宜采用水化热较低的水泥，不选用高强度等级的水泥(由于太细的水泥的水化速度较快，水化收缩率相对较大、易开裂，因此水泥的强度等级应不大于 42.5MPa，不小于 32.5MPa)，水泥水化后的各种产物带有一定的化学结晶水，但是不同种类的水泥水化后的结合水含量会有不同程度的差别，混凝土结合水含量越高则其屏蔽中子射线的能力越强，目前硅酸盐水泥应用最广。防辐射混凝土常用水泥的功能及特点见表6.16。

表 6.16 防辐射混凝土常用水泥的功能及特点

品　种	密度/(g/cm³)	结合水含量/%		特点
		28d	365d	
硅酸盐水泥 普通水泥 矿渣水泥 火山灰水泥	3.0～3.1	15	20	常温下含结晶水约 15%，在高温(≥100℃)下脱水较少； 能满足一般防护结构的要求
高铝水泥	3.0～3.1	25	30	常温下含结晶水约 20%，在高温(≥100℃)下严重脱水； 早期强度增长较快，但水化热在浇筑 1～3d 后集中散发，易出现早期裂纹； 用于对结晶水含量有较高要求的防护
石膏高铝水泥	3.0～3.1	28	32	常温下含结晶水约 15%，在高温(≥100℃)下脱水较少； 早期强度增长较快，水化热集中散发，易出现早期裂纹； 凝结时有微膨胀； 除用于对结晶水含量较高要求外，宜用于配制填充孔洞的混凝土和砂浆
镁质水泥 (MgO+MgCl$_2$)				常温下含结晶水约 30%～35%，在高温(≥100℃)下严重脱水； 水化热大，凝结快，易受大气侵蚀，对钢筋有腐蚀作用，应用较少

2. 骨料

配制防辐射混凝土所采用的特殊集料为各种铁矿石(见图 6.12),如重晶石(主要成分是 $BaSO_4$)、磁铁矿(主要成分是 Fe_3O_4)、赤铁矿(主要成分是 Fe_2O_3)、褐铁矿(主要成分是 Fe_2O_3、结晶水)、硼镁矿(主要成分是 B_2O_3、MgO、Fe_2O_3)、蛇纹石(主要成分为 MgO、SiO_2)等。各种矿石材料的性能及技术要求见表 6.17。

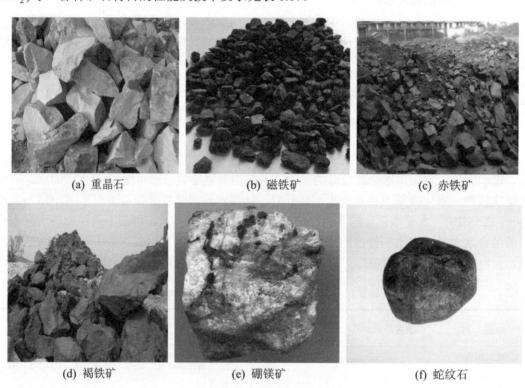

(a) 重晶石　　(b) 磁铁矿　　(c) 赤铁矿
(d) 褐铁矿　　(e) 硼镁矿　　(f) 蛇纹石

图 6.12 铁矿石骨料

表 6.17 防辐射混凝土常用集料性能及技术要求

集料种类	堆积密度/(kg/m³)		相对密度/(kg/m³)	技术要求
	粗集料	细集料		
重晶石	3000~3100	2600~2700	4300~4700	$BaSO_4$ 含量不低于 80%,含石膏或黄铁矿的硫化物及硫酸化合物不超过 7%;具有严重多孔结构的重晶石,压碎值较大,不能用于制备高强度防辐射混凝土,用 γ 射线效果更好
磁铁矿	2600~2700	2300~2500	4300~5100	表观密度应大,坚硬石块含量应多,细集料中 Fe_2O_3 含量不低于 60%,粗集料中 Fe_2O_3 含量不低于 70%,只允许含有少量杂质

续表

集料种类	堆积密度/(kg/m³) 粗集料	堆积密度/(kg/m³) 细集料	相对密度/(kg/m³)	技术要求
赤铁矿	2600~2700	2400~2500	4200~5300	表观密度应大，坚硬石块含量应多，细集料中 Fe_2O_3 含量不低于 60%，粗集料中 Fe_2O_3 含量不低于 70%，只允许含有少量杂质
褐铁矿	1600~1700	1400~1500	3200~4000	Fe_2O_3 含量不低于 70%，仅含少量杂质，尤其是黏土，含结晶水，屏蔽中子射线效果较好
硼镁矿	—	—	约 3000	B_2O_3 含量尽量多且不溶于水，小于 0.15mm 的细分料含量小于 8%，含结晶水和 B 元素，屏蔽中子射线效果较好
蛇纹石	—	—	2500~2700	高温下仍能保持结晶水，屏蔽中子射线效果最好

防辐射混凝土常用粗骨料的最大粒径不宜超过 40mm，多用石英砂，部分用碎石和砾石。

3. 掺和料

按一定配合比掺加粉煤灰、矿渣和硅灰等可以提高混凝土的工作性能与耐久性能，根据工程屏蔽射线需要，可以添加硼和硼的化合物及锂盐等，其中硼和硼的化合物是良好的掺和料，硼能有效地捉住中子，且不形成 γ 射线，因此将硼掺入混凝土中不仅可以明显提高混凝土的防辐射能力，而且还可以大幅度降低防护结构的厚度。但是将硼和硼的化合物直接加入混凝土中会引起混凝土凝结速度极大减慢和物理力学性能的降低，所以采用硼和硼的化合物作为防护结构的内表面涂层，或做成薄片贴在防护结构的内表面上比较合适。锂盐，如碘化锂($LiI \cdot 3H_2O$)、硝酸锂($LiNO_3 \cdot 3H_2O$)、硫酸锂($Li_2SO_4 \cdot H_2O$)等掺入混凝土中，也可以改善混凝土的防护性能。

4. 外加剂

防辐射混凝土在初凝时需要采取措施控制不要产生过多的水化热和混凝土结晶水，因此必须添加缓凝剂、膨胀剂、减水剂、引气剂和结晶水调剂等，从而帮助改善混凝土的一些使用性能。比如缓凝剂和减水剂可以延缓混凝土的初凝时间、减少用水量、增加混凝土的实用性、改善混凝土的和易性，同时减少初凝时水泥的水化热。结晶水调节剂能确保混凝土含充足结晶水，满足屏蔽中子射线的要求。

5. 水

洁净的自来水或饮用水。

6.8.3 配合比设计

防辐射混凝土不但和普通混凝土一样要满足强度指标、施工要求的和易性等，而且还要考虑表观密度和结晶水等多项指标。为了保证混凝土的密实性并防止施工中混凝土骨料的不均匀沉降(分层、离析)，粗细骨料应采用高密度材料，配和比的设计原则是在保证混凝土强度、和易性和耐久性的前提下，尽可能选用水泥量少、掺和料大的配合比，从而降低水化热。为满足要求必须进行多次试验，并且必须满足下列指标：

(1) 表观密度，控制在 6000～7000kg/m³；
(2) 坍落度，控制在 20mm～70mm；
(3) 混凝土碱、氯离子含量不应大于 0.02%。
(4) 满足设计强度要求，包括抗压、抗拉和抗剪强度指标；
(5) 特定的量化指标，对结晶水和硼元素掺入量进行控制。

对于普通碎石混凝土、贫重晶石混凝土(按质量计，水泥浆：骨料≥1∶12)、贫磁铁矿混凝土(水泥浆：骨料=1∶8)以及用褐铁矿砂和钢铁段块(或硬质碎石)作粗骨料的混凝土，可用式(6.7)计算其水灰比 $\left(\dfrac{W}{C}\right)$：

$$f_{cu} = 0.55 f_{ce}\left(\dfrac{W}{C} - 0.50\right) \tag{6.7}$$

$$\dfrac{W}{C} = \dfrac{0.55 f_{ce}}{f_{ce} + 0.50 \times f_{ce}}$$

式中：f_{cu}——防辐射混凝土 28d 的设计强度，MPa；
f_{ce}——水泥 28d 抗压强度实测值，MPa。

对于富磁铁矿混凝土(水泥浆：骨料＞1∶8)、褐铁矿混凝土、褐铁矿加磁铁矿或重晶石粗骨料混凝土，以及用褐铁矿砂和钢铁段块作粗骨料的混凝土，均可用式(6.8)计算其水灰比 $\left(\dfrac{W}{C}\right)$：

$$f_{cu} = 0.45 f_{ce}\left(\dfrac{W}{C} - 0.50\right) \tag{6.8}$$

$$\dfrac{W}{C} = \dfrac{0.45 f_{ce}}{f_{ce} + 0.60 \times f_{ce}}$$

根据大量的科学论证和试验研究得出：

(1) 用水量增加时，表观密度减小，一般小于 2400kg/m³；
(2) 水灰比增大，坍落度变化不大，但表观密度增加，不小于 0.45；
(3) 水灰比不变时，砂率增加使坍落度变化不明显，而强度和表观密度呈现先增加后减小的趋势，因而砂率控制为 0.36 左右；
(4) 高密度混凝土必须掺加一定细骨料(粒径 0.3mm 以下的粉料)，来解决混凝土发散、包裹性差的问题，经过研究发现赤铁矿这种材料最有效。赤铁矿吸水率较大，使混凝土保水性和和易性得到改善。

我国常用的抗 x 射线、γ 射线及中子射线的防辐射混凝土的表观密度详见表6.18。

表 6.18 防辐射混凝土的表观密度

混凝土种类	表观密度/(kg/m³) 最小	表观密度/(kg/m³) 最大	混凝土种类	表观密度/(kg/m³) 最小	表观密度/(kg/m³) 最大
普通混凝土	2300	2400	褐铁矿砂+普通碎石	2400	2600
褐铁矿混凝土	2300	3000	褐铁矿砂+重晶石碎石	3000	3200
磁铁矿混凝土	2800	4000	褐铁矿砂+磁铁矿碎石	2900	3800
重晶石混凝土	3300	3600	褐铁矿砂+钢铁段块	3600	3000
铸铁碎石混凝土	3700	5000			

根据经验,各种防辐射混凝土的配合比可参考表 6.19,水泥一般用量为 300~500kg/m³。

表 6.19 各种防辐射混凝土的经验配合比

混凝土名称	表观密度/(kg/m³)	质量配合比	用途
普通混凝土	2100~2400	硅酸盐水泥:砂:石子:水=1:3:6:0.6	防 x、γ 及中子射线
褐铁矿混凝土	2600~2800	水泥:褐铁矿碎石:赤铁矿砂子:水=1:7:2.8:0.8; 水泥:褐铁矿碎石:赤铁矿砂子:水=1:2.4:2.0:0.5(另掺入适量增塑剂); 水泥:褐铁矿粗细骨料:水=1:3.3:0.5	
褐铁矿加废钢混凝土	2900~3000	水泥:废钢粗骨料:褐铁矿:细骨料:水=1:4:3:2:0.4	
赤铁矿混凝土	3200~3500	水泥:普通砂:赤铁矿:赤铁矿碎石:水=1:1.43:2.14:6.67:0.67 或 1:22:2.7:7.32:0.68; 水泥:普通砂:赤铁矿碎石:水=1:2:8:0.66	
磁铁矿混凝土	3300~3800	水泥:磁铁矿碎石:磁铁矿砂:水=1:2.64:1.36:0.56 或 1:3.3:1.7:0.55; 水泥:磁铁矿粗细骨料:水=1:7.6:0.5 或 1:5.0:0.73	
重晶体混凝土	3200~3800	水泥:重晶碎石:重晶石砂:水=1:4.54:3.40:0.5 或 1:5.44:4.46:0.60 或 1:5.44:4.46:0.60 或 1:5.0:3.80:0.20; 水泥:重晶石粉:重晶碎石:水=1:0.26:2.6:3.4:0.48	
重晶石砂浆	2500~3200	水泥:重晶石砂=1:5.96; 石灰:水泥:重晶石粉=1:9:3.5; 水泥:重晶石粉:重晶石砂:普通砂=1:0.25:2.5:1	防 x、γ 及中子射线

续表

混凝土名称	表观密度(kg/m³)	质量配合比	用途
铅渣混凝土	2400~3500	矾土水泥：废铅渣：水=1：3.7：0.6	
加硼混凝土	2600~4000	水泥：砂：碎石：碳化硼：水＝1：2.54：4.0：0.35：0.78；水泥：硬硼酸钙石细骨料：重晶石：水＝1：0.5：4.9：0.38	防中子射线
加硼水泥砂浆	1800~2000	石灰：水泥：重晶石粉：硬硼酸钙粉=1：9：31：4	

6.8.4 施工工艺

防辐射混凝土与普通混凝土的施工技术都包括配料、拌和、运输、浇筑、振捣和养护等工序。但是防辐射混凝土一般体积和密度都比较大，并且还要满足其防辐射要求，因此比普通混凝土的施工难度要大，应特别注意以下事项。

（1）搅拌机或运输机中的混凝土不宜过多，以免发生重骨料下沉而难以卸料的情况，并应随混凝土表观密度的增大相应减少数量。

（2）由于防辐射混凝土表观密度大、自重荷载大，所以模板应坚固牢靠，其刚度要求以保证混凝土在自重荷载或侧压力较大的作用下不会发生损坏和变形为准。

（3）施工中应特别注意不得产生重骨料的离析；当必须分层浇筑时，更应当引起足够重视，建议配制混凝土的粗细骨料尽量均采用高密度材料，以减少不正常的离析。

（4）对于结构复杂或有大型预埋件的结构物，当必须分层浇注混凝土时，可用预埋骨料灌浆混凝土的方法施工，这对于克服骨料下沉效果明显，并可制成密度均匀的防辐射混凝土。

（5）对于大体积防辐射混凝土的施工，要求采取有效的保温或降温措施，防止因为水泥水化热过分集中而产生温度裂缝。

（6）当骨料配料适宜时可采用泵送，但泵送距离一般不得超过50m，以免管道发生堵塞。

（7）随着养护条件及使用条件的不同，后期混凝土的结晶水含量将有较大差异，对防中子射线的影响较大。若养护条件较好，水泥水化过程可持续进行，一年龄期后其结晶水的含量能增加5%左右。因此，对于防中子射线辐射的混凝土，要特别注意养护，应保证混凝土中有足够的结晶水。

6.8.5 防辐射混凝土裂缝控制措施

根据防辐射混凝土及其性能要求，裂缝处理措施注意以下几点。

（1）采用低水化热水泥掺和料。

（2）保证骨料质量及控制水浆比，必须进行二次抹平压实工序。

（3）针对薄弱部位及应力集中部位应进行结构加强，外漏结构表面可加温度筋网片，以防止裂缝产生。

本 章 小 结

按照混凝土的功能特点，可将功能混凝土分为耐酸混凝土、耐碱混凝土、耐油混凝土、耐热混凝土、防爆混凝土、导电混凝土、防辐射混凝土、防水混凝土、防火混凝土等多种类别。功能混凝土是传统混凝土材料和建筑材料走可持续发展之路、保护生态环境与可持续发展的必然选择。

防水混凝土是以调整混凝土的配合比、使用新品种水泥或掺加外加剂等方法提高其自身的密实性、抗渗性和憎水性，使其抗渗压力大于 0.6MPa 的不透水性混凝土。常用的防水混凝土可分为集料级配防水混凝土、普通防水混凝土、膨胀水泥防水混凝土、外加剂防水混凝土和矿渣碎石防水混凝土等。

耐酸混凝土是指在酸性介质作用下具有抗腐蚀能力的混凝土，广泛用于化学工业的防酸槽、电镀槽等。水玻璃耐酸混凝土用的骨料，由天然耐酸岩或人造耐酸石破碎而成，一般可分为三类，即耐酸粉料、耐酸粗骨料、耐酸细骨料。

耐碱混凝土是指在碱性介质作用下具有抗腐蚀能力的混凝土，用于地坪面层及储水池槽等。碱性混凝土具有良好的抗压强度和耐久性，对于物理腐蚀可通过减小孔隙率、降低水灰比等方法来防止，对于化学腐蚀可通过使用耐碱性强的粗集料等来防止。

耐油混凝土是既不与油类物品发生化学反应，同时能阻抗油类的渗透，经特殊配制而成的功能混凝土。

耐热混凝土是指能够长时间承受 200～1300℃温度作用，并在高温下保持所需要的物理化学性质的特种混凝土。耐热混凝土按其胶凝材料不同，一般可分为水泥耐热混凝土和水玻璃耐热混凝土。

防爆混凝土又称不发火花混凝土，是一种能经受冲击而不发生火花的功能性混凝土。

导电混凝土是用导电材料部分或全部取代混凝土中的普通骨料配制而成，具有一定的导电性能和力学性能。根据胶凝材料不同，可将导电混凝土大体分为三类，无机类(如水泥导电混凝土和水玻璃导电混凝土)、有机类(如沥青导电混凝土和树脂导电混凝土)和复合类(如聚合物导电混凝土和浸渍导电混凝土)。

防辐射混凝土又称为防射线混凝土、原子能防护混凝土、屏蔽混凝土、核反应堆混凝土或重混凝土等。配制防辐射混凝土所采用的特殊集料常采用各种铁矿石，如重晶石(主要成分是 $BaSO_4$)、磁铁矿(主要成分是 Fe_3O_4)、赤铁矿(主要成分是 Fe_2O_3)、褐铁矿(主要成分是 Fe_2O_3、结晶水)、硼镁矿(主要成分是 B_2O_3、MgO、Fe_2O_3)、蛇纹石(主要成分为 MgO、SiO_2)等。

课 后 习 题

1. 什么是功能混凝土？主要有哪些品种？
2. 什么是防水混凝土？主要有几种类型？哪些工程需要使用防水混凝土？
3. 普通防水混凝土与普通混凝土在材料选择、配合比设计及施工等方面有何不同？
4. 外加剂防水混凝土使用了哪些外加剂？这些外加剂防水混凝土各有何特点？

5. 分别说明耐酸、耐碱混凝土的施工工艺。
6. 什么是耐油混凝土,哪些骨料适宜配制耐油混凝土?
7. 耐热混凝土对其所用的骨料有何特殊要求?哪些骨料适宜配制耐热混凝土?
8. 哪些骨料适宜配制防爆混凝土?
9. 导电混凝土都有哪些?哪些骨料适宜配制导电混凝土?
10. 哪些骨料适宜配制防辐射混凝土?

第 7 章 砂　　浆

7.1 砂浆的性质

砂浆是由胶凝材料、细集料和水按照一定比例配制而成的一种用途和用量均较大的土木工程材料。砂浆的性质主要包括物理性能、力学性能、耐久性能以及其他一些特殊性能等。

1. 和易性

砂浆硬化前应具有良好的和易性，使之能铺成均匀的薄层并与地面紧密黏结。砂浆和易性的好坏取决于其流动性和保水性。

1) 流动性

砂浆的流动性也叫稠度，是表示砂浆在重力或外力作用下流动的性能。砂浆流动性的大小通常用砂浆稠度测定仪(见图 7.1)测定，以稠度值(或深入度)表示，即砂浆稠度仪上质量为 300g 的标准试锥自由下落，经 10s 沉入砂浆中的深度(沉入度，mm)。沉入度越大，流动性越好。

图 7.1　砂浆稠度测定仪

砂浆的流动性主要与外掺料及外加剂的品种、用量有关，也与胶凝材料的种类和用量、用水量以及细集料的种类、粗细程度及级配、颗粒形状有关。水泥用量和用水量多、砂子级配好、棱角少、颗粒粗，则砂浆的流动性大。

选用流动性适宜的砂浆，能提高施工效率，有利于保证施工质量。砂浆流动性的选择与砌体种类、施工办法以及天气情况等有关。对于多孔吸水的砌体材料或者在干热的天气条件下施工时，应使砂浆的流动性大些；而对于密实、不吸水的材料和湿冷天气，应使其流动性小些，一般可根据施工操作经验来掌握，但应符合《砌体结构施工质量验收规范》(GB 50203—2011)的规定，见表7.1。

表7.1 砌筑砂浆流动性(稠度值)参考表

砌体种类	砂浆稠度/mm
烧结普通砖砌体 蒸压粉煤灰砖砌体	70~90
混凝土实心砖、混凝土多孔砖砌体 普通混凝土小型空心砌块砌体 蒸压灰砂砖砌体	50~70
烧结多孔砖、空心砖砌体 轻骨料小型空心砌块砌体 蒸压加气混凝土砌块砌体	60~80
石砌体	30~50

注：1. 采用薄灰砌筑法砌筑蒸压加气混凝土砌块砌体时，加气混凝土黏结砂浆的加水量按照其产品说明书控制。
2. 当砌筑其他块体时，砌筑砂浆的稠度可根据块体吸水性及气候条件确定。

2) 保水性

砂浆的保水性是指砂浆保持水分的能力，反映砂浆在停放、运输和使用过程中，各组成材料是否容易分离的性能。保水性良好的砂浆，水分不易流失，容易摊铺成均匀的砂浆层，且与基底的黏结好，强度较高。

砂浆的保水性可用分层度或保水率两个指标来衡量。分层度用砂浆分层度测量仪来测定，如图7.2所示。

测量方法：根据相关标准将砂浆放入分层度筒静置30min，测试其稠度值；然后去掉分层度筒上部200mm厚的砂浆，将剩余部分砂浆重新拌和后测试其稠度值，前后两次稠度值的差值即为分层度，分层度越小，说明水泥砂浆的保水性越好，稳定性越好；分层度越大，说明砂浆泌水离析现象严重，稳定性越差。一般分层度值以10~20mm为宜，在此范围内的砂浆砌筑或抹面均可使用。分层度大于20mm的砂浆，保水性不良，不宜采用。一般水泥砂浆的分层度不宜大于30mm，水泥混合砂浆不宜超过20mm。

图7.2 砂浆分层度测量仪

砂浆的保水性还可以用保水率表示。砌筑砂浆的保水率应符合表7.2的规定。

表 7.2　砌筑砂浆的保水率

砂浆种类	保水率/%
水泥砂浆	≥80
水泥混合砂浆	≥84
预拌砌筑砂浆	≥88

保水性主要与胶凝材料的品种、用量有关。当用高强度等级水泥拌制低强度等级砂浆时，由于水泥用量少，保水性较差，可掺入适量石灰膏或其他外掺料来改善。

3) 体积密度

砂浆体积密度是指单位体积的水泥砂浆质量，其单位为 kg/m³或 g/cm³。体积密度的大小不但与力学性能密切相关，还直接影响着保温砂浆导热系数的大小，决定着其保温效果的好坏。砂浆体积密度主要与水泥种类、矿物掺和料、骨料、保水增稠材料、用水量等有关。根据相关规定砌筑砂浆拌合物的体积密度为：水泥砂浆不应小于 1900kg/m³；水泥混合砂浆不应小于 1800kg/m³。

2．力学性能

1) 抗压强度

抗压强度是砂浆主要的力学性能，以边长 70.7mm 的 6 个立方体试件，在标准养护温度(20±3℃)和一定相对湿度(混合砂浆在相对湿度 60%～80%、水泥砂浆在相对湿度为 90%以上)下养护至 28d 后测定的抗压强度平均值来划分。根据《砌体砂浆配合比设计规程》(JGJ/T 98—2010)的规定，水泥砂浆及预拌砂浆的强度等级可分为 M5、M7.5、M10、M15、M20、M25、M30；水泥混合砂浆的强度等级可分为 M5、M7.5、M10、M15。

影响抗压强度的主要因素如下。

(1) 基层不吸水时，影响其强度的因素主要是水泥的强度和灰水比，砂浆强度可用公式表示为：

$$f_{mu}=0.29f_{ce}\left(\frac{C}{W}-0.40\right) \tag{7.1}$$

式中：f_{mu}——砂浆的 28d 抗压强度值，MPa；

f_{ce}——水泥的实测强度值，MPa；

$\dfrac{C}{W}$——灰水比。

(2) 基层为吸水材料时，影响其强度的因素主要是水泥强度和用量，与灰水比无关。

$$f_{mu}=Af_{ce}\frac{Q_c}{1000}+B \tag{7.2}$$

式中：Q_c——每立方米砂浆的水泥用量，kg/m³；

A,B——砂浆的特征系数，其中 $A=3.03$，$B=-15.09$。

注：各地区也可通过本地区试验资料确定 A,B 值，统计用的试验组数不得少于 30 组。

2) 抗折强度

抗折强度采用 40mm×40mm×160mm 的棱柱体进行三点弯曲试验得出。与抗压强度一样，砂浆抗折强度也主要是受到其组成和用量的影响。

3) 黏结强度

砂浆的黏结强度主要是指砂浆与基层黏结力的大小。砂浆的黏结力是影响砌体抗剪强度、耐久性和稳定性,以及建筑物抗震能力和抗裂性的基本因素之一。通常,砂浆黏结力随其抗压强度增大而提高。黏结力还与基层地面的粗糙程度、洁净程度、润湿情况及施工养护条件等因素有关,在充分湿润、粗糙、洁净的表面上且养护良好的条件下,砂浆与基底黏结较好。

3. 耐久性能

砂浆的耐久性能是指砂浆抵抗外部环境因素和介质而不发生破坏的能力。外部环境因素包括环境温度变化和湿度变化等,外部介质则包括各种酸液、碱液、盐和侵蚀性气体等。干燥收缩率、耐水、耐冻融循环、耐酸(碱)侵蚀后的强度是砂浆最常用的性能指标。砂浆耐久性能的好坏也主要受其各组成材料种类和用量的影响。

7.2 砌筑砂浆

砌筑砂浆指的是将砖、石、砌块等块材经砌筑成为砌体的砂浆,如图 7.3 所示。起黏结、衬垫和传力的作用,是砌体的重要组成部分。水泥砂浆适合用于潮湿环境以及强度要求较高的砌体。

图 7.3 砌筑砂浆施工

7.2.1 砌筑砂浆的材料组成

1. 水泥

水泥宜采用通用硅酸盐水泥或砌筑水泥,且应符合现行国家标准《通用硅酸盐水泥》(GB175—2007)和《砌筑水泥》(GB/T 3183—2017)的规定。水泥强度等级应根据砂浆品种及强度等级的要求进行选择。M15 及以下强度等级的砌筑砂浆宜选用 32.5 级的通用硅酸盐水泥或砌筑水泥;M15 以上强度等级的砌筑砂浆宜选用 42.5 级通用硅酸盐水泥。对于特殊用途的砂浆,可选用特种水泥(如膨胀水泥、快硬水泥)。

2. 砂

砂的选择应符合行业标准《普通混凝土用砂、石质量及检验方法标准》JGJ 52—2006

的规定，以及混凝土用砂的技术要求。优先选用中砂，应全部通过 4.75mm 的筛孔，既可满足和易性的要求，还可以减少水泥用量。

3. 石灰膏

为了保证砂浆质量，需将生石灰熟化成灰膏后才可使用。生石灰熟化成石灰膏时，熟化时间不得少于 7d；磨细生石灰粉的熟化时间不得少于 2d。脱水硬化的石灰膏不但起不到塑化作用，还会影响砂浆强度，故严禁使用脱水硬化石膏粉。消石灰是未充分熟化的石灰，不得直接用于砌筑砂浆中。

4. 电石膏

电石膏是指电石消解后再经过滤的产物，又叫电石泥、电石渣，其主要成分为氢氧化钙。电石膏用孔径不大于 3mm×3mm 的网过滤，加热至 70℃并保持 20min，在没有乙炔气味后才能使用。

5. 黏土膏

黏土膏起到塑化作用，用筛孔孔径不大于 3mm×3mm 的网过滤，应达到一定的细度。

6. 沸石粉

沸石粉应符合国家标准《混凝土和砂浆用天然沸石粉》(JGT 566—2018)的规定，沸石粉掺入砂浆中，能改善砂浆的和易性，提高保水性，并提高强度和节约水泥。

7. 粉煤灰

粉煤灰应符合国家标准《用于水泥和混凝土中的粉煤灰》(GB/T 1596—2017)的规定。

8. 外加剂

为使砂浆具有良好的和易性和其他性能，可在砂浆中掺入外加剂(如引气剂、减水剂、保水剂、早强剂、缓凝剂、防冻剂等)，外加剂应符合国家现行有关标准的规定。

9. 保水增稠材料

保水增稠材料主要是改善砂浆可操作性及保水性能的非石灰类材料，使用保水增稠材料前应进行试验验证，并应有完整的检验报告。

10. 水

砌筑砂浆拌和用水应符合《混凝土拌和用水标准》(JGJ 63—2006)的规定。

7.2.2 砌筑砂浆的配合比设计

确定砂浆配合比，一般情况下可查阅有关手册或资料，对于重要的结构工程，可根据《砌筑砂浆配合比设计规程》(JGJ/T 98—2010)进行计算，配合比设计步骤如下。

1. 现场配制水泥混合砂浆

(1) 配合比应按下列步骤进行计算。
① 计算砂浆试配强度 $f_{m,0}$。

② 计算每立方米砂浆中的水泥用量(Q_C);
③ 计算每立方米砂浆中石灰膏用量(Q_D);
④ 确定每立方米砂浆中的砂用量(Q_S);
⑤ 按砂浆稠度选取每立方米砂浆用水量(Q_W)。

(2) 砂浆的试配强度 $f_{m,0}$ 应按下式计算:

$$f_{m,0} = kf_2 \tag{7.3}$$

式中: $f_{m,0}$ ——砂浆的试配强度,应精确至 0.1MPa;
  f_2 ——砂浆强度等级制值,应精确至 0.1MPa;
  k ——系数,按表 7.3 取值。

表7.3 砂浆强度标准值 δ 级 k 值

强度等级\施工水平	强度标准差 δ/MPa						k
	M5	M7.5	M10	M15	M20	M25	M30	
优良	1.00	1.50	2.00	3.00	4.00	5.00	6.00	1.15
一般	1.25	1.88	2.50	3.75	5.00	6.25	7.50	1.2
较差	1.50	2.25	3.00	4.50	6.00	7.50	9.00	1.25

(3) 砂浆强度标准差的确定应符合下列规定。
① 当有统计资料时,砂浆强度标准差应按式(7.4)计算:

$$\delta = \sqrt{\frac{\sum_{i=1}^{n} f'_{m,i} - n\mu'_{fm}}{n-1}} \tag{7.4}$$

式中: $f'_{m,i}$ ——统计周期内同一品种砂浆第 i 组试件的强度,MPa;
  μ'_{fm} ——统计周期内同一品种砂浆 n 组试件强度的平均值,MPa;
  n ——统计周期内同一品种砂浆试件的总组数 $n \geq 25$。
② 当无统计资料时,砂浆强度标准差可按表 7.3 取值。

(4) 每立方米砂浆中的水泥用量,应按下式计算:

$$Q_c = \frac{1000(f_{m,0} - \beta)}{\partial \alpha f_{ce}} \tag{7.5}$$

式中: Q_c ——每立方米砂浆的水泥用量,应精确至 1kg/m³;
  $f_{m,0}$ ——砂浆的试配强度,应精确至 0.1MPa;
  f_{ce} ——水泥的实测强度,应精确至 0.1MPa;
  α、β ——砂浆的特征系数,其中 α 取 3.03,β 取 -15.09。
注: 各地区也可用本地区试验资料确定 α、β 值,统计用的试验组数不得少于 30 组。

(5) 石灰膏用量应按式 7.6 计算:

$$Q_D = Q_A - Q_C \tag{7.6}$$

式中: Q_D ——每立方米砂浆的石灰膏用量,应精确至 1kg;石灰膏使用时的稠度宜为 120mm±5mm;
  Q_C ——每立方米砂浆的水泥用量,应精确至 1kg/m³;

Q_A——每立方米砂浆中水泥和石灰膏总量,应精确至 1kg/m³,可为 350kg。

(6) 每立方米砂浆中的砂用量,采用干燥状态下(含水率小于 0.5%)砂的堆积密度值。

(7) 每立方米砂浆中的用水量,可根据砂浆稠度等要求选用 210～310kg。

注:① 混合砂浆中的用水量不包括石灰膏中的水。

② 当采用细砂或粗砂时,用水量分别取上限或下限。

③ 稠度小于 70mm 时,用水量可小于下限。

④ 施工现场气候炎热或干燥季节,可酌情增加用水量。

2. 现场配制水泥砂浆

(1) 水泥砂浆的材料用量可按表 7.4 选用。

表 7.4 每立方米水泥砂浆材料用量

单位:kg/m³

强度等级	水 泥	砂	用 水 量
M5	200～230	砂的堆积密度值	270～330
M7.5	230～260		
M10	260～290		
M15	290～330		
M20	340～400		
M25	360～410		
M30	430～480		

注:1. M15 及 M15 以下强度等级水泥砂浆,水泥强度等级为 32.5 级;M15 以上强度等级水泥砂浆,水泥强度等级为 42.5 级。

2. 当采用细砂或粗砂时,用水量分别取上限或下限。

3. 稠度小于 70mm 时,用水量可小于下限。

4. 施工现场气候炎热或干燥季节,可酌情增加用水量。

5. 试配强度应按式(7.3)计算。

(2) 水泥粉煤灰砂浆材料用量可按表 7.5 选用。

表 7.5 每立方米水泥粉煤灰砂浆材料用量

单位:kg/m³

强度等级	水泥和粉煤灰总量	粉 煤 灰	砂	用水量
M5	210～240	粉煤灰掺量可占胶凝材料总量的 15%～25%	砂的堆积密度值	270～330
M7.5	240～270			
M10	270～300			
M15	300～330			

注:1. 表中水泥强度等级为 32.5 级。

2. 当采用细砂或粗砂时,用水量分别取上限或下限。

3. 稠度小于 70mm 时,用水量可小于下限。

4. 施工现场气候炎热或干燥季节,可酌情增加用水量。

5. 试配强度应按式(7.3)计算。

3. 预拌砌筑砂浆的试配要求

(1) 在确定湿拌砂浆稠度时应考虑砂浆在运输和储存过程中的稠度损失。
(2) 湿拌砂浆应根据凝结时间要求确定外加剂的掺量。
(3) 干混砂浆应明确拌制时的加水量范围。
(4) 预拌砂浆的搅拌、运输、储存等应符合行业标准《预拌砂浆》(JG/T 230—2007)的规定。
(5) 预拌砂浆性能应符合行业标准《预拌砂浆》(JG/T 230—2007)的规定。

预拌砂浆性能应按表 7.6 确定。

表 7.6 预拌砂浆性能

项 目	干混砌筑砂浆	湿拌砌筑砂浆
强度等级	M5、M7.5、M10、M15、M20、M25、M30	M5、M7.5、M10、M15、M20、M25、M30
稠度/mm	—	50、70、90
凝结时间/h	3~8	≥8、≥12、≥24
保水率/%	≥88	≥88

预拌砂浆生产前应进行试配，试配强度应按式(7.1)计算确定，试配时稠度取 70~80mm；预拌砂浆中可掺入保水增稠材料、外加剂等，掺量经试配后确定。

7.2.3 砌筑砂浆配合比的试配、调整与确定

砌筑砂浆试配时应考虑工程实际要求，按计算或查表所得的配合比进行试拌，然后按行业标准《建筑砂浆基本性能试验方法标准》(JGJ/T 70—2009)测定砌筑砂浆拌合物的稠度和保水率。当稠度和保水率不能满足要求时，应调整材料用量，直到符合要求为止，然后将其确定为试配时的砂浆基准配合比。

试配时至少应采用三个不同的配合比，另外两个配合比的水泥用量应按基准配合比分别增加及减少 10%，在保证稠度、保水率合格的条件下，可将用水量、石灰膏、保水增稠材料或粉煤灰等活性掺和料用量作相应调整。

试配砂浆的表观密度和强度应满足施工要求，并按行业标准《建筑砂浆基本性能试验方法标准》(JGJ/T 70—2009)分别测定不同配合比砂浆的表观密度及强度，选定符合试配强度及和易性要求、水泥用量最低的配合比作为砂浆的试配配合比。

砂浆的试配配合比尚应进行校正。根据确定的砂浆配合比材料用量，按式(7.7)计算砂浆的理论表观密度值：

$$\rho_t = Q_C + Q_D + Q_S + Q_W \tag{7.7}$$

式中：ρ_t——砂浆的理论表观密度值，应精确至 10kg/m³。

计算砂浆配合比校正系数 δ：

$$\delta = \frac{\rho_c}{\rho_t} \tag{7.8}$$

式中：ρ_c——砂浆的实测表观密度值，应精确至 10kg/m³。

当砂浆的实测表观密度值与理论表观密度值之差的绝对值不超过理论值的 2%时，可

将得出的试配配合比确定为砂浆设计配合比;当超过 2%时,应将试配配合比中每项材料用量均乘以校正系数 δ 后,确定为砂浆设计配合比。

7.3 抹面砂浆

抹面砂浆是指涂抹在建筑物或建筑构件表面的砂浆,如图 7.4 所示。根据抹面砂浆功能的不同,可将抹面砂浆分为普通抹面砂浆、装饰砂浆和具有某些特殊功能的抹面砂浆(如防水砂浆、绝热砂浆、吸音砂浆和耐酸砂浆等)。抹面砂浆要求具有良好的和易性,容易抹成均匀平整的薄层,便于施工;还应有较高的黏结力,砂浆层应能与底面黏结牢固,长期不致开裂或脱落;处于潮湿环境或易受外力作用部位(如地面和墙裙等),还应具有较高的耐水性和强度等。

图 7.4 抹面砂浆施工

7.3.1 普通抹面砂浆

普通抹面砂浆的功能是保护结构主体免遭各种侵害、提高结构的耐久性、改善结构的外观等。常用的普通抹面砂浆有石灰砂浆、水泥砂浆、水泥混合砂浆、麻刀石灰砂浆或纸筋石灰砂浆等。

为保证抹灰层表面平整,避免开裂脱落,抹面砂浆施工时常采用分层薄涂的方法。普通抹面一般分两层或三层进行施工,底层起黏结作用,中层起找平作用,面层起装饰作用,有的简易抹面只有底层和面层。由于各层抹灰的要求不同,各部位所选用的砂浆也不尽相同。砖墙的底层较粗糙,找平多用石灰砂浆或石灰炉渣灰砂浆,中层抹灰多用黏结性较强的混合砂浆或石灰砂浆,面层抹灰多用抗收缩、抗裂性较强的混合砂浆、麻刀石灰砂浆或纸筋石灰砂浆等。常用普通抹面砂浆配合比见表 7.7。

表 7.7 常用普通抹面砂浆配合比参考

材 料	配合比范围	应用范围
V(石灰):V(砂)	1:2~1:4	砖石墙表面(檐口、勒脚、女儿墙及潮湿房间的墙)
V(石灰):V(黏土):V(砂)	1:1:4~1:1:8	干燥环境表面
V(石灰):V(石膏):V(砂)	1:0.4:2~1:1:3	不潮湿环境的墙及天花板
V(石灰):V(石膏):V(砂)	1:2:2~1:2:4	不潮湿环境的线脚及其他装饰工程
V(石灰):V(水泥):V(砂)	1:0.5:4.5~1:1:5	檐口、勒脚、女儿墙及比较潮湿的部位
V(水泥):V(砂)	1:3~1:2.5	浴室、潮湿车间等墙裙、勒脚或地面基层
V(水泥):V(砂)	1:2~1:1.5	地面、天棚或墙面面层
V(水泥):V(砂)	1:0.5~1:1	混凝土地面随时亚光
V(水泥):V(石膏):V(砂):V(锯末)	1:1:3:5	吸音粉刷
V(水泥):V(白石子)	1:2~1:1	水磨石(打底用 1:2.5 水泥砂浆)

续表

材　料	配合比范围	应用范围
V(水泥):V(白石子)	1~1.5	剁假石(打底用 1:2~2.5 水泥砂浆)
m(石灰膏):m(麻刀)	100:1.3	板条天棚面层(或 100kg 石灰膏加 3.8kg 纸筋)
纸筋:白灰浆	灰膏 0.1m³,纸筋 0.36kg	较高级墙板、天棚

普通抹面砂浆的配合比除非指明以质量比表示,否则均以体积比表示。在工程施工现场配料时,需要进行换算,一般可用体积法进行计算。计算公式如下:

砂用量 V_s=配合比中砂的比例数/(配合比中比例总和-砂的比例数×砂的空隙率);

水泥用量 V_c=配合比中水泥的比例数×砂用量/砂的比例数;

石膏用量 V_D=配合比中石灰膏的比例数×砂用量/砂的比例数。

上述三种材料计算得到的用量单位为 m³。如果砂用量计算结果大于 1m³,取 1m³;如果计算结果小于 1m³,则取计算结果。上述三种材料用量的体积分数分别乘以各自的堆积密度,即得到配制 1m³ 抹面砂浆时各组成材料所需的质量。

例如,已知水泥的堆积密度为 1200kg/m³,石灰膏的堆积密度为 1300kg/m³,砂的堆积密度为 1500kg/m³,砂的表观密度为 2600kg/m³,采用 1:1:2 的水泥石灰砂浆进行抹面。将该砂浆的体积配合比换算为质量比。

解:砂用量 V_s=配合比中砂的比例数/(配合比中比例总和-砂的比例数×砂的空隙率)

=2/[4-2×(1500/2600)]=0.701(m³)

砂的质量 m_s=0.701×1500=1051.5(kg)

水泥用量 V_c=配合比中水泥的比例数×砂用量/砂的比例数

=1×0.701/2=0.3505(m³)

水泥质量 m_c=0.3505×1200=420.6(kg)

石膏用量 V_D=配合比中石灰膏的比例数×砂用量/砂的比例数

=1×0.701/2=0.3505(m³)

石膏质量 m_d=0.3505×1300=455.7(kg)

该砂浆的质量比为 $m_c:m_d:m_s$=420.6:455.7:1051.5=1:1.08:2.5

7.3.2 装饰砂浆

装饰砂浆是指用作建筑物饰面,以提高建筑装饰艺术性、增加建筑物外观美感为主要目的的抹面砂浆。装饰砂浆饰面可分为两类,即灰浆类饰面和石碴类饰面。灰浆类饰面是通过水泥砂浆的着色或水泥砂浆表面形态的艺术加工,获得一定色彩、线条、纹理质感的表面装饰;石碴类饰面是在水泥砂浆中掺入各种彩色石碴作骨料,配制成水泥石碴砂浆抹于墙体基层表面,然后用水洗、斧剁、水磨等手段除去表面水泥浆皮,呈现出石碴颜色及其质感的饰面。装饰砂浆所用胶凝材料与普通抹面砂浆基本相同,只是灰浆类饰面更多地采用白水泥和添加各种颜料。装饰砂浆的施工工艺如下。

1. 拉毛

先用水泥砂浆做底层,再用水泥石灰砂浆做面层。在砂浆尚未凝结之前,用抹刀将表面拍拉成凹凸不平的形状。

2. 水刷石

用颗粒细小(约 5mm)的石渣拌成的砂浆做面层，在水泥终凝前，喷水冲刷表面，冲洗掉石渣表面的水泥浆，使石渣表面外露。水刷石用于建筑物的外墙面，具有一定的质感，且经久耐用，不需要维护。

3. 干粘石

在水泥砂浆的面层表面，黏结粒径 5 mm 以下的白色或彩色石渣、小石子、彩色玻璃、陶瓷碎粒等。要求石渣黏结均匀、牢固。干粘石的装饰效果与水刷石相近，且石子表面更洁净艳丽，避免了喷水冲洗的湿作业，施工效率高，而且节约材料和水，干粘石在预制外墙板的生产中有较多的应用。

4. 斩假石(又称剁斧石)

斩假石砂浆的配制基本与水刷石的一致，待砂浆抹面硬化后，用斧刃将表面剁毛并露出石渣。斩假石的装饰效果与粗面花岗岩相似。

5. 假面砖

将硬化的普通砂浆表面用刀斧锤凿刻画出线条，或者在初凝后的普通砂浆表面用木条、钢片压划出线条，亦可用涂料画出线条，将墙面装饰成仿瓷砖贴面、仿石材贴面等艺术效果。

6. 水磨石

用普通水泥、白水泥、彩色水泥或普通水泥加入耐碱颜料拌和各种色彩的大理石石渣做面层，硬化后用机械反复磨平抛光表面而成。水磨石多用于地面、水池等工程部位。可事先设计图案色彩，磨平抛光后更具有艺术效果。水磨石还可以制成预制件或预制块，作为楼梯踏步、窗台板、柱面、台度、踢脚板、地面板等构件。

装饰砂浆还可以采用喷涂、涂抹等工艺方法，做成丰富多彩、形式多样的装饰面层。装饰砂浆的操作方便、施工效率高，与其他墙面、地面装饰相比，成本低、耐久性好。

7.3.3 其他特种砂浆

1. 防水砂浆

防水砂浆具有良好的耐久性、抗渗性、密实性，极高的黏结力以及极强的防水防腐效果。防水砂浆是一种刚性防水材料，是通过提高砂浆的密实性、改进砂浆抗裂性来达到防水抗渗目的的。防水砂浆主要用于不会因结构沉降，温度、湿度变化以及震动等条件下产生有害裂缝的防水工程。常用的防水砂浆如下。

1) 刚性多层抹面的水泥砂浆

由水泥、砂、水配制的水泥砂浆，强度等级不低于 32.5 级，宜采用中砂，灰砂比控制在 1∶2～1∶3，灰水比为 0.4～0.5，稠度不应大于 80mm，将其分层交替抹压密实，以使每层毛细孔通道大部分被切断，残留的少量毛细孔也无法形成贯通的渗水孔网。硬化后的防水层具有较高的防水和抗渗性能。

2) 掺防水剂的防水砂浆

在水泥砂浆中掺入各类防水剂以提高砂浆的防水性能，常用的掺防水剂的防水砂浆有氯化物金属类防水砂浆、氯化铁防水砂浆、金属皂类防水砂浆和超早强剂防水砂浆等。

3) 聚合物水泥防水砂浆

用水泥、聚合物分散体作为胶凝材料与砂配制而成的砂浆。聚合物水泥砂浆硬化后，砂浆中的聚合物可有效地封闭连通的孔隙，增加砂浆的密实性及抗裂性，从而可以改善砂浆的抗渗性及抗冲击性。聚合物分散体是在水中掺入一定量的聚合物乳胶（如合成橡胶、合成树脂、天然橡胶等）及辅助外加剂(如乳化剂、稳定剂、消泡剂、固化剂等)，经搅拌而使聚合物微粒均匀分散在水中的液态材料。常用的聚合物品种有：有机硅、阳离子氯丁胶乳、乙烯-聚醋酸乙烯共聚乳液、丁苯橡胶胶乳、氯乙烯-偏氯化烯共聚乳液等。

防水砂浆的防水效果与施工操作密切相关。常见施工方法有人工多层抹压法和喷射法等。一般要求在涂抹砂浆前先在清洁的底面抹一层纯水泥浆，然后抹一层 5mm 厚的防水砂浆，在初凝前用木抹子压实一遍，第二、三、四层都是同样的操作，共涂抹 4~5 层，厚 20~30mm，最后一层要赶光。抹完之后要加强养护。

2. 绝热砂浆

绝热砂浆是指将水泥、石灰、石膏等胶凝材料与膨胀珍珠岩浆、膨胀蛭石或陶粒砂等轻质多孔集料，按一定比例配制的砂浆。常用的绝热砂浆有水泥膨胀珍珠岩砂浆、水泥膨胀蛭石砂浆、水泥石灰膨胀蛭石砂浆等。绝热砂浆具有轻质和良好的绝热性能，其导热系数为 0.07~0.10W/(m·K)，可用于屋面绝热层、绝热墙壁以及供热管道绝热层等处。

3. 吸声砂浆

吸声砂浆是具有吸声功能的砂浆，常用于室内墙面、平顶、厅堂墙壁以及顶棚的吸声等。采用轻质多孔骨料拌制而成的吸声砂浆，由于其骨料内部孔隙率大，因此吸声性能也十分优良。还可以在吸声砂浆中掺入锯末、玻璃纤维、矿物棉等材料。一般绝热砂浆都具有多孔结构，因此也具备吸声功能。工程中常以水泥∶石灰膏∶砂∶锯末=1∶1∶3∶5(体积比)的比例来配制吸声砂浆，或在石灰、石膏砂浆中掺加玻璃棉、矿棉、有机纤维或棉类物质以达到相同效果。

4. 自流平砂浆

自流平砂浆是一种理想的水凝硬性无机复合地基材料，其主要成分为特种水泥、精细骨料、黏结剂及各种添加剂等。自流平砂浆表面强度高、耐磨性能好，主要应用于新建或旧项目改造工程，以及工业地面精确找平等。自流平砂浆表面细腻，为灰色，有朴实自然的装饰效果，表面可能因潮湿程度、施工控制及现场条件等因素而有色差。

5. 防辐射砂浆

在水泥中掺入重晶石粉、重晶石砂，可配置成具有防 x 射线能力的砂浆，其配合比例(体积比)为水泥∶重晶石粉∶重晶石砂=1∶0.25∶(4~5)。如在水泥浆中掺入硼砂、硼酸等配制成的砂浆则具有防中子射线辐射能力，此类砂浆可应用于射线防护工程中。

6. 耐酸砂浆

耐酸砂浆具有良好的耐腐蚀、防水、绝缘等性能和较高的黏结强度，是以水玻璃为胶凝材料，石英粉等为耐酸粉料，氟硅酸钠为固化剂与耐酸集料配制而成的砂浆，可用作一般耐酸车间地面。

本 章 小 结

砂浆是由胶凝材料、细集料和水按照一定比例配制而成的一种用途和用量均较大的土木工程材料。

砂浆的性质主要包括物理性能、力学性能、耐久性能以及其他一些特殊性能等。物理性能主要包括流动性、保水性、体积密度以及凝结时间等；力学性能主要包括抗压强度、抗折强度、静弹性模量、柔韧性、黏结抗拉强度等；耐久性能主要包括耐高温性能、耐冻融性能、抗干燥收缩性能、耐碱腐蚀性能等。

用于将砖、石、砌块等块体黏结为砌体的砂浆称为砌筑砂浆。用于涂抹在建筑物表面，兼有保护层作用和满足使用要求的砂浆称为抹面砂浆。

防水砂浆具有良好的耐候性、耐久性、抗渗性、密实性和极高的黏结力以及极强的防水防腐效果。防水砂浆是一种刚性防水材料，通过提高砂浆的密实性及改进砂浆抗裂性以达到防水抗渗的目的。

装饰砂浆的底面、中层抹灰与普通的抹灰砂浆基本相同，主要区别是在面层。面层要选用具有一定颜色的胶凝材料和集料，并采用某种特殊的施工操作工艺，以使表面呈现出各种不同的色彩、线条与花纹等装饰效果。

课 后 习 题

1. 砂浆的和易性包括什么？
2. 砂浆的抗压强度与抗折强度如何测定？
3. 普通抹面砂浆的主要性能是什么？
4. 根据抹面砂浆功能的不同，可将抹面砂浆分为哪几类？
5. 常用的防水砂浆有哪几种？请分别说明。

第8章 建筑钢材

在土木工程中，金属材料有着广泛的用途。金属材料可分为黑色金属和有色金属两大类。黑色金属是指以铁元素为主要成分的金属及其合金，如生铁、碳素钢、合金钢等；有色金属则是以其他金属元素为主要成分的金属及其合金，如铝合金、铜合金等。在各种金属材料中，钢材是最重要的建筑材料之一，主要应用于钢筋混凝土结构和钢结构。

人类采用钢铁材料建造各类结构工程的历史和冶金技术的发展有着密切的关系。我国古代有很多采用钢铁结构的光辉史绩，充分说明了我国古代在冶金方面是领先的。例如，我国云南省景东地区澜沧江上的兰津桥，建于公元58—75年，是世界上最早的一座铁索桥，比欧洲最早的铁索桥要早70年；还有四川省泸定县大渡河铁链桥建于1696年，比英国1779年用铸铁建造的第一座31m跨度的拱桥早83年。此外，我国古代还建造了不少铁塔，如湖北省当阳的玉泉寺铁塔，计13层，高17.5m，建于1061年；江苏省镇江的甘露寺铁塔，原为9层，现存4层，建于1078年；山东省济宁的铁塔寺铁塔，建于1105年。

所谓建筑钢材是指用于钢筋混凝土结构的钢筋、钢丝和用于钢结构的各种型钢，以及用于围护结构和装修工程的各种深加工钢板和复合板等。由于建筑钢材主要用作结构材料，钢材的性能往往对结构的安全起着决定性作用，因此，我们应对各种钢材的性能有充分的了解，以便在设计和施工中合理地选择和使用。本章将对钢材的内部结构、性能及应用进行讨论。

8.1 金属的微观结构及钢材的化学组成

任何材料的宏观性能都取决于该材料的组成物质及其微观结构，所以，在详细论述钢材的各种宏观性能之前，有必要先了解一下钢材的微观结构及其化学组成。

8.1.1 金属的微观结构概述

1. 金属的晶体结构

金属晶体都是金属单质，构成金属晶体的微粒是金属阳离子和自由电子(也就是金属的价电子)。在金属晶体中，金属原子以金属键相结合，从价键法的角度看，金属原子的价电子不会只与邻近的某一金属原子以共价键相结合(也没有这么多价电子与所有的邻近金属原子形成共价键)，而是金属原子以其价电子公共化。

金属键没有方向性和饱和性,当金属晶体受外力作用时,其中的原子或离子可在一定的条件下产生滑移,而它们虽然改变了位置,却仍由自由电子连接着,即金属键并未断裂。所以,金属键的存在是金属材料具有强度和延展性的根本原因。在金属晶体中,金属原子按等径球体最紧密堆积的规律排列,形成的空间格子称为晶格,而晶格中反映原子排列规律的基本几何单元称为晶胞。金属晶体的晶格通常有三种类型:面心立方晶格(FCC)、体心立方晶格(BCC)和密集六方晶格(HCP);图 8.1 为这三种类型晶格的示意图。例如,910~1400℃的纯铁(γ—Fe)及铜、银、铝等为面心立方晶格,900℃以下的纯铁(α—Fe)及锌、镍、镁等为体心立方晶格,γ—Fe 和 α—Fe 是铁在不同温度下形成的同素异晶体。图 8.2 为体心立方晶体中铁原子的排列示意图。

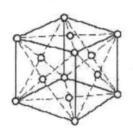
(a) 面心立方晶格

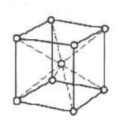
(b) 体心立方晶格

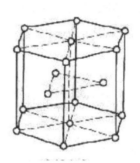
(c) 密集六方晶格

图 8.1　金属晶格的三种类型

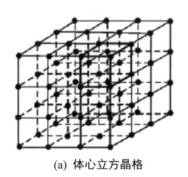
(a) 体心立方晶格

(b) 晶胞

图 8.2　体心立方晶体铁原子排列示意

从金属原子排列的形式可见,晶格中不同平面上的原子密度是不同的,因此,在晶格上的不同取向会有不同的力学性质,即金属晶体是各向异性体。但对于实际金属,在高温液态时,原子处于无序状态;当金属逐渐冷却至凝固点后,部分呈有序排列的小单元起着晶核的作用,使其他原子与之结合,逐渐生长成晶粒,直至晶粒与晶粒接触为止。显然这时各晶粒的取向是不一致的,所以,虽然各晶粒属各向异性体,而其总体则具有各向同性的性质。从上述晶粒的形成规律可知,晶粒的大小和形状取决于熔融金属中结晶晶核的多少,在冶金实践中常利用这一现象,加入某种合金元素,使之形成更多的结晶核心,而达到细化晶粒的目的。

在固体金属中,晶粒的形态和大小可在金属试样经抛光和腐蚀后用金相显微镜直接观察。图8.3为金相显微镜下的晶粒形态示意。

2. 金属晶体结构中的缺陷

在实际金属晶体中，原子往往会偏离理想结构的区域，通常把原子偏离其平衡位置而出现不完整性的区域称为晶体缺陷。按晶体缺陷的几何特征可将它们分为三大类，即点缺陷、线缺陷和面缺陷。

1) 点缺陷

点缺陷是由于晶体中因热振动等原因，晶体中个别能量较高的原子克服了邻近原子的束缚，离开了原来的平衡位置，形成"空位"，跑到另一个结点或结点间的不平衡位置上，导致晶格畸变。某些杂质原子的嵌入，形成间隙原子，也会导致晶格畸变(见图8.4)。点缺陷的特点是在空间三维方向的尺寸很小，相当于原子数量级。

图8.3 晶粒形态示意

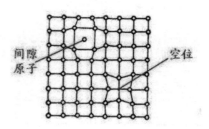

图8.4 晶格中的点缺陷示意

2) 线缺陷

金属晶体中某晶面间原子排列数目不相等，在晶格中形成缺列，这种晶体缺陷即为线缺陷，也称为"位错"。位错有刃形位错和螺形位错，其特点是两个方向上尺寸很小，而另一个方向上尺寸很大。

在存在位错的金属晶体中，当施加切应力时，金属并非在受力的晶面上克服所有键力而使所有原子同时移动，而是在切应力的持续作用下，位错逐渐向前推移，当位错运动到晶体表面时，位错消失而形成一个原子间距的滑移台阶(见图8.5)。

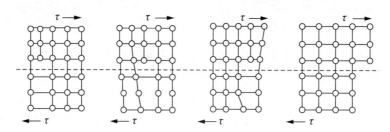

图8.5 在切应力作用下刃形位错的运动示意

正因为在外力作用下位错的这种运动方式，使金属的实际屈服强度远低于在无缺陷理想状态下沿晶面克服所有键力整体滑移的理论强度，理论屈服强度可以达到实际屈服强度的100~1000倍，甚至更多。

在金属晶体中，位错及其他类型的缺陷是大量存在的，当位错在应力作用下产生运动时，其阻力来自于晶格阻力以及与其他缺陷之间的交互作用，因此，缺陷增多又会使位错运动阻力增大。所以金属晶体中缺陷增加会使金属强度增加的同时塑性下降。

3) 面缺陷

多晶体金属由许多不同晶格取向的晶粒所组成，这些晶粒之间的边界称为晶界，晶界处原子的排列规律受到严重干扰，使晶格发生畸变，畸变区形成一个面，这些面又交织成三维网状结构，这类缺陷称为面缺陷。当晶粒中的位错运动到达晶界时，会受到面缺陷的阻抑，所以金属中晶界的多少影响着金属的力学性能，而晶界的多少又取决于晶粒的粗细。其特点是一个方向上的尺寸很小，另两个方向上的尺寸很大。

3. 金属强化的微观机理

为了提高金属材料的屈服强度和其他力学性能，可采用改变微观晶体缺陷的数量和分布状态的方法。例如，引入更多位错或加入其他合金元素等，以使位错运动受到的阻力增加。具体措施有以下几种。

1) 固溶强化

在某种金属中加入另一种物质(如铁中加入碳)而形成固溶体。当固溶体中溶质原子和溶剂原子的直径有一定差异时，会形成众多的缺陷，从而使位错运动阻力增大，使金属屈服强度提高，称为固溶强化。

2) 细晶强化

对于多晶体而言，位错运动必须克服晶界阻力，由于晶界两侧的晶格取向不同及晶界处晶格的畸变，其中一个晶粒晶格所产生的滑移不能直接进入第二个晶粒，位错会在晶界处集结，并激发相邻晶粒中的位错运动，晶格的滑移才能传入第二个晶粒，因而增大了位错运动阻力，使金属宏观屈服强度提高。

晶粒越细，单位体积中的晶界越多，因而阻力越大，这种以增加单位体积中晶界面积来提高金属屈服强度的方法，称为细晶强化。某些合金元素的加入，使金属凝固时结晶核心增多，可达到细晶的目的。

3) 弥散强化

在金属材料中，散入第二相质点，构成对位错运动的阻力，因而可以提高金属的屈服强度。采用弥散强化时，散入质点的强度愈高、愈细、愈分散、数量愈多，则位错运动阻力愈大，强化作用愈明显。

4) 变形强化

当金属材料受力变形时，晶体内部的缺陷密度将明显增大，导致金属屈服强度提高，称为变形强化。这种强化作用只能在低于熔点温度 40%的条件下产生，因此也叫冷加工强化。

8.1.2 钢材的化学组成

钢的基本成分是铁与碳，此外还有某些合金元素和杂质元素。按化学成分，钢材可分为碳素钢和合金钢两大类。

碳素钢根据含碳量可分为：低碳钢(含碳量小于 0.25%)、中碳钢(含碳量 0.25%～0.6%)和高碳钢(含碳量大于 0.6%)。

合金钢按合金元素的总含量可分为：低合金钢(合金元素含量小于 5%)、中合金钢(合金元素含量为 5%~10%)和高合金钢(合金元素含量大于 10%)。钢材中主要元素的存在形态及其对钢材性能的影响分述如下。

1) 碳

钢材中碳原子与铁原子之间的结合有三种基本方式，即固溶体、化合物和机械混合物。由于铁与碳结合方式的不同，碳素钢在常温下形成的基本组织有铁素体、渗碳体和珠光体三种。

铁素体是碳溶于 α—Fe 晶格中的固溶体，铁素体晶格原子间的间隙较小，其溶碳能力很低，室温下仅能溶入小于 0.005%的碳。由于溶碳少而且晶格中滑移面较多，故其强度较低，塑性较好。

渗碳体是铁与碳的化合物，分子式为 Fe_3C，含碳量为 6.67%，其晶体结构复杂，性质硬脆，是钢中的主要强化组分。

珠光体是铁素体和渗碳体相间形成的机械混合物，其层状构造可认为是铁素体基体上分布着硬脆的渗碳体片。珠光体的性能介于铁素体和渗碳体之间。

由于建筑钢材的含碳量一般不大于 0.8%，所以其常温下的基本组织为铁素体和珠光体，含碳量增大时，珠光体的相对含量随之增大，铁素体则相应减小，因而强度随之提高，而塑性和韧性则相应下降。

图 8.6 为含碳量对热轧碳素钢性质的影响。图中钢的 R_m 随含碳量的增大而提高，但当含碳量超过 1%时，由于单独存在的渗碳体系呈网状分布于珠光体晶界上，并连成整体，使钢变脆，因而 R_m 开始下降。碳还是降低钢材可焊性的元素之一，含碳量超过 0.3%时，钢的可焊性显著降低。碳还会降低钢的塑性、增加钢的冷脆性和时效敏感性、降低抗大气锈蚀性。

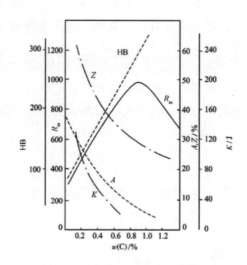

图 8.6 含碳量对热轧碳素钢性质的影响

R_m—抗拉强度；K—冲击吸收能量；HB—硬度；A—伸长率；Z—面积缩减率

2) 硅

硅在钢材中除少量呈非金属夹杂物外，大部分溶于铁素体中。当硅含量低于 1%时，可提高钢材强度，但对钢材塑性和韧性的影响不明显。所以，硅是我国低合金钢的主加合金元素，其作用主要是提高钢材的强度。

3) 锰

锰溶于铁素体中，其作用是消减硫和氧所引起的热脆性，使钢材的热加工性质改善。

锰是我国低合金钢的主加合金元素，含锰量一般为 1%～2%，它的作用主要是溶于铁素体中使其强化，并起到细化珠光体的作用，使钢材强度提高。

4) 钛

钛是强脱氧剂，而且能细化晶粒。钛能显著提高钢的强度，但会稍降低塑性；由于晶粒细化，故可改善钢材韧性。钛还能减少时效倾向，改善钢材的可焊性，是常用的合金元素。

5) 钒

钒是强碳化物和氮化物形成元素，能细化晶粒，提高钢的强度并减少时效倾向，但会增加焊接时的淬硬倾向。

6) 铌

铌是强碳化物和氮化物形成元素，能细化晶粒。

7) 磷

磷是碳钢中的有害物质，主要溶于铁素体中起强化作用，其含量增加则钢材的强度提高，塑性和韧性下降。特别是温度愈低，对钢的塑性和韧性的影响愈大。磷在钢中的偏析倾向强烈，一般认为，磷的偏析富集使铁素体晶格严重畸变，是钢材冷脆性显著增大的原因，会显著影响钢材的可焊性。

一般来说磷是有害杂质，但可提高钢的耐磨性和耐蚀性，在低合金钢中可配合其他元素作为合金元素使用。

8) 硫

硫是有害元素。呈非金属的硫化夹杂物存在于钢中，会降低钢的各种力学性能。硫化物所造成的低熔点，使钢在焊接时易产生热裂纹，显著降低钢的可焊性。硫也有强烈的偏析作用，增加了危害性。

9) 氧

氧是钢中的有害物质，主要存在于非金属夹杂物中，少量溶于铁素体中。非金属夹杂物会降低钢的力学性能，特别是韧性。氧还有促进时效倾向的作用，某些氧化物的低熔点也使钢的可焊性变差。

由于钢冶炼过程中必须供给足够的氧，以保证杂质元素氧化，排入渣中，故精炼的钢液中还留有一定量的氧化铁。为了消除它的影响，在精炼结束后应加入脱氧剂，以去除钢液中的氧，这个工序称为"脱氧"。常用的脱氧剂有锰铁、硅铁和铝锭等。根据脱氧程度的不同，钢可分为沸腾钢、镇静钢和介于二者之间的半镇静钢。沸腾钢因脱氧不充分，浇铸后有大量一氧化碳气体外逸，引起钢液激烈沸腾，故称沸腾钢，如图 8.7(a)所示。镇静钢则在浇铸时钢液平静，如图 8.7(b)所示。沸腾钢与镇静钢比较，沸腾钢中碳和有害物质磷、硫等的偏析较严重，钢的致密程度差，故冲击韧性和可焊性较差，特别是低温条件下冲击韧性下降更为显著。

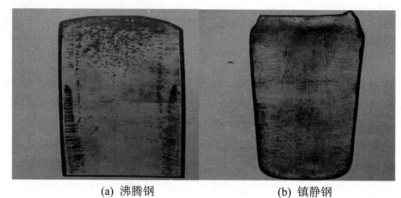

(a) 沸腾钢　　　　　　　(b) 镇静钢

图 8.7　钢的纵剖面

10) 氮

氮主要嵌溶于铁素体中，也可呈化合物形式存在。氮对钢材力学性质的影响与碳、磷相似，能使钢材强度提高，使塑性和韧性显著下降。溶于铁素体中的氮，有向晶格缺陷处富集的倾向，故可加剧钢材的时效敏感性和冷脆性，降低可焊性。在用铝或钛帮助脱氧的镇静钢中，氮以氮化铝(AlN)或氮化钛(TiN)等形式存在，可减少氮的不利影响，并能细化晶粒，改善钢的性能。

在上述元素中，硫、磷、氧、氮是有害元素，其含量应予限制。

8.2　建筑钢材的主要力学性能

建筑钢材的力学性能主要有抗拉、冷弯、冲击韧性、硬度和耐疲劳性等。

8.2.1　抗拉性能

抗拉性能是建筑钢材最重要的性能之一，由拉力试验测定的屈服点、抗拉强度和伸长率是钢材抗拉性能的主要技术指标。钢材的抗拉性能可通过低碳钢(软钢)受拉时的应力—应变图阐明，如图 8.8 所示。

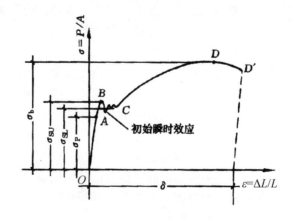

图 8.8　低碳钢受拉时的应力—应变

图 8.8 为低碳钢在常温和静载条件下的受拉应力—应变曲线。从图中可见,就变形性质而言,曲线可划分为 4 个阶段,即弹性阶段($O{\rightarrow}A$)、屈服阶段($A{\rightarrow}C$)、强化阶段($C{\rightarrow}D$)、颈缩阶段($D{\rightarrow}D'$)。各阶段的特征应力值主要有屈服极限(σ_{SL})和抗拉强度(σ_b)。

1) 弹性阶段

在曲线的 OA 范围内,应力与应变成正比例关系,如卸去外力,试件能恢复原状,无残余变形,这一阶段称为弹性阶段。与 A 点对应的应力称为弹性极限。在弹性阶段,应力与应变的比值为常数,称为弹性模量,用 E 表示,即 $\dfrac{\sigma}{\varepsilon}=E$。弹性模量反映钢材的刚度,它是在钢材受力时计算结构变形的重要指标。

2) 屈服阶段

在曲线的 AB 范围内,当应力超过弹性极限以后,应变增长比应力快,此时,除产生弹性变形外还产生塑性变形。在这一阶段,应力和应变不再成正比,当应力达到 B 点时,试件进入塑性变形阶段。在该阶段,外力不增大,而试件持续伸长,这时相应的应力称为屈服极限或屈服强度。如果达到屈服点后应力值发生下降,则应区分上屈服点(σ_{SU})和下屈服点(σ_{SL})。上屈服点是指试样发生屈服而外力首次下降前的最大应力,下屈服点是指不计初始瞬时效应时屈服阶段中的最小应力。由于下屈服点的测定值对试验条件不敏感,并形成稳定的屈服平台,所以在结构计算时,以下屈服点作为材料的屈服强度标准值。

钢材受力达到屈服强度后,变形迅速增长,尽管尚未断裂,但已不能满足使用要求,故结构设计中以屈服强度作为许用应力取值的依据。

3) 强化阶段

在钢材屈服到一定程度后,由于内部晶格扭曲、晶粒破碎等原因,阻止了塑性变形的进一步发展,钢材抵抗外力的能力重新提高。在应力—应变图上,曲线由点 C 升至最高点 D,这一过程称为变形强化阶段。

4) 颈缩阶段

当曲线达到最高点 D 以后,试件薄弱处产生局部横向收缩变形(颈缩)直至破坏。试件拉断过程中的最大外力所对应的应力(即 D 点)称为抗拉强度。

抗拉强度与屈服强度之比称为强屈比。强屈比愈大,反映钢材受力超过屈服点工作时的可靠性愈大,因而结构的安全性愈高。但强屈比太大反映钢材性能不能充分利用,一般应大于 1.2,用于抗震结构的普通钢筋实测的强屈比不应低于 1.25。

预应力钢筋混凝土用的高强度钢筋和钢丝具有硬钢的特点,其抗拉强度高,无明显屈服平台。这类钢材的屈服点以产生残余变形达到原始标距长度 L_0 的 0.2%时所对应的应力作为规定的屈服极限,用 $R_{t0.2}$ 表示,如图 8.9 所示。

试样拉断后,标距的伸长与原始标距长度的百分率,称为伸长率(A)。测定时将拉断的两部分在断裂处对接在一起,使其轴线位于同一直线上,量出断后标距的长度 L_1(mm)(见图 8.10),即可按式(8.1)计算伸长率:

$$A=\dfrac{L_1-L_0}{L_0}\times 100\% \tag{8.1}$$

式中:L_0——试件的原始标距长度,mm;

L_1——试件拉断后的标距长度,mm。

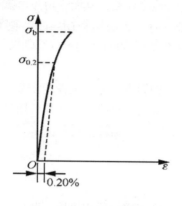

图 8.9 硬钢的屈服点 $R_{r0.2}$

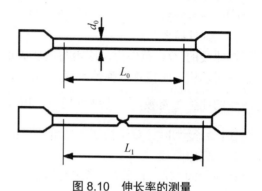

图 8.10 伸长率的测量

伸长率可以表明钢材的塑性变形能力,是钢材的重要技术指标。尽管钢结构通常是在弹性范围内工作,但在应力集中处,应力可能超过屈服强度而使钢产生一定的塑性变形,使应力重分布,可避免钢结构破坏。

通过抗拉试验,还可测定另一表明钢材塑性的指标——断面收缩率 Z。它是试件拉断后颈缩处的横截面积最大缩减量与原始横截面积的百分比,即

$$Z = \frac{F_0 - F_1}{F_0} \times 100\%$$

式中:F_0——原始横截面积;

F_1——断裂后颈缩处的横截面积。

8.2.2 冷弯性能

冷弯性能是指钢材在常温下承受弯曲变形的能力,是建筑钢材的重要工艺性能。

钢材的冷弯性能指标用试件在常温下所能承受的弯曲程度表示,如图 8.11 所示。弯曲程度通过试件弯曲的角度和弯心直径对试件厚度(或直径)的比值来区分。试验时采用的弯曲角度愈大,弯心直径对试件厚度(或直径)的比值愈小,表示对冷弯性能的要求愈高。按规定的弯曲角度和弯心直径进行试验时,试件的弯曲处不发生裂纹、裂断或起层,即认为冷弯性能合格。

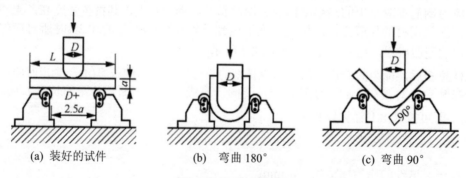

图 8.11 冷弯试验示意

冷弯试验试件的弯曲处会产生不均匀塑性变形，能在一定程度上揭示钢材是否存在内部组织不均匀、内应力、夹杂物、未熔合和微裂纹等缺陷。因此，冷弯性能也能反映钢材的冶炼质量和焊接质量。

8.2.3 冲击韧性

冲击韧性是指钢材抵抗冲击荷载的能力。冲击韧性指标是通过标准试件的弯曲冲击韧性试验确定的。试验以摆锤打击刻槽的试件，于刻槽处将其打断，如图 8.12 所示。以试件打断时所吸收的能量作为钢材的冲击韧性值，用 K_V 表示：

$$K_V = Gh_1 - Gh_2$$

钢材的冲击韧性对钢的化学成分、内部组织状态，以及冶炼、轧制质量都较敏感。例如，钢中磷、硫含量较高，存在偏析或非金属夹杂物，以及焊接中形成的微裂纹等，都会使 K_V 值显著降低。

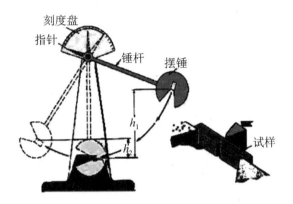

图 8.12 钢材的冲击试验

试验表明，冲击韧性随温度的降低而下降，其规律是开始时下降平缓，当达到某一温度范围时，突然下降很多而呈脆性，这种现象称为钢材的冷脆性，这时的温度称为脆性临界温度，如图 8.13 所示。脆性临界温度的数值愈低，钢材的低温冲击性能愈好，所以在负温下应选用脆性临界温度比使用温度低的钢材。

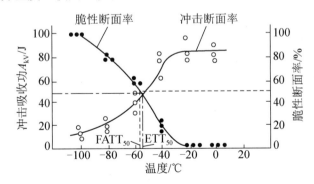

图 8.13 钢材冲击韧性受温度影响示意

钢材随时间的延长而表现出强度提高、塑性和冲击韧性下降的现象称为时效。完成时效变化的过程可达数十年，如钢材经受冷加工变形，或使用过程中经受振动和反复荷载的作用，时效可迅速发展。

因时效而导致钢材性能改变的程度称为时效敏感性。时效敏感性愈大的钢材，经过时效以后，其冲击韧性和塑性的降低愈显著。对于承受动荷载的结构物，如桥梁等，应选用时效敏感性较小的钢材。

8.2.4 硬度

钢材的硬度是指其抵抗硬物压入表面的能力，即材料表面抵抗塑性变形的能力。

测定钢材硬度的方法有布氏法、洛氏法和维氏法，较常用的为布氏法和洛氏法。布氏法的测定原理是用一直径为 D 的淬火钢球，以荷载 P 将其压入试件表面(见图 8.14)，经规定的持续时间后卸除荷载，即得直径为 d 的压痕。以荷载 P 除以压痕表面积 F，所得的商即为该试件的布氏硬度值，以 HB 表示，即

$$HB = \frac{P}{F} = \frac{P}{\pi D h}$$

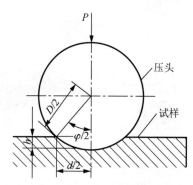

图 8.14 布氏硬度试验示意

由于

$$h = \frac{D}{2} - \frac{1}{2}\sqrt{D^2 - d^2}$$

所以

$$HB = \frac{2P}{\pi D \left(D - \sqrt{D^2 - d^2}\right)}$$

式中：D——钢球直径，mm；
　　　d——压痕直径，mm；
　　　P——压入荷载，N。

试验时 D 和 P 应按规定选取。一般硬度较大的钢材应选用较大的 P/D^2。例如 HB>140 的钢材、P/D^2 应采用 30，而 HB<140 的钢材，P/D^2 则应采用 10。由于压痕附近的金属将产生塑性变形，其影响深度可达压痕深度的 8~10 倍以上，所以试件厚度一般应大于压痕深度的 10 倍。荷载保持时间以 10~15s 为宜。

材料的硬度实际上是材料弹性、塑性、变形强化率、强度和韧性等一系列性能的综合反映。因此,硬度往往与其他性能有一定的相关性。例如,钢材的 HB 值与抗拉强度 R_m 之间就有较好的相关关系。对于碳素钢,当 HB<175 时,R_m=3.6HB;当 HB>175 时,R_m=3.5HB。根据这些关系,可以在钢结构的原位上测出钢材的 HB 值,并按《黑色金属硬度及强度换算值》(GB/T 1172—1999)估算出该钢材的 R_m,而不破坏钢结构本身。

洛氏法根据压头压入试件的深度的大小表示材料的硬度值。洛氏法的压痕很小,一般用于判断机械零件的热处理效果。

8.2.5 耐疲劳性能

在交变应力反复作用下的结构构件,钢材在应力低于其屈服强度的情况下突然发生脆性断裂破坏的现象,称为钢材的疲劳破坏。疲劳破坏的危险应力用疲劳极限(σ_r)来表示,它是指疲劳试验中,试件在交变应力作用下,于规定的周期基数内不发生断裂所能承受的最大应力。设计承受反复荷载且须进行疲劳验算的结构时,应测定所用钢材的疲劳极限。

测定疲劳极限时,应根据结构的使用条件确定所采用的应力循环类型和循环基数。应力循环可分为等幅应力循环和变幅应力循环两类。等幅应力循环的特性可用应力比值、应力幅及平均应力来表示。

应力比值 ρ 为循环应力中最大应力 σ_{max} 与最小应力 σ_{min} 之比(即 $\rho=\sigma_{max}/\sigma_{min}$),以拉应力为正值。当 $\rho=-1$ 时,称为完全对称循环;当 $\rho=0$ 时,为脉冲应力循环;当 $+1>\rho>-1$ 时,为以正应力为主的应力循环;当 $\rho=+1$ 时相当于恒载状态。应力幅 $\Delta\sigma$ 为应力变化的幅度($\Delta\sigma=\sigma_{max}-\sigma_{min}$),应力幅总为正值。

平均应力 σ_m 表示某种循环下平均受力的大小,$\sigma_m=(\sigma_{max}-\sigma_{min})/2$,其值可正可负。

任何一种循环应力都可看成是平均应力与应力幅 $\Delta\sigma$ 的完全对称循环应力的叠加。

变幅应力循环的应力幅值是一随机变量,在工程中变幅应力循环更为常见。通常将其变换成等效应力幅,按等幅应力循环进行试验和验算,根据试验数据可以画出试件的应力幅 $\Delta\sigma$ 与致损循环次数 n 的关系曲线,如图 8.15 所示。在曲线中可看出,在一定应力幅下疲劳应力所对应的极限循环次数,即疲劳寿命(n_r)。

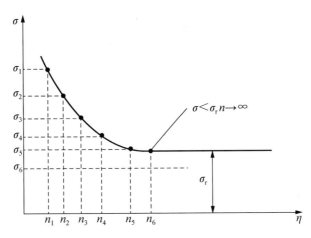

图 8.15 疲劳曲线示意

测定钢筋的疲劳极限时，通常采用拉应力循环，非预应力筋的应力比值一般取 0.1～0.8，预应力筋取 0.7～0.85，周期基数取 200 万次或 400 万次以上。

钢材的疲劳破坏先从局部形成细小裂纹开始，由于裂纹端部的应力集中而逐渐扩大，直到破坏。其破坏特点是断裂突然发生，断口可明显看到疲劳裂纹扩展区和残留部分的瞬时断裂区。疲劳极限不仅与钢材内部组织有关，也和表面质量有关。例如，钢筋焊接接头的卷边和表面微小的腐蚀缺陷，都可使疲劳极限显著降低。

8.3 钢材的冷加工强化及时效强化、热处理和焊接

8.3.1 钢材的冷加工强化及时效强化

将钢材于常温下进行冷拉、冷拔或冷轧，使其产生塑性变形，从而提高屈服强度，降低塑性和韧性，这个过程称为冷加工强化。

冷加工强化的机理描述如下：金属的塑性变形是通过位错运动来实现的，如果位错运动受阻，则塑性变形困难，即变形抗力增大，因而强度提高。在塑性变形过程中，位错运动的阻力主要来自位错本身。因为随着塑性变形的进行，位错在晶体中运动时可通过各种机制产生，使位错密度不断增加，位错之间的距离越来越小并发生交叉，位错运动的阻力增大，更容易在晶体中发生塞积，反过来使位错的密度不断增长，这相当于汽车通过一个十分拥挤又没有交通指挥的十字路口，由于相互争抢，汽车行进十分困难，甚至完全堵塞。所以，在冷加工时，依靠塑性变形时位错密度提高和变形抗力增大这两个方面的相互促进，可以很快使金属强度和硬度提高，但也会导致其塑性降低。

钢材经冷拉后的性能变化规律，可通过图 8.16 来反映。图中 OBDE 为未经冷拉试件的应力—应变曲线。将试件拉至超过屈服极限的某一点 K，然后卸去荷载，由于试件已产生塑性变形，故曲线沿 KO′下降，KO′大致与 BO 平行。如重新拉伸，则新的屈服点将高于原来可达到的 K 点。可见钢材经冷拉以后屈服点将会提高。

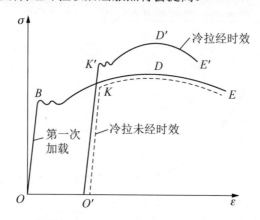

图 8.16 钢材冷拉与时效前后应力—应变曲线的变化

冷加工对钢材性能的影响如图 8.17 所示。目前常用的冷轧带肋钢筋、冷拉钢筋及预应力高强冷拔钢丝等，都是利用这一原理进行加工的产品。由于屈服强度提高，从而达到节

约钢材的目的。

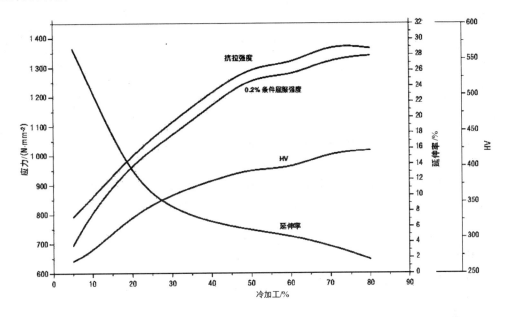

图 8.17 冷加工对钢材性能的影响

将经过冷加工的钢材于常温下存放 15~20d，或加热到 100~200℃并保持一定时间。这一过程称为时效处理，前者称为自然时效，后者称为人工时效。

冷加工以后再经时效处理的钢材，屈服点进一步提高，抗拉强度稍见增长，塑性和韧性继续有所降低。由于时效过程中内应力的消减，故弹性模量可基本恢复。

一般认为，产生应变时效的原因，主要是 α—Fe 晶格中的碳、氮原子有向缺陷移动、集中甚至呈碳化物或氮化物析出的倾向。当钢材经冷加工产生塑性变形以后，或在使用中受到反复振动作用，则碳、氮原子的迁移和富集可大为加快。由于缺陷位置碳、氮原子富集，晶格畸变加剧，因而钢的屈服强度提高，而塑性、韧性下降。

钢材的时效敏感性可用应变时效敏感系数 C 表示，C 越大则时效敏感性越大。

$$C = \frac{K_V - K_{VS}}{K_V} \times 100\%$$

式中：K_V——钢材时效处理前的冲击吸收能量，J；
K_{VS}——钢材时效处理后的冲击吸收能量，J。

当对冷加工钢材进行处理时，一般强度较低的钢材可采用自然时效，而强度较高的钢材则应采用人工时效。

8.3.2 钢材的热处理

热处理是指将钢材按规定温度进行加热、保温和冷却，以改变其组织，从而获得所需要性能的一种工艺。建筑钢材一般只在生产厂完成热处理工艺。在施工现场，有时须对焊接件进行热处理。

常用的热处理工艺有退火、正火、淬火、回火以及离子注入等。

1. 淬火

将钢材加热至基本组织发生改变的温度以上,保温使基本组织转变,然后投入水或矿物油中急冷,使晶粒细化,碳的固溶量增加,从而使钢的强度和硬度增加,塑性和韧性明显下降。

2. 回火

将比较硬脆、存在内应力的钢,加热至基本组织发生改变的温度以下(150~650℃),保温后按一定速度冷却至室温的热处理方法称回火。回火后的钢材,内应力消除,硬度降低,塑性和韧性得到改善。淬火和回火通常是两道相连的处理过程,我国生产的热处理钢材,是采用中碳低合金钢经油浴淬火和铅浴高温(500~650℃)回火制得的。它的组织为铁素体和均匀分布的细颗粒渗碳体。

3. 退火

将钢材加热至基本组织转变温度以下(低温退火)或以上(完全退火),适当保温后缓慢冷却,以消除内应力,减少缺陷和晶格畸变,使钢的塑性和韧性得到改善,如图 8.18 所示。在钢材进行冷加工以后,为减少冷加工中所产生的各种缺陷,消除内应力,常采用退火工艺。

4. 正火

将钢材加热至基本组织发生改变的温度以上,然后在空气中冷却,使晶格细化,钢的强度提高而塑性有所降低。

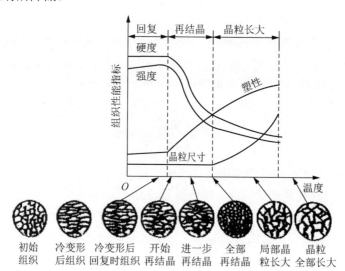

图 8.18 退火对钢材性能影响示意

8.3.3 钢材的焊接

焊接连接是钢结构的主要连接方式,在工业与民用建筑的钢结构中,焊接结构占 90%

以上。在钢筋混凝土结构中，焊接大量应用于钢筋接头、钢筋网、钢筋骨架和预埋件之间的连接，以及装配式构件的安装等。

建筑钢材的焊接方法最主要的是电弧焊和电渣压力焊。焊件的质量主要取决于选择正确的焊接工艺和适当的焊接材料，以及钢材本身的可焊性。

电弧焊的焊接接头由基体金属和焊缝金属熔合而成。焊缝金属是在焊接时电弧的高温作用下，焊缝金属熔化，同时基体的边缘金属也在高温下部分熔化，两者通过扩散作用均匀地熔合在一起而成。电渣压力焊则不用焊条，而通过电流所形成的高温使钢筋接头处局部熔化，并在机械压力下使接头熔合。

焊接时由于在很短的时间内可以达到很高的温度，基体金属局部熔化的体积很小，故冷却速度很快，因此在焊接处必然会产生剧烈的膨胀和收缩，易产生变形、内应力和内部组织的变化，因而形成焊接缺陷。焊缝金属的缺陷主要有裂纹、气孔、夹杂物等。基体金属热影响区的缺陷主要有裂纹、晶粒粗大和析出脆化(碳、氮等原子在焊接过程中形成碳化物和氮化物，于缺陷处析出，使晶格畸变加剧所引起的脆化)等。由于焊接件在使用过程中所要求的主要力学性能是强度、塑性、韧性和耐疲劳性等，因此，对性能最有影响的缺陷是裂纹、缺口、塑性和韧性的下降。

焊接质量的检验方法主要有取样试件试验和原位非破损检测两类。取样试件试验是指在结构焊接部位切取试样，然后在实验室进行各种力学性能的对比试验，以观察焊接的影响。非破损检测则是在不损及结构物使用性能的前提下，直接在结构原位，采用超声、射线、磁力、荧光等物理方法，对焊缝进行缺陷探伤，从而间接推定力学性能的变化。

8.4 钢材的防火和防腐蚀

8.4.1 钢材的防火

在一般的建筑结构中，钢材均在常温条件下工作，但对于长期处于高温条件下的结构物，在遇到火灾等特殊情况时，则必须考虑温度对钢材性能的影响。而且高温对钢材性能的影响还不能简单地用应力—应变关系来评定，而必须加上温度与高温持续时间两个因素。通常钢材的蠕变现象会随温度的升高而愈益显著，蠕变则导致应力松弛。此外，由于在高温下晶界强度比晶粒强度低，晶界的滑动对微裂纹的影响起了重要作用，此裂纹在拉应力的作用下不断扩展而导致钢材断裂。因此，随着温度的升高，其持久强度将显著下降。

因此，在钢结构或钢筋混凝土结构遇到火灾时，应考虑高温透过保护层对钢筋或型钢金相组织力学性能的影响。尤其是在预应力结构中，还必须考虑钢筋在高温条件下的预应力损失所造成的整个结构物应力体系的变化。

鉴于以上原因，在钢结构中应采取预防包覆措施，高层建筑更应如此，其中包括设置防火板或涂刷防火涂料等。在钢筋混凝土结构中，钢筋应有一定厚度的保护层。

表 8.1 为钢筋或型钢保护层对构件耐火极限的影响示例，由表中列举的典型构件可见对钢材进行防火保护的必要性。

表 8.1 钢材防火保护层对构件耐火极限的影响

构件名称	规 格	保护层厚度/mm	耐火极限/h
钢筋混凝土圆孔空心板	3300×600×180	10	0.9
	3300×600×200	30	1.5
预应力钢筋混凝土圆孔板	3300×600×90	10	0.4
	3300×600×110	30	0.85
无保护层钢柱		0	0.25
砂浆保护层钢柱		50	1.35
防火涂料保护层钢柱		25	2
无保护层钢梁		0	0.25
防火涂料保护层的钢梁		15	1.50

8.4.2 钢材的锈蚀与防止

1. 钢材被腐蚀的主要原因

1) 化学腐蚀

钢材与周围介质直接发生化学反应而引起的腐蚀,称为化学腐蚀。通常是由于氧化作用,使钢材中的铁元素形成疏松的氧化铁而被腐蚀。在干燥环境中,化学腐蚀进行缓慢,但在潮湿环境和温度较高时,腐蚀速度加快。这种腐蚀亦可由空气中的二氧化碳或二氧化硫作用,以及其他腐蚀性物质的作用而产生。

2) 电化学腐蚀

金属在潮湿气体以及导电液体(电解质)中,由于电子流动而引起的腐蚀,称为电化学腐蚀。这是由于两种不同电化学势的金属之间的电势差使负极金属发生溶解的结果。就钢材而言,当凝聚在钢铁表面的水分中溶入二氧化碳或硫化物气体时,即形成一层电解质水膜。钢铁本身是铁、铁碳化合物,以及其他杂质化合物的混合物,它们之间形成以铁为负极,以碳化铁为正极的微电池,由于电化学反应而生成铁锈。在钢铁表面,微电池的两极反应如下:

阳极反应:$Fe-2e=Fe^{2+}$

阴极反应:$2H^+ -2e=H_2$

从电极反应中逸出的离子在水膜中的反应:

$$Fe+2H^+ = Fe^{2+} + H_2 \uparrow$$
$$Fe^{2+} + 2OH^- = Fe(OH)_2$$

$Fe(OH)_2$ 又与水中溶解的氧发生下列反应:

$$4Fe(OH)_2 + O_2 + 2H_2O = 4Fe(OH)_3$$

所以 $Fe(OH)_2$、$Fe(OH)_3$ 及 Fe^{2+}、Fe^{3+} 与 CO_3^{2-} 生成的 $FeCO_3$、$Fe_2(CO_3)_3$ 等是铁的主要成分,为了方便,通常以 $Fe(OH)_3$ 表示铁锈。

钢铁在酸碱盐溶液及海水中发生的腐蚀、地下管线的土壤腐蚀、在大气中的腐蚀、与其他金属接触处的腐蚀等均属于电化学腐蚀，可见电化学腐蚀是钢材腐蚀的主要形式。

3) 应力腐蚀

钢材在应力状态下腐蚀加快的现象，称为应力腐蚀。所以钢筋冷弯处、预应力钢筋等都会因应力存在而加速腐蚀。

2. 防止钢材腐蚀的措施

混凝土中的钢筋处于碱性介质条件下，而氧化保护膜为碱性，故不致锈蚀。但应注意，若在混凝土中大量掺入掺和料，或因碳化反应会使混凝土内部环境中性化，或由于在混凝土外加剂中带入一些卤素离子，特别是氯离子，会使锈蚀迅速发展。混凝土配筋的防腐蚀措施主要有提高混凝土密实度、足够的保护层厚度、限制氯盐外加剂及加入防锈剂等方法。对于预应力钢筋，一般含碳量较高，又经过冷加工强化或热处理，较易发生腐蚀，应特别予以重视。

钢结构中型钢的防锈，主要采用表面涂覆的方法。例如表面刷漆，常用底漆有红丹、环氧富锌漆、铁红环氧底漆等，面漆有灰铅漆、醇酸磁漆、酚醛磁漆等。薄壁型钢及薄钢板制品可采用热浸镀锌或镀锌后加涂塑料复合层等。

8.5 建筑钢材的品种与选用

土木工程中常用的钢材分为钢筋混凝土结构用钢和钢结构用钢两大类，前者主要是钢筋、钢丝、钢绞线等；后者主要是型钢和钢板。各种型钢和钢筋的性能，主要取决于所用的钢种及其加工方式。

8.5.1 建筑钢材的主要钢种

在土木工程中，常用的钢筋、钢丝、型钢及预应力锚具等，基本上都是碳素结构钢和低合金高强度结构钢等钢种，是经热轧或再进行冷加工强化及热处理等工艺加工而成的。现将主要常用钢种分述如下。

1. 碳素结构钢

根据我国国家标准《碳素结构钢》(GB/T 700—2006)的规定(见表 8.2)，碳素结构钢可分为 4 个牌号，即 Q195、Q216、Q235 和 Q275，其含碳量为 0.06%～0.24%。每个牌号又根据硫、磷等有害杂质的含量分成若干等级。碳素结构钢的牌号由下列 4 个要素表示：

例如 Q235-BZ，表示这种碳素结构钢的屈服点 R_{eL}≥235MPa(当钢材厚度或直径小于等于 16mm 时)；质量等级为 B，即硫、磷均控制在 0.045%以下(见表 8.3)；脱氧程度为镇静钢。

表 8.2 碳素结构钢的力学性能(GB 700—2006)

牌号	等级	屈服强度 R_{eL}/(N/mm²) 不小于					抗拉强度 R_m (N/mm²)	断后伸长率 A/% 不小于					冲击试验(V形缺口)	
		厚度(或直径)/mm						厚度(或直径)/mm					温度 /℃	冲击吸收功(纵向)/J 不小于
		≤16	16~40	40~60	60~100	100~150	150~200		≤40	40~60	60~100	100~150	150~200		
Q195	—	195	185	—	—	—	—	315~430	33	—	—	—	—	—	—
Q216	A	215	205	195	185	175	165	335~450	31	30	29	27	26	—	—
	B													+20	27
Q235	A	235	225	215	205	195	185	370~500	26	25	24	22	21	+20	—
	B													0	27
	C													−20	27
	D														
Q275	A	275	265	255	245	225	215	410~540	22	21	20	18	17	—	—
	B													+20	27
	C													0	27
	D													−20	

注：1. Q195 的屈服强度值仅供参考，不作交货条件。
2. 厚度大于 100mm 的钢材，抗拉强度下限允许降低 20N/mm²，宽带钢(包括剪切钢板)抗拉强度上限不作交货条件。
3. 厚度小于 25mm 的 Q235B 级钢材，如供方能保证冲击吸收功数值合格，经需方同意，可不做检验。

表 8.3 碳素结构钢冷弯试验指标(GB/T 700—2006)

牌 号	试样方向	冷弯试验 180° $B=2a^a$	
		钢材厚度(或直径)^b/mm	
		≤60	>60~100
		弯心直径 d	
Q195	纵	0	—
	横	0.5a	
Q216	纵	0.5a	1.5a
	横	a	2a
Q235	纵	a	2a
	横	1.5a	2.5a
Q275	纵	1.5a	2.5a
	横	2a	3a

注：1. B 为试样宽度，a 为试样厚度(或直径)。
2. 钢材厚度(或直径)大于 100mm 时，弯曲试验由双方协商确定。

碳素钢的屈服强度和抗拉强度随含碳量的增加而升高，伸长率则随含碳量的增加而下降。其中 Q235 的强度和伸长率均居中等，两者得以兼顾，所以是结构钢常用的牌号。

一般而言，碳素结构钢的塑性较好，适宜于各种加工，在焊接、冲击及适当超载的情况下也不会突然破坏，它的化学性能稳定，对轧制、加热或骤冷的敏感性较小，因而常用于热轧钢筋。

2. 低合金高强度结构钢

根据我国国家标准《低合金高强度结构钢》(GB/T 1591—2008)的规定(见表 8.4)，低合金高强度结构钢可分为 8 个牌号，即 Q345、Q390、Q420、Q460、Q500、Q550、Q620、Q690，每个牌号又根据其所含硫、磷等有害物质的含量，分为 A、B、C、D、E 5 个等级。低合金钢的合金元素总含量一般不超过 5%，所加元素主要有锰、硅、钒、钛、铌、铬、镍及稀土元素。

由于低合金钢中的合金元素起细晶强化和固溶强化等作用，使低合金钢不但具有较高的强度，而且也具有较好的塑性、韧性和可焊性，因此，它是综合性能较好的建筑钢材，尤其是在大跨度、承受动荷载和冲击荷载的结构物中更为适用。

表 8.4 低合金高强度结构钢的力学性能

牌号	质量等级	屈服强度 R_{eL}/MPa 公称厚度(直径,边长)/mm				抗拉强度 R_m/MPa 公称厚度(直径,边长)/mm				断后伸长率 A/% 公称厚度(直径,边长)/mm			冲击吸收能量 KV_2/J			180°弯曲试验 [d=弯心直径,a=试样厚度(直径)] 钢材厚度(直径)/mm	
		≤16	16~40	40~63	63~80	80~100	≤40	40~63	63~80	80~100	≤40	40~63	63~100	+20°C	0°C	−20°C	−40°C	≤16	16~100
		不小于									不小于			不小于					
Q345	A	≥345	≥335	≥325	≥315	≥305	470~630	470~630	470~630	470~630	≥20	≥19	≥19					2a	3a
	B													34	34				
	C															34			
	D										≥21	≥20	≥20						
	E																34		
Q390	A	≥392	≥370	≥350	≥330	≥330	490~650	490~650	490~650	490~650	≥20	≥19	≥19	34				2a	3a
	B														34				
	C															34			
	D																		
	E																34		
Q420	A	≥420	≥400	≥380	≥360	≥360	520~680	520~680	520~680	520~680	≥19	≥18	≥18	34				2a	3a
	B														34				
	C															34			
	D																		
	E																34		

续表

牌号	质量等级	屈服强度 R_{eL}/MPa 公称厚度(直径，边长)/mm					抗拉强度 R_m/MPa 公称厚度(直径，边长)/mm				断后伸长率 A/% 公称厚度(直径，边长)/mm			冲击吸收能量 KV_2/J				180°弯曲试验 [d=弯心直径, a=试样厚度(直径)] 钢材厚度(直径)/mm	
		≤16	16~40	40~63	63~80	80~100	≤40	40~63	63~80	80~100	≤40	40~63	63~100	+20℃	0℃	-20℃	-40℃	≤16	16~100
		不小于									不小于			不小于				2a	3a
Q460	C	≥460	≥440	≥420	≥400	≥400	550~720	550~720	550~720	550~720	≥17	≥16	≥16	—	34	34	—		
	D													—	34	34	34		
	E													—	34	34	31		
Q500	C	≥500	≥480	≥470	≥450	≥440	610~770	600~760	590~750	540~730	≥17	≥17	≥17	—	55	47	—		
	D													—	55	47	31		
	E													—	55	47	31		
Q550	C	≥550	≥530	≥520	≥500	≥490	670~830	620~810	600~790	590~780	≥16	≥16	≥16	—	55	47	—		
	D													—	55	47	31		
	E													—	55	47	31		
Q620	C	≥620	≥600	≥590	≥570	—	710~880	690~880	670~860	—	≥15	≥15	≥15	—	55	47	—		
	D													—	55	47	31		
	E													—	55	47	31		
Q690	C	≥690	≥670	≥660	≥640	—	770~940	750~920	730~900	—	≥14	≥14	≥14	—	55	47	—		
	D													—	55	47	31		
	E													—	55	47	31		

8.5.2 常用建筑钢材

1. 钢筋

钢筋主要用作钢筋混凝土和预应力钢筋混凝土的配筋，是土木工程中用量最大的钢材之一，主要品种有以下几种。

1) 热轧光圆钢筋

建筑用热轧光圆钢筋由碳素结构钢或低合金结构钢经热轧而成，其力学性能与工艺性能见表 8.5。

表 8.5 建筑用热轧光圆钢筋的力学性能及工艺性能(GB 1499.1—2008)

牌 号	力学性能				冷弯试验180° d=弯心直径 a=试样直径
	R_{eL}/MPa	R_m/MPa	A/%	A_{gt}/%	
	≥				
HPB235	235	370	25	10.0	$d=a$
HPB300	300	420			

从表 8.5 中可见低碳钢热轧圆盘条的强度较低，但具有塑性好，伸长率高、便于弯折成形、容易焊接等特点，可用作中、小型钢筋混凝土结构的受力钢筋或箍筋，以及作为冷加工(冷拉、冷拔、冷轧)的原料。

2) 钢筋混凝土用热轧带肋钢筋

钢筋混凝土用热轧带肋钢筋采用低合金钢热轧而成，横截面通常为圆形，且表面带有两条纵肋和沿长度方向均匀分布的横肋。其含碳量为 0.17%～0.25%，主要合金元素有硅、锰、钒、铌、钛等，有害元素硫和磷的含量应控制在 0.040%或 0.045%以下。其牌号有 HRB335、HRB400、HRB500、HRBF335、HRBF400、HRBF500 六种，它们的力学性能与工艺性能见表 8.6。

表 8.6 钢筋混凝土用热轧带肋钢筋的力学性能及工艺性能(GB 1499.2—2007)

牌 号	R_{eL}/MPa	R_m/MPa	A/%	A_{gt}/%	冷弯试验	
	≥				公称直径/mm	a=试样直径/mm
HRB335 HRBF335	335	455	17		6～25	3a
					28～40	4a
					>40～50	5a
HRB400 HRBF400	400	540	16	7.5	6～25	4a
					28～40	5a
					>40～50	6a
HRB500 HRBF500	500	630	15		6～25	6a
					28～40	7a
					>40～50	8a

热轧带肋钢筋具有较高的强度和塑性，可焊性也较好。钢筋表面带有纵肋和横肋，从

而加强了钢筋与混凝土之间的握裹力，可用于钢筋混凝土结构的受力钢筋，以及预应力钢筋。

3) 冷轧带肋钢筋

冷轧带肋钢筋采用热轧圆盘条经冷轧而成，表面带有沿长度方向均匀分布的二面或三面的月牙肋，如图 8.19。其牌号按抗拉强度分为 4 个等级，即 CRB550、CRB650、CRB800、CRB970，公称直径范围为 4～12mm，其中 CRB650 以上公称直径为 4mm、5mm、6mm。冷轧带肋钢筋各等级性能见表 8.7。

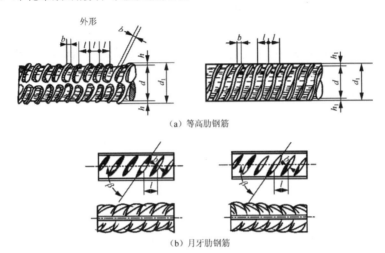

图 8.19　带肋钢筋

表 8.7　冷轧带肋钢筋的性能

牌　号	$R_{P0.2}$/MPa ≥	R_m/MPa ≥	伸长率/% ≥		冷弯	反复弯曲次数	应力松弛初始应力相当于公称抗拉强度的70%
			A_{10d}	A_{100}			1000h 松弛率/% ≤
CRB550	500	550	8.0	—	$D=3d$	—	—
CRB650	585	650	—	4.0		3	8
CRB800	720	800	—	4.0		3	8
CRB970	875	970	—	4.0		3	8

注：表中 D 为弯心直径，d 为钢筋公称直径。

冷轧带肋钢筋是采用冷加工方法强化的典型产品，冷轧后强度明显提高，但塑性也随之降低，使强屈比变小，但其强屈比 $R_m/R_{P0.2}$ 不得小于 1.05。这种钢筋适用于中、小预应力混凝土结构构件和普通钢筋混凝土结构构件。

4) 预应力混凝土用钢棒

预应力混凝土用钢棒是指用低合金钢热轧圆盘条经淬火、回火调质处理的钢棒。通常有光圆、螺旋槽、螺旋肋和带肋 4 种表面形状和公称直径为 6～16mm 多种规格，抗拉强度 $R_m ≥ 1080$MPa，屈服点 $R_{P0.2} ≥ 930$MPa。根据延性级别伸长率分别为 $A ≥ 5\%$ 或 7%。为增加与混凝土的黏结力，钢筋表面常轧有通长的纵肋和均布的横肋。钢筋一般被卷成直径为不小于 2.0m 的弹性盘条供应，开盘后可自行伸直。使用时应按所需长度切割，不能用电焊或氧气切割，也不能焊接，以免引起钢筋强度下降或脆断。热处理钢筋的设计强度取标准强度的 0.8，先张法和后张法预应力的张拉控制应力分别为标准强度的 0.7 和 0.65。

5) 预应力混凝土用钢丝与钢绞线

预应力混凝土用钢丝是采用优质碳素钢或其他性能相应的钢种，经冷加工及时效处理或热处理而制得的高强度钢丝，可分为冷拉钢丝及消除应力钢丝两种。按外形又可分为光面钢丝、螺旋肋和刻痕钢丝三种(GB/T 5223—2002)。

消除应力钢丝的公称直径有 3、4、5、6、7、8、9、10、12(mm)9 个规格，σ_b 与 $\sigma_{0.2}$ 的范围随公称直径的不同而不同，σ_b 约为 1470～1860MPa，$\sigma_{0.2}$ 约为 1100～1640MPa，一般 $\sigma_{0.2}$ 不小于 σ_b 的 85%，其伸长率较低。当标距长度为 100mm 时，伸长率小于 4%，其应力松弛分为两级，Ⅰ级松弛为普通松弛，1000 小时应力损失试验的损失率为 4.5%～12%；Ⅱ级松弛为低松弛，1000 小时应力损失试验的损失值为 1%～4.5%。

冷拉钢丝的公称直径有 3mm、4mm、5mm 三种规格，σ_b 为 1470～1670MPa，$\sigma_{0.2}$ 在 1100～1250MPa 范围内，$\sigma_{0.2}$ 不小于 σ_b 的 75%。其伸长率小于等于 2%～3%。

将预应力钢丝辊压出规律性凹痕以增强与混凝土的黏结力并降低预应力损失，称为刻痕钢丝。其公称直径通常有 5mm、7mm 两种规格。σ_b 在 1470～1570MPa 范围内，$\sigma_{0.2}$ 在 1250～1340MPa 范围内，其伸长率小于等于 4%，1000 小时应力损失试验的损失率约为 2.5%～8%。

若将 2 根、3 根或 7 根圆形断面的钢丝捻成一束，则可制成预应力混凝土用钢绞线(GB/T 5224—2003)，如图 8.20 所示。钢绞线的最大负荷随钢丝的根数不同而不同。7 根捻制结构的钢绞线，最大负荷可达 300kN，屈服负荷可达 255kN，伸长率小于等于 3.5%，1000 小时应力松弛率为 2.5%～8%。

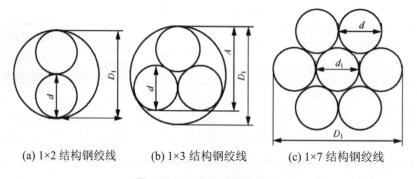

(a) 1×2 结构钢绞线　　(b) 1×3 结构钢绞线　　(c) 1×7 结构钢绞线

图 8.20　预应力钢绞线截面

从上述介绍可知，预应力钢丝、钢绞线等均属于冷加工强化及热处理钢材，拉伸试验时没有屈服点，但抗拉强度远远超过热轧钢筋和冷轧钢筋，并具有较好的柔韧性，应力松弛率低；盘条状供应，松卷后可自行弹直，可按要求长度切割；适用于大荷载、大跨度及需曲线配筋的预应力混凝土结构。

2. 型钢

钢结构构件一般应直接选用各种型钢，型钢之间可直接连接或附加连接钢板进行连接，连接方式有铆接、螺栓连接或焊接等，所以钢结构所用钢材主要是型钢和钢板。型钢有热轧及冷成型两种,钢板也有热轧和冷轧两种。

1) 热轧型钢

常用的热轧型钢有角钢(等边和不等边)、工字钢、槽钢、T 形钢、H 形钢、Z 形钢等,如图 8.21 所示。

钢结构用的钢种和钢号,主要根据结构与构件的重要性、荷载的性质(静载或动载)、连接方法(焊接、铆接或螺栓连接)、工作条件(环境温度及介质)等因素予以选择。对于承受动荷载的结构、处于低温环境的结构,应选择韧性好、脆性临界温度低、疲劳极限较高的钢材。对于焊接结构,应选择可焊性较好的钢材。

我国建筑用热轧型钢主要有碳素结构钢和低合金钢。碳素结构钢主要用 Q235-A(含碳量约为 0.14%～0.2%),其强度较适中,塑性和可焊性较好,而且冶炼容易、成本低廉,适合土木工程使用。低合金钢主要采用 Q345B(16Mn)及 Q390(15MnV),可用在大跨度、承受动荷载的钢结构中。

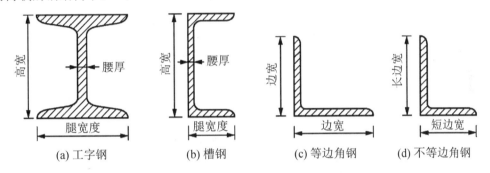

图 8.21　几种常用热轧型钢断面示意

2) 冷弯薄壁型钢

冷弯薄壁型钢通常用 2～6mm 薄钢板冷弯或模压而成,有角钢、槽钢等开口薄壁型钢及方形、矩形等空心薄壁型钢,可用于轻型钢结构。

3) 钢板和压型钢板

用光面轧辊轧制而成的扁平钢材称为钢板。按轧制温度的不同,钢板又可分热轧和冷轧两类。土木工程用的钢板主要是碳素结构钢,某些重型结构和大跨度桥梁等也采用低合金钢。

热轧钢板按厚度可分为厚板(厚度大于 4mm)和薄板(厚度为 0.35～4mm)两种;冷轧钢板只有薄板(厚度为 0.2～4mm)。厚板可用于型钢的连接与焊接,组成钢结构承力构件,薄板可用作屋面或墙面等围护结构,或作为薄壁型钢的原料。

薄钢板经辊压或冷弯可制成截面呈 V 形、U 形、梯形或类似形状的波纹,并采用有机涂层、镀锌等表面保护层的钢板,称压型钢板,在建筑上常用作屋面板、楼板、墙板及装饰板等。还可将其与保温材料等复合,制成复合墙板等,用途十分广泛。

本 章 小 结

金属晶体都是金属单质,构成金属晶体的微粒是金属阳离子和自由电子(也就是金属的价电子)。在金属晶体中,金属原子以金属键相结合。

金属可采用改变微观晶体缺陷的数量和分布状态的方法。例如，引入更多位错或加入其他合金元素等，以使位错运动受到的阻力增加，具体措施有固溶强化、细晶强化、弥散强化、变形强化等。

钢的基本成分是铁与碳，此外还有硅、锰、钛、钒、磷、硫、氧、氮等合金元素和杂质元素，不同元素会对钢材的性能产生不同影响。

建筑钢材的力学性能主要有抗拉、冷弯、冲击韧性、硬度和耐疲劳性等，对钢材进行冷加工强化、时效强化及热处理会对这些力学性能产生改变，从而得到更符合性能要求的钢材。

钢材随着温度升高，其持久强度会显著降低，因此在钢结构中应采取预防包覆措施，高层建筑更应如此，其中包括设置防火板或涂刷防火涂料等。在钢筋混凝土结构中，钢筋应有一定厚度的保护层。

钢材分为钢筋混凝土结构用钢和钢结构用钢两大类，各种型钢和钢筋的性能主要取决于所用的钢种及其加工方式。

课 后 习 题

1. 金属晶体结构中的微观缺陷有哪几种？对金属的力学性能会有怎样的影响？
2. 钢材有哪些主要的力学性能？简单叙述它们的定义及测定方法。
3. 什么是钢材的强屈比？强屈比的大小对钢材的使用性能有什么影响？
4. 钢材的冷加工对力学性能有哪些影响？
5. 简单叙述钢材锈蚀的原因与防锈蚀的措施。

第 9 章 木 材

木材是传统的三大建筑材料之一，具有很多优良的性能，如轻质高强、导电导热性低、较好的弹性和韧性、能承受冲击和震动、易于加工等优点。但天然木材构造不均匀、各向异性、易吸湿变形，且易腐、易燃。由于树木生长周期长，成材不易，所以在工程应用中对木材的节约使用和综合利用是十分重要的。

9.1 木材的物理特征

9.1.1 木材来源

木材来源于植物，按照植物的分类系统，木材主要源于乔木树种，包括针叶树和阔叶树。

1. 针叶树材

针叶树树干通直高大，树杈较小而分布较密，易得大材，其纹理顺直、材质均匀。由于多数针叶树的木质较轻软，且易于加工，习惯上称之为软材。针叶树材强度较高、胀缩变形较小、耐腐蚀性强，建筑上广泛应用于承重构件和装修材料。常用树种有松、杉、柏、银杏等。

2. 阔叶树材

阔叶树树干通直部分一般较短，枝杈较大而数量较少，相当数量阔叶树材的材质较硬而较难加工，故阔叶树材又称硬材。阔叶树材强度高、胀缩变形大、易翘曲开裂。阔叶树材板面通常较美观，具有较好的装饰作用，适用于家具、室内装修及胶合板等。常用树种有桉木、水曲柳、杨木、榆木、樟木等。

9.1.2 木材的宏观特征

木材的宏观特征是用肉眼或放大镜就能观察到的构造特征，可通过横切面、径切面和弦切面来观察。横切面是与树干纵轴垂直锯割的切面，径切面是通过髓心的纵切面，弦切面是垂直于横切面而与年轮相切的纵切面。就宏观构造而言，树木可分为树皮、木质部和髓心三个主要部分，如图 9.1 所示。

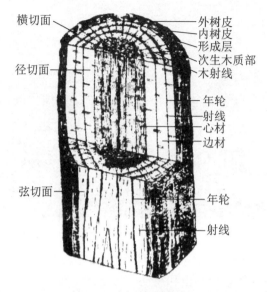

图 9.1 木材的宏观构造

树皮由外皮、软木组织(栓皮)和内皮组成。髓心位于树干的中心,由最早生成的细胞所构成,其质地疏松而脆弱,易被腐蚀和虫蛀。木质部是位于髓心和树皮之间的部分,是作为建筑材料的主要部分。

木质部是木材的主体,其构造特征包括年轮、早材(春材)和晚材(夏材)、边材和心材、树脂道、管孔、轴向薄壁组织、木射线、波痕等。

(1) 年轮、早材和晚材。从木材横切面上可以看到:髓心周围一圈呈同心圆分布的木质层,称为年轮。年轮由春材和夏材两部分组成。木材的每一年轮内,靠髓心方向材色浅、组织松、木质软的部分是每年生长旺盛时期形成的,称为春材;靠树皮方向材色深、组织密、材质硬的部分是生长后期形成的,称为夏材。夏材所占比例愈大,木材的强度与表观密度就愈大。当树种相同时,年轮稠密均匀者材质较好。

(2) 髓心、髓线。在树木的中心由第一年轮组成的初生木质部分称为髓心,又称树心,其材质松软、强度低、易腐朽开裂。从髓心呈放射状穿过年轮的条纹称为髓线。髓线与周围细胞连接较弱,木材在干燥过程中易沿髓线开裂。

(3) 心材与边材。有些树种,靠近髓心周围材色较深、含水率较小的部分称为心材;心材外围材色较浅的部分含水率大,称为边材。

9.1.3 木材的微观构造

在显微镜下看到的木材组织称为木材的微观构造。马尾松和柞木微观构造如图 9.2 所示。

在显微镜下可以看到,木材是由无数细小空腔的长形细胞紧密结合组成的,每个细胞都有细胞壁和细胞腔,细胞壁是由若干层细胞纤维组成的,其纵向连接较横向牢固,因而造成细胞壁纵向的强度高,而横向的强度低。组成细胞壁的纤维之间存在极小的空隙,能吸附和渗透水分。

细胞本身的组织构造在很大程度上决定了木材的性质,如细胞壁越厚、空腔越小、木材组织越均匀,则木材越密实、表观密度与强度越大,但干缩率也因细胞壁厚度的增大而增大。

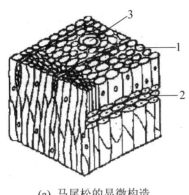
(a) 马尾松的显微构造

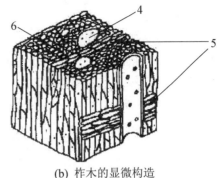
(b) 柞木的显微构造

图 9.2 马尾松和柞木的微观构造

1—管胞 2—髓线 3—树脂道 4—导管 5—髓线 6—木纤维

9.2 木材的物理及力学性能

9.2.1 密度、表观密度、含水量

1. 木材的密度与表观密度

各种木材的密度相差甚小，平均为 0.55g/cm³；表观密度相差甚大，即使同一品种，因树木生长条件、内部组织构造不同，其表观密度也有明显不同，平均约为 500kg/m³。表观密度大小与木材种类及含水率有关，通常以含水率为 15%(标准含水率)时的标准密度为准。

2. 含水率、平衡含水率、纤维饱和点

木材中的水分包括存在于细胞腔内的自由水和存在于细胞壁内的吸附水，以及构成细胞化学成分的化合水三部分。自由水对木材性质影响不大，而吸附水则是影响木材性质的主要因素。

木材的含水率是木材所含水的质量与木材干燥质量的比值。当木材的含水率与环境的湿度达到平衡时的含水率称为平衡含水率，它随大气的温度和湿度的变化而变化。我国木材平衡含水率平均为 15%(北方为 12%，南方为 18%)。

潮湿木材干燥时，自由水蒸发完毕，而细胞壁中的吸附水仍处于饱和状态，或干燥木材吸湿时，细胞壁中的吸附水达到饱和状态，而细胞腔内没有自由水，此时的含水率称为纤维饱和点。纤维饱和点因树种而异，一般为 23%～33%，平均约为 30%。

3. 纤维饱和点对木材性质的影响

1) 对强度的影响

木材纤维饱和点是许多木材性质变化的转折点。木材含水量在纤维饱和点以上(如含水量为 50%、100%等)变化时，对强度没有影响；但含水量在纤维饱和点以下变化时，木材强度将随含水量的减少而增加。其原因是水分的减少使细胞壁物质变干而紧密，从而使木

材强度提高；反之，细胞壁物质软化、膨胀而松散，木材强度降低。

2) 湿胀干缩

木材细胞壁内吸附水含量的变化会引起木材的变形，即湿胀干缩。在木材从潮湿状态干燥到纤维饱和点的过程中，其尺寸并不改变，仅表观密度减小，只有干燥到纤维饱和点以下，细胞壁中的吸附水开始蒸发时，木材才发生收缩；反之，当干燥木材吸湿时，由于吸附水的增加，木材体积膨胀，直到含水率达到纤维饱和点，此后木材的含水率继续增加，而体积不再变化。

由于木材具有湿胀干缩的性质，同时构造又不均匀，在不同的方向干缩值不同。顺纹方向干缩最小，平均为 0.1%～0.35%；径向干缩较大，为 3%～6%；弦向干缩最大，为 6%～12%。湿胀干缩将影响木材的使用。干缩会使木材翘曲、开裂、连接松动、拼缝不严等，湿胀可造成表面鼓凸。所以，木材在加工或使用前应预先进行干燥，使其含水率接近于环境湿度。

9.2.2 木材的强度

由于木材内部组织的不均匀性，各木材的强度也不相同，即使是同一棵树也有差异。影响木材强度的因素主要有以下几个方面。

1. 含水率的影响

木材含水率在纤维饱和点以下时，其强度随含水率的增加而降低，而且不同的受力条件，其影响程度是不相同的。

一般规定以含水率15%的强度 f_{15} 为标准，其他含水率的强度 f_w 可按式(9.1)计算

$$f_{15} = f_w[1 + \alpha(W - 15)] \tag{9.1}$$

式中：W——木材实际含水率，%；

α——含水率校正系数，其值可取为：顺纹抗压 0.05，顺纹抗弯 0.04，顺纹抗剪 0.03，横纹抗压 0.045，顺纹抗拉阔叶树材为 0.015，针叶树材为 0。

2. 负荷时间影响

木材在长期外力作用下，只有在应力远低于极限强度的某一范围时，才可避免因长期负荷而被破坏。木材所能承受的不致引起破坏的最大应力，称为持久强度。木材的持久强度仅为极限强度的 50%～60%。木材在外力作用下会产生塑性流变，当应力不超过持久强度时，变形到一定限度后趋于稳定；当应力超过持久强度时，经过一定时间后，变形急剧增加，从而导致木材破坏。因此，在设计木结构时，应考虑负荷时间对木材强度的影响，一般应以持久强度为依据。

3. 环境温度的影响

环境温度对木材强度有直接影响，当温度从 25℃升至 50℃时，将因木纤维间的胶体软化等原因，而使木材抗压强度降低 20%～40%，抗拉强度和抗剪强度降低 12%～20%。当温度在 100℃以上时，木材中部分组织会分解、挥发，木材变黑，强度明显下降。因

此,环境温度长期超过 50℃时,不应采用木结构。

4. 缺陷的影响

木材在生长、采伐、储存、加工和使用过程中会产生一些缺陷,如木节、裂纹、腐朽和虫蛀等,这会破坏木材的构造,造成材质的不连续性和不均匀性,从而使木材的强度大大降低,甚至失去使用价值。

9.3 木材的防护

9.3.1 木材的防腐

木材受到真菌侵害后,其细胞改变颜色,结构逐渐变松、变脆,强度和耐久性降低,这种现象称为木材的腐蚀(腐朽)。

侵害木材的真菌主要有霉菌、变色菌、腐朽菌等,它们在木材中繁殖和生存的条件是空气、适宜的温度和湿度。当木材的含水率为 35%~50%,环境温度为 25~30℃,又有足够的空气时,最适宜真菌繁殖,木材也最易腐蚀。

此外,木材还易受到白蚁、天牛等昆虫的蛀蚀,使木材形成很多孔眼或沟道,甚至蛀穴,破坏木质结构的完整性而使其强度严重降低。

木材防腐的基本原理是破坏真菌及虫类生存和繁殖的条件,常用方法有以下两种:①将木材干燥至含水率低于 20%,保证木结构在干燥状态,对木结构物采取通风、防潮、表面涂刷涂料等措施;②将化学防腐剂施加于木材,使木材成为有毒物质,常用的方法有表面喷涂法、浸渍法、压力渗透法等。常用的防腐剂有水溶性的、油溶性的及浆膏类的几种。水溶性防腐剂多用于内部木构件的防腐,常用的有氯化锌、氟化钠、铜铬合剂、硫酸铜等。油溶性防腐剂药力持久、毒性大、不易被水冲走、不吸湿,但有臭味,多用于室外地下、水下,常用的有煤焦油等。浆膏类防腐剂有恶臭,木材处理后呈黑褐色,不能油漆,如氟砷沥青等。

9.3.2 木材的防火

木材为易燃物质,应进行防火处理,以提高其耐火性,使木材着火后不致沿表面蔓延,或当火源移开后,木材面上的火焰立即熄灭。常用的防火处理是在木材表面涂刷、浸渍或覆盖难燃材料,或用防火剂浸渍木材。常用的防火涂料有石膏、硅酸盐类、丙烯酸乳胶防火涂料等。浸渍用防火剂有硼化物系列、卤类系列等。

9.3.3 木材的干燥

木材在采伐后、使用前通常都要经过干燥处理。经正确的干燥处理后,可以防止木材开裂变形和腐朽变质,提高木材强度,改善加工性能;可以减轻木材重量便于运输。木材干燥方法可分为自然干燥和人工干燥两种。

1. 自然干燥

自然干燥是将锯开的板材按一定的方式或方法堆积在通风良好的场所,避免阳光的直射和雨淋，使木材中的水分自然蒸发。这种方法简单易行，不需要特殊设备，干燥后木材的质量良好。但干燥时间长，占用场地大，只能干燥到风干状态。

2. 人工干燥

人工干燥是利用人工的方法排除木材中的水分，常用的方法有蒸汽干燥、热水干燥、除湿干燥、真空干燥和太阳能干燥等。

蒸汽干燥是指以蒸汽为热源的干燥方法，它是一种古老的、在技术上最成熟的干燥方法。热水干燥是指将热水通入干燥窑内的散热器，把热量传给干燥窑内的干燥介质，再由干燥介质加热木材，并把木材中蒸发出来的水蒸气带出窑外的干燥方法。热水干燥既能满足中低温干燥的需要，更能满足高品质木材需要高质量干燥的要求。

除湿干燥又叫热泵干燥，是一种低温干燥方法。这种干燥结构简单、投资费用少、成本低、干燥质量较好，但是干燥窑的容量小，干燥量较小，并且手工操作，劳动强度较大。真空干燥是指木材在低于大气压条件下脱水干燥的过程。真空干燥的速度快，干燥质量好，但是设备复杂，费用也较大，且木料的最终含水率不太均匀。由于干燥机的容量较小，因此真空干燥只适宜于小批量难干树种的干燥。

太阳能干燥是指直接利用太阳能对木材进行干燥的方法。与常规干燥相比，太阳能干燥成本低、无污染，但受自然条件制约，使木材很难全年有效地干燥。

9.4 木材的应用

建筑工程中常用的木材按其用途和加工程度分为原条、原木、锯材和枕木 4 类。原条是指树木伐倒后除去皮、根、树梢，但尚未加工成材的木料，常用作脚手架、建筑用材、制作家具等。

原木是指树木伐倒后已经除去皮、根、树梢，并按一定尺寸加工成规定直径和长度的圆木料，常用作架、柱、桁条等，也可用于加工锯材和胶合板等。

锯材是指已经加工锯解成材的木料。锯材又可分为板材和枋材，凡宽度为厚度的 3 倍及以上的木料为板材，宽度不足 3 倍厚度的木料为枋材。枋材可直接用于装修和制作门窗扶手、屋架、条、家具等。

枕木是指用于铁路标准轨的普通枕木、道岔枕木和桥梁枕木等。

承重结构用的木材，其材质按缺陷(木节、腐朽、裂纹、夹皮、虫害、弯曲和斜纹等)状况分为三等，其中一等品主要作为受弯或拉弯构件；二等品作为受弯或压弯构件；而三等品则主要作为受压构件及次要受弯构件。

木材加工成型材以及制作构件时，将留下大量的碎块废屑，将这些下脚料进行加工处理，就可制成各种人造板材(胶合板原料除外)。

常用的人造板材有下列几种：胶合板、纤维板、刨花板、木丝板、木屑板等。

9.4.1 胶合板

胶合板是将原木沿年轮切成大张薄片，再用胶粘合压制而成，如图 9.3 所示。层数应为奇数，一般为 3～13 层，胶合时应使相邻木片的纤维互相垂直。

图 9.3 胶合板

生产胶合板是合理利用、充分节约木材的有效方法，同时还能改善木材的物理力学性能。其特点是：由小直径的原木就能制得宽幅的板材，且板面有美丽的木纹，增加了板的外观美；因其各层单板的纤维互相垂直，故能消除各向异性，得到纵横相同的均匀强度；收缩率小，没有木节和裂纹等缺陷；产品规格化，便于使用。

胶合板用途很广，通常用作隔墙、天花板、门面板、家具及室内装修等。耐水胶合板可用作混凝土模板。

9.4.2 纤维板

纤维板是将板皮、刨花、树枝等废材，经破碎浸泡、研磨成木浆，再经湿压成型、干燥处理而成，如图 9.4 所示。因成型时温度和压力不同，纤维板分硬质、半硬质和软质三种。硬质纤维板是在高温高压下成型制得的，软质纤维板不经热压处理。生产纤维板可使木材得到充分利用(木材利用率达 90%以上)，且材质构造均匀，各向强度一致，弯曲强度较大(可达 550kg/cm^2)，不易胀缩、翘曲开裂，耐磨，不腐朽，无水节、虫眼等缺陷，故又称无疵点木材，并具有一定的绝缘性能。

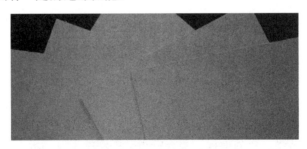

图 9.4 纤维板

硬质纤维板的应用很广，可代替普通木板用于室内墙壁、地板、门窗、家具、装修等。软质纤维板多用作绝热、吸声材料。

9.4.3 刨花板、木丝板、木屑板

刨花板、木丝板和木屑板是利用花碎片、短小废料加工制成的木丝、木屑等，经过干燥，拌以胶料，再压制而成的板材，如图 9.5 所示。这些板材所用的胶结材料较广泛，可用动植物胶或有机合成树脂胶，也可用无机胶结材料，如水泥、石膏、菱苦土等。

图 9.5 刨花板、木丝板和木屑板

这类制品容重较小、强度不高,主要用作吸声及保温隔热材料,不宜用于潮湿处,在运输及储存时,也应防止受潮。

9.4.4 木塑材料

木塑材料是将木质纤维材料和树脂按一定比例混合,经高温、挤压、成型等工艺制成的一定形状的复合型材,如图 9.6 所示。

图 9.6 木塑材料

木塑材料集木材和塑料的优点于一身,不仅具有像天然木材那样的外观,而且克服了其缺点,具有防腐、防潮、防虫蛀、尺寸稳定性高、不开裂、不翘曲等优点,比纯塑料硬度高,又有类似木材的加工性,可进行切割、粘接,可用钉子或螺栓固定连接,可涂漆,并可 100%回收再生产,是真正的绿色环保产品。

木塑材料可代替木材、塑料等,主要用于包装、建材、家具、物流等行业。随着人们对木塑材料认识的不断提高,木塑材料技术水平的不断提高,木塑材料还应用于汽车内装饰、建筑外墙、装饰装潢、户外地板、复合管材、铁路枕木等领域。

本 章 小 结

木材来源于植物,按照植物的分类系统,主要源于乔木树种,包括针叶树和阔叶树。各种木材的密度相差甚小,平均为 $0.55g/cm^3$;表观密度相差甚大,即使同一品种,因树木生长条件、内部组织构造不同,其表观密度也有明显不同,平均约为 $500kg/m^3$。表观密度大小与木材种类及含水率有关,通常以含水率为 15%(标准含水率)时的标准密度为准。建筑工程中常用的木材按其用途和加工程度分为原条、原木、锯材和枕木 4 类。

课后习题

1. 木材的分类、构造、性质分别是怎样的？
2. 木材的含水率和防腐处理之间有什么联系？
3. 试对普通木材的优缺点与木材制品的优缺点进行比较。
4. 木材的构造对其各项强度及变形特点有何影响？
5. 木塑材料的主要用途有哪些？

第10章 沥青材料

沥青是一种有机胶凝材料，是复杂的高分子碳氢化合物及其非金属衍生物组成的混合物。常温下，沥青是黑色或暗黑色固体、半固体或黏稠状物，由天然或人工制造而得。沥青和水泥具有同样的功能，能够黏附砂石等矿物质材料形成整体；沥青具有良好的黏性、塑性、耐腐蚀性和憎水性，几乎不溶于水，在土木工程中主要用作防腐、防潮和防水材料，用于屋面防水、道路、桥梁工程。

沥青分为地沥青和焦油沥青两大类，地沥青分为天然沥青和石油沥青。天然沥青是由沥青糊或含有沥青的砂岩、砂等材料提炼而成；石油沥青是原油蒸馏后的残渣，根据提炼程度的不同，在常温下呈液体、半固体或固体，色黑而有光泽。焦油沥青分为煤沥青和页岩沥青。煤沥青是由煤焦油蒸馏后的残留物经加工而得；页岩沥青是由页岩炼油工业所得的副产品。目前土木工程中常用的是石油沥青，另外还使用少量的煤沥青，通常所讲的沥青就是指石油沥青。

10.1 石油沥青

石油沥青是石油原油经蒸馏等方法提炼出各种轻质油(如汽油、煤油、柴油等)及润滑油以后的残留物，或经再加工而得的产品，在常温下呈固态、半固态或黏稠液态，颜色为褐色或黑褐色。根据石油沥青的生产工艺不同，可分别制得蒸馏沥青、氧化沥青、溶剂沥青等；按其用途不同，可分为建筑石油沥青、道路石油沥青、防水和防潮石油沥青及普通石油沥青等。建筑工程中使用的主要是由建筑石油沥青制成的各种防水制品，有时也直接使用一部分石油沥青；道路工程使用的主要是道路石油沥青。

10.1.1 石油沥青的组分

石油沥青是由多种碳氢化合物及其非金属衍生物组成的混合物，化学成分较为复杂，主要成分为碳和氢元素，其余成分为氧、硫、氮等非金属元素，此外还含有极少量的金属元素。石油沥青的分子量很大，组成和结构非常复杂，难以直接得到沥青含量与其工程性能之间的关系，一般不对沥青的化学成分进行分析，但为了反映石油沥青的组成成分与其性能之间的关系，通常将化学成分和物理性质相近的部分划分为一个化学成分组，称为组分，并进行组分分析，研究各组分与工程性质之间的关系。国家标准《公路工程沥青及沥青混合料试验规程》(JTG E20—2011)中规定了两种分析方法：三组分分析法和四组分分析法。

1. 三组分分析法

石油沥青的三组分分析法采用选择性溶解和吸附的方法将石油沥青分离为油分、树脂和沥青质三个组分。因我国地质条件原因，富产石蜡基或中间基沥青，油分中通常含有石蜡，石蜡组分的存在降低了石油沥青的黏结性和塑性，使得其温度稳定性变差，并影响其水稳定性和抗滑性能，因此除去石油沥青中的石蜡对改善石油沥青的性能非常重要。组分特性见表10.1。

表10.1 石油沥青三组分分析法的各组分特性

性状 组分	外观特性	平均分子量	碳氢比	质量分数/%	物理化学特性
油分	淡黄色透明液体	200~700	0.5~0.7	45~60	溶于大部分有机溶剂，具有光学活性，常发现有荧光
树脂	黏稠半固体	800~3000	0.7~0.8	15~30	温度敏感性高，熔点低于100℃
沥青质	深褐色固体颗粒	1000~5000	0.8~1.0	5~30	加热不熔化而碳化

油分是一种淡黄色至红褐色的油状液体，是沥青中分子量和密度最小的组分，能溶于多种有机溶剂，但不溶于酒精，挥发性强。油分赋予沥青以流动性，油分含量的多少直接影响沥青的柔软性、抗裂性能和施工的难度，在沥青老化过程中油分可以转化为树脂和沥青质，从而影响其耐久性。

树脂是一种黏稠状半固体，又称沥青脂胶，溶于三氯甲烷，在酒精和丙酮中难溶。石油沥青中的树脂包括中性树脂和酸性树脂两种成分，其中中性树脂含量较多。中性树脂使得沥青具有良好的塑性、可流动性和黏结性，其含量越高，沥青的黏结性和延展性越好；酸性树脂是油分氧化后的产物，为黑褐色黏稠物质，是沥青中活性最大的成分，可以提高沥青与碳酸盐类岩石的黏附性，改善沥青对矿质材料的浸润性，增强沥青的乳化性。

沥青质是一种深褐色至黑色的固态无定形物质(固体微粒)，又称地沥青质，分子量最大，不溶于酒精和正戊烷，但溶于三氯甲烷，染色力强，对光敏感性强。沥青质的含量决定了沥青的黏结力、温度稳定性和黏度，沥青质含量的增加，会提高沥青的黏度、软化点、硬度和温度稳定性等。

2. 四组分分析法

石油沥青的四组分分析法是将石油沥青分离为饱和分、芳香分、胶质和沥青质，见表10.2。

按照四组分分析法，各组分的比例影响着沥青的性质。饱和分含量越高，沥青黏度越低；胶质含量越高，沥青的延度越大；沥青质的含量越高，温度敏感性越低；胶质和沥青质总含量越高，黏度越大。另外，石油沥青中还含有少量的沥青碳，为无定形的黑色固体粉末，是沥青中分子量最大的成分，它的存在会降低石油沥青的黏结力。

表 10.2　石油沥青四组分分析法的各组分特性

组分\性状	外观特性	平均相对密度	平均分子量	主要化学结构
饱和分	无色液体	0.89	625	烷烃、环烷烃
芳香分	黄色至红色液体	0.99	730	芳香烃、含 S 衍生物
胶质	棕色黏稠液体	1.09	970	多环结构、含 S、O、N 衍生物
沥青质	深棕色至黑色固体	1.15	3400	缩合环结构，含 S、O、N 衍生物

10.1.2　石油沥青的结构

石油沥青的工程性质不仅与它的化学组分有关，还与它的胶体结构有着密切关系。石油沥青的结构是以沥青质为核心，周围吸附部分树脂和油分，形成胶团，无数的胶团就会分散在油分中，进而形成了胶体结构。在沥青胶体结构中，根据各组分的化学组成和相对含量的不同可形成不同的胶体结构：溶胶型结构、溶—凝胶型结构和凝胶型结构等，如图 10.1 所示。

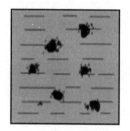　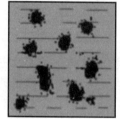　

　　(a) 溶胶型结构　　　　　　(b) 溶—凝胶型结构　　　　　(c) 凝胶型结构

图 10.1　石油沥青胶体结构示意

1. 溶胶型结构

当石油沥青中沥青质的含量很低，分子量也较小，油分和树脂含量相对较高，并含有一定数量的胶质时，沥青质胶团就能够完全胶溶在芳香分和饱和分形成的分散介质中，形成溶胶型结构。此时在溶胶型结构中，胶团间距甚远，相互之间的吸引力较小甚至没有吸引力，胶团可以在分散介质黏滞度许可范围内自由地运动。此时溶胶型沥青具有较高的流动性和塑性，开裂后具有较好的自我修复能力，低温时变形能力较强，但温度稳定性差，温度过高时会发生流淌。

2. 溶—凝胶型结构

溶—凝胶型结构是一种介于溶胶型和凝胶型之间的结构，此时沥青质含量较多而油分和树脂含量较少，且具有足够数量的胶质，胶团浓度较大，靠近聚集，能产生一定的约束力，移动比较困难。溶—凝胶型结构具有良好的黏结性、弹性和温度稳定性，在高温时具有良好的稳定性，低温时具有较好的变形能力，且性能比较稳定，因此在土木工程中最常用到，现代高等级沥青路面用的沥青都是溶—凝胶型结构。

3. 凝胶型结构

当石油沥青中沥青质含量很高，并有数量较多的高芳香度胶质时，可使胶体结构中胶团的浓度很大，胶团间距很小，彼此间的约束力很强，形成了较为紧密的空间网状结构，芳香分和饱和分分散相只起到胶团间的填充作用，这种胶体结构称为沥青的凝胶型结构。凝胶型结构具有良好的弹性和温度稳定性，但流动性和黏性较差，低温显脆硬且变形能力差，开裂后难以自行愈合。

10.1.3 石油沥青的技术性质

1. 物理特性常数

1) 密度

沥青密度是在规定温度下单位体积沥青所具有的质量，单位为 kg/m^3。沥青密度也可用相对密度表示，相对密度是指在规定温度(25℃)下，沥青质量与同体积的水质量的比值。沥青密度是在设计沥青混合料配合比时必不可少的重要参数，从一定程度上可反映其化学组成、沥青各组分的比例和排列的紧密程度等。在沥青使用、存储、运输、销售和设计沥青容器时沥青密度也是不可缺少的数据。

2) 热胀系数

当温度上升时，沥青材料的体积发生膨胀，当温度上升 1℃时，沥青材料长度或体积的膨胀量称为线胀系数或体胀系数，统称热胀系数。热胀系数是沥青储罐的设计和沥青作为填缝、密封材料十分重要的数据，与沥青路面的路用技术性能也有着密切的关系。热胀系数越大，沥青路面在夏季越容易泛油，冬季越容易因收缩而开裂。

3) 介电常数

沥青的介电常数与使用的耐久性有关。介质在外加电场时会产生感应电荷而削弱电场，原外加电场(真空中)与最终介质中电场比值即为介电常数。沥青材料的介电常数在2.6~3.0 范围内，但与温度有一定的关系，温度越高介电常数越大。

4) 溶解度

溶解度是指石油沥青在三氯乙烯、四氯化碳或苯中溶解的百分率，以表示沥青中有效物质的含量，即纯净程度。不溶解的物质会降低沥青的性能，应予以限制。

2. 黏滞性

石油沥青的黏滞性反映沥青材料在外力作用下其内部阻碍产生相对流动的能力，即石油沥青在外力作用下抵抗变形的能力，用绝对黏度表示，反映了沥青软硬、稀稠的程度，是划分沥青牌号的主要技术指标。黏滞性大，表示沥青与其他材料的黏附力强、弹性大、硬度大；黏滞性小，说明沥青在外力作用下容易变形，甚至具有一定流动性。黏滞性受温度影响较大，在一定温度变化范围内，温度越高，黏度越低；温度越低，黏度越大。

绝对黏度的测试方法因材而异，方法较复杂，不便于应用到工程上，工程中多采用相对黏度(条件黏度)表示。测定相对黏度的主要方法为针入度法和标准黏度法，液态石油沥青的黏滞性用标准黏度表示，半固体或固体沥青的黏性用针入度表示。

标准黏度是液体沥青在规定温度(20℃、25℃、30℃或 60℃)条件下，从规定直径

(3mm、5mm 或 10mm)的孔口流出 $50\,\text{cm}^3$ 沥青所需的时间(秒数)，常以符号 $C_t^d T$ 表示，其中 d 为流孔直径(mm)，t 为试验时沥青的温度(℃)，T 为流出 $50\,\text{cm}^3$ 沥青所需的时间(s)。黏度越大表示沥青的稠度越大。

针入度是指在温度为 25℃ 的条件下，以规定质量为 100g 的标准针，经 5s 沉入沥青中的深度(以 0.1mm 为单位)来表示。针入度值越大说明沥青流动性越大，黏性越差。

3. 塑性

塑性是指石油沥青在外力作用下产生变形而不破坏(即不产生裂缝或断开)，并在除去外力后仍保持变形后的形状而不变的性质，它是沥青的重要性质之一，塑性也称延性。

石油沥青的塑性用延度来表示。延度的测定是把沥青制成"∞"形状的标准试件，置于延度仪内的 25℃ 水中，以 (5 ± 0.25) cm/min 的速度拉伸试件，拉断时的伸长度(cm)即为延度，延度越大，塑性越好。

石油沥青的塑性与其组分有关，胶质含量较高且其他组分含量适中时，塑性较好。影响沥青塑性的主要因素有温度和沥青膜层厚度，温度升高沥青塑性增高，沥青膜越厚塑性越好。塑性好的沥青可随建筑物的变形而变形，并在产生裂缝后可以自行愈合。另外良好的塑性提高了沥青吸收冲击荷载的能力，减少摩擦时的噪声，使得沥青能够成为一种优良的道路和桥梁路面材料。

4. 温度敏感性

温度敏感性是指石油沥青的黏滞性和塑性等物理性质随温度升降而变化的特性。沥青是一种高分子非晶体热塑性物质，没有固定的熔点，当温度升高时，沥青由固态或半固态逐渐软化，沥青内部分子之间产生相对滑动，此时沥青就像液体一样发生黏性流动，这种状态称为黏流态。而当温度降低时，沥青又逐渐由黏流态向半固态或固态转变(高弹态)，甚至会变得像玻璃一样又硬又脆，这种状态称为玻璃态。

在相同温度变化间隔中，如果沥青的黏滞性和塑性变化的幅度较小，则沥青的温度敏感性较低，即沥青的温度稳定性较好。温度敏感性较小的沥青，在温度升高时不容易流淌，而温度降低时不硬脆开裂，使得其适合用于道路路面。

沥青的温度敏感性与其各组分的含量有关：沥青质含量愈高，沥青的温度敏感性愈小；石蜡含量愈高，则沥青的温度敏感性愈大。

石油沥青的温度敏感性常用软化点表示。由于沥青材料从固态至液态有一定的时间间隔，故规定以其中某一状态作为从固态转变到黏流态的起点，相应的温度称为沥青的软化点。

《公路工程沥青及沥青混合料试验规程》(JTG E20—2011)中规定沥青软化点采用环球法测定。该方法是把沥青试样装入直径为 16mm 的铜环内，环上放置一个直径为 9.5mm、质量为 3.5g 左右的标准钢球，浸入水或甘油中，以规定的 5℃/min 左右的速度升温，当沥青软化下垂至规定距离 25.4mm 时的温度即为软化点，以 ℃ 计量。软化点越高，表明沥青的温度敏感性越低。

5. 大气稳定性

大气稳定性是指石油沥青在热、阳光、氧气和潮湿等大气因素的长期综合作用下抵抗老化的性能，即沥青材料的耐久性。

在阳光、氧气和热的综合作用下，沥青各组分会不断递变，油分和树脂逐渐减少，而沥青质逐渐增多，随着时间的延长，石油沥青的流动性和塑性逐渐减小，硬脆性逐渐增大，直至脆裂。这个过程称为石油沥青的"老化"。故石油沥青的大气稳定性越好，抗老化性能越好。

石油沥青的大气稳定性常以蒸发损失百分率和蒸发后针入度比来评定。蒸发损失率是先测定沥青试样的重量和针入度，然后将试样置于加热损失试验专用的烘箱中，加热至163℃后蒸发 5h，待冷却后再测定其重量和针入度。蒸发损失百分率即为蒸发损失质量占原试样质量的百分数；针入度比即为蒸发后针入度占原针入度的百分数。蒸发损失率越小，蒸发后针入度比越大，表示沥青大气稳定性越高，老化越慢。

6. 黏附性

黏附性是沥青材料的主要功能之一，沥青在沥青混合料中以薄膜的形式涂覆在骨料颗粒表面，并将松散的矿物质骨料黏结为一个整体。黏结能力较强的沥青，黏附性一般也较好。沥青与碱性骨料的黏附性强于与酸性骨料的黏附性，沥青中的表面活性物质与碱性骨料接触时，会产生极强的化学吸附作用，与酸性骨料接触时，较难产生化学吸附作用，仅为范德华力的物理吸附，比化学吸附力小得多。所以沥青中表面活性物质的含量和黏附性有着极大的关系。

国家标准《公路工程沥青及沥青混合料试验规程》(JTG E20—2011)规定，沥青混合料的最大粒径大于 13.2mm 时采用水煮法测评沥青与骨料的黏附性，不大于 13.2mm 时采用水浸法。

7. 安全性

石油沥青的施工安全性与沥青的闪点和燃点息息相关。闪点是指沥青加热至挥发出的可燃气体和空气的混合物在规定的条件下与火焰接触，初次产生蓝色闪光时的沥青温度(℃)，也是与火焰接触，发生一瞬即灭的火焰时的最低温度，闪点也称闪火点。

燃点是指继续加热至沥青表面出现燃烧火焰，并与火焰接触能持续燃烧 5s 以上的最低温度，此时沥青的温度即为燃点(℃)。燃点温度比闪点温度约高10℃，燃点也称着火点。

沥青质组分多的沥青，燃点与闪点相差更多，液体沥青由于轻质成分较多，闪点和燃点的温度相差很小。闪点和燃点的高低表明沥青引起火灾或爆炸的可能性的大小，它关系到运输、储存和加热使用等方面的安全。熬制沥青时的加热温度不能超过沥青的闪点，如建筑石油沥青闪点约 230℃，熬制温度一般为 185～200℃，为了安全起见，沥青还应与火焰隔离。

10.1.4　石油沥青的技术标准及选用

石油沥青按用途可分为建筑石油沥青、道路石油沥青和普通石油沥青三大类。这三种沥青都是按照针入度指标划分牌号的。同一种沥青，针入度越大，牌号越大，延度越大，沥青越软，黏性越小，塑性越大。在土木工程中常用的主要是建筑石油沥青和道路石油沥青，在满足工程要求的前提下，尽量选用牌号较大的沥青，可以保证较长的使用寿命。

1. 建筑石油沥青

建筑石油沥青按针入度划分牌号，每一牌号的沥青还应保证相应的延度、软化点、溶解度、蒸发损失率、蒸发后针入度比和闪点等。《建筑石油沥青》(GB/T 494—2010)规定，建筑石油沥青按针入度分为10号、30号和40号三个牌号。建筑石油沥青的技术要求见表10.3。

表10.3 建筑石油沥青技术要求

项 目	质量指标			试验方法
	10号	30号	40号	
针入度(25℃，100g，5s)/0.1mm	10~25	26~35	36~50	GB/T 4509—2010
针入度(46℃，100g，5s)/0.1mm	实测值	实测值	实测值	
针入度(0℃，200g，5s)/0.1mm	≥3	≥6	≥6	
延度(25℃，5cm/min)/cm	≥1.5	≥2.5	≥3.5	GB/T 4508—2010
软化点(环球法)/℃	≥95	≥75	≥60	GB/T 4507—2014
溶解度(三氯乙烯)/%	≥99			GB/T 11148—2008
蒸发损失率(163℃，5h)/%	≤1			GB/T 11964—2008
蒸发后针入度比/%	≥65			GB/T 4509—2010
闪点(开口杯法)/℃	≥260			GB 267—1988

建筑石油沥青多用来制作防水卷材、防水涂料、沥青胶和沥青嵌缝膏等，用于建筑屋面和地下防水、沟槽防水防腐以及管道防腐等工程。石油沥青的选用应根据气候条件、工程环境及技术要求来确定。

2. 道路石油沥青

在《公路沥青路面施工技术规范》(JTG F40—2004)中，道路沥青等级划分以沥青路面的气候条件为依据。气候条件是根据温度和雨量组成气候分区，见表10.4。在该表中，第一个数字代表高温分区，第二个数字代表低温分区，第三个数字代表雨量分区。例如，气候区名1-3-2，表示为夏炎热、冬冷、湿润区。每个数字越小，表示气候因素对沥青路面的影响越严重。在同一个气候区内根据道路等级和交通特点可再将沥青分为若干个不同的针入度等级。

表10.4 沥青路面使用性能气候分区

气候分区指标		气候分区			
按照高温指标	高温气候区	1	2	3	
	气候区名称	夏炎热区	夏热区	夏凉区	
	7月平均最高气温/℃	>30	20~30	<20	
按照低温指标	低温气候区	1	2	3	4
	气候区名称	冬严寒区	冬寒区	冬冷区	冬温区
	极端最低气温/℃	<-37.0	<-37.0~-21.0	-21.5~-9.0	>-9.0
按照雨量指标	雨量气候区	1	2	3	4
	气候区名称	潮湿区	湿润区	半干区	干旱区
	年降雨量/mm	>1000	100~500	500~250	<250

按照道路的交通量,道路石油沥青分为中、轻交通道路石油沥青和重交通道路石油沥青。中、轻交通道路石油沥青主要用于一般的道路路面、车间地面等工程,执行石油化工行业标准《道路石油沥青技术标准》(NB/SH/T 0522—2010),有关技术要求见表 10.5。重交通道路石油沥青主要用于高速公路、一级公路、重要的城市道路及机场道路路面等,执行国家标准《重交通道路石油沥青技术标准》(GB/T 15180—2010),有关技术要求见表 10.6,各项目对应试验方法见表 10.7。

表 10.5 中、轻交通道路石油沥青技术要求

项 目		质量指标				
		200 号	180 号	140 号	100 号	60 号
针入度(25℃,100g,5s)/0.1mm		200～300	150～200	110～150	80～110	50～80
延度(25℃,5cm/min)/cm		≥20	≥100	≥100	≥90	≥70
软化点(环球法)/℃		30～48	35～48	38～51	42～55	45～58
溶解度(三氯乙烯)/%		≥99.0				
闪点(开口杯法)/℃		≥180	≥200	≥230		
密度(25℃)/(g/cm³)		实测值				
蜡含量/%		≤4.5				
薄膜烘箱试验(163℃,5h)	质量变化/%	≤1.3			≤1.2	≤1.0
	针入度比/%	实测值				
	延度(25℃)/cm	实测值				

注:若25℃延度达不到而15℃延度达到时,也可认为是合格的,指标要求同25℃延度。

表 10.6 重交通道路石油沥青技术要求

项 目	质量指标					
	AH-130	AH-110	AH-90	AH-70	AH-50	AH-30
针入度(25℃,100g,5s)/0.1mm	120～140	100～120	80～100	60～80	40～60	20～40
延度(25℃,5cm/min)/cm	≥100				≥80	
软化点(环球法)/℃	38～51	40～53	42～55	44～57	45～58	50～65
溶解度(三氯乙烯)/%,	≥99.0					
闪点(开口杯法)/℃,	≥230					≥260
密度(25℃)/(g/cm³)	实测值					
蜡含量/%	≤3.0					
薄膜烘箱试验(163℃/5h)						
质量变化/%	≤1.3	≤1.2	≤1.0	≤0.8	≤0.6	≤0.5
针入度比/%	≥45	≥48	≥50	≥55	≥58	≥60
延度(15℃)/cm	≥100	≥50	≥40	≥30	实测值	实测值

表 10.7 各项目对应试验方法

项 目	试验方法	项 目	试验方法
针入度(25℃,100g,5s)	GB/T 4509—2010	延度(25℃,5cm/min)	GB/T 4508—2010
软化点(环球法)	GB/T 4507—2014	溶解度(三氯乙烯)	GB/T 11148—2008
闪点(开口杯法)	GB/T 267—2008	密度(25℃)	GB/T 8928—2008

项目	试验方法	项目	试验方法
蜡含量	SH/T 0425—2010	质量变化	GB/T 5304—2001
针入度比	GB/T 4509—2010	延度(15℃)	GB/T 4508—2010

3. 普通石油沥青

普通石油沥青石蜡含量较多,一般大于 5%,因此温度敏感性较大,不宜单独应用于工程中,需和其他种类的石油沥青搭配使用。

4. 沥青的掺配

工程中某一种牌号的石油沥青往往不能满足工程技术要求,因此需要不同牌号的沥青进行掺配。在进行掺配时,为了不破坏掺配后沥青的胶体结构,应选用表面张力相近和化学性质相似的沥青,并且要遵循同产源原则。试验证明同产源的沥青容易保证掺配后的沥青胶体结构的均匀性,所谓同产源是指同属石油沥青,或同属煤沥青、煤焦油沥青。

两种沥青掺配的比例可用式(10.1)估算:

$$Q_1 = \frac{T_2 - T}{T_2 - T_1} \times 100\% \tag{10.1}$$

$$Q_2 = 100\% - Q_1 \tag{10.2}$$

式中:Q_1——较软沥青用量(%);

Q_2——较硬沥青用量(%);

T——掺配后沥青软化点(℃);

T_1——较软沥青软化点(℃);

T_2——较硬沥青软化点(℃)。

10.2 煤 沥 青

煤沥青是焦油沥青的一种。生产焦炭和煤气时得到的副产品中的煤焦油再经加工即得到煤沥青。现行国家标准《煤沥青》(GB/T 2290—2012)根据软化点的高低将煤沥青分为高温煤焦油沥青、中温煤焦油沥青和低温煤焦油沥青,以高温煤焦油为原料,可以加工获得质量较高的煤沥青,土木工程中多采用黏稠或半固体的低温沥青。不同煤沥青的质量指标见表10.8。

表 10.8 煤沥青技术要求

指标名称	低温沥青		中温沥青		高温沥青	
	1号	2号	1号	2号	1号	2号
软化点/℃	35~45	46~75	80~90	75~95	95~100	95~120
甲苯不溶物含量/%	—	—	15~25	≤25	≥24	—
灰分/%	—	—	≤0.3	≤0.5	≤0.35	—
水分/%	—	—	≤5.0	≤5.0	≤4.0	≤5.0
喹啉不溶物/%	—	—	≤10	—	—	—
结焦值/%	—	—	≥45	—	≥52	—

10.2.1 煤沥青的化学成分

煤沥青可分离为游离碳、树脂和油分等。

1. 游离碳

游离碳又称自由碳，是高分子有机化合物固态碳质微粒，不溶于苯，加热后不熔化，但高温下分解。煤沥青的游离碳含量越高，黏度和温度稳定性越好，低温脆性也增加。

2. 树脂

树脂为含氧的环状碳氢化合物，分为硬树脂和软树脂，硬树脂类似石油沥青中的沥青质，可提高煤沥青的黏滞性；软树脂类似石油沥青中的树脂，赤褐色黏塑状物质，溶于氯仿，使煤沥青具有塑性。

3. 油分

油分是液态碳氢化合物，主要由较低分子量的液体芳香族碳氢化合物组成，类似于石油沥青中的油质，油分赋予了煤沥青一定的流动性，可以降低黏度。

此外煤沥青的油分中还含有吡啶、喹啉、萘、蒽和酚等物质，萘和蒽能溶解于油分中，在含量较高或低温时能呈固态晶状析出，影响煤沥青的低温变形能力。酚为苯环中含羟物质，能溶于水，且易被氧化。煤沥青中酚、萘均为有害物质，对其含量必须加以限制。

10.2.2 煤沥青的技术特性

由于煤沥青与石油沥青在成分上有一定的区别，因此它们在技术特性方面也有所不同。煤沥青有如下特点。

1. 塑性差

煤沥青含有较多的游离碳，容易变形开裂。

2. 温度稳定性较差

煤沥青中含有较多的可溶性树脂，所以当温度变化时煤沥青的黏度变化大，夏天易软化流淌，冬天易脆裂。

3. 耐老化性差

煤沥青中含有较多的挥发性成分和化学稳定性差的成分，如不饱和芳香烃，所以在热、阳光、氧气等因素长期综合作用下，其化学组成容易发生变化，老化进程较快。

4. 黏附性强

由于煤沥青中的极性物质较多，故有较高的表面活性，这些表面活性物质，使得煤沥青与矿物质材料的黏附力较强。

5. 耐腐蚀性强

煤沥青中含有酚、蒽等芳香物质，这些芳香烃组分有毒性，可阻止多种微生物的生长，焦油及煤沥青经常用于地下管道、枕木等材料的防腐防锈处理。施工中应严格遵守相关操作和劳保规定，以防中毒。

10.2.3 石油沥青和煤沥青的比较鉴别

石油沥青和煤沥青的比较鉴别见表10.9。

表10.9 石油沥青和煤沥青的比较鉴别

鉴别方法	石油沥青	煤沥青
密度法	近似于1.0g/cm³	大于1.1g/cm³
锤击法	声哑，有弹性，韧性好	声脆，韧性差
燃烧法	烟呈无色，基本无刺激性臭味	烟呈黄色，有刺激性臭味
溶液比色法	用30~50倍汽油或煤油溶解后，将溶液滴于滤纸上，斑点呈棕色	用30~50倍汽油或煤油溶解后，将溶液滴于滤纸上，斑点有两圆，内黑外棕

10.3 乳化沥青

乳化沥青是将黏稠沥青加热至流动状态，经高速离心、搅拌和剪切等机械力的作用形成的微滴而分散于含有乳化剂的水溶液中，形成水包油状的沥青乳液。乳化沥青具有可以常温施工、节约稀释剂、保护环境、保障健康等特点，在道路工程中已得到越来越多的重视和应用。

10.3.1 乳化沥青的组成材料

乳化沥青主要由沥青、水、乳化剂和稳定剂等材料组成。

1. 沥青

沥青是乳化沥青的主要组成材料，占乳化沥青的55%~70%。沥青的性质直接决定了乳化沥青的成膜性能和路用性能。在选择乳化沥青时，各种标号的沥青均可配制乳化沥青，应首先考虑其乳化性能，稠度较小的沥青(针入度在100~250(0.1mm)之间)更容易乳化。

2. 水

水是沥青的分散介质，是乳化沥青的主要组成部分，水的用量一般为30%~70%，在乳化沥青中起着润湿、溶解和化学反应的作用。水常含有各种矿物质或其他影响乳化沥青形成的物质，应根据乳化剂类型的不同确定对水质的要求。

3. 乳化剂

乳化剂是乳化沥青形成和保持稳定的关键材料，它能使互不相溶的两相物质(沥青和水)形成均匀稳定的分散体系，它的性能在很大程度上影响着乳化沥青的性能。沥青乳化剂是一种表面活性剂，按其亲水基在水中是否电离可分为离子型乳化剂和非离子型乳化剂两大类。离子型乳化剂按其解离后亲水端生成离子所带电荷的不同，又分为阴离子型乳化剂、阳离子型乳化剂和两性离子型乳化剂三种。

4. 稳定剂

稳定剂通常包括有机稳定剂和无机稳定剂两种，为使沥青乳液具有良好的储存稳定性，常常在乳化沥青生产阶段向水溶液中加入适量的稳定剂。稳定剂与乳化剂的协同作用必须通过试验来确定，并且用量不宜过多。常用的稳定剂有氯化钙、聚乙烯醇等。

10.3.2 乳化沥青的特点

乳化沥青与石油沥青相比具有许多优越性，主要优点如下。

(1) 乳化沥青可以在常温和冷态下施工，现场无须加热设备，节约能源，减少污染环境。

(2) 由于乳化沥青黏度低、和易性好、施工方便、有较好的流动性，可保证洒布的均匀性，能产生较好的黏附性，且在集料表面形成较薄的沥青膜，可以节约沥青用量并保证施工质量。

(3) 施工不需要加热，不污染环境，同时避免工作人员受到沥青挥发物的毒害，防止中毒。

(4) 乳化沥青所筑路面有一定的粗糙度，避免路面过于光滑而发生事故，保证了行车安全。

(5) 乳化沥青受降雨影响较小，可延长施工季节。

10.4 改性沥青

土木工程中使用的沥青应具有一定的物理性质和黏附性等良好的综合性能，如在低温条件下具有良好的弹性和塑性；在高温条件下要有足够的强度和稳定性；在加工和使用条件下具有良好的抗老化能力；还应与各种矿料和结构表面有较强的黏附力，以及对变形的适应性和耐疲劳性等。通常，石油加工厂制备的沥青不一定能全面满足这些要求，为此，常用高聚物，如橡胶、树脂和矿物填料等材料进行改性，其中橡胶、树脂和矿物填料等统称为石油沥青的改性材料。

10.4.1 橡胶改性沥青

橡胶是沥青的重要改性材料。橡胶和沥青有较好的混溶性，并能使沥青具有橡胶的很多优点，如高温变形性小、低温柔性好等。由于橡胶的品种不同，掺入的方法也有所不同，各种橡胶沥青的性能也有差异，常用的有氯丁橡胶、丁基橡胶、再生橡胶等。

1. 氯丁橡胶改性沥青

氯丁橡胶改性沥青是在沥青中掺入氯丁橡胶制得而成。沥青掺入氯丁橡胶后，其气密性、低温柔性、耐化学腐蚀性和耐候性等特性均得到改善。氯丁橡胶改性沥青的生产方法有溶剂法和水乳法。溶剂法是先将氯丁橡胶溶于一定的溶剂中形成溶液，然后掺入沥青中，混合均匀即成为氯丁橡胶改性沥青。水乳法是将橡胶和石油沥青分别制成乳液，再混合均匀即可使用。氯丁橡胶改性沥青可用于路面的稀浆封层和制作密封材料和涂料等。

2. 丁基橡胶改性沥青

丁基橡胶改性沥青是在沥青中加入丁基橡胶制得而成，配制方法与氯丁橡胶沥青类似，而且较简单一些。丁基橡胶改性沥青具有优异的耐分解性，并有较好的低温抗裂性和耐热性，多用于道路路面工程和制作密封材料和涂料。

3. 再生橡胶改性沥青

再生橡胶改性沥青是将废旧橡胶加工成小于 1.5mm 的颗粒，然后掺入沥青中经加热搅拌脱硫制得而成。再生橡胶改性沥青具有一定的弹性、塑性和黏结力，还具有良好的气密性、低温柔性和抗老化性。再生橡胶来源广泛，价格低廉，掺量视需要而定，一般为 3%～15%。再生橡胶改性沥青可以制成卷材、片材、密封材料、胶黏剂和涂料等。随着科学技术的发展、加工方法的改进，各种新品种的制品将会不断增多。

10.4.2　树脂改性沥青

用树脂改性石油沥青，可以改善沥青的耐寒性、耐热性、抗老化性、黏结性和不透气性等。由于石油沥青中含芳香性化合物很少，故树脂和石油沥青的相容性较差，但与煤焦油及煤沥青的相容性较好，用于改性的常用树脂有古马隆树脂、聚乙烯(PE)、乙烯-乙酸乙烯共聚物(EVA)、无规聚丙烯(APP)等。

1. 古马隆树脂改性沥青

古马隆树脂又名香豆桐树脂，呈黏稠液体或固体状，浅黄色至黑色，易溶于氯化烃、酯类、硝基苯等，是一种热塑性树脂。将沥青加热熔化脱水，加热至 150～160℃，把古马隆树脂放入熔化的沥青中不断搅拌，再把温度升至 185～190℃，保持一段时间，使之充分混合均匀，即得到古马隆树脂改性沥青。树脂掺量约 40%时，沥青的黏性较大。

2. 聚乙烯树脂(PE)改性沥青

在沥青中掺入 5%～10%的低密度聚乙烯，采用胶体磨法或高速剪切法即可制得聚乙烯树脂改性沥青。聚乙烯树脂改性沥青的耐高温性和耐疲劳性有显著改善，低温柔性也有所改善。一般来说，聚乙烯树脂与多蜡沥青的相容性较好，对多蜡沥青的改性效果也较好。

3. 无规聚丙烯(APP)改性沥青

无规聚丙烯是聚丙烯的一种，根据甲基的不同排列聚丙烯分无规聚丙烯、等规聚丙烯和间规聚丙烯 3 种，无规聚丙烯的甲基无规地分布在主链两侧。

无规聚丙烯常温下呈黄白色橡胶状，无明显熔点，加热到 150℃后才开始变软，在 250℃左右熔化，并可以与石油沥青均匀混合。APP 改性沥青与石油沥青相比，其软化点高、延度大、冷脆点低、黏度大，具有优异的耐热性和抗老化性，特别适用于气温较高的地区，主要用于制造防水卷材和防水涂料。

4. 热塑性弹性体(SBS) 改性沥青

热塑性弹性体是热塑性弹性体苯乙烯-丁二烯嵌段共聚物，同时具有橡胶和树脂的特性，常温下具有橡胶的弹性，高温下又能像树脂那样熔融流动，成为可塑的材料，SBS 的掺量一般为 3%～10%。SBS 改性沥青与石油沥青相比，弹性好、延伸率高，具有良好的耐高温性、优异的低温柔性和耐疲劳性等优点。SBS 改性沥青是目前应用最成功和用量最大的一种改性沥青，主要用于制作防水卷材和铺筑高等级公路路面等。

10.4.3 橡胶和树脂改性沥青

橡胶和树脂同时用于改善沥青的性质，可以使沥青同时具有橡胶和树脂的特性，且树脂比橡胶便宜，橡胶和树脂又有较好的相容性，能取得满意的综合效果。

橡胶、树脂和沥青在加热融熔状态下，沥青与高分子聚合物之间发生相互侵入和扩散，沥青分子填充在聚合物大分子的间隙内，同时聚合物分子的某些链节扩散进入沥青分子中，形成凝聚的网状混合结构，故可以得到较优良的性能。配制时，采用的原材料品种、配比和制作工艺不同，产品的性能也互不相同，主要用于生产卷材、片材、密封材料和防水涂料等。

10.4.4 矿物填充料改性沥青

在沥青中加入一定数量的矿物填充料，可以提高沥青的黏性和耐热性，降低沥青的温度敏感性。矿物填料改性沥青主要适用于生产沥青胶。矿物填料有粉状和纤维状两种，常用的有滑石粉、石灰石粉、硅藻土和石棉粉等材料。

掺入的矿物填料能被沥青包裹形成稳定的混合物，需要两个前提条件，一是沥青能润湿矿物填料，二是沥青与矿物填料之间具有较强的吸附力，并不为水所剥离。

将矿物填充料加入到沥青中，沥青对其产生润湿和吸附作用，在矿物颗粒表面形成结合力牢固的沥青薄膜，该膜层具有较高的黏性和耐热性，称为结构沥青，结构沥青促使沥青具有更高的黏度和黏聚力。矿物填充料颗粒越细，表面积越大，结构沥青越多，但颗粒也不宜太细。因此，沥青中掺入的矿物填充料的数量要适当，以形成恰当的结构沥青膜层。

10.5 沥青混合料

沥青混合料是矿质混合料(简称矿料)与沥青结合料经拌和而形成的混合料的总称，矿料起到骨架的作用，沥青与填料起胶结和填充的作用。沥青混合料是铺筑高等级道路的主要材料，也可用于建筑防水或堤坝面防渗工程。它不仅具有良好的力学性能，而且具有一定的高温稳定性和低温柔韧性。用它铺筑的路面平整无接缝、抗滑性好、噪声小、行车平稳，而且施工方便、速度快，能及时开放交通。我国在建或已建成的高速公路 90%以上均采用沥青混凝土路面。

10.5.1 沥青混合料的分类和组成

1. 沥青混合料的分类

沥青混合料的分类可以从不同角度进行。

1) 按拌制和摊铺温度分类

(1) 热拌热铺沥青混合料。一种沥青与矿料在热态下拌和、铺筑的混合料。

(2) 冷拌沥青混合料。一种采用乳化沥青或液体沥青与矿料在常温下拌和、铺筑的混合料。

(3) 再生沥青混合料。需要翻修或废弃的旧沥青路面经翻挖、破碎后,将其中的旧沥青混合料回收,然后将其与再生剂、新集料、新沥青材料等按一定比例重新拌和,形成具有一定路用性能的再生沥青混合料。

2) 按骨料级配类型分类

(1) 连续级配沥青混合料。从大到小的各级粒径矿料按照级配原则,并按比例搭配组成的混合料。

(2) 间断级配沥青混合料。矿料级配组成中缺少一个或几个粒径档次的混合料。

3) 按混合料密实度分类

(1) 密级配沥青混合料。按密实级配原则设计的连续型密集配沥青混合料,压实后剩余空隙率小于 10%(针对不同交通及气候情况、层位可作适当调整),如密实性沥青混凝土混合料(AC)和密实性沥青稳定碎石混合料(ATB)。

(2) 开级配沥青混合料。按级配原则设计的连续型级配混合料,矿料主要由粗骨料嵌挤而成,细骨料较少,压实后剩余空隙率大于 15%。

(3) 半开级配沥青混合料。由粗、细骨料及少量填料或不加填料与沥青拌和,压实后剩余空隙率为 10%~15%的沥青碎石混合料(AM),也称为沥青碎石混合料。

4) 按骨料最大粒径分类

(1) 特粗式沥青混合料。骨料公称最大粒径为 37.5mm 的沥青混合料。

(2) 粗粒式沥青混合料。骨料公称最大粒径为 26.5mm 或 31.5mm 的沥青混合料。

(3) 中粒式沥青混合料。骨料公称最大粒径为 16mm 或 19mm 的沥青混合料。

(4) 细粒式沥青混合料。骨料公称最大粒径为 9.5mm 或 13.2mm 的沥青混合料。

(5) 砂粒式沥青混合料。骨料公称最大粒径小于 9.5mm 的沥青混合料。

2. 沥青混合料的组成

沥青混合料的基本组成材料有沥青、粗骨料、细骨料和填料等,为保证混合料的技术性质,首先应正确选择符合质量要求的组成材料。

1) 沥青

沥青是沥青混合料中最重要的材料,用于路面的沥青材料,其品种和标号选择应根据道路所在地区的气候条件、交通性质、施工方法、沥青面层类型、矿料类型、材料的来源等因素来确定。通常气温较高的地区,宜采用针入度较小、软化点较高的沥青;寒冷地区,为防止和减少路面开裂,宜采用针入度较大、延度较大的沥青。煤沥青不宜用于热拌沥青混合料路面的表面层,改性沥青应通过试验论证获得经验后使用。

2) 粗骨料

粗骨料是指粒径大于 2.36mm 的骨料,沥青混合料中粗骨料占 90%以上的体积,起到骨架和填充的作用。沥青混合料所用的粗骨料有碎石、破碎砾石、筛选砾石和矿渣等,高速公路、一级公路和城市快速路不得使用筛选砾石和矿渣。粗骨料应洁净干燥、表面粗糙、无风化、无杂质,具有良好的颗粒形状和足够的力学性能,与沥青有较好的黏结性,并具有憎水性。

粗骨料的力学性能常用压碎值、磨光值、磨耗率和冲击值等指标来衡量。压碎值反映骨料抵抗压碎的能力；磨光值反映骨料抵抗车辆磨光作用的能力，它关系到路面的抗滑性；磨耗率反映骨料抵抗表面磨耗的能力；冲击值反映骨料抵抗冲击荷载的能力，它对道路表层用骨料非常重要。

路面抗滑表层沥青混合料的粗骨料应选用坚硬、耐磨、韧性好的碎石或碎砾石。如果缺乏磨光值高的石料来源，允许掺入部分较小粒径但磨光值达不到要求的粗骨料，其最大掺加比例由石料磨光值试验确定。

沥青与碱性骨料的黏附性强于与酸性骨料的黏附性，因为沥青中的表面活性物质与碱性骨料接触时，会产生极强的化学吸附作用，与酸性骨料接触时，较难产生化学吸附作用，仅产生范德华力的物理吸附，比化学吸附力小得多，故黏结力较低。为加强骨料与沥青的黏附性，使其符合有关规范要求，应优先选用碱性粗骨料。对于酸性岩石的骨料，需做黏附性测试，必要时采取抗剥落措施。

3) 细骨料

细骨料是指粒径小于 2.36mm 的骨料。细骨料包括天然砂、机制砂或石屑等。细骨料应洁净、干燥、无风化、无杂质，有适当的颗粒级配范围，质量应符合规范要求，并与沥青有良好的黏结能力，具有足够的强度和耐磨性能。

与沥青黏附性能较差的天然砂以及用花岗岩、石英岩等酸性岩石破碎的机制砂或石屑，不宜用于高速公路、一级公路、城市快速路、主干路沥青面层，如需使用时，需做黏附性测试，必要时采取抗剥落措施。

4) 填料

填料是指在沥青混合料中起填充作用的粒径小于 0.075mm 的矿质粉末。填料最好采用石灰岩或岩浆岩中的强基性岩石等憎水性石料经磨细得到的矿粉，原石料中的泥土杂质应予以清除。矿粉应干燥、洁净，质量符合规范要求，与沥青的黏结性好，能自由从矿粉仓流出。在矿粉缺乏的条件下，可采用水泥、石灰、粉煤灰作填料，其用量不宜超过矿料总量的 2%。

矿粉应具有适宜的细度，颗粒越细，与沥青的黏结性越好，但不宜过细，否则填料在沥青中难以搅拌分散，容易黏结成团，降低混合料的质量，给施工带来困难。

10.5.2 沥青混合料的组成结构

沥青混合料根据粗、细骨料的比例不同，其组成结构分为以下三个类型，如图 10.2 所示。

1. 悬浮密实结构

采用连续型密级配矿质混合料与沥青组成的混合料，矿料由大到小形成连续级配可以获得很大的密实度，但是各级骨料均被次级骨料隔开，粗骨料所占比例较少，细骨料比例较大，不能直接靠拢形成骨架，犹如悬浮于次级骨料及沥青胶浆之间，其组成结构如图10.2(a)所示。这种结构的沥青混合料具有较好的密实度、强度和黏聚力，但内摩擦角较小，因此其高温稳定性差。

2. 骨架空隙结构

采用连续型开级配矿质混合料与沥青组成的混合料，粗骨料所占比例较高，彼此紧密相连，细骨料很少甚至没有，粗骨料可以相互靠拢形成骨架，但由于细骨料过少，不足以填满粗骨料之间的空隙，所以形成骨架空隙结构，如图 10.2(b)所示。粗骨料能充分形成骨架，骨架之间的嵌挤力和内摩阻力起到重要作用，这种结构的沥青混合料具有较好的温度稳定性，内摩擦角和空隙率较大，耐久性较差，沥青与矿料的黏聚力较小。

3. 骨架密实结构

采用间断型密级配矿质混合料与沥青组成的混合料，由于缺少中间粒径的骨料，较多的粗骨料可以形成空间骨架，同时又有相当数量的细骨料可将骨架的空隙填满，形成了骨架密实结构，如图 10.2(c)所示。这种结构的沥青混合料具有上述两种结构的优点，具有较高的密实度和黏聚力，温度稳定性较好，内摩擦角较大。

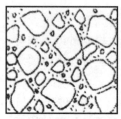
(a) 悬浮密实结构

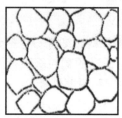
(b) 骨架空隙结构

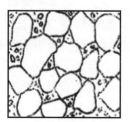
(c) 骨架密实结构

图 10.2　沥青混合料的典型组合结构

10.5.3　沥青混合料的技术性质

沥青混合料构筑的路面需满足各种使用要求，能够承受车辆等荷载的反复作用，还要受到各种自然因素的影响而不产生车辙、裂缝和剥落等病害，为保证路面的安全性、舒适性、耐久性，沥青混合料必须具有良好的高温稳定性、低温抗裂性、耐久性、抗滑性、抗渗性及施工和易性等技术性质。

1. 高温稳定性

高温稳定性是指沥青混合料在高温(通常为 60℃)条件下，承受荷载长期重复作用而不产生过大的累积塑性变形的能力。沥青路面在车辆荷载的作用下会产生弹性变形和塑性变形，若塑性变形过大，则沥青路面会产生车辙、波浪和拥包等病害现象，特别是在高温条件下，尤其要注意沥青混合料的塑性变形。

国家标准《沥青路面施工与验收规范》(GB 50092—1996)规定：沥青混合料的高温稳定性采用马歇尔稳定度试验和车辙试验来评价。对用于高速公路、一级公路和城市快速路、主干路沥青路面的上面层和中面层的沥青混合料进行配合比设计时，还应通过车辙试验以检验其抗车辙能力。

1) 马歇尔稳定度试验

马歇尔稳定度试验包括测定马歇尔稳定度(MS)、流值(FL)和马歇尔模数(T)三项指标。马歇尔稳定度是指标准尺寸试件在规定温度和加载速度下，在马歇尔仪中测得的最大破坏荷载，单位为 kN；流值是达到最大破坏荷载时试件的垂直变形，以 0.1mm 计；马歇尔模数为马歇尔稳定度除以流值的商，单位为 kN/mm。这三项指标的关系可用式(10.3)表示：

$$T=\frac{MS \times 10}{FL} \quad (10.3)$$

式中：T——马歇尔模数，kN/mm；

　　　MS——稳定度，kN；

　　　FL——流值，mm。

2) 车辙试验

由于马歇尔稳定度试验中试件承受荷载的状态和实际道路所承受的运动车轮荷载的状态有较大区别，无法全面正确地反映沥青混合料的抗车辙能力。因此，对用于高速公路、一级公路和城市快速路、主干路沥青路面的上面层和中面层的沥青混合料进行配合比设计时，还应通过车辙试验以检验其抗车辙能力。

车辙试验是采用标准成型方法，制作 300mm×300mm×500mm 的沥青混合料标准试件，在 60℃下(根据需要，如在寒冷地区，也可采用 45℃或其他温度，但应在报告中注明)，以一定荷载的橡胶轮(轮压为 0.7 MPa)在同一轨迹上作一定时间的反复运动，形成一定车辙深度，测定其在变化期间每增加 1 mm 变形的碾压次数，即为动稳定度，以次/mm表示。动稳定度按式(10-4)计算：

$$DS=\frac{(t_2-t_1) \times N}{d_2-d_1} \times C_1 \times C_2 \quad (10.4)$$

式中：DS——沥青混合料的动稳定度，次/mm；

　　　d_1——时间 t_1 时的变形量，mm，t_1 一般为 45min；

　　　d_2——时间 t_2 时的变形量，mm，t_2 一般为 60min；

　　　N——试验轮往返碾压速度，通常为 42 次/min；

　　　C_1、C_2——试验机、试样的修正系数。

影响沥青混合料高温稳定性的主要因素是沥青的黏度和用量、矿料的级配以及沥青与矿料相互作用的特性等。为获得好的高温稳定性，需采用较高黏度的沥青，要严格控制沥青用量，沥青用量过大，不仅会降低沥青混合料的内摩阻力，而且还容易在夏季产生泛油现象。目前常采用橡胶、树脂等外掺剂来提高沥青混合料的黏结力，或采用适当的矿料级配、增加粗骨料含量来提高矿料骨架的内摩擦阻力，以改善沥青混合料的高温稳定性。

2. 低温抗裂性

低温抗裂性是指沥青混合料在低温时不产生裂缝的性能，以保证路面在冬季低温时不出现开裂现象。沥青混合料产生的裂缝一般有两种类型：①低温收缩疲劳裂缝，这是由于长期经历多次温度循环后，沥青混合料的极限拉伸应变变小，应力松弛性能减低，在降温过程中容易导致沥青混合料路面开裂；②气温骤降造成材料的低温收缩，由于沥青混合料在高温时塑性变形能力较强，而低温时较脆硬，变形能力差，所以裂缝多在低温条件下发生，特别是在气温骤降时，沥青面层受基层和周围材料的约束不能自由收缩，因而产生很大的拉应力而导致开裂。因此，要求沥青混合料要具有一定的低温抗裂性能。

低温条件下产生裂缝的原因主要是沥青混合料的抗拉强度和变形能力不足。目前评价沥青混合料低温抗裂性的方法可分为三类：预估沥青混合料的开裂温度、评价沥青混合料的低温变形能力或应力松弛能力、评价沥青混合料的断裂能力。相关试验主要包括：等应变加载的破坏试验(如间接拉伸试验、直接拉伸试验)、低温收缩试验、低温蠕变弯曲试验、受限试件温度应力试验和应力松弛试验等。

3. 耐久性

沥青混合料的耐久性是指其抵抗长时间自然因素(风、光照、温度、水分等)的影响和外荷载长期反复作用的能力。沥青的耐久性包括耐老化性、耐疲劳性和水稳定性，为保证沥青混合料结构物具有足够的使用年限，要求混合料必须具有较好的耐久性。影响沥青混合料耐久性的因素包括沥青的化学性质、矿料的矿物成分、沥青混合料的组成结构(主要是混合料的空隙率)等。

沥青混合料的空隙率与骨料的级配、沥青材料的用量以及压实程度有关，从耐久性角度出发，沥青混合料的空隙率应尽量减小以防止水的渗入和日光中的紫外线对沥青的老化作用等。但是，一般沥青混合料中均应残留 3%～6%的空隙，以避免夏季高温时体积膨胀而产生的破坏。

沥青混合料空隙率也影响其水稳定性。空隙率大且沥青与矿料黏附性差的混合料在饱水后，骨料与沥青黏附力降低，易发生剥落，同时颗粒相互推移产生体积膨胀而导致混合料力学强度显著降低，引起结构物早期破坏。

沥青混合料的耐久性还与其沥青含量有关。当沥青用量较少时，沥青膜变薄，混合料的延伸能力降低，脆性增加；若沥青用量过少，则混合料的空隙率增大，沥青膜暴露较多而加速老化作用，同时渗水率增加，加剧了水对沥青的剥落作用，使路面的寿命缩短。沥青混合料的耐久性采用马歇尔试验测得的空隙率、沥青饱和度(即沥青填隙率)和残留稳定度等指标来反映。

4. 抗滑性

为保证汽车能在沥青路面上安全行驶，沥青路面的抗滑性至关重要。沥青路面抗滑性主要与集料的粗糙度、级配组成和沥青用量等因素有关。为保证抗滑性能，用于沥青表面层的粗骨料应选用表面粗糙、坚硬、耐磨、抗冲击性好、磨光值大的碎石或破碎砾石集料，而坚硬耐磨的矿料多为酸性石料，与沥青黏附性较差，为保证沥青混合料的水稳定性，需采取抗剥落措施。

沥青路面的抗滑性还与沥青混合料中沥青用量有关，沥青的最佳用量为 0.5%，当超过这一数值时，沥青路面的抗滑系数会明显降低，抗滑能力大大下降，尤其要选用含蜡量较低的沥青，防止沥青表层出现滑溜现象。因此通常适当增大骨料粒径、减少沥青用量和控制沥青的含蜡量来提高路面的抗滑性。沥青路面的抗滑性可采用铺砂法测定的表面构造深度或摆式仪测定的摩擦系数来评估分析。

5. 抗疲劳性

沥青混合料的疲劳是材料在荷载重复作用下产生不可恢复的强度衰减积累所引起的一种现象。荷载的重复作用次数越多，材料强度降低就越多，所能承受的应力或应变值就越小。通常，把沥青混合料出现疲劳破坏的重复应力值称作疲劳强度，相应的应力重复作用次数称为疲劳寿命。沥青混合料的抗疲劳性能即指混合料在反复荷载作用下抵抗疲劳破坏的能力。在相同的荷载重复作用次数下，疲劳强度降低幅度小的沥青混合料或疲劳强度变化率小的沥青混合料，其抗疲劳性能好。

沥青混合料的疲劳试验方法主要有实际路面在真实汽车荷载作用下的疲劳破坏试验；足尺路面结构在模拟汽车荷载作用下的疲劳试验研究，包括大型环道试验和加速加载试验；实验室小型试件的疲劳试验研究等。前两种试验研究方法耗资大、周期长，因而试验周期短、费用较少的室内小型疲劳试验通常采用较多。影响沥青混合料疲劳寿命的因素有很多，包括加载速率、施加应力或应变波谱的形式、荷载间隔时间、试验和试件成型方法、混合料劲度、混合料的沥青用量、混合料的空隙率等。

6. 施工和易性

为保证路面施工质量，沥青混合料应具备良好的施工和易性，使混合料易于拌和、摊铺和碾压。影响施工和易性的因素很多，如施工时气温、施工条件和混合料的性质等。

从混合料的材料性质来看，影响施工和易性的是混合料的级配和沥青用量。若粗细骨料的粒径尺寸相差过大，缺乏中间尺寸的颗粒，混合料容易离析分层(粗粒集中于表面，细粒集中于底部)；若细骨料太少，沥青层不易均匀地分布在粗颗粒表面；若细骨料过多，则拌和困难；当沥青用量过少或矿粉用量过多时，混合料容易疏松且不易压实；若沥青用量过多或矿粉质量不好时，则容易使混合料黏结成团块，不易摊铺。沥青混合料应在一定温度下进行施工，以使沥青混合料具有一定的流动性，进而在拌和过程中均匀地黏附在矿料颗粒表面，若施工温度过高会引起沥青老化，进而影响沥青混合料的路用性能。

10.5.4 沥青混合料配合比设计

沥青混合料配合比设计包括三个阶段，分别为目标配合比设计阶段、生产配合比设计阶段、生产配合比验证即试验路试铺阶段。后两个阶段是在目标配合比的基础上，基于实际工程中施工单位的拌和、摊铺和碾压设备等条件完成。通过这三个阶段的配合比设计，可以确定沥青混合料中组成材料的品种、矿质集料级配和沥青的最佳用量，本节重点围绕目标配合比设计展开。

目标配合比设计分为两步完成，第一步为矿质混合料的配合比例，第二步为最佳沥青用量的确定。

1. 确定矿质混合料配合比例

热拌沥青混合料适用于各种等级公路的沥青路面。其种类应考虑集料公称最大粒径、矿料级配、空隙率等因素，具体见表10.10。

表10.10 热拌沥青混合料种类

混合料类型	密级配			开级配		半开级配	公称最大粒径/mm	最大粒径/mm
	连续级配		间断级配	间断级配				
	沥青混凝土	沥青稳定碎石	沥青稳定碎石	排水式沥青磨耗层	排水式沥青碎石基层	沥青稳定碎石		
特粗式	—	ATB-40	—	—	ATPB-40	—	37.5	53.0
粗粒式	—	ATB-30	—	—	ATPB-30	—	31.5	37.5
	AC-25	ATB-25	—	—	ATPB-25	—	26.5	31.5
中粒式	AC-20	—	SMA-20	—	—	AM-20	19.0	26.5
	AC-16	—	SMA-16	OGFC-16	—	AM-16	16.0	19.0
细粒式	AC-13	—	SMA-13	OGFC-13	—	AM-13	13.2	16.0
	AC-10	—	SMA-10	OGFC-10	—	AM-10	9.5	13.2
砂粒式	AC-5	—	—	—	—	AM-5	4.75	9.5
设计空隙率/%	3~5	3~6	3~4	>18	>18	6~12	—	—

沥青混合料的设计级配宜在《公路沥青路面施工技术规范》(JTG F40—2004)规定的级配范围内,见表10.11,根据公路等级、工程性质、气候及交通条件、材料品种,通过对条件大体相当的工程使用情况进行调查研究后调整确定。通常情况下,工程设计级配不宜超过规范级配范围,但必要时允许适当超出。确定后的工程设计级配范围是配合比设计的依据,不得随意更改。

表10.11 密级配沥青混凝土混合料矿料级配范围

级配类型		通过下列筛孔(mm)的质量百分数/%											
		31.5	26.5	19	16	13.2	9.5	4.75	2.36	1.18	0.6	0.3	0.15	0.075
粗粒式	AC-25	100	90~100	75~90	65~83	57~76	45~65	24~52	16~42	12~33	8~24	5~17	4~13	3~7
中粒式	AC-20		100	90~100	78~92	62~80	50~72	26~56	16~44	12~33	8~24	5~17	4~13	3~7
	AC-16			100	90~100	76~92	60~80	34~62	20~48	13~36	9~26	7~18	5~14	4~8
细粒式	AC-13				100	90~100	68~85	38~68	24~50	15~38	10~28	7~20	5~15	4~8
	AC-10					100	90~100	45~75	30~58	20~44	13~32	9~23	6~16	4~8
砂粒式	AC-5						100	90~100	55~75	35~55	20~40	12~28	7~18	5~10

调整工程设计级配范围时应注意以下原则。

(1) 对于夏季温度高、高温持续时间长和重载交通多的路段,宜选用粗型密级配沥青混合料(AC-C型),并取较高的设计空隙率。对于冬季温度低和低温持续时间长的地区,或者重载交通较少的路段,宜选用细型密级配沥青混合料(AC-F),并取较低的设计空隙率。

(2) 为确保高温抗车辙能力，同时兼顾低温抗裂性能的需要，配合比设计时宜适当减少公称最大粒径附近的粗集料用量，减少 0.6mm 以下部分细粉的用量，使中等粒径集料较多，形成 S 形级配曲线，并取中等或偏高水平的设计空隙率。

(3) 通常情况下，合成级配曲线应尽量接近设计级配的中限，特别是 0.075mm、2.36mm、4.75mm 等筛孔的通过量尽量接近级配范围的中限。

2. 确定最佳沥青用量

《公路沥青路面施工技术规范》(JTG F40—2004)规定，采用马歇尔试验确定沥青混合料的最佳沥青用量(OAC)。确定最佳沥青用量，首先应根据当地的实践经验选择适宜的沥青用量，分别制作几组级配的马歇尔试件，测定试件的矿料间隙率(VMA)，初选一组满足或接近设计要求的级配要求作为设计级配，再进行马歇尔试验确定最佳沥青用量。

根据矿质混合料的合成毛体积相对密度和合成表观密度等物理常数，按式(10.5)和式(10.6)计算来预估沥青混合料适宜的沥青掺量：

$$P_a = \frac{P_{a1} \times \gamma_{sb1}}{\gamma_{sb}} \tag{10.5}$$

$$P_b = \frac{P_a}{100 + \gamma_{sb}} \times 100 \tag{10.6}$$

式中：P_a——预估的最佳油石比，%；

P_b——预估的最佳沥青用量，%；

P_{a1}——已建类似工程沥青混合料的标准油石比，%；

γ_{sb}——集料的合成毛体积相对密度，%；

γ_{sb1}——已建类似工程集料的合成毛体积相对密度。

以油石比或沥青用量为横坐标，以马歇尔试验的各项指标为纵坐标，将试验结果绘制成圆滑的曲线，如图 10.3 所示。确保各项指标均符合规定的沥青混合料技术标准要求的沥青用量范围 $OAC_{min} \sim OAC_{max}$。选择的沥青用量范围必须涵盖设计空隙率的全部范围，尽可能涵盖沥青饱和度的要求范围，并使密度及稳定度曲线出现峰值。如果没有涵盖设计空隙率的全部范围，试验必须扩大沥青用量范围重新进行。

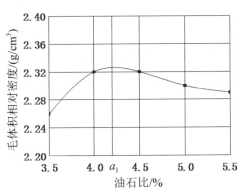 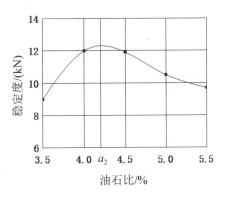

图 10.3 沥青用量与马歇尔试件物理—力学指标关系

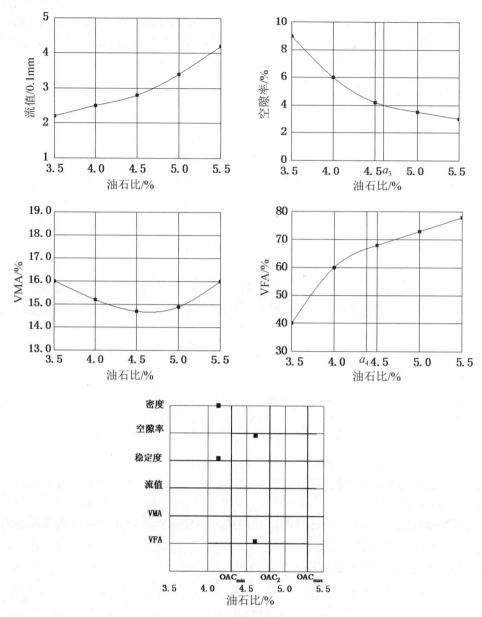

图 10.3 沥青用量与马歇尔试件物理—力学指标关系(续)

在曲线上求取相应于密度最大值、稳定度最大值、目标空隙率(或范围中值)、沥青饱和度范围中值的沥青用量 a_1、a_2、a_3、a_4，取平均值作为 OAC_1，见式(10.7)：

$$OAC_1 = \frac{a_1+a_2+a_3+a_4}{4} \tag{10.7}$$

如果所选择的沥青用量范围未能涵盖沥青饱和度要求的范围，则按式(10.8)求取三者的平均值作为 OAC_1：

$$OAC_1 = \frac{a_1+a_2+a_3}{4} \tag{10.8}$$

对于所选择试验的沥青用量范围，密度或稳定度没有出现峰值(最大值经常在曲线的两端)时，可直接以目标空隙率所对应的沥青用量 a_3 作为 OAC_1，但 OAC_1 必须介于 $OAC_{min} \sim OAC_{max}$ 的范围内。否则应重新进行配合比设计。

以各项指标均符合技术标准的沥青用量范围 $OAC_{min} \sim OAC_{max}$ 的中值作为 OAC_2，如式(10.9)所示：

$$OAC_2 = \frac{OAC_{min} + OAC_{max}}{2} \tag{10.9}$$

综合考虑沥青路面实际工程经验、道路等级、交通特性、气候条件等因素，根据 OAC_1 和 OAC_2 综合确定沥青最佳用量 OAC。按最佳沥青用量的初始值 OAC_1，在图中求取各项指标值，检查是否符合规定的马歇尔试验指标，同时检验矿料间隙率是否符合要求。若这些指标能够符合要求，且 OAC_1 和 OAC_2 的结果接近时，则由 OAC_1 和 OAC_2 的均值综合决定最佳沥青用量 OAC，如式(10.10)所示：

$$OAC = \frac{OAC_1 + OAC_2}{2} \tag{10.10}$$

若这些指标不符合要求，应调整级配后重新进行配合比设计和马歇尔试验，直至各项指标均能符合要求为止。

3. 沥青混合料的性能检验

(1) 水稳定性检验。按最佳沥青用量 OAC 制作马歇尔试件，并进行浸水马歇尔试验，检验其残留稳定度是否合格，也可进行冻融劈裂试验，检验其冻融劈裂强度比是否满足要求。

(2) 高温稳定性检验。按最佳沥青用量 OAC 制作车辙试验试件，在 60℃温度条件下进行高温抗车辙能力检验，检验其高温抗车辙能力，若动稳定性不符合规定要求，应重新进行配合比设计。

(3) 低温抗裂性检验。将公称最大粒径不大于 19mm 的混合料，按最佳沥青用量 OAC 制作车辙试验试件，再用切割机将试件锯成规定尺寸的棱柱体试件，按规定方法进行低温弯曲试验，若其破坏应变不符合规定要求，应重新进行配合比设计。

本 章 小 结

沥青分为地沥青和焦油沥青两大类，地沥青分为天然沥青和石油沥青。天然沥青是由沥青糊或含有沥青的砂岩、砂等材料提炼而成；石油沥青是原油蒸馏后的残渣，根据提炼程度的不同，在常温下为液体、半固体或固体，色黑而有光泽，具有较高的感温性。焦油沥青分为煤沥青和页岩沥青。煤沥青是由煤焦油蒸馏后的残留物经加工而得；页岩沥青是由页岩炼油工业所得的副产品。

石油沥青的三组分分析法采用选择性溶解和吸附的方法将石油沥青分离为油分、树脂和沥青质三个组分；石油沥青的四组分分析法是将石油沥青分离为饱和分、芳香分、胶质和沥青质。

石油沥青的胶体结构分为溶胶型结构、溶—凝胶型结构和凝胶型结构。

石油沥青的技术性质：物理特性常数(密度、热胀系数、介电常数和溶解度)、黏滞性、塑性、温度敏感性、大气稳定性、黏附性和安全性等。

石油沥青按用途可分为建筑石油沥青、道路石油沥青和普通石油沥青三大类，这三种沥青都是按照针入度指标划分牌号的。

煤沥青可分离为游离碳、树脂和油分等。

煤沥青的技术特点：塑性差、温度稳定性较差、耐老化性差、黏附性强、耐腐蚀性强。

乳化沥青主要由沥青、水、乳化剂和稳定剂等材料组成，按其亲水基在水中是否电离可分为离子型乳化剂和非离子型乳化剂两大类。

土木工程中使用的沥青应具有一定的物理性质和黏附性良好等综合性能，石油加工厂制备的沥青不一定能全面满足这些要求，为此，常用高聚物，如橡胶、树脂和矿物填料等材料进行改性，其中橡胶、树脂和矿物填料等统称为石油沥青的改性材料。

沥青混合料是矿质混合料(简称矿料)与沥青结合料经拌和而形成的混合料的总称，矿料起到骨架的作用，沥青与填料起胶结和填充作用。沥青混合料是铺筑高等级道路的主要材料，也可用于建筑防水或堤坝面防渗工程。

沥青混合料根据粗、细骨料的比例不同，其组成结构分为三个类型：悬浮密实结构、骨架空隙结构、骨架密实结构。

沥青混合料的技术性质：高温稳定性、低温抗裂性、耐久性、抗滑性、抗疲劳性和施工和易性。

沥青混合料配合比设计包括三个阶段，分别为目标配合比设计阶段、生产配合比设计阶段、生产配合比验证即试验路试铺阶段。

课 后 习 题

1. 石油沥青按三组分分析法有哪些组分？按四组分分析法有哪些组分？
2. 石油沥青的胶体结构有哪些？
3. 石油沥青的三大技术指标是什么？各自反映沥青的哪些性能？
4. 石油沥青的牌号是如何划分的？牌号的大小与沥青性质有什么关系？
5. 如何正确地选择沥青牌号？
6. 石油沥青在使用过程中为什么会出现老化现象？
7. 对石油沥青改性的方法有哪些？
8. 沥青混合料的组成成分有哪些？
9. 根据沥青混合料粗、细骨料比例的不同，其组成结构可以分为哪些类型？
10. 沥青混合料有哪些技术性质？各用什么方法评定？
11. 根据我国现行规范进行沥青混合料配合比设计时，如何确定最佳沥青用量？

第 11 章 合成高分子材料

合成高分子材料是以不饱和的低分子碳氢化合物(单体)为主要成分，经人工加聚或缩聚而成的分子量很大的物质(一般大于 10 000)，常称为高分子聚合物。一个大分子往往由许多相同的、简单的结构单元通过共价键或离子键有规律地重复连接而成，见图11.1。

随着工业技术的发展，合成高分子材料的应用越来越广泛，在土木工程中应用的合成高分子材料主要有合成塑料、纤维、胶黏剂和涂料等。

(a) 塑料　　　　　　　　(b) 纤维　　　　　　　　(c) 胶黏剂

图 11.1　合成高分子材料

11.1　合成高分子材料的基本知识

1. 合成高分子材料的分类

1)　按聚合反应的种类不同分类

由低分子单体合成高分子化合物的反应称为聚合反应。根据单体、聚合物的组成和结构所发生的变化，可将聚合反应分为加聚反应和缩聚反应两类，由此所得的反应生成物可分为加聚聚合物和缩聚聚合物。

加聚聚合物是一种或几种含有双键的单体在引发剂或光、热、辐射等作用下，经聚合反应合成的聚合物。其中，由一种单体经过加聚反应生成的聚合物称为均聚物，在单体名前冠以"聚"字，如聚乙烯、聚苯乙烯等；由两种或两种以上的单体经过加聚反应生成的聚合物称为共聚物，常用的有丁二烯苯乙烯共聚物、醋酸乙烯氯乙烯共聚物等。

缩聚聚合物是由含有两个或两个以上官能团的单体，在催化作用下经化学反应合成的聚合物，常以参与反应的单体名称后加"树脂"二字来命名，常用的有酚醛树脂、脲醛树脂等。

2) 按聚合物在热作用下表现出来的性质分类

按聚合物在热作用下表现出来的性质将高分子聚合物分为热塑性聚合物和热固性聚合物。

热塑性聚合物是指可反复加热软化、冷却硬化而不发生化学变化，分子结构不改变的聚合物，这种聚合物一般是线型结构或带有支链，常用的有聚乙烯、聚氯乙烯和聚丙烯等。

热固性聚合物是指经一次受热软化(或熔化)后，在热和催化剂或热和压力作用下发生化学反应而变成坚硬的体型结构，之后再受热也不软化，在强热作用下即分解破坏的聚合物，常用的有环氧树脂、不饱和聚酯树脂、酚醛树脂、聚酰亚胺等。

3) 按聚合物所表现的性状不同分类

按聚合物所表现的性状不同可分为塑料类、合成橡胶类及合成纤维类，还有胶黏剂和涂料等。

4) 按高聚物的分子几何形态分类

按高聚物的分子几何形态可分为线型、支链型和体型三种。

线型高聚物各链节连接成一个长链，或带有支链，大多数呈卷曲状，因分子间作用力弱，分子间易相互滑动，因此线型高聚物具有良好的弹性、塑性、柔韧性，但强度低、硬度小、耐热性及耐腐蚀性较差，且可溶可熔。

支链型高聚物的分子在主链上带有比主链短的支链，分子排列疏松，分子间作用力弱，密度、熔点及强度均低于线型高聚物。

体型高聚物的分子由线型或支链型的分子以化学键交联而成，呈空间网状，化学键结合力强，具有较高的强度和弹性模量，塑性小、较硬脆、耐热及耐腐蚀性较好，不溶不熔。交联程度浅的聚合物受热时可软化但不熔融，在溶剂中可溶胀但不溶解；交联程度深的聚合物受热时不再软化，也不易被溶剂溶胀。常用的有酚醛树脂和硫化橡胶等。

5) 按高聚物在不同温度下的状态分类

按高聚物在不同温度下的状态可将其分为三种物理状态：玻璃态、高弹态及黏流态。

当低于某一温度时，高聚物呈现非晶态的固体称为玻璃态，在外力作用下，只发生微小的形变，卸载后形变立即恢复。当温度超过玻璃化温度，高聚物在外力作用下产生较大的形变，外力卸除后又会缓慢地恢复原状，称为高弹态。随着温度继续升高，高聚物会呈现极黏的液体，即为黏流态，此时若受到外力作用，分子间滑移产生形变，外力卸去后，形变不能恢复。

2. 合成高分子材料的性能特点

合成高分子材料的性能优点：优良的加工性能、质轻、导热系数小、化学稳定性较好、功能的可设计性强、出色的装饰性能、电绝缘性好等。需说明的是，高分子材料经特殊工艺改性也可导电。

合成高分子材料的性能缺点：易老化；可燃，高分子材料一般属于可燃的材料，部分高分子材料燃烧时有烟，还会产生有毒气体，一般可通过改进配方制成自熄和难燃甚至不燃的产品，但其防火性仍比无机材料差；耐热性较差，使用温度偏高会使其老化，甚至分解；有的塑料受热会发生形变，在使用中要注意其使用温度的限制。

11.2 建筑塑料

塑料是以合成树脂为主要成分，配以一定量的辅助剂(如填料、增塑剂、稳定剂、着色剂等)在一定条件(温度、压力)下，制成一定形状并在常温下保持其形状的高分子材料。

塑料在一定温度和压力下具有较大的塑性，可以被加工成各种形状和尺寸的产品，此外，高分子防水材料、装饰材料、保温材料及其他建筑用塑料制品也在土木工程中得到普遍应用。因此，建筑塑料已成为继钢材、木材、水泥之后的又一种重要建筑材料。

11.2.1 塑料的组成

塑料是以树脂为基础，加入改善性能的各种添加剂制成。

1. 合成树脂

合成树脂即合成高聚物，是塑料的主要成分，含量约占塑料重量的40%～100%，起着胶黏剂的作用，能将其他材料牢固地胶结在一起。通常，塑料以所用合成树脂命名，如聚乙烯塑料等。

2. 填充剂

填充剂也称填料，是向树脂中加入的粉状或纤维状无机化合物，约占塑料重量的20%～50%。加入填料不仅可以降低塑料的成本(因填料比树脂价格便宜)，还可以改善塑料的性能，如提高塑料机械强度和改善耐热性等。常用的填料有木粉、云母、滑石粉和石棉等。

3. 增塑剂

增塑剂是一种无毒无臭的对光、热稳定的高沸点有机化合物，是能够增加树脂的塑性、改善加工性、赋予制品柔韧性的一种添加剂。增塑剂的作用是削弱聚合物分子间的作用力，从而降低软化温度和熔融温度，减小熔体黏度，增加其流动性，从而改善聚合物的加工性和制品的柔韧性。常用的增塑剂有邻苯二甲酸二辛酸、邻苯二甲酸二丁酯、二苯甲酮和樟脑等。

4. 稳定剂

稳定剂是为了防止合成树脂在加工和使用过程中受光和热的作用分解和破坏，延长其使用寿命的一种添加剂。稳定剂包括抗氧化剂、热稳定剂和光稳定剂两类。抗氧化剂能够防止塑料在加工和使用过程中氧化和老化；热稳定剂是指以改善聚合物热稳定性为目的而添加的助剂，常用的热稳定剂有硬脂酸盐、铅的化合物以及环氧化合物等；光稳定剂是指能够抑制或削弱光的降解作用、提高材料抗紫外线能力的物质，常用的有炭黑、二氧化钛、氧化锌、水杨酸脂类等。

5. 润滑剂

为防止塑料在成型过程中黏附在模具或其他设备上所加入的少量物质称为润滑剂。常用的有硬脂酸及其盐类、有机硅等。

6. 固化剂

固化剂又称硬化剂或交联剂，是一类受热能释放游离基来活化高分子链，使它们发生化学反应，由线型结构转变为体型结构的一种添加剂。其主要作用是在聚合物分子链之间产生横跨链，使大分子交联，从而使树脂具有热固性。

7. 着色剂

着色剂是赋予塑料绚丽的色彩和光泽的物质。着色剂除满足色彩要求外，还应具有分散性好、附着力强、在加工和使用中不褪色、不与塑料成分发生化学反应等性能。常用的着色剂有有机颜料和无机颜料两种，有时还使用一些金属片状颜料或能产生荧光或磷光的颜料。

除以上列举的添加剂外，塑料的添加剂还有发泡剂、阻燃剂、抗静电剂等。

11.2.2 塑料的分类

1. 按塑料受热时的变化特点分类

按塑料受热时的变化特点，塑料分为热塑性塑料和热固性塑料。

热塑性塑料的特点是受热时软化或熔融，冷却后硬化，再加热时又可软化，冷却后又硬化，这一过程可反复多次进行，而树脂的化学结构基本不变，始终呈线型或支链型。常用的热塑性塑料有聚乙烯、聚氯乙烯、聚丙烯、聚苯乙烯、聚甲醛、聚碳酸酯、聚酰胺和ABS 塑料等。

热固性塑料的特点是受热时软化或熔融，可塑造成型，随着进一步加热，硬化成不熔的塑料制品。该过程不能反复进行，大分子在成型过程中，从线型或支链型结构最终转变为体型结构。常用的热固性塑料有酚醛、环氧、不饱和聚酯、有机硅塑料等。

2. 按塑料的功能和用途分类

按塑料的功能和用途塑料分为通用塑料、工程塑料和特种塑料。

通用塑料是指产量大、用途广、成型性好、价格低的塑料，如聚乙烯、聚丙烯、酚醛等。

工程塑料是指能承受一定外力作用，具有良好的机械性能和耐高温、低温性能，尺寸稳定性较好，可以用作工程结构的塑料，如聚酰胺等。

特种塑料是指具有特种功能，可用于特殊应用领域的塑料。例如，有机氟塑料和有机硅等，具有突出的耐高温、自润滑等特殊功能。增强塑料和泡沫塑料具有高强度、高缓冲性等特殊性能。

11.2.3 塑料的特性

1. 轻质高强

塑料的密度一般为 0.8～2.2g/cm³，与木材的密度相近，约为钢的 1/8～1/4，混凝土的 1/3～2/3，泡沫塑料的密度可以低到 0.1g/cm³ 以下。因塑料轻质，通常用于工程中减轻建筑物的自重；因塑料本身强度高，其比强度接近甚至超过钢材，是普通混凝土的 5～15

倍,是一种很好的轻质高强材料。例如,玻璃纤维和碳纤维增强塑料就是很好的结构材料,在结构加固中得到广泛应用。

2. 可加工性好,装饰性强

塑料可以采用多种方法加工成型,制成薄膜、薄板、管材、异型材等各种产品;可根据需要制成不同形状和尺寸,并且便于切割、黏结和焊接加工。塑料可加工成各种建筑装饰材料,并且易于着色,可制成各种鲜艳的颜色;也可以进行印刷、电镀、印花和压花等加工,使得塑料具有丰富的装饰效果,适应不同的装饰要求。

3. 耐化学腐蚀性好,耐水性强

大多数塑料耐酸、碱、盐等的腐蚀性比金属材料和部分无机材料强,具有较好的化学稳定性,特别适合做化工厂的门窗、地面、墙壁等;同时,塑料对环境水也有很好的抗腐蚀能力,吸水率较低,可广泛用于防水和防潮工程。

4. 保温隔热性能好,电绝缘性能优良

塑料的导热系数很小,导热性差,热导率一般是金属的 1/100,特别是泡沫塑料的导热系数最小,与空气相当,常用于隔热保温工程。塑料具有良好的电绝缘性能,是良好的绝缘材料。

5. 弹性模量低

塑料的弹性模量低,是钢的 1/20~1/10,且在室温下,塑料在荷载作用下有明显的蠕变现象,易产生变形。因此,塑料受力时的变形较大,并具有较好的吸震、隔声性能。

6. 耐热性差,受热变形大

大多数塑料的耐热性较差,在高温下承受荷载时往往易软化变形,甚至分解、变质。塑料的热膨胀系数较高,遇热时容易发生体积变形,产生的热应力致使材料破坏,在施工和使用的过程中应加以注意。普通的热塑性塑料的热变形温度为 60~120℃,只有少量品种能在 200℃左右长期使用。

7. 易老化

在阳光、氧、热等条件的作用下,塑料中聚合物的组成和结构发生变化,致使塑料的性质恶化,降低其使用寿命,这种现象称为老化。塑料存在老化问题,但通过适当的配方和加工,并在使用中采取一定措施,可以使塑料延缓老化,从而延长其使用寿命。

8. 可燃性

塑料大都可燃,不仅如此,而且在燃烧时会产生大量有毒的烟雾,这一缺点使其在建筑中的使用受到限制。塑料的可燃性受其中聚合物的影响,目前正在研究制取低烧灼性的塑料,如在生产时通过特殊的配方技术,如添加阻燃剂、消烟剂、填充剂等来改善塑料的耐燃性,使它成为具有自熄性、难燃甚至不燃的材料。但即使这样,它的耐燃性还是没有无机材料好,使用时应特别注意并采取必要的措施。

11.2.4 常用的建筑塑料品种

1. 聚氯乙烯(PVC)

聚氯乙烯是一种通用树脂，由氯乙烯单体聚合而成，是建筑上常用的一种塑料。其优点有化学稳定性高、机械强度高、电绝缘性好、抗老化性好；缺点是耐热性差，在 100℃ 以上时会分解、变质而破坏，通常使用温度应在 60~80℃。根据增塑剂掺量的不同，可制得硬质或软质聚氯乙烯塑料，可用于制造门窗、管道、线槽等塑料制品。

2. 聚乙烯(PE)

聚乙烯由乙烯单体聚合而成，聚合方法不同，产品的结晶度和密度不同，高压聚乙烯的结晶度低、密度小；低压聚乙烯结晶度高、密度大。随结晶度和密度的增加，聚乙烯的硬度、软化点、强度等随之增加，而冲击韧性和伸长率则下降。聚乙烯无臭无毒，具有良好的化学稳定性和耐水性，吸水性小，强度虽不高，但低温柔韧性大；耐热、耐老化性能较差，掺加适量炭黑，可提高聚乙烯的抗老化性能，在建筑上主要用于给排水管、卫生洁具等。

3. 聚丙烯(PP)

聚丙烯由丙烯单体聚合而成。聚丙烯塑料的特点是质轻(密度 0.9g/cm^3)，耐热性较好(熔点在 164~170℃)，刚性、化学稳定性、延性和抗水性均好，但耐寒性较差，低温下会发生脆化，抗大气性差，故适用于室内。近年来，聚丙烯的生产发展较迅速，已与聚乙烯、聚氯乙烯等共同成为建筑塑料的主要品种，适用于织造地毯、制作卫生洁具等。

4. 聚苯乙烯(PS)

聚苯乙烯由苯乙烯单体聚合而成。聚苯乙烯塑料的透明度高，有光泽，易于着色，化学稳定性好，耐水、耐光，成型加工方便，价格低廉。但聚苯乙烯质脆易裂、抗冲击韧性差、耐热性差、不耐高温且易燃，使其应用受到一定限制，在建筑中主要用于生产泡沫隔热材料、透光材料等制品，广泛应用于建筑物外墙、地面等各种用途的管道保温。

5. ABS 塑料

ABS 塑料是改性聚苯乙烯塑料，由丙烯腈(A)、丁二烯(B)及苯乙烯(S)三组分所组成，汇聚了三者的特性，具有耐化学腐蚀、绝缘性较好、易于着色等优点，但耐热性较差。ABS 塑料可制作压有花纹图案的塑料装饰板等。

6. 聚甲基丙烯酸甲酯(PMMA)

PMMA 是由甲基丙烯酸甲酯加聚而成的热塑性树脂，俗称有机玻璃。它具有较好的弹性、透光性好、低温强度高、吸水性低、耐热性和耐老化性好，成型加工方便；缺点是耐磨性差、价格较贵。常用于制作采光材料、灯具、卫生洁具等。

7. 聚酯树脂(PR)

聚酯树脂由二元或多元醇和二元或多元酸缩聚而成。聚酯树脂的黏结强度高，耐光、耐水、耐热、耐腐蚀，电绝缘性好，但性脆。在聚酯树脂中掺加填料、固化剂等可制成酚醛塑料制品，这种制品表面光洁，坚固耐用，成本低，是最常用的塑料品种之一。

8. 环氧树脂(EP)

环氧树脂是以分子链中含有活泼的环氧基团为特征，可与多种类型的固化剂发生交联反应而形成不溶、不熔的具有三向网状结构的高聚物。环氧树脂的力学性能优良，具有很高的黏附力，固化时收缩率低，可在室温、接触应力下固化成型，固化后有优良的力学性能和高介电性能；化学稳定性好，有优良的耐碱性、耐酸性和耐溶剂性；有良好的尺寸稳定性和耐久性。环氧树脂主要用于生产玻璃钢、防腐蚀涂料、水泥制品防水涂料、装饰涂料、功能涂料和人造石等。

11.2.5 常用的建筑塑料制品

1. 塑料装饰板材

塑料装饰板材是指以树脂为浸渍材料或以树脂为基材，采用一定的生产工艺制成的具有装饰功能的普通或异型断面的板材。塑料装饰板材以其质量轻、装饰性强、生产工艺简单、施工方便、易于保养、适于与其他材料复合等特点，在装饰工程中得到越来越广泛的应用。

2. 塑料壁纸

塑料壁纸是以纸为基材，以聚氯乙烯塑料为面层，经压延或涂布以及印刷、轧花、发泡等工艺而制成。塑料壁纸包括涂塑壁纸和压塑壁纸。塑料壁纸色彩和图案丰富清晰，具有一定的伸缩性和抗裂强度，装饰效果好、施工方便、易于除尘、易于维修保养、使用寿命长，但透气性较差，易发霉起泡，主要适用于建筑的内墙面、顶棚、柱面等装饰。

3. 塑料地板

塑料地板是以高分子合成树脂为主要材料，加入其他辅助材料，经一定的制作工艺制成的预制块状、卷材状或现场铺涂整体状的地面材料；塑料地板按其使用形态可以分为块状地板和卷材地板；按其组成和结构特点可以分为单色地板、透底花纹地板、印花压花地板；按其材质可以分为硬质地板、半硬质地板和软质地板；按所采用的基本原料可分为聚氯乙烯地板、聚丙烯地板和聚乙烯—醋酸乙烯酯地板等。塑料地板质轻，耐磨、耐腐蚀，脚感舒适，防潮，施工、维修保养方便，具有良好的装饰性能。因为聚氯乙烯(PVC)具有良好的耐燃性和自熄性，所以目前聚氯乙烯(PVC)塑料地板应用最广。

4. 塑料门窗

塑料门窗主要是由改性硬质聚氯乙烯经挤出成型制成的各种型材，经过加工组装、修正而成的门窗制品。塑料门窗按其材质可分为 PVC 塑钢门窗和玻璃纤维增强塑料(玻璃钢)门窗。为增加型材的刚性，在型材空腔内添加钢衬(加强筋)，称之为塑钢门窗。玻璃钢门窗型材一般用中碱玻璃纤维增强，型材表面经打磨后，可用静电粉末喷涂、表面覆盖等技术工艺，获得多种色彩或质感的装饰效果。

5. 塑料管材

塑料管材是以高分子材料为原料，经挤出、注塑、焊接等成型工艺制成的管件和管材，在建筑、市政等工程以及工业中用途十分广泛。与金属管材相比，塑料管材质量轻、耐腐蚀性好、施工安装和维修方便、管壁光滑、流体阻力小、强度高、韧性好、不易积垢、使用寿命长、输送效率高，但其膨胀系数较大，在较长的塑料管路中需设置柔性接头。土木工程中常用的塑料管材有聚乙烯(PE)管、硬质聚氯乙烯(UPVC)管、聚丙烯(PP)管、聚丁烯(PB)管和 ABS (丙烯腈—丁二烯—苯乙烯共聚物)管等。

11.3 建筑胶黏剂

胶黏剂是指能在两种或两种以上的制件或材料间形成薄膜，并将它们紧密连接在一起的物质，又称黏合剂，习惯称为胶，特别适用于不同材质、不同厚度、超薄规格和复杂构件的连接。在建筑工程中，胶黏剂已成为一种不可缺少的配套材料之一，不仅广泛应用于装饰、墙面、密封和结构黏结等领域，还用于屋面防水、地下防水、金属构件和基础的修补等领域。

建筑胶黏剂应具备以下特点：固化后不仅有良好的力学性能，特别要求有很好的耐久性；使用方便，固化条件宽松，在室温或低温条件下也能较快地固化；无须对被粘物进行严格的表面处理，甚至在某些特殊情况下能对潮湿面或油面进行黏结；无毒、无刺激性，对施工者无害，且不污染环境；必须与施工工艺相适应；原料充足，价格相对低廉。

11.3.1 胶黏剂的组成

胶黏剂是一种多组分物质，主要组成材料有黏料、固化剂、增韧剂、填料、改性剂等。

1. 黏料

黏料是胶黏剂中的基本组分，起黏结作用，又称基料。一般多用各种树脂、橡胶类及天然高分子化合物作为黏结物质，如合成树脂、合成橡胶等。黏料赋予了胶黏剂黏结强度、耐久性等其他物理力学性能，黏料的性能决定了胶黏剂的性能和使用。

2. 固化剂

固化剂是促使黏结物质通过化学反应加快固化的组分，又称硬化剂。固化剂的作用是使胶黏剂交联固化、提高黏结强度、增强化学稳定性、改善耐热性等，其性质和用量对胶黏剂的性能起着重要的作用，常用的有酸酐类、胺类等。

3. 增韧剂

加入增韧剂后可改善黏结层的韧性，改善胶黏剂的流动性、耐寒性和耐震性，提高其抗冲击强度。常用的增韧剂有邻苯二甲酸二丁酯和邻苯二甲酸二辛酯等。

4. 填料

填料一般是活性或惰性矿物粉末，在胶黏剂中不发生化学反应，加入填料后可提高胶黏剂的稠度、抗冲击强度和机械强度，降低热膨胀系数、减少收缩性，还可降低成本。常用的填料有滑石粉、石棉粉和铝粉等。

5. 改性剂

为了改善胶黏剂某一方面的性能，以满足某些特殊要求而加入的一些组分。例如，为增加胶结强度，可加入偶联剂，还可以加入防腐剂、防霉剂、阻燃剂和稳定剂等。

6. 稀释剂

稀释剂的作用是降低黏度，增加流动性，便于施工，还可起到延长使用寿命的作用。

11.3.2 常用的胶黏剂

1. 聚醋酸乙烯胶黏剂

它是由醋酸乙烯单体经聚合反应而制得的一种乳白色的、带酯类芳香的乳状胶液，又称"白乳胶"。该胶黏剂常温下固化速度快、无毒无味、黏结强度高，但耐水和耐热性差，可单独使用，也可与水泥、羟甲基纤维素复合使用，可用于黏结各种非金属材料、橡胶、玻璃、木材和纤维织物等。

2. 聚乙烯醇胶黏剂

它是以聚乙烯醇树脂为主要原料，将其溶于水后而制成的，俗称"胶水"。它的外观是白色或微黄色的絮状物，具有芬芳气味，无毒，施涂方便，能在胶合板、水泥砂浆、玻璃等材料表面涂刷。

3. 聚乙烯醇缩甲醛胶

聚乙烯醇缩甲醛胶又称"108 胶"，是以聚乙烯醇与甲醛在酸性介质中进行缩合反应而制得的一种透明水溶液，无臭、无味、无毒，有良好的黏结性能，常温下能长期储存，在低温状态下易发生冻结。聚乙烯醇缩甲醛胶可用于壁纸、墙布的裱糊，室内外墙面、地面涂料的配制材料，或者与水泥复合使用。

4. 环氧树脂胶

它是指以环氧树脂为主要成分，添加适量的固化剂、增韧剂、填料、稀释剂、促进剂等制得的胶黏剂。环氧树脂胶的化学稳定性和电绝缘性好，但固化后脆性较大，耐热性和耐紫外线较差。环氧树脂胶不仅可做结构胶，还可用于混凝土构件补强、裂缝修补、配制涂料等。环氧树脂胶与金属、木材、塑料、橡胶、混凝土等均有很高的黏结力，有"万能胶"之称。

5. 丙烯酸酯胶黏剂

丙烯酸酯胶黏剂是以丙烯酸树脂为基体配以合适的溶剂而成的胶黏剂，可分为热塑性和热固性两大类。它黏结强度高、成膜性好，能在室温下快速固化，抗腐蚀性和耐老化性能优良，可用于胶结金属、塑料、木材、橡胶、玻璃陶瓷等，常见的 501 胶、502 胶就属于热固性丙烯酸酯类胶黏剂。

6. 玻璃胶

玻璃胶是一种膏状体，有浓烈的醋酸气味，微溶于酒精，不溶于其他溶剂，抗冲击、耐水、柔韧性好，适用于玻璃门窗、橱窗、幕墙等玻璃黏结及封缝，以及其他防水、防潮场所材料的黏结。施工时应及时清理胶迹，否则玻璃胶干燥后难以清除。

7. 氯丁橡胶胶黏剂

氯丁橡胶胶黏剂主要由氯丁橡胶、氧化锌、氧化镁、填料、抗老化剂和抗氧化剂等组成，是目前应用最广的一种橡胶胶黏剂。氯丁橡胶胶黏剂黏结性强，对水、油、弱碱、弱酸、脂肪烃和醇类都具有良好的抵抗力，但具有徐变性，易蠕变和老化，可用于黏结多种金属和非金属材料，建筑上常用于水泥混凝土或水泥砂浆的表面粘贴塑料或橡胶制品等。

11.3.3 胶黏剂的选用原则

胶黏剂应根据胶结对象、使用及工艺条件等正确选择，同时还应考虑价格与供应情况。选用时一般要考虑以下因素。

1. 被胶结材料

不同的材料由于其本身分子结构、极性大小不同，在很大程度上会影响胶结强度，因此，要根据不同的材料，选用不同的胶黏剂。

2. 受力条件

受力构件的胶结应选用强度高、韧性好的胶黏剂。若用于工艺定位且受力不大时，则可选用通用型胶黏剂。

3. 工作温度

冷热交变是胶黏剂最苛刻的使用条件之一，特别是当被胶结材料性能差别很大时，对胶结强度的影响更显著，为了消除不同材料在冷热交变时由于线膨胀系数不同产生的内应力，应选用韧性较好的胶黏剂。

4. 其他

胶黏剂的选择还应考虑成本和工作环境等其他因素。

11.4 建筑涂料

涂料指涂布于物体表面，在一定条件下能形成薄膜而起保护、装饰或其他特殊功能(绝缘、防锈、防霉、耐热等)的一类液体或固体材料，包括油(性)漆、水性漆、粉末涂料等。建筑涂料是指用于建筑物起装饰作用、保护作用及其他特殊功能作用的一类涂料。

11.4.1 建筑涂料的组成

涂料一般有4种基本成分：成膜物质(树脂)、颜料(包括体质颜料)、助剂和溶剂。

1. 成膜物质

成膜物质包括油料和树脂两类，是涂膜的主要成分。它是使涂料牢固附着于被涂物面上形成连续薄膜的主要物质，是构成涂料的基础，决定了涂料的基本特性。

2. 颜料

颜料以微细粉状均匀分散于涂料介质中，赋予了涂料色彩和质感。按功能特性可将颜料分为着色颜料(钛白粉、铬黄等)、防锈颜料(红丹、铝粉、云母)和体质颜料(碳酸钙、滑石粉)等。

3. 助剂

常用助剂如消泡剂、流平剂等，还有一些其他特殊的功能助剂，如底材润湿剂等，这些助剂一般不能成膜，但对基料形成涂膜的过程和耐久性的提高有着一定影响。

4. 溶剂

溶剂包括烃类(矿物油精、煤油、汽油、苯、甲苯、二甲苯等)、醇类、醚类、酮类和酯类物质等。溶剂和水的主要作用在于使成膜基料分散进而形成黏稠液体，它有助于施工和改善涂膜的某些性能。

11.4.2 常用的建筑涂料与分类

按化学成分的不同，建筑涂料可分为有机涂料、无机涂料、复合涂料和油漆类涂料。

1. 有机涂料

有机涂料按涂料的状态包括三大类。

(1) 溶剂型涂料，以高分子合成树脂为主要成膜物质，有机溶剂为稀释剂制成的涂料，涂膜细而坚韧，有较好的耐水性和耐候性，多用于内、外墙涂料，如丙烯酸酯涂料、有机硅—丙烯酸酯涂料和聚氨酯涂料等。

(2) 水溶性涂料，是以水溶性合成树脂为主要成膜物质，以水为稀释剂制成的涂料。水溶性涂料的耐水性较差，一般只用作内墙涂料，如水溶性醇酸树脂漆、水溶性氨基涂料、水溶性丙烯酸涂料和水性聚酯树脂漆等。

(3) 乳胶涂料，又称乳胶漆，是合成树脂借助乳化液的作用，分散在水中构成乳液，以乳液为主要成膜物质的涂料。乳胶涂料耐水性较好，可作为内外墙建筑涂料，常见的有醋酸乙烯乳胶漆和丙烯酸乳胶漆等。

2. 无机涂料

无机涂料应用较广的有硅溶胶系、硅酸钠水玻璃和硅酸钾水玻璃外墙涂料等，其特点是黏结力、遮盖力强，耐久性好，且资源丰富、制作工艺简单等。

3. 复合涂料

复合涂料可使有机、无机涂料各自发挥优势，改善建筑物性能，满足建筑需求。

4. 油漆类涂料

(1) 清漆。顾名思义清漆是一种不含颜料的透明涂料，由成膜物本身或成膜物溶液和其他助剂组成。各类清漆均能形成透明光亮的涂层，加入醇溶或油溶颜料，还可制成各色透明清漆，广泛应用于涂饰地板、门窗、楼梯扶手等。常用的有酚醛清漆、醇酸清漆和硝基清漆等。

(2) 色漆。色漆是指因加入某种颜料(有时也加入填料)而呈现某种颜色，具有遮盖力的涂料的总称，包括磁漆、调和漆、底漆和防锈漆等。磁漆是在清漆中加入颜料形成的，用作装饰性面漆。调和漆含有较多填料，多用于建筑门窗表面涂装。底漆是施在物体表面的第一层涂料，作为面层涂料的基底，主要供金属表面使用，也可用在木材表面。防锈漆是一种具有防锈作用的底漆，由成膜物和颜料组成。

11.5 聚氨酯

聚氨酯全名为聚氨基甲酸酯，是一种高分子化合物。聚氨酯分为聚酯型和聚醚型两大类，可用聚氨酯为原材料制成聚氨酯塑料(以泡沫塑料为主)、聚氨酯纤维(中国称为氨纶)、聚氨酯橡胶和弹性体等。聚氨酯出现于 20 世纪 30 年代，经过近 90 年的技术发展，已经广泛应用于建筑领域、交通领域和家电领域等。

合成聚氨酯的反应比较复杂，分为初级反应和次级反应，同时初级反应又包括预聚反应和扩链反应，次级反应包括生成脲基甲酸酯基的反应和生成缩二脲基的反应。聚氨酯的结构很难用一个确切的结构式表示，但其大分子结构中必定有异氰酸酯、酯基、脲基甲酸酯基和氨基甲酸酯基等。因聚氨酯大分子中含有的基团都是强极性集团，而且大分子中还含有聚醚或聚酯柔性链段，使得聚氨酯具有较高的机械强度和氧化稳定性、柔曲性和回弹性、优良的耐油性、耐溶剂性、耐水性和耐火性等优异性能，因此用途广泛。

11.5.1 聚氨酯的原料组成

聚氨酯主要原料包括二苯甲烷二异氰酸酯(MDI)、甲苯二异氰酸酯(TDI)、聚丙二醇(PPG)，目前都已成为国际化商品。这些原料的生产技术和设备都很复杂，产品竞争相当激烈，长期发展的结果使生产相对集中。

1. 二苯甲烷二异氰酸酯(MDI)

二苯甲烷二异氰酸酯简称 MDI，为白色至淡黄色熔融固体，是芳烃下游主要产品，广泛应用于聚氨酯弹性体、制造合成纤维、人造革、无溶剂涂料等聚氨酯材料的生产领域。MDI 的生产技术和设备要求都比较复杂，生产技术被全球数个巨型企业控制，全球 95%以上的 MDI 生产企业集中在亚洲和欧洲地区。两者相比，欧洲市场的增长速度不及亚洲，但是其 MDI 产业起步早，市场也较为成熟。

2. 甲苯二异氰酸酯(TDI)

TDI 是水白色或淡黄色液体，具有强烈的刺激性气味，在人体中具有积聚性和潜伏性，对皮肤、眼睛和呼吸道有强烈的刺激作用，吸入高浓度的甲苯二异氰酸酯蒸汽会引起支气管炎、支气管肺炎和肺水肿等；液体与皮肤接触可引起皮炎。TDI 遇光颜色变深，不溶于水；溶于丙酮、乙酸乙酯和甲苯等；容易与含有活泼氢原子的化合物如胺、水、醇、酸、碱等发生反应。

3. 聚丙二醇(PPG)

PPG 是种无色到淡黄色的黏性液体，不挥发，无腐蚀性，是生产聚氨酯产品的主要原材料之一，在聚氨酯泡沫塑料中的使用量可以达到 90%以上，占比最大。因其有吸湿性，不能与空气直接接触。要避免明火，避免在空气中长时间加热，特别是聚醚多元醇渗透的保温材料、衣类等往往会自燃起火，要加以注意。

11.5.2 聚氨酯的应用

1. 聚氨酯涂料

聚氨酯涂料产量仅次于醇酸树脂漆涂料、丙烯酸树脂漆涂料以及酚醛树脂漆涂料，是涂料领域中的第四大品种，并且这一发展趋势延续至今，其产量以及使用范围仍然保持着非常快速的发展势头。

从聚氨酯涂料研发应用的角度上来说，最为主流的仍然表现为双组分聚氨酯涂料，它在木器家具涂装等领域中应用范围不断扩大与提升。除此以外，单组分聚氨酯涂料仍然在汽车加工、地下室防水等领域中有着非常强的应用优势，此类涂料以聚氨酯为主要材料，在各类色漆以及清漆生产中有着非常好的应用价值。新研发丙烯酸聚氨酯漆选用缩二脲作为固化剂，在汽车修补用漆中的应用价值相当可靠，尤其对于轻型汽车、大型客车以及面包车而言，车辆加工中的涂装功能非常值得肯定，市场前景相当可观。在丙烯酸聚氨酯涂料基础之上研发的多类新型聚氨酯涂料还可以在其他制造加工领域中发挥应用价值，以满足家电、火车等加工物对加工质量所产生的要求。此外还有诸如水性聚氨酯涂料、改性聚氨酯涂料和环保型聚氨酯涂料。

2. 聚氨酯胶黏剂

聚氨酯胶黏剂的合成基于异氰酸酯独特的化学性质，异氰酸酯是分子中含有异氰酸酯基团的化合物，该基团具有重叠双键排列的高度不饱和键结构，能与各种含活泼氢的化合物进行反应。在聚氨酯胶黏剂领域，主要使用含有 2 个或多个—NCO 特征基团的异氰酸酯。根据产品在光照下是否发生黄变现象将聚氨酯胶黏剂分为通用型异氰酸酯聚氨酯胶黏剂和耐黄变型异氰酸酯聚氨酯胶黏剂。

3. 聚氨酯泡沫塑料

聚氨酯泡沫塑料分为硬泡和软泡 2 种，具有优良的弹性、伸长率、压缩强度和柔软性，以及良好的化学稳定性。此外，聚氨酯泡沫塑料还有优良的加工性、黏合性、绝热性等性能，属于性能优良的缓冲材料。

11.6 土工合成材料

土工合成材料是一种新型的岩土工程材料。它以人工合成或天然聚合物(如塑料、化纤、合成橡胶等)为原料，制成各种类型的工程材料，置于土体内部、表面或各层土体之间，以发挥加强或保护土体的作用。土工合成材料一般可分为土工织物、土工膜、土工复合材料、土工格栅和土工特种材料等类型，如图 11.2 所示，广泛应用于水利、水电、公路、铁路、建筑、海港、采矿、军工等各个工程领域。

(a) 土工织物　　　　　(b) 土工膜　　　　　(c) 土工格栅

图 11.2　土工合成材料

11.6.1　土工织物

土工织物是以聚合物为原料，把聚合物原料加工成丝、短纤维、纱或条带，然后再制成平面结构透水性的土工合成材料。土工织物也称土工布，是用于岩土工程的一种布状材料。土工织物具有质量轻、施工方便、抗拉强度高、耐腐蚀性强和整体性好的特点，但也有一些缺点，如直接使用时，抗紫外线能力差，暴露在紫外线下容易老化，需经过特殊处理。按照制造方法不同土工织物可分为有纺(织造)土工织物和无纺(非织造)土工织物。

有纺土工织物是我国最早使用的土工织物产品，由至少两组纵横纱线或扁丝组成，它的制造分两道工序：先将聚合物原料加工成丝或纱或带，再借助织机加工形成平面结构的布状产品。有纺土工织物延伸率低，具有很好的稳定性，广泛应用于水利工程中的抢险和地基加固等领域，但孔隙率低，孔隙又易变形，出现孔洞时难以补救，这使得有纺土工织物的应用受到一定限制。

无纺土工织物是将短纤维或长丝进行定向或随机撑列，形成纤网结构，然后采用机械、热压或化学等方法加固而成，也称无纺布。织物中纤维的排列是不规则的，与通常的毛毯相似。无纺土工织物具有一定的抗撕裂能力和较好的变形适应能力，因自身厚实，故对土体具有良好的保护能力。

11.6.2　土工膜

土工膜是一种以塑料薄膜为原料，经挤出、压延或加涂料等工艺制成的一种土工防渗材料。根据原材料不同，土工膜可分为聚合物和沥青两大类。为满足不同强度和变形需要，又有不加筋和加筋的区分。预制不加筋膜采用挤出、压延等方法制作；加筋有利于提高膜的强度和保护膜不受外界机械破坏。制造土工膜时还需要掺入一定量的添加剂，使在不改变材料基本特性的情况下，改善其某些性能和降低成本。土工膜的质量较轻、延伸率高、有较好的适应变形能力、耐腐蚀性强，可用于大面积施工，如污水处理池的防渗层。

11.6.3　土工格栅

土工格栅是由聚乙烯或聚丙烯通过打孔、单向或双向拉伸扩孔制成，是一种质量轻、具有一定柔性的平面网材。土工格栅是一种应用较多的土工合成材料,常用作加筋土结构的筋材或复合材料的筋材等。与其他土工合成材料相比,土工格栅具有很多独特的性能,且易于现场裁剪和连接,施工方便可重复搭接。土工格栅分为塑料土工格栅、钢塑土工格栅、粘焊土工格栅、玻璃纤维土工格栅和经编土工格栅5大类。

11.6.4 土工特种材料

1. 土工模袋

土工模袋是一种双层聚合化纤织物制成的连续(或单独)袋状材料,它可以代替模板用高压泵把混凝土或砂浆灌入模袋中,最后形成板状或其他形状结构,用于护坡或其他基础处理工程。模袋根据其材质和制作工艺的不同可分为机制模袋和简易模袋两类。

2. 土工垫和土工格室

土工垫和土工格室均为合成材料特制的三维结构。前者多为长丝结合而成的三维透水聚合物网垫,后者是由土工织物、土工格栅或土工膜、条带聚合物构成的蜂窝状或网格状三维结构。土工垫层通常由黑色聚乙烯制成,其厚度为15~20mm。土工垫和土工格室常用作防冲蚀和保土工程,刚度大的、侧限能力高的多用于地基加筋垫层或支挡结构中。

3. 土工网

土工网是由高分子聚合物经挤出制成的网状材料或其他材料经编织形成的网状材料。土工网常用于软土地基加固的垫层、坡面防护和制作组合土工材料的基材。土工网在公路、铁路路基中可有效地分配荷载,提高地基的承载能力及稳定性,延长寿命;在公路边坡上铺设,可防止滑坡、保护水土、美化环境,应用较为广泛。

11.6.5 土工复合材料

将土工织物、土工膜、土工格栅和某些特种土工合成材料中的两种或两种以上材料互相组合起来就成为土工复合材料。土工复合材料可以充分发挥不同材料各自独特的性能,可以更好地满足工程的不同需求。

例如,复合土工布是将土工膜和土工织物按一定要求制成的一种土工织物组合物,其中,土工膜主要用来防止渗透,土工织物具有加筋、排水和增加土工膜与土面之间摩擦力的作用。道路工程中路基用到的塑料排水板就是一种土工复合排水材料,也是土工复合材料。

本 章 小 结

合成高分子材料是以不饱和的低分子碳氢化合物(单体)为主要成分,经人工加聚或缩聚而成的分子量很大的物质,常称为高分子聚合物。

合成高分子材料的性能优点:优良的加工性能、质轻、导热系数小、化学稳定性较好、功能的可设计性强、出色的装饰性能、电绝缘性好、高分子材料经特殊工艺改性也可导电等。除此之外,还有易老化和可燃等缺点。

建筑塑料具有出色的性能特点:轻质高强、可加工性好、装饰性强、耐化学腐蚀性好、耐水性强、保温隔热性能好、电绝缘性能优良、弹性模量低、耐热性差、受热变形大、易老化和具有可燃性等特点。

建筑胶黏剂应具备的性能特点：固化后不仅有良好的力学性能，特别要求有很好的耐久性；使用方便，固化条件宽松，在室温或低温条件下也能较快地固化；无须对被粘物进行严格的表面处理，甚至在某些特殊情况下能对潮湿面或油面进行粘接；无毒、无刺激性，对施工者无害，且不污染环境；必须与施工工艺相适应；原料充足，价格相对低廉。

涂料指涂布于物体表面，在一定条件下能形成薄膜而起保护、装饰或其他特殊功能的一类液体或固体材料。建筑涂料是指用于建筑物，起装饰作用、保护作用及其他特殊功能作用的一类涂料。

近年来，聚氨酯材料的应用日益广泛，可用于胶黏剂、塑料和涂料等领域。

土工合成材料是一种新型的岩土工程材料。它以人工合成或天然聚合物(如塑料、化纤、合成橡胶等)为原料，制成各种类型的工程材料，置于土体内部、表面或各层土体之间，以发挥加强或保护土体的作用，还可起到排水、防渗、反滤、防护和减载等作用。

课后习题

1. 合成高分子材料的定义是什么？具有什么特点？
2. 建筑塑料的定义是什么？具有什么特点？
3. 建筑胶黏剂的定义是什么？具有什么特点？
4. 建筑胶黏剂的组成材料有哪些？
5. 建筑涂料的定义是什么？具有什么特点？
6. 聚氨酯材料的应用领域有哪些？
7. 土工合成材料的种类有哪些？各自有什么特点？

第 12 章　其他工程材料

随着社会的发展和人类生活水平的提高,建筑作为人类物质文明发展的象征和社会、文化进步的标志,其种类与样式越来越丰富,功能也越来越多样化。建筑的功能包括基本的物质功能和精神功能。从以人为本的角度出发,建筑首先要满足一般的基本功能要求,即防御和提供生产、生活的空间;其次要使建筑满足最基本的生理要求,如建筑的朝向、保温、隔热、隔声、通风、采光、防水、防火等方面的要求,它们都是满足人们生活和生产的必需条件。现代人对建筑的功能要求还包括舒适性、健康性、便利性、耐久性、私密性及美观性等诸多方面。因此,现代建筑对其主体构成——建筑材料提出了更高的要求。

12.1　防　水　材　料

建筑防水是保证建筑物发挥其正常功能和寿命的一项重要措施。建筑物中使用防水材料主要是为了防潮和防漏,避免水和盐分等对建筑材料的侵蚀破坏,保护建筑构件。防潮一般是指防止地下水或地基中的盐分等腐蚀性物质渗透到建筑构件的内部;防漏一般是指防止流泻水或融化雪水从屋顶、墙面或混凝土构件等接缝之间渗漏到建筑构件内部或住宅中。由于屋面直接经受风、雨、阳光的作用,稍有空隙就会造成严重渗漏,故屋面防水在建筑防水中居于突出地位。

12.1.1　防水卷材

防水卷材是建筑防水材料的重要品种,它是具有一定宽度和厚度并可卷曲的片状定型防水材料,主要是用于建筑墙体、屋面,以及隧道、公路、垃圾填埋场等处,起到抵御外界雨水、地下水渗漏的作用,作为工程基础与建筑物之间无渗漏连接,是整个工程防水的第一道屏障,对整个工程起着至关重要的作用。目前防水卷材有沥青防水卷材、高聚物改性沥青防水卷材和合成高分子防水卷材三大系列。沥青防水卷材是我国传统的防水卷材,生产历史久、成本较低、应用广泛。由于沥青材料的低温柔韧性差、温度敏感性大、在大气作用下易老化,防水耐用年限较短,它属于低档防水材料。后两个系列卷材的性能较沥青防水材料优异,是防水卷材的发展方向。防水卷材要满足建筑防水工程的要求,必须具备以下性能。

(1) 耐水性。防水卷性在水的作用下和被水浸润后其性能基本不变,在压力水作用下具有不透水性。常用不透水性、吸水性等指标表示。

(2) 温度稳定性。防水卷材在高温下不流淌、不起泡、不滑动,低温下不开裂的性能,亦即防水卷材在一定温度变化下保持原有性能的能力。常用耐热度、耐热性等指标表示。

(3) 机械强度、延伸性和抗断裂性。防水卷材承受一定荷载、应力或在一定变形的条件下不断裂的性能。常用拉力、拉伸强度和断裂伸长率等指标表示。

(4) 柔韧性。防水卷材在低温条件下保持柔韧性的性能。它对保证易于施工、不脆裂十分重要,常用柔度、低温弯折性等指标表示。

(5) 大气稳定性。防水卷材在阳光、热、臭氧及其他化学侵蚀介质等因素的长期综合作用下抵抗侵蚀的能力。常用耐老化性、热老化保持率等指标表示。

各类防水卷材的选用应充分考虑建(构)筑物的特点、地区环境条件、使用条件等多种因素,结合材料的特性和性能指标来选择。

1. 沥青防水卷材

沥青防水卷材是用原纸、纤维织物、纤维毡等胎体浸涂沥青,表面撒布粉状、粒状或片状材料而制成的,如图 12.1 所示。常用品种有石油沥青纸胎油毡、石油沥青玻璃布油毡、石油沥青玻纤胎油毡、石油沥青麻布胎油毡等。

石油沥青纸胎油毡是用低软化点的石油沥青浸渍原纸,然后用高软化点的石油沥青涂盖油纸的两面,再涂撒隔离材料制成的一种防水材料。由于该材料污染环境、技术落后等原因,在我国已被禁止生产及使用。按《石油沥青纸胎油毡》(GB 326—2007)的规定:油毡按卷重和物理性能分为Ⅰ型、Ⅱ型和Ⅲ型,其中Ⅰ型和Ⅱ型油毡适用于简易防水、临时性建筑防水、防潮及包装等,Ⅲ型油毡用于多层建筑防水,其物理性能见表 12.1。

图 12.1 沥青防水卷材施工

表 12.1 石油沥青纸胎油毡物理性能

项目		指标		
		Ⅰ型	Ⅱ型	Ⅲ型
单位面积浸涂材料总量≥/(g/m^2)		600	750	1000
不透水性	压力≥/MPa	0.02	0.02	0.10
	保持时间≥/min	20	30	30

续表

项 目	指标		
	Ⅰ型	Ⅱ型	Ⅲ型
吸水率≤/%	3.0	2.0	1.0
耐热度	(85±2)℃，绕2h涂盖层无滑动、流淌和集中性气泡		
拉力(纵向)≥/(N/50mm)	240	270	340
柔度	(18±2)℃，绕ϕ20mm棒或弯板无裂纹		

注：本标准Ⅲ型产品物理性能要求为强制性的，其余为推荐性的。

为了克服纸胎的抗拉能力低、易腐烂、耐久性差的缺点，通过改进胎体材料来改善沥青防水卷材的性能，开发出玻璃布沥青油毡、玻纤沥青油毡、黄麻织物沥青油毡、铝箔胎沥青等一系列沥青防水卷材。沥青防水卷材一般都是叠层铺设、热粘贴施工，如表12.2所示。

表12.2 常用沥青防水卷材的特点及适用范围

卷材名称	特 点	适用范围	施工工艺
石油沥青纸胎油毡	传统的防水材料，低温柔性差，防水层耐用年限较短，但价格较低	现已禁止生产使用	热玛蒂脂、冷玛蒂脂粘贴施工
玻璃布胎沥青油毡	抗拉强度高，胎体不易腐烂，材料柔韧性好，耐久性比纸胎油毡提高一倍以上	多用作纸胎油毡的增强附加层和凸出部位的防水层	热玛蒂脂、冷玛蒂脂粘贴施工
玻纤毡胎沥青油毡	具有良好的耐水性、耐腐蚀性和耐久性，柔韧性也优于纸胎沥青油毡	常用作屋面或地下防水工程	热玛蒂脂、冷玛蒂脂粘贴施工
黄麻织物胎沥青油毡	抗拉强度高，耐水性好，但胎体材料易腐烂	常用作屋面增强附加层	热玛蒂脂、冷玛蒂脂粘贴施工
铝箔胎沥青油毡	有很高的阻隔蒸汽的渗透能力，防水功能好，且具有一定的抗拉强度	与带孔玻纤毡配合或单独使用，宜用于隔气层	热玛蒂脂粘贴施工

对于屋面防水工程，根据《屋面工程技术规范》(GB 5034—2004)的规定，沥青防水卷材仅适用于屋面防水等级为Ⅲ级(一般的工业与民用建筑、防水耐用年限为10年)和Ⅳ级(非永久性的建筑、防水耐用年限为5年)的屋面防水工程。

对于防水等级为Ⅲ级的屋面，应选用三毡四油沥青卷材防水；对于防水等级为Ⅳ级的屋面，可选用二毡三油沥青卷材防水。

2. 高聚物改性沥青防水卷材

高聚物改性沥青防水卷材是以合成高分子聚合物改性沥青为涂盖层，纤维织物或纤维毡为胎体，粉状、粒状、片状或薄膜材料为覆面材料制成的可卷曲片状防水材料，其结构如图12.2所示。

在沥青中添加适量的高聚物可以改善沥青防水卷材温度稳定性差和延伸率小的不足，具有高温不流淌、低温不脆裂、拉伸强度高、延伸率较大等优异性能，且价格适中，在我国属中低档防水卷材。按改性高聚物的种类，有弹性SBS改性沥青防水卷材、塑性APP

改性沥青防水卷材、聚氯乙烯改性焦油沥青防水卷材、三元乙丙改性沥青防水卷材、再生胶改性沥青防水卷材等。按油毡使用的胎体品种又可分为玻纤胎、聚乙烯膜胎、聚酯胎、黄麻布胎、复合胎等品种。此类防水卷材按厚度可分为 2mm、3mm、4mm、5mm 等规格，一般单层铺设，也可复合使用，根据不同卷材可采用热熔法、冷粘法、自粘法施工。

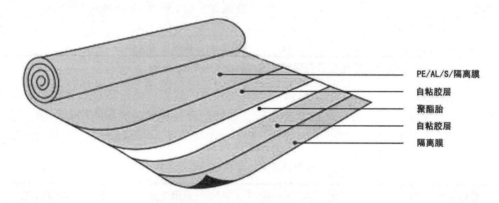

图 12.2　高聚物改性沥青防水卷材结构

1) SBS 改性沥青防水卷材

SBS 改性沥青防水卷材属弹性体沥青防水卷材中的一种，弹性体沥青防水卷材是用沥青或热塑性弹性体(如苯乙烯—丁二烯嵌段共聚物 SBS)改性沥青(简称"弹性体沥青")浸渍胎基，两面涂以弹性体沥青涂盖层，上表面撒以细砂、矿物粉(片)料或覆盖聚乙烯膜，下表面撒以细砂或覆盖聚乙烯膜所制成的一类防水卷材。按国家标准《弹性体改性沥青防水卷材》(GB 18242—2008)的规定，弹性体沥青防水卷材按胎基分为聚酯毡、玻纤毡和玻纤增强聚酯毡；按上表面隔离材料分为聚乙烯膜、细砂、矿物粒料；按材料性能分为Ⅰ型和Ⅱ型。

该类防水卷材广泛适用于各类建筑防水、防潮工程，尤其适用于寒冷地区和结构变形频繁的建筑物防水。其中，玻纤毡卷材适用作多层防水；玻纤增强聚酯毡卷材可用作单层防水或多层防水的面层，并可采用热熔法施工。

2) APP 改性沥青防水卷材

APP 改性沥青防水卷材属塑性体沥青防水卷材的一种。塑性体沥青防水卷材是用沥青或热塑性塑料(如无规聚丙烯 APP)改性沥青(简称"塑性体沥青")浸渍胎基，两面涂以塑性体沥青涂盖层，上表面撒以细砂、矿物粒(片)料或覆盖聚乙烯膜，下表面撒以细砂或覆盖聚乙烯膜所制成的一类防水卷材。按国家标准《塑性体改性沥青防水卷材》(GB 18243—2008)的规定，塑性体沥青防水卷材按胎基分为聚酯毡、玻纤毡和玻纤增强聚酯毡；按上表面隔离材料分为聚乙烯膜、细砂、矿物粒料；按材料性能分为Ⅰ型和Ⅱ型。

该类防水卷材广泛适用于各类建筑防水、防潮工程，尤其适用于高温或有强烈太阳辐射地区的建筑物防水。其中，玻纤毡卷材用作多层防水；玻纤增强聚酯毡卷材可用作单层防水或多层防水层的面层，并可采用热熔法施工。

高聚物改性沥青防水卷材除弹性 SBS 改性沥青防水卷材和塑性 APP 改性沥青防水卷材外，还有许多其他品种，它们因高聚物品种和胎体品种的不同而性能各异，在建筑防水工程中的适用范围也各不相同。常用的几种高聚物改性沥青防水卷材的特点和适用范围见表 12.3。

表12.3 常用高聚物改性沥青防水卷材的特点及适用范围

卷材名称	特 点	使用范围	施工工艺
SBS改性沥青防水卷材	耐高温、低温性能有明显提高，卷材的弹性和耐疲劳性明显改善	单层铺设的屋面防水工程或复合使用，适用于寒冷地区和结构变形频繁的建筑	冷施工铺贴或热熔铺贴
APP改性沥青防水卷材	具有良好的强度、延伸性、耐热性、耐紫外线照射和耐老化性能	单层铺设，适合紫外线辐射强烈及炎热地区屋面使用	热熔法或冷粘法铺设
聚氯乙烯改性焦油防水卷材	有良好的耐热及耐低温性能，最低开卷温度为-18℃	有利于在冬季负温度下施工	可热作业也可冷施工
再生胶改性沥青防水卷材	有一定延伸性，且低温柔韧性较好，有一定防腐蚀能力，价格低廉，属低档防水卷材	变形较大或档次较低的防水工程	热沥青粘贴
废橡胶粉改性沥青防水卷材	比普通石油沥青纸胎油毡的抗拉强度、低温柔韧性均有明显改善	叠层使用于一般屋面防水工程，宜在寒冷地区使用	热沥青粘贴

对于屋面防水工程，GB 50345—2004规定，高聚物改性沥青防水卷材适用于防水等级为Ⅰ级(特别重要的民用建筑和对防水有特殊要求的工业建筑，防水耐用年限为25年)、Ⅱ级(重要的工业与民用建筑、高层建筑，防水耐用年限为15年)和Ⅲ级的屋面防水工程。对于Ⅰ级屋面防水工程，除规定应有的一道合成高分子防水卷材外，高聚物改性沥青防水卷材可用于三道或三道以上防水设防的各层，且厚度不宜小于3mm。对于Ⅱ级屋面防水工程，在应有的二道防水设防中，应优先采用高聚物改性沥青防水卷材，且所有卷材厚度不宜小于3mm。对于Ⅲ级屋面防水工程，应有一道防水设防或两种防水材料复合使用，如单独使用，高聚物改性沥青防水卷材厚度不宜小于4mm；如复合使用，高聚物改性沥青防水卷材的厚度不应小于2mm。高聚物改性沥青防水卷材除外观质量和规格应符合要求外，还应检验拉伸性能、耐热度、柔韧性和不透水性等物理性能，具体见表12.4。

表12.4 高聚物改性沥青防水卷材物理性能

项 目	性能要求				
	聚酯毡胎体	玻纤毡胎体	聚乙烯胎体	自粘聚酯胎体	自粘无胎体
可溶物含量/(g/m²)	3mm厚≥2100 4mm厚≥2900	—	—	2mm厚≥1300 3mm厚≥2100	—
拉力/(N/50mm)	≥452	纵向≥350 横向≥250	≥100	≥350	≥250
延伸率/%	最大拉力时≥30	—	断裂时≥200	最大拉力时≥30	断裂时≥450

续表

项 目		性能要求				
		聚酯毡胎体	玻纤毡胎体	聚乙烯胎体	自粘聚酯胎体	自粘无胎体
耐热度/(℃，2h)		SBS 卷材 90，APP 卷材 110，无滑动、流淌、滴落		PEE 卷材 90，无流淌、起泡	70，无滑动、流淌、滴落	70，无起泡、滑动
低温柔韧度/℃		SBS 卷材—18，APP 卷材—5，PEE 卷材—10			−20	
		3mm 厚，γ=15mm；4mm 厚，γ=25mm；3s，弯 180° 无裂纹			γ=15mm，3s，弯 180° 无裂纹	Φ20mm，3s，弯 180° 无裂纹
不透水性	压力/MPa	≥0.3	≥0.2	≥0.3	≥0.3	≥0.2
	保留时间/min	≥30			≥120	

注：SBS 卷材——弹性体改性沥青防水卷材；
APP 卷材——塑性体改性沥青防水卷材；
PEE 卷材——高聚物改性沥青聚乙烯胎防水卷材。

3. 合成高分子防水卷材

合成高分子防水卷材是以合成橡胶、合成树脂或它们两者的混合体为基料，加入适量的化学助剂和填充料等，经混炼、压延或挤出等工序加工而制成的可卷曲的片状防水材料，其结构如图 12.3 所示。其中又可分为加筋增强型与非加筋增强型两种。

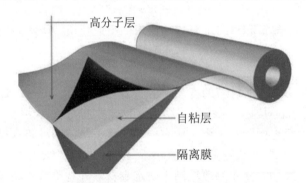

图 12.3　合成高分子防水卷材结构

合成高分子防水卷材具有拉伸强度和抗撕裂强度高、断裂伸长率大、耐热性和低温柔韧性好、耐腐蚀、耐老化等一系列优异的性能，是新型高档防水卷材，常用的有再生胶防水卷材、三元乙丙橡胶防水卷材、三元丁橡胶防水卷材、聚氯乙烯防水卷材、氯化聚乙烯防水卷材、氯化聚乙烯—橡胶共混型防水卷材等。此类卷材按厚度分为 1mm、1.2mm、1.5mm、2.0mm 等规格，一般单层铺设，可采用冷粘法或自粘法施工。

1) 聚氯乙烯(PVC)防水卷材

聚氯乙烯防水卷材是以聚氯乙烯树脂为主要原料，掺加填充料和适量的改性剂、增塑剂及其他助剂，经混炼、压延或挤出成型、分卷包装而成的防水卷材。

按《聚氯乙烯防水卷材》(GB 12952—2003)的规定，聚氯乙烯防水卷材根据其有无复合层分为无复合层、纤维单面复合和织物内增强三类，按理化性能分为Ⅰ型和Ⅱ型。该种卷材的尺度稳定性、耐热性、耐腐蚀性、耐细菌性等均较好，适用于各类建筑的屋面防水工程和水池、堤坝等防水抗工程。

2) 三元乙丙(EPDM)橡胶防水卷材

三元乙丙橡胶防水卷材是以三元乙丙橡胶为主体，掺入适量的硫化剂、促进剂、软化剂、填充料等，经过密炼、拉片、过滤、压延或挤出成型、硫化、分卷包装而成的防水卷材。

由于三元乙丙橡胶分子结构中的主链上没有双键，当它受到紫外线、臭氧、湿和热等作用时，主链上不易发生断裂，故耐老化性能最好，化学稳定性良好。因此，三元乙丙橡胶防水卷材有优良的耐候性、耐臭氧性和耐热性。此外，它还具有质量轻(1.2～2.0kg/m^2)、拉伸强度高(7.0MPa 以上)、断裂伸长率大(450%以上)、低温柔韧性好(脆性温度-40℃以下)、使用寿命长(估计 20 年以上)、耐酸碱腐蚀等特点。广泛适用于防水要求高、耐用年限长的工业与民用建筑的防水工程。

3) 氯化聚乙烯—橡胶共混型防水卷材

氯化聚乙烯—橡胶共混型防水卷材是以氯化聚乙烯树脂和合成橡胶共混物为主体，加入适量的硫化剂、促进剂、稳定剂、软化剂和填充料等，经过素炼、混炼、过滤、压延或挤出成型、硫化、分卷包装等工序制成的防水卷材。

氯化聚乙烯—橡胶共混型防水卷材兼有塑料和橡胶的特点。它不仅具有氯化聚乙烯所特有的高强度和优异的耐臭氧、耐老化性能，而且具有橡胶类材料所特有的高弹性、高延伸性和良好的低温柔韧性等。所以，该卷材具有良好的物理性能，拉伸强度在 7.0MPa 以上，断裂伸长率在 400%以上，脆性温度在-40℃以下，热老化保持率在 80%以上。因此，该类卷材特别适用于寒冷地区或变形较大的建筑防水工程。

合成高分子防水卷材除以上三种典型品种外，还有再生胶、三元丁橡胶、氯化聚乙烯、氯磺化聚乙烯、三元乙丙橡胶—聚乙烯共混等防水卷材，这些卷材原则上都是塑料经过改性，或橡胶经过改性，或两者复合以及多种复合，制成的能满足建筑防水要求的制品。它们因所用的基材不同而性能差异较大，使用时应根据其性能的特点合理选择，具体见表 12.5。

按照国家标准《屋面工程技术规范》(GB 50345—2004)的规定，合成高分子防水卷材适用于防水等级为Ⅰ级、Ⅱ级和Ⅲ级的屋面防水工程。在Ⅰ级屋面防水工程中必须至少有一道厚度不小于 1.5mm 的合成高分子防水卷材；在Ⅱ级屋面防水工程中，可采用一道或二道厚度不小于 1.2mm 的合成高分子防水卷材；在Ⅲ级屋面防水工程中，可采用一道厚度不小于 1.2mm 的合成高分子防水卷材。屋面工程中使用的合成高分子防水卷材，除外观质量和规格应符合要求外，还应检验拉伸强度、断裂伸长率、低温弯折性和不透水性等物理性能，见表 12.6。

表 12.5 常见合成高分子防水卷材的特点和适用范围

卷材名称	特点	适用范围	施工工艺
再生胶防水卷材 (JC 206—1976)	有良好的延伸性、耐热性、耐寒性和耐腐蚀性、价格低廉	单层非外露部位及地下防水工程，或加盖保护层的外露防水工程	冷粘法施工

续表

卷材名称	特点	适用范围	施工工艺
氯化聚乙烯防水卷材(GB 12953—2008)	具有良好的耐候、耐臭氧、耐热老化、耐油、耐化学腐蚀及抗撕裂性能	单层或复合使用于紫外线强的炎热地带	冷粘法施工
聚氯乙烯防水卷材(GB 12953—2008)	具有较高的拉伸和撕裂强度、延伸率较大、耐老化性能好、原材料丰富、价格便宜、容易黏结	单层或复合使用于外露或有保护层的防水工程	冷粘法或热风焊接法
三元乙丙橡胶防水卷材(GB 18173.1—2008)	防水性能优异，耐候性好，耐臭氧、耐化学腐蚀、弹性和抗拉强度大、对基层变形开裂的适应性强、重量轻、使用温度范围宽、寿命长、但价格高，黏结材料还需配套完善	防水要求较高，防水层耐用年限长的工业与民用建筑，单层或复合使用	冷粘法或自粘法施工
三元丁橡胶防水卷材(JC/T 645—1996)	具有较好的耐候性、耐油性、抗拉强度和延伸率，耐低温性能稍低于三元乙丙防水卷材	单层或复合使用于要求较高的防水工程	冷粘法施工
氯化聚乙烯—橡胶共混型防水卷材(JC/T 684—1997)	不但具有氯化聚乙烯的高强度、耐臭氧、耐老化性的特点，还具有橡胶的高弹性、高延伸性以及良好的低温柔性	单层或复合使用，尤其宜使用于寒冷地区或变形较大的防水工程	冷粘法施工

表 12.6 合成高分子防水卷材物理性能

项 目		性能要求			
		硫化橡胶类	非硫化橡胶类	树脂类	纤维增强类
断裂拉伸强度/MPa		≥6	≥3	≥10	≥9
拉断伸长率/%		≥400	≥200	≥200	≥10
低温弯折/℃		−30	−20	−20	−20
不透水性	压力/MPa	≥0.3	≥0.2	≥0.3	≥0.3
	保持时间/min	≥80			
加热收缩率/%		<1.2	<2.0	<2.0	<1.0
热老化保持率(80℃，168h)	断裂伸长率/%	≥80			
	拉断伸长率/%	≥70			

12.1.2 防水涂料

防水涂料是一种流态或半流态物质，可用刷、喷等工艺涂布在基层表面，经溶剂或水分挥发或各组分间的化学反应，形成具有一定弹性和一定厚度的连续薄膜，使基层表面与水隔绝，起到防水、防潮作用。

防水涂料固化成膜后的防水涂膜具有良好的防水性能，特别适合于各种复杂不规则部位的防水，能形成无接缝的完整防水膜。它大都采用冷施工，不必加热，涂布的防水涂料既是防水层的主体，又是黏结剂，因而施工质量容易保证，维修也较简单，如图 12.4 所示。但是，防水涂料须采用刷子或刮板等逐层涂刷(刮)，故防水膜的厚度较难保持均匀一致。因此，防水涂料广泛适用于工业与民用建筑的屋面防水工程、地下室防水工程和地面防潮、防渗等。

图 12.4　防水涂料施工

防水涂料按液态类型可分为溶剂型、水乳型和反应型三种。溶剂型黏结性较好，但污染环境；水乳型价格低，但黏结性差些。从涂料发展趋势来看，随着水乳型性能的提高，它的应用会更广。按成膜物质的主要成分可分为沥青类、高聚物改性沥青类和合成高分子类，如防水涂料要满足防水工程的要求，必须具备以下性能。

(1) 固体含量。固体含量指防水涂料中所含固体比例。由于涂料涂刷后涂料中的固体成分形成涂膜，因此，固体含量多少与成膜厚度及涂膜质量密切相关。

(2) 耐热度。耐热度指防水涂料成膜后的防水薄膜在高温下不发生软化变形、不流淌的性能。它反映防水涂膜的耐高温性能。

(3) 柔性。柔性指防水涂料成膜后的膜层在低温下保持柔韧的性能。它反映防水涂料在低温下的施工和使用性能。

(4) 不透水性。不透水性指防水涂膜在一定水压(静水压或动水压)和一定时间内不出现渗漏的性能，是防水涂料满足防水功能要求的主要质量指标。

(5) 延伸性。延伸性指防水涂膜适应基层变形的能力。防水涂料成膜后必须具有一定的延伸性，以适应由于温差、干湿等因素造成的基层变形，保证防水效果。

防水涂料的使用应考虑建筑物的特点、环境条件和使用条件等因素，结合其特点和性能指标选择。

1. 防水涂料的分类

防水涂料分沥青基防水涂料、高聚物改性沥青防水涂料和合成高分子防水涂料三类。

1) 沥青基防水涂料

沥青基防水涂料指以沥青为基料配制而成的水乳型或溶剂型防水涂料。这类涂料对沥青基本没有改性或改性作用不大，主要有石灰膏乳化沥青、膨润土乳化沥青和水性石棉沥青防水涂料等，适用于Ⅲ级和Ⅳ级防水等级的工业与民用建筑屋面、混凝土地下室和卫生间防水等。

2) 高聚物改性沥青防水涂料

高聚物改性沥青防水涂料指以沥青为基料，用合成高分子聚合物进行改性制成的水乳型或溶剂型防水涂料。这类涂料在柔韧性、抗裂性、拉伸强度、耐高低温性能、使用寿命等方面比沥青基防水涂料有很大改善，品种有再生橡胶改性沥青防水涂料、氯丁橡胶改性沥青防水涂料、SBS 橡胶改性沥青防水涂料、聚氯乙烯改性沥青防水涂料等，适用于Ⅱ、Ⅲ、Ⅳ级防水等级的屋面、地面、混凝土地下室和卫生间等的防水工程，其施工要点如图 12.5 所示。

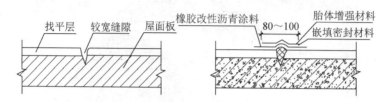

图 12.5　高聚物改性沥青防水涂料施工要点

3) 合成高分子防水涂料

合成高分子防水涂料指以合成橡胶或合成树脂为主要成膜物质制成的单组分或多组分的防水涂料。这类涂料具有高弹性、高耐久性及优良的耐高低温性能，品种有聚氨酯防水涂料、丙烯酸酯防水涂料、环氧树脂防水涂料和有机硅防水涂料等，适用于Ⅰ、Ⅱ、Ⅲ级防水等级的屋面、地下室、水池及卫生间等的防水工程。

2. 常用防水涂料

1) 石灰乳化沥青涂料

石灰乳化沥青涂料是以石油沥青为基料，石灰膏为乳化剂，在机械强制搅拌下将沥青乳化制成的厚质防水涂料。

石灰乳化沥青涂料为水性、单组分涂料，具有无毒、不燃、可在潮湿基层上施工等特点。

2) 水性聚氯乙烯焦油防水涂料

水性聚氯乙烯焦油防水涂料是用聚氯乙烯树脂改性煤焦油并经乳化稳定分散在水中而制成的一种水乳型防水涂料。

由于该涂料用聚氯乙烯进行改性，与沥青基防水涂料相比，其柔韧性、延伸性、黏结性、耐高低温性、抗老化性等方面都有改善，具有成膜快、强度高、耐候性好、抗裂性好等特点。

3) 聚氨酯防水涂料

聚氨酯防水涂料属双组分反应型涂料。甲组分是含有异氰酸基的预聚体，乙组分是含有多羟基的固化剂与增塑剂、稀释剂等，甲乙两组分混合后，经固化反应形成均匀、富有弹性的防水涂膜。

聚氨酯防水涂料是反应型防水涂料，固化时体积收缩很小，可形成较厚的防水涂膜，并具有弹性高、延伸率大、耐高低温性好、耐油、耐化学侵蚀等优异性能。

12.2 防火材料

建筑消防是当代各类建筑必须面对的一个重大命题,建筑材料是决定建筑自身安全的重要因素,直接关系到人民生命财产安全。在建筑消防安全上,对防火性能这一方面的要求十分严格,为了保证建筑物的消防安全,必须采用合格的防火建筑材料,采取必要的防火措施,使之具有一定的耐火性,即使发生了火灾也不至于造成太大的损失。

12.2.1 防火板材

由于建筑板材有利于大规模工业化生产,使现场施工简便、迅速,具有较好的综合性能,而被广泛使用于建筑物的顶、墙面、地面等多种部位。近年来,为满足防火、吸音、隔声、保温以及装饰等功能的要求,新的产品不断涌现,本节着重介绍部分有代表性的防火板材。

1. 纤维增强硅酸钙板

由于纤维增强硅酸钙板基材中的钙质材料、硅质材料在具有一定压力和温度的容器中蒸压养护,发生水热合成反应,形成晶体结构稳定的托贝莫来石,材质稳定,受温、湿度引起的收缩率极小。纤维增强硅酸钙板中增强纤维的用量在 5%以上,不仅具有密度小、防潮、防蛀、防霉与可加工性能好的优点,还具有强度高、干缩湿胀及挠曲变形小等优良性能,如图 12.6 所示。纤维增强硅酸钙板具有优良的防火性能,在明火中不会发生炸裂与燃烧,也不产生烟气与有毒气体。

图 12.6 纤维增强硅酸钙板

以薄形纤维增强硅酸钙板做面板,中间填充泡沫聚苯乙烯轻混凝土或泡沫膨胀珍珠岩轻混凝土等轻质芯材复合成型的轻质复合板材具有自重小、隔声绝热效果好、施工速度快等优点,价格低于用轻钢龙骨现场复合的墙板。

2. 耐火纸面石膏板

耐火纸面石膏板选用建筑石膏为主要原料,加入玻璃纤维和其他添加剂,当建筑着火时,在一定长的时间内能保持结构完整,从而起到延缓石膏板坍塌、阻隔火势的蔓延、延长防火时间的作用,如图 12.7 所示。

3. 泰柏板

泰柏板是一种新型建筑材料,选用强化钢丝焊接而成的三维笼为架构,以阻燃聚苯泡沫板,或岩棉板为板芯,两侧配以直径为 2mm 冷拔钢丝网片,钢丝网目 50 mm×50mm,腹丝斜插过芯板焊接而成(见图 12.8),广泛应用于装饰室内隔墙、围护墙、保温复合外墙和双轻体系(轻板、轻框架)的承重墙;可用于楼面、屋面、吊顶、新旧楼房加层和卫生间隔墙等;面层可作任何贴面装修。泰柏板作为一种新型建材,可以减少使用黏土砖、降低能耗、减少生产污染等。

图 12.7 耐火纸面石膏板铺装

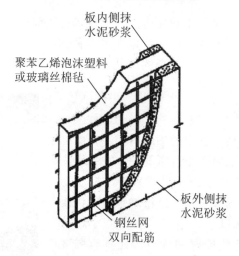

图 12.8 泰柏板结构示意

4. 纤维增强水泥平板(TK 板)

纤维增强水泥平板(简称水泥板),是以纤维和水泥为主要原材料生产的建筑用水泥平板。

纤维增强水泥平板具有防火绝缘、防水防潮、隔音隔热、轻质高强、施工简单、无毒无害、寿命长等特点。广泛应用于工业与民用建筑中的外隔墙、天花吊顶、防火墙、幕墙衬板、吊顶、钢结构楼板、防火门、外墙外保温面板、灌浆墙面板、屋面系统隔热隔声衬板、地面大块道板、防静电地板基材、清水装饰面板、外墙装饰板、外墙保温板、外墙干挂板、隔热绝缘用板、建筑内防火分区等部位,如图 12.9 所示。

5. 滞燃型胶合板

滞燃型胶合板是由木段旋切成单板或将木方刨切成薄木,对单板(薄木)进行阻燃处理后再用胶黏剂胶合而成的三层或多层的板状材料,通常用奇数层单板,并使相邻层单板的纤维方向互相垂直,如图 12.10 所示。滞燃型胶合板以木材为主要原料,由于其结构的合理性和生产过程中的精细加工,可大体上克服木材的缺陷,大大改善和提高木材的物理力学性能,同时滞燃型胶合板也克服了普通胶合板易燃烧的缺点,有效提高了胶合板阻燃性能。

图 12.9 用作隔板的纤维增强水泥平板

图 12.10 滞燃型胶合板

6. 膨胀珍珠岩防火板

膨胀珍珠岩是珍珠岩矿砂经预热,瞬时高温焙烧膨胀后制成的一种内部为蜂窝状结构的白色颗粒状的材料,如图 12.11 所示。其原理为:珍珠岩矿石经破碎形成一定粒度的矿砂、经预热焙烧、急速加热(1000℃以上),矿砂中水分汽化,在软化的含有玻璃质的矿砂内部膨胀(10~30 倍),形成多孔结构。膨胀珍珠岩防火板,是由膨胀珍珠岩、预埋骨架作材料,用适当的胶黏剂作粘结剂,经过压力作用而制成的新型防火板材。

图 12.11 膨胀珍珠岩

12.2.2 建筑防火涂料

防火涂料又叫阻燃涂料,将这类涂料涂刷在建筑物上某些易燃材料表面,能提高易燃材料的耐火能力,或能减缓火焰蔓延传播速度,在一定时间内能阻止燃烧,控制火势的发展,为人们灭火提供时间。

由于建筑工程的高层化、集群化、工业的大型化及有机合成材料的广泛应用,国家对防火工作高度重视,而采用涂料防火方法比较简单,适应性强,因而在公用建筑、车辆、飞机、船舶、古建筑及文物保护、电器电缆、宇航等方面都有应用。

1. 饰面型防火涂料

饰面型防火涂料是一种集装饰和防火功能于一体的新型涂料品种，当将防火涂料涂覆于可燃基材上时，平时可起到装饰作用，一旦火灾发生时，则可阻止火势蔓延，达到保护基材的目的。饰面型防火涂料均为膨胀型防火涂料，品种有水性防火涂料、透明防火涂料和溶剂型防火涂料等，如图 12.12 所示。

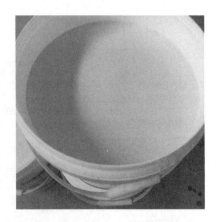

图 12.12　饰面型防火涂料

1) 水性防火涂料

以合成聚合物乳液，或经聚合物乳液改性的无机胶黏剂为主要成膜物质，加入发泡剂、成炭剂和成炭催化剂组成的防火体系，制成以水为分散介质的防火涂料，称为水性防火涂料。该涂料遇火灾时，形成均匀而致密的蜂窝状或海绵状的炭质泡沫层，对可燃性基材有良好的保护作用。其中的主要成膜物质品种有聚丙烯酸酯乳液、氯—偏乳酸、氯丁橡胶乳液、聚醋酸乙烯酯乳液、苯—丙乳液、水溶性氨基树脂、水溶性酚醛树脂、水溶性三聚氰胺甲醛树脂以及硅溶液和水玻璃等。该涂料的特点是以水为分散介质，安全无毒、不燃烧，无三废公害，属于环保型建材产品；在生产、储存、运输和施工过程中都十分安全和方便，具有易干燥、施工速度快的优点。除防火性能外，其他性能与乳胶漆相似。但是，在耐水和防潮性能方面不如溶剂型防火涂料。一般宜用于室内，并尽量避免在较潮湿的部位使用。

2) 透明防火涂料

透明防火涂料是近几年发展起来并趋于成熟的一类饰面型防火涂料，一般由合成聚合物树脂为主基料，基料本身带有一定量的阻燃基团和可发泡的基团，再加入少量的发泡剂、成炭剂和成炭催化剂等组成防火体系制备的透明防火涂料，也称为防火清漆。主要用于高级木质材料的装饰和防火保护。为了保证涂层的防火及其他使用性能，一般需要采用透明的罩面涂料罩面。

3) 溶剂型防火涂料

溶剂型防止涂料过火时形成均匀而致密的蜂窝状或海绵状的炭质泡沫层，对可燃性基材有良好的保护作用。常用的主要成膜物质有酚醛树脂、过氯乙烯树脂、氯化橡胶、聚丙烯酸树脂、改性氨基树脂等；溶剂通常是 200 号溶剂汽油、二甲苯、醋酸丁酯等；特点是耐水和防潮性能比较优异，适合于较潮湿的地区和相应的部位使用。涂层的光泽较好，具有较好的装饰性。但是，在生产、储存、运输和施工过程中必须注意防火和环保。

2. 钢结构防火涂料

钢材是一种不会燃烧的建筑材料，它具有抗震、抗弯等特性。在实际应用中，钢材既可以相对增加建筑物的荷载能力，也可以满足建筑设计美感造型的需要，还避免了混凝土等建筑材料不能弯曲、拉伸的缺陷。但是，钢材作为建筑材料在防火方面又存在一些难以避免的缺陷，它的机械性能，如屈服点、抗拉强度及弹性模量等均会因温度的升高而急剧下降。

1) 超薄型钢结构防火涂料

超薄型钢结构防火涂料是指涂层厚度 3 mm 以内，装饰效果较好，高温时能膨胀发泡，耐火极限一般在 2h 以内的钢结构防火涂料。该类钢结构防火涂料一般为溶剂型体系，具有优越的黏结强度、耐候耐水性好、流平性好、装饰性好等特点，在受火时缓慢膨胀发泡形成致密坚硬的防火隔热层，该防火层具有很强的耐火冲击性，延缓了钢材的温升，可有效保护钢构件。超薄膨胀型钢结构防火涂料施工可采用喷涂、刷涂或辊涂，如图 12.13 所示，一般使用在耐火极限要求 2h 以内的建筑钢结构上。已出现了耐火性能达到或超过 2h 的超薄型钢结构防火涂料新品种，它主要是以特殊结构的聚甲基丙烯酸酯或环氧树脂与氨基树脂、氯化石蜡等复配作为基料黏合剂，附加高聚合度聚磷酸铵、双季戊四醇、三聚氰胺等防火阻燃材料，添加钛白粉、硅灰石等无机耐火材料，以 200 号溶剂油为溶剂复合而成。各种轻钢结构、网架等多采用该类型防火涂料进行防火保护。由于该类防火涂料涂层超薄，使得使用量较厚型、薄型钢结构防火涂料大大减少，从而降低了工程总费用，又使钢结构得到了有效的防火保护。

图 12.13　钢结构防火涂料喷涂施工

2) 薄型钢结构防火涂料

薄型钢结构防火涂料是指涂层厚度大于 3mm，小于等于 7mm，有一定装饰效果，高温时膨胀增厚，耐火极限在 2h 以内的钢结构防火涂料。这类钢结构防火涂料一般用合适的水性聚合物作基料，再配以阻燃剂复合体系、防火添加剂、耐火纤维等组成，其防火原理同超薄型。对这类防火涂料，要求选用的水性聚合物必须对钢基材有良好的附着力、耐久性和耐水性。其装饰性优于厚型钢结构防火涂料，逊色于超薄型钢结构防火涂料，一般耐火极限在 2h 以内。因此常用在小于 2h 耐火极限的钢结构防火保护工程中，常采用喷涂施工。

3) 厚型钢结构防火涂料

厚型钢结构防火涂料是指涂层厚度大于 7mm，小于等于 45mm，呈粒状面，密度较小，热导率低，耐火极限在 2h 以上的钢结构防火涂料，如图 12.14 所示。由于厚型防火涂料的成分多为无机材料，因此其防火性能稳定，长期使用效果较好，但其涂料组分的颗粒较大，涂层外观不平整，影响建筑的整体美观，因此大都用于结构隐蔽工程。该类防火涂料在火灾中利用材料粒状表面热导率低或涂层中材料的吸热性，延缓了钢材的温升，保护钢材。这类防火涂料是用合适的无机胶结料(如水玻璃、硅溶胶、磷酸铝盐、耐火水泥等)，再配以无机轻质绝热骨料材料(如膨胀珍珠岩、膨胀蛭石、海抱石、漂珠、粉煤灰等)、防火添加剂、化学药剂和增强材料(如硅酸铝纤维、岩棉、陶瓷纤维、玻璃纤维等)及填料等混合配制而成，具有成本较低的优点。该防火涂料施工常采用喷涂，适用于耐火极限要求在 2h 以上的室内外隐蔽钢结构、高层全钢结构及多层厂房钢结构。一般工业与民用建筑中支承多层的柱的耐火极限均应达到 3 h，需采用该厚型防火涂料保护。

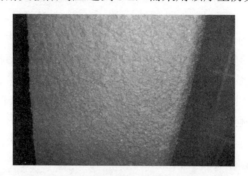

图 12.14 厚型钢结构防火涂料

3. 预应力混凝土楼板防火涂料

在现代建筑行业中，采用混凝土的建筑结构十分普遍，其中，预应力混凝土比普通钢筋混凝土的抗裂性、刚度、抗剪性和稳定性更好，自重更轻，并能节省混凝土和钢材。但是，预应力钢筋混凝土空心楼板的耐火性能很差，其原因是：预应力钢筋的温度达 200℃时，它的屈服点开始下降，300℃时，它的预应力几乎全部消失，蠕变加快，致使预应力板的强度、刚度迅速降低，从而板的挠度变化加快，板下面出现裂缝，预应力钢筋直接受到高温作用，其刚度和强度进一步下降；混凝土在高温下性能也在改变，板下的混凝土受热膨胀方向与板受拉力方向一致，助长了板中挠度的变化。混凝土在 300℃时，强度开始下降，500℃时强度降低一半左右，800℃时强度几乎丧失。在建筑火灾中，这类板均在半小时左右即断裂垮塌。

为了提高预应力楼板的耐火极限，人们首先采取了增加钢筋混凝土保护层厚度的办法，但效果不很明显，反而增加了楼板的重量并且占用了有效空间。借鉴钢结构防火涂料保护钢结构的原理，我国从 20 世纪 80 年代中期起，逐步研究和生产预应力混凝土楼板防火涂料，较广泛地用于保护预应力楼板。该涂料喷涂在预应力楼板配筋一面，遭遇火灾时，涂层有效地阻隔火焰和热量，降低热量向混凝土及其内部预应力钢筋的传递速度，以推迟其温度升高和结构强度变弱的时间，从而提高预应力楼板的耐火极限，达到防火保护的目的。

12.3 隔 热 材 料

建筑物隔热保温是节约能源、改善居住环境和使用功能的一个重要方面。建筑能耗在人类整个能源消耗中所占比率一般在 30%～40%，绝大部分是采暖和空调的能耗，故建筑节能意义重大。

12.3.1 绝热材料的绝热机理

"导热"是指物体各部分直接接触的物质质点(分子、原子、自由电子)做热运动而引起的热能传递过程。"对流"是指较热的液体或气体因热膨胀使密度减小而上升，冷的液体或气体就补充过来，形成分子的循环流动，这样，热量就从高温的地方通过分子的相对位移传向低温的地方。"热辐射"是一种靠电磁波来传递能量的过程。在每一实际的传热过程中，往往都同时存在着两种或三种传热方式。例如，实体结构本身的透热过程，主要是靠导热，但一般建筑材料内部存在空隙，空隙内除了有气体的导热外，同时还有对流和热辐射。

保温隔热材料通常是多孔材料，其结构上的基本特点是具有高的空隙率。材料中的气孔尺寸一般在 3~5mm 范围内，可分为封闭气孔和连通气孔两种类型，一般具有大量封闭气孔的材料的保温隔热性能比具有大量连通气孔的要好一些。保温隔热材料的结构基本上可分为纤维状结构、多孔结构、粒状结构或层状结构等。具有多孔结构的材料其内部孔一般为近似球形的封闭孔，而纤维状结构、粒状结构和层状结构的材料内部的孔通常是相互连通的。

1) 多孔型

对于多孔型保温隔热材料，当热量从高温面向低温面传递时，在碰到气孔之前，传热过程为固相中的导热，在碰到气孔后，一条热量路线仍然是通过固相传递的，但其传热方向发生了变化，总的传热路线大大增加，从而使传递速度减缓；另一条路线是通过气孔内气体传热，其中包括高温固体表面对气体的热辐射和对流传热、气体自身的对流传热、气体的导热、热气体对冷固体表面的热辐射及对流传热，以及热固体表面和冷固体表面之间的辐射传热等。由于在常温下对流和辐射传热在总的传热中所占的比例很小，故以气孔中的气体的导热为主，但由于空气的导热系数仅为 0.029W/(m·K)，远远小于固体的导热系数，故热量通过气孔传递的阻力较大，从而使传热速度大大减缓。这就是含有大量气孔的材料能起到保温隔热作用的原因。

2) 纤维型

纤维型绝热材料的绝热机理基本上和多孔材料的情况相似。传热方向与纤维方向垂直时的绝热性能比传热方向与纤维方向平行时要好一些。

3) 反射型

当外来的热辐射能量 I_0 投射到物体上时，通常其中一部分能量 I_B 会被反射掉，另一部分 I_A 被吸收(一般建筑材料都不能穿透热射线，故透射部分忽略不计)。根据能量守恒原理，则

$$I_A + I_B = I_0$$

或

$$\frac{I_A}{I_0} + \frac{I_B}{I_0} = 1$$

式中比值 $\frac{I_A}{I_0}$ 说明材料对热辐射的吸收性能，用吸收率"A"表示，比值 $\frac{I_B}{I_0}$ 说明材料的反射性能，用反射率"B"表示，即 $A+B=1$，由此可以看出，凡是反射能力强的材料，其吸收热辐射的能力就小，反之，如果吸收能力强，则其反射率就小。故利用某些材料对

热辐射的反射作用(如铝箔的反射率为 0.95)在需要绝热的部位表面贴上这种材料，就可以将绝大部分外来热辐射反射掉，从而起到绝热的作用。

12.3.2 绝热材料的性能

1. 导热系数

导热系数能说明材料本身热量传导能力的大小，它受材料物质构成，孔隙率，所处环境的温、湿度及热流方向的影响。

1) 材料的物质构成

材料的导热系数受自身物质的化学组成和分子结构影响。化学组成和分子结构比较简单的物质相比结构复杂的物质有较大的导热系数。

2) 孔隙率

由于固体物质的导热系数比空气的导热系数大得多，故材料的孔隙率越大，材料的导热系数越小。材料的导热系数不仅与孔隙率有关，而且还与孔隙的大小、分布、形状及连通状况有关。

3) 温度

材料的导热系数随温度的升高而增大，因为温度升高，材料固体分子的热运动增强，同时材料孔隙中空气的导热和孔壁间的热辐射作用也有所增加。

4) 湿度

材料受潮吸水后，会使其导热系数增大。这是因为水的导热系数比空气的导热系数要大约 20 倍。若水结冰，则由于冰的导热系数约为空气导热系数的 80 倍左右，从而使材料的导热系数增加更多。

5) 热流方向

对于纤维状材料，热流方向与纤维排列方向垂直时材料表现出的导热系数要小于平行时的导热系数。这是因为前者可对空气的对流等作用起有效的阻止作用。

2. 温度稳定性

材料在受热作用下保持其原有性能不变的能力，称为绝热材料的温度稳定性，通常用其不致丧失绝热性能的极限温度来表示。

3. 吸湿性

绝热材料从潮湿环境中吸收水分的能力称为吸湿性。一般其吸湿性越大，对绝热效果越不利。

4. 强度

绝热材料的机械强度和其他建筑材料一样是用极限强度来表示的，通常采用抗压强度和抗折强度两个指标。由于绝热材料含有大量孔隙，故其强度一般均不大，因此不宜将绝热材料用于承受外界荷载部位。

选用绝热材料时，应考虑其主要性能达到如下指标：导热系数不宜大于 0.23W/(m·K)，表观密度或堆积密度不宜大于 600kg/m³，块状材料的抗压强度不低于 0.3MPa，绝热材料的温度稳定性应高于实际使用温度。在实际应用中，由于绝热材料的抗压强度等一般都很低，常将绝热材料与承重材料复合使用。另外，由于大多数绝热材料都具有一定的吸水、吸湿能力，故在实际使用时，需在其表层加防水层或隔气层。

12.3.3 常用绝热材料及其性能

1．无机保温隔热材料

1) 散粒状保温隔热材料

散粒状保温隔热材料主要有膨胀蛭石和膨胀珍珠岩及其制品。

(1) 膨胀蛭石。

蛭石是一种复杂的镁、铁含水铝硅酸盐矿物，由云母类矿物经风化形成，具有层状结构。天然蛭石经破碎、预热后快速通过煅烧带其体积可膨胀 20～30 倍，即得到膨胀蛭石，如图 12.15 所示。煅烧后的膨胀蛭石表观密度可降至 87～900kg/m³，导热系数 λ=0.046～0.070W/(m·K)，最高使用温度为 1000～1100℃。膨胀蛭石除可直接作为填充材料外，还可用胶结材料(如水泥、水玻璃等)将其胶结在一起制成膨胀蛭石制品。

(2) 膨胀珍珠岩。

珍珠岩是由地下喷出的熔岩在地表水中急冷而成，具有类似玉髓的隐晶结构。将珍珠岩(以及松脂岩、黑曜岩)破碎、预热后，快速通过煅烧带，可使珍珠岩体积膨胀约 20 倍。膨胀珍珠岩的堆积密度为 40～500kg/m³，导热系数λ=0.047～0.070W/(m·K)，最高使用温度为 800℃，最低使用温度为-200℃。膨胀珍珠岩除可用作填充材料外，还可与水泥、水玻璃、沥青、黏土等结合制成膨胀珍珠岩绝热制品。

(3) 发泡黏土。

将一定矿物组成的黏土(或页岩)加热到一定温度会产生一定数量的高温液相，同时会产生一定数量的气体，由于气体受热膨胀，使黏土体积胀大数倍，冷却后即得到发泡黏土(或发泡页岩)轻质骨料。发泡黏土堆积密度约为 350kg/m³，导热系数为 0.105W/(m·K)，可用作填充材料和混凝土轻骨料。

(4) 硅藻土。

硅藻土是一种被称为硅藻的水生植物的残骸，如图 12.16 所示。在显微镜下观察，可以发现硅藻土是由微小的硅藻壳构成，硅藻壳的大小在 5～400μm 之间，每个硅藻壳内包含有大量极细小的微孔，其孔隙率为 50%～80%，因此硅藻土有很好的保温绝热性能。硅藻土的化学成分为含水非晶质二氧化硅，其导热系数 λ=0.060W/(m·K)，最高使用温度约为 900℃。硅藻土常用作填充料，或制作硅藻土砖等。

图 12.15 膨胀蛭石

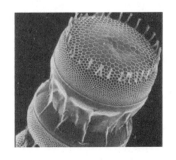

图 12.16 硅藻土微观结构

2) 纤维质保温隔热材料

纤维质保温隔热材料常用的有天然纤维质材料，如石棉(由于石棉纤维能引起石棉肺、胸膜间皮瘤等疾病，许多国家选择全面禁止使用这种危险性物质)；人造纤维质材料，如矿渣棉、火山棉及玻璃棉等。

(1) 矿物棉。

岩棉和矿渣棉统称矿物棉，由熔融的岩石经喷吹制成的称为岩棉，由熔融矿渣经喷吹制成的称为矿渣棉。将矿棉与有机胶结剂结合可以制成矿棉板、毡、筒等制品，其堆积密度为 $45\sim150kg/m^3$，导热系数约为 $0.044\sim0.049W/(m\cdot K)$，最高使用温度约为 $600℃$。矿物棉也可制成粒状棉用作填充材料，其缺点是吸水性大、弹性小。

(2) 玻璃纤维。

玻璃熔化后从流口流出的同时，用压缩空气喷吹即形成乱向玻璃纤维，也称玻璃棉。其纤维直径约 $20\mu m$，堆积密度为 $10\sim120\ kg/m^3$，导热系数为 $0.035\sim0.041W/(m\cdot K)$。最高使用温度：采用普通有碱玻璃为 $350℃$、采用无碱玻璃为 $600℃$。玻璃棉除可用作围护结构及管道绝热外，还可用于低温保冷工程。

(3) 陶瓷纤维。

陶瓷纤维以氧化硅、氧化铝为原料，经高温熔融、喷吹制成。其纤维直径为 $2\sim4\mu m$，堆积密度为 $140\sim190\ kg/m^3$，导热系数为 $0.044\sim0.049W/(m\cdot K)$，最高使用温度为 $1100\sim1350℃$。陶瓷纤维可制成毡、毯、纸、绳等产品，用于高温绝热。还可将陶瓷纤维用于高温下的吸声材料。

3) 多孔保温隔热材料

(1) 轻质混凝土。

轻质混凝土包括轻骨料混凝土和多孔混凝土。

由于轻骨料混凝土采用的轻骨料有多种，如黏土陶粒、膨胀珍珠岩等，采用的胶结材也有多种，如普通硅酸盐水泥、矾土水泥、水玻璃等，从而使其性能和应用范围变化很大。以水玻璃为胶结材，以陶粒为粗骨料，以蛭石砂为细骨料的轻骨料混凝土，其表观密度约为 $1100kg/m^3$，导热系数为 $0.222W/(m\cdot K)$。

多孔混凝土主要有泡沫混凝土和加气混凝土。泡沫混凝土的表观密度约为 $300\sim500kg/m^3$，导热系数为 $0.082\sim0.186W/(m\cdot K)$；加气混凝土的表观密度约为 $400\sim700kg/m^3$，导热系数约为 $0.093\sim0.164W/(m\cdot K)$。

(2) 微孔硅酸钙。

微孔硅酸钙是以石英砂、普通硅石或活性高的硅藻土以及石灰为原料经过水热合成的绝热材料，如图 12.17 所示。其主要水化产物为托贝莫来石或硬硅钙石，以托贝莫来石为主要水化产物的微孔硅酸钙，其表观密度约为 $200\ kg/m^3$，导热系数约为 $0.047W/(m\cdot K)$，最高使用温度约为 $650℃$；以硬硅钙石为主要水化产物的微孔硅酸钙，其表观密度约为 $230\ kg/m^3$，导热系数约为 $0.056W/(m\cdot K)$，最高使用温度约为 $1000℃$。

(3) 泡沫玻璃。

用玻璃粉和发泡剂配成的混合料经煅烧而得到的多孔材料称为泡沫玻璃，如图 12.18 所示。气相在泡沫玻璃中占总体积的 $80\%\sim95\%$，而玻璃只占总体积的 $5\%\sim20\%$。根据所用发泡剂化学成分的差异，泡沫玻璃气相中所含的气体有碳酸气、一氧化碳、硫化氢、氧气、氮气等，其气孔尺寸为 0.1～5mm，绝大多数气孔是孤立的。泡沫玻璃的表观密度为 150～600 kg/m³，导热系数为 0.058～0.128W/(m·K)，抗压强度为 0.8～15MPa，最高使用温度为 300～400℃、800～1000℃(采用无碱玻璃)。泡沫玻璃可用于砌筑墙体，也可用于冷藏设备的保温，或用作漂浮、过滤材料等。

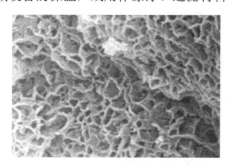
图 12.17 微孔硅酸钙微观结构

图 12.18 泡沫玻璃

2．有机保温隔热材料

1) 泡沫塑料

(1) 聚氨基甲酸酯泡沫塑料。

由聚醚树脂与异氰酯加入发泡剂，经聚合发泡即形成聚氨基甲酸酯泡沫塑料。其表观密度为 6～30kg/m³，导热系数为 0.012～0.085W/(m·K)，最高使用温度为 120℃，最低使用温度为-60℃。聚氨基甲酸酯泡沫塑料可用于屋面、墙面绝热，还可用于吸声、浮力、包装及衬垫材料。

(2) 聚苯乙烯泡沫塑料。

聚苯乙烯泡沫塑料由聚乙烯树脂加发泡剂经加热发泡形成，其表观密度约为 20～50 kg/m³，导热系数约为 0.017～0.038W/(m·K)，最高使用温度为 70℃。聚苯乙烯泡沫塑料的特点是强度较高、吸水性较小，但其自身可以燃烧，需加入阻燃材料；可用于屋面、墙面绝热，也可与其他材料一起制成夹芯板材使用，同样也可用于包装减震材料。

(3) 聚氯乙烯泡沫塑料。

聚氯乙烯泡沫塑料是以聚氯乙烯为原料，采用发泡剂分解法、溶剂分解法和气体混入法等制得。其表观密度为 12～72 kg/m³，导热系数约为 0.031～0.045W/(m·K)，最高使用温度为 70℃。聚氯乙烯泡沫塑料遇火自行熄灭，故该泡沫塑料可用于安全要求较高的设备保温；又由于其低温性能良好，故可用于低温保冷方面。

2) 碳化软木板

碳化软木板是以一种软木橡树的外皮为原料，经适当破碎后在模型中成型，再经 300℃ 左右热处理而制成。其表观密度为 105～437 kg/m³，导热系数约为 0.044～0.079W/(m·K)，最高使用温度为 130℃。由于其低温下长期使用不会引起性能的显著变化，故常用作保冷材料。

3) 纤维板

木质纤维或稻草等草质纤维经物理化学处理后，加入水泥、石膏等胶结剂，再经过滤压制即制成纤维板。其表观密度为 210～1150 kg/m³，导热系数约为 0.058～0.307W/(m·K)。纤维板可用于墙壁、地板、顶棚等，也可用于包装箱、冷藏库等。

4) 蜂窝板

蜂窝板是由两块较薄的面板，牢固地黏结一层较厚的蜂窝状芯材而制成的板材，亦称蜂窝夹层结构，如图 12.19 所示。蜂窝状芯材是采用浸渍过合成树脂的牛皮纸、玻璃布和铝片，经过加工黏合成空腹六角形(蜂窝状)的整块芯材。芯材的厚度在 1.5～450mm 范围内，空腔的尺寸在 10mm 左右。常用的面板为浸过树脂的牛皮纸或不经树脂浸渍的胶合板、纤维板、石膏板等。

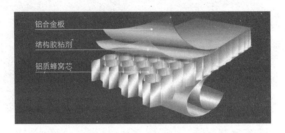

图 12.19 蜂窝板结构

12.4 吸声隔声材料

12.4.1 概述

声音起源于物体的振动，产生振动的物体称为声源。声源发声后迫使邻近的空气跟着振动而形成声波，并在空气介质中向四周传播。声音在传播过程中，一部分声能随着距离的增大而扩散，另一部分则因空气分子的吸收而减弱。当声波遇到材料表面时，入射声能的一部分被材料表面反射，另一部分则被材料吸收。被吸收声能(E)和入射声能(E_0)之比，称为吸声系数 α，即：

$$\alpha = \frac{E}{E_0} \times 100\%$$

材料的吸声特性除与声波的方向有关外，还与声波的频率有关。同一材料，对于高、中、低不同频率的声波，其吸声系数不同。为了全面反映材料的吸声特性，通常取 125、250、500、1000、2000、4000Hz 6 个频率的吸声系数来表示材料吸声的频率特性。凡 6 个频率的平均吸声系数都大于 0.2 的材料，可称为吸声材料。材料的吸声系数越高，吸声效果越好。在音乐厅、影剧院、大会堂、播音室等内部的墙面、地面、顶棚等部位，适当采用吸声材料，能改善声波在室内传播的质量，保持良好的音响效果。

为发挥吸声材料的作用，材料的气孔应是开放的，且应相互连通，气孔越多，吸声性能越好。大多数吸声材料强度较低，因此，吸声材料应设置在护壁台以上，以免被撞坏。吸声材料易于吸湿，安装时应考虑到胀缩的影响，还应考虑防水、防腐、防蛀等问题。尽可能使用吸声系数较高的材料，以便使用较少的材料达到较好的效果。

12.4.2 吸声材料

吸声材料按吸声机理的不同可分为两类，一类是多孔性吸声材料，主要是纤维质和开孔型结构材料，另一类是柔性材料、膜状材料、板状材料和穿孔板等。多孔型吸声材料从表面至内部存在许多细小的散开孔道,当声波入射至材料表面时,很快顺着微孔进入材料内部,引起孔隙内的空气振动,由于摩擦、空气黏滞阻力和材料内部的热传导作用,使相当一部分声能转化为热能而被吸收。而柔性材料、膜状材料、板状材料和穿孔板,在声波作用下发生共振作用使声能转变为机械能被吸收。这些吸声材料对于不同频率有择优倾向。柔性材料和穿孔板以吸收中频声波为主,膜状材料以吸收低中频声波为主,而板状材料以吸收低频声波为主。

1. 多孔型吸声材料

多孔型吸声材料是比较常用的一种吸声材料,其吸声性能与材料的表观密度和内部构造有关。在建筑装修中,吸声材料的厚度、材料背后的空气层以及材料的表面状况也对吸声性能产生影响。

1) 材料表观密度和构造的影响

多孔材料表观密度增加,意味着微孔减少,能使低频吸声效果有所提高,但高频吸声性能却下降。材料孔隙率高、孔隙细小,吸声性能较好;孔隙过大,吸声效果较差。但过多的封闭微孔对吸声并不一定有利。

2) 材料厚度的影响

多孔材料的低频吸声系数一般随着材料厚度的增加而提高,但材料厚度对高频影响不显著。材料的厚度增加到一定程度后,吸声效果的变化就不明显,所以为提高材料吸声性能而无限制地增加材料厚度是不适宜的。

3) 背后空气层的影响

大部分吸声材料都是周边固定在龙骨上,安装在离墙面 5~15mm 处,材料背后空气层的作用相当于增加了材料的厚度,吸声效能一般随空气层厚度增加而提高。当材料离墙面的安装距离(即空气层厚度)等于 1/4 波长的奇数倍时,可获得最大的吸声系数。根据这个原理,借调整材料背后空气层厚度的办法,可达到提高吸声效果的目的。

4) 表面状况的影响

吸声材料表面的空洞和开口孔隙对吸声是有利的。当材料吸湿或表面喷涂油漆、孔口充水或堵塞,会大大降低吸声材料的吸声效果。多孔型吸声材料与绝热材料都是多孔型材料,但其孔隙特征方面有着很大差别:绝热材料一般具有封闭的互不连通的气孔,这种气孔愈多则保温绝热效果愈好;而吸声材料则具有开放的互相连通的气孔,这种气孔愈多,则其吸声性能愈好。

2. 薄板振动吸声结构

薄板振动吸声结构的特点是具有低频吸声性,同时还有助声波的扩散。建筑中常用胶合板、薄木板、硬质纤维板、石膏板、石棉水泥或金属板等,把它们周边固定在墙或棚顶的龙骨上,并在背后留空气层,即成薄板振动吸声结构。

薄板振动吸声结构是在声波作用下发生振动,板振动时由于板内部和龙骨间出现摩擦损耗,使声能转变为机械振动,而起吸声作用。由于低频声波比高频声波容易激起薄板产生振动,所以具有低频吸声特性。建筑中常用的薄板振动吸声结构的共振频率约在 80~300Hz 之间,在此共振频率附近的吸声系数最大,约为 0.2~0.5,而在其他频率附近的吸声系数就较低。

3. 共振腔吸声结构

共振腔吸声结构具有封闭的空腔和较小的开口，很像个瓶子，当瓶腔内空气受到外力激荡时，会按一定的频率振动，这就是共振吸声器。每个单独的共振器都有一个共振频率，在其共振频率附近，其瓶腔颈部空气分子在声波的作用下像活塞一样进行往复运动，因摩擦而消耗声能。若在腔口蒙一层细布或疏松的棉，可以加宽和提高共振频率范围的吸声量。为了获得较宽频带的吸声性能，常采用组合共振腔吸声结构或穿孔板组合共振腔吸声结构。

4. 穿孔板组合共振腔吸声结构

穿孔板组合共振腔吸声结构具有适合中频的吸声特性。这种吸声结构与单独的共振吸声器相似，可看作是由多个单独共振器并联而成。穿孔板厚度、穿孔率、孔径、孔距、背后空气层厚度以及是否填充多孔吸声材料等，都直接影响吸声结构的吸声性能。这种吸声结构是将穿孔的胶合板、硬质纤维板、石膏板、石棉水泥板、铝合板、薄钢板等周边固定在龙骨上，并在背后设置空气层而构成。这种吸声结构在建筑中使用比较普遍。

5. 柔性吸声材料

柔性吸声材料是具有密闭气孔和一定弹性的材料，如聚氯乙烯泡沫塑料，表面仍为多孔材料，但具有密闭气孔，声波引起的空气振动不易直接传递至材料内部，只能相应地产生振动，在振动过程中由于克服材料内部的摩擦而消耗了声能，引起声波衰减。这种材料的吸声特性是在一定的频率范围内出现一个或多个吸收频率。

6. 悬挂空间吸声体

对于悬挂空间吸声体，由于声波与吸声材料的两个或两个以上的表面接触，增加了有效的吸声面积，产生边缘效应，加上声波的衍射作用，大大提高实际的吸声效果。实际使用时，可根据不同的使用地点和要求，设计成各种形式的空间吸声体悬挂在顶棚下。空间吸声体有平板形、球形、圆锥形、棱锥形等多种形式。

7. 帘幕吸声体

帘幕吸声体是将具有通气性能的纺织品安装在离墙面或窗洞一定距离处，背后设置空气层而制成。这种吸声体对中、高频都有一定的吸声效果。帘幕的吸声效果与材料种类和褶皱有关。帘幕吸声体安装、拆卸方便，兼具装饰作用，应用价值较高。

12.4.3 隔声材料

声波传播到材料或结构时，因材料或结构吸收会失去一部分声能，透过材料的声能总是小于作用于材料或结构的声能，这样，材料或结构起到了隔声作用，材料的隔声能力可通过材料对声波的透射系数(τ)来衡量。

$$\tau = E_\tau / E_0$$

式中：τ——声波透射系数；

E_τ——透过材料的声能；

E_0——入射总声能。

材料的透射系数越小，说明材料的隔声性能越好，但工程上常用隔声量 R(单位 dB)来表示构件对声波的隔绝能力，它与透射系数的关系为 $R=-10\lg\tau$。同一材料或结构对不同频率的入射声波有不同的隔声量。

声波在材料或结构中的传递基本途径有两种：①经由空气直接传播，或者声波使材料或构件产生振动，使声音传至另一空间中去；②由于机械振动或撞击使材料或构件发生振动。前者称为空气声，后者称为结构声(固体声)。

对于空气声，墙或板传声的大小，主要取决于其单位面积质量，质量越大，越不易振动，则隔声效果越好，因此，应选择密实、沉重的材料(如黏土砖、钢板、钢筋混凝土等)作为隔声材料。而吸声性能好的材料，一般为轻质、疏松、多孔的材料，不能简单地就把它们作为隔声材料来使用。

对结构隔声最有效的措施是以弹性材料作为楼板面层，直接减弱撞击能量；在楼板基层与面层间加弹性垫层材料形成浮筑层，减弱撞击产生的振动；在楼板基层下设置弹性吊顶，减弱楼板振动向下辐射的声能。常用的弹性材料有厚地毯、橡胶板、塑料板、软木地板等；常用弹性垫层材料有矿棉毡、玻璃棉毡等，也可用锯末、甘蔗渣板、软质纤维板，但耐久性和防潮性差；隔声吊顶材料有板条吊顶、纤维板吊顶、石膏板吊顶等。

12.5 建筑装饰陶瓷

传统陶瓷的概念是指以黏土及其天然矿物为原料，经过粉碎混炼、成型、焙烧等工艺过程所制得的各种制品，亦称为"普通陶瓷"。广义的陶瓷概念是用陶瓷生产方法制造的无机非金属固体材料和制品的统称。

12.5.1 陶瓷制品分类

1. 琉璃制品(琉璃瓦)

琉璃制品是用优质黏土塑制成型后烧成的，表面上釉，釉的颜色有黄、绿、黑、蓝、紫、红等色，富丽堂皇，经久耐用。琉璃瓦多用于具有民族色彩的宫殿式大屋顶建筑中，如图 12.20 所示。

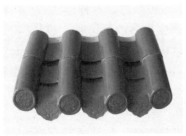

图 12.20 琉璃瓦

琉璃瓦主要有两种形式：筒瓦与板瓦。其他屋面用的琉璃瓦为屋脊、兽头、人物、宝顶等。除用于屋面外，通过造型设计，还可制成花窗、栏杆等琉璃制品，广泛应用于庭院装饰中。

2. 陶瓷墙地砖

陶瓷墙地砖是釉面砖、地砖与外墙砖的总称，如图 12.21 所示。地砖包括锦砖、梯沿砖、铺路砖和大地砖等。外墙砖包括彩釉外墙砖和无釉外墙砖。釉面砖是用于建筑物内墙装饰的薄板状精陶制品，有时也称为瓷片。

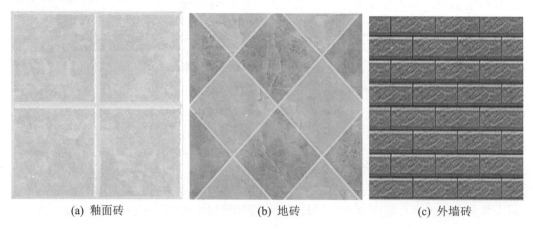

(a) 釉面砖　　　　　　　　(b) 地砖　　　　　　　　(c) 外墙砖

图 12.21　陶瓷墙地砖

釉面砖是指吸水率为 10%~20%的正面施釉的陶瓷砖。釉面砖采用瓷土或耐火黏土低温烧成，坯体呈白色，表面施透明釉、乳浊釉、无光釉、花釉、结晶釉等艺术装饰釉。釉面砖由两部分组成，即坯体和表面釉彩层。釉面砖按正面形状分为正方形砖、长方形砖和异型配砖三种。按表面釉的颜色分为单色(含白色)砖、花色砖和图案砖三种。异型配砖主要用于墙面阴阳角及各种收口部位，对装饰效果影响较大。用釉面砖装饰建筑物内墙，可使建筑物具有独特的卫生、易清洗和美观的建筑效果。

陶瓷墙地砖又称防潮砖或缸砖，有不上釉的也有上釉的，形状有正方形、六角形、八角形、叶片形等，具有强度高、致密坚实、耐磨、吸水率小(不大于 10%)、抗冻、耐污染、易清洗、耐腐蚀、可擦洗、不脱色、不变形等特点，色釉丰富，色调均匀，可拼出各种图案。新型的仿花岗岩地砖，还具有天然花岗岩的色泽和质感，经磨削加工后表面光亮如镜。梯沿砖又称防滑条，它坚固耐用，表面有凸起条纹，防滑性能好，主要用于楼梯、站台等处的边缘。陶瓷锦砖俗称马赛克，是由各种颜色、多种形状的小块瓷片(长边一般不大于 50mm)铺贴在牛皮纸上形成色彩丰富、图案繁多的装饰砖，故又称纸皮砖。所形成的一张张的产品，称为"联"，联的边长有 284.0mm、295.0mm、305.0mm 和 325.0mm 四种，常见的联长为 305.0mm。陶瓷锦砖瓷质密实、质地坚硬，具有抗腐蚀、耐酸碱、耐磨、耐火、耐水、吸水率小、不脱色、色彩丰富、图案变化多等特点，但是遇到撞击有单体小片易从大片脱落的缺点。

外墙面砖是指用于建筑物外墙的陶质建筑装饰砖。外墙面砖有施釉和不施釉之分，从外观上看，表面有光泽或无光泽，或表面光洁平整或表面粗糙，具有不同的质感。

外墙面砖的颜色有红、黄、褐等。外墙面砖坚固耐用、色彩鲜艳、易清洗、防火、防水、耐磨、耐腐蚀、维修费用低，是高档饰面材料，一般用于装饰等级要求较高的工程，它不仅可以防止建筑物表面被大气侵蚀，而且可使立面美观。但外墙面砖的不足之处是造价偏高、工效低、自重大。

3. 陶瓷壁画

陶瓷壁画是以陶瓷面砖、陶板、锦砖等为原料制作的具有较高艺术价值的现代装饰材料。它不是原画稿的简单复制，而是艺术的再创造。它巧妙地运用绘画技法和陶瓷装饰艺术，经过放样、制版、刻画、配釉、施釉、烧成等一系列工序，采用浸点、涂、喷、填等多种施釉技法和丰富多彩的窑变技术而生产出神形兼备、巧夺天工的艺术效果，如图 12.22 所示。陶瓷壁画既可镶嵌在高层建筑上，也可陈设在公共场所，如候机室、候车室、大型会议室、会客室、园林旅游区等地，给人以美的享受。

图 12.22　陶瓷壁画

4. 卫生洁具

卫生洁具是现代建筑中室内配套不可缺少的组成部分。陶瓷质卫生洁具是传统的卫生洁具，主要有洗面器、浴缸、便器等，如图 12.23 所示。

(a) 洗面器　　　　　　　(b) 浴缸　　　　　　　(c) 便器

图 12.23　卫生洁具

12.5.2　陶瓷的原料

陶瓷所用原料，首先是保证陶瓷制品各结构物的生成，其次是必须具有加工所需的各工艺性能。普通陶瓷所需原料可归纳为三大，即具有可塑性的黏土类原料、具有非可塑性的石英类原料(瘠性原料)和熔剂原料等。除了上述普通陶瓷所需的三大原料外，陶瓷釉料还常常需用各种特殊的熔剂原料，包括采用各种化工原料。

1. 可塑性的黏土类原料

黏土是一种或多种呈疏松或胶状密实的含水铝硅酸盐矿物的混合物。黏土赋予原料以可塑性、结合性与稳定性,从而使坯料具有良好的成型性,具有一定的干燥强度。黏土使陶瓷具有较高的耐急冷急热性、机械强度和其他优良性能。

2. 瘠性原料

为了防止坯体收缩所产生的缺陷,常加入无可塑性且在坯体焙烧过程中不与可塑性物料起化学反应,并在坯体和制品中起骨架作用的原料,称为瘠性原料或非可塑性原料,如石英。

石英的主要成分是二氧化硅,它在高温时会发生体积膨胀,可以部分抵消坯体高温时的收缩。

3. 熔剂原料

最常用的熔剂原料是长石,它可以降低烧成温度,提高陶瓷坯体的机械强度和化学稳定性,促进坯体致密,从而提高其透光度。

4. 其他原料

滑石的加入可以改变釉层的弹性、热稳定性,加宽熔融的范围,也可以防止坯体后期龟裂;硅灰石的加入能明显改善坯体收缩,提高坯体强度,降低烧结温度,并减少釉泡和气孔;碳酸盐类原料在高温下可起熔剂作用;天然腐殖质或锯末、糖皮、煤粉等有机原料可提高原料的可塑性,但掺入量过多会使成品产生黑色熔洞。

12.5.3 陶瓷的生产工艺流程

将生产陶瓷所需的原料按一定比例配合、混合加工后,按一定的工艺方法成型并经烧制而成。常用的成型方法有两种:半干压法成型(见图 12.24)、浇注法。焙烧陶瓷砖的窑炉常用辊道窑、隧道窑。

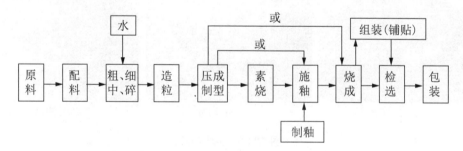

图 12.24 半干压法成型的陶瓷生产工艺

12.6 建筑装饰玻璃

玻璃是一种具有无规则结构的非晶态固体。它没有固定的熔点,在物理和力学性能上表现为均质的各向同性。

玻璃内几乎无孔隙，属于致密材料。玻璃的密度与其化学组成关系密切，此外还与温度有一定的关系。在各种实用玻璃中，密度的差别是很大的。例如，石英玻璃的密度最小，仅为 2.2g/cm³，而含大量氧化铅的重火石玻璃的密度可达 6.5g/cm³，普通玻璃的密度为 2.5~2.6g/cm³。玻璃越厚，成分中的铁含量越高，透射比越低，采光性越差。玻璃的抗压强度较高，超过一般的金属和天然石材，一般为 600~1200MPa；抗拉强度很小，一般为 40~80MPa；常温下普通玻璃的弹性模量为 60 000~75 000MPa；具有较高的化学稳定性，通常情况下，对酸、碱、盐以及化学试剂或气体等具有较强的抵抗能力，能抵抗氢氟酸以外的各种酸类的侵蚀。

12.6.1 平板玻璃

1. 折叠窗用玻璃

窗用平板玻璃也称平光玻璃或镜片玻璃，简称玻璃，是未经研磨加工的平板玻璃。主要用于建筑物的门窗、墙面、室外装饰等，起着透光、隔热、隔声、挡风和防护的作用，也可用于商店柜台、橱窗及一些交通工具(汽车、轮船等)的门窗等，如图 12.25 所示。窗用平板玻璃的厚度一般有 2、3、4、5、6mm 五种，其中 2~3mm 厚的，常用于民用建筑，4~6mm 厚的，主要用于工业及高层建筑。

图 12.25 折叠窗用玻璃

2. 折叠磨光玻璃

磨光玻璃俗称镜面玻璃或白片玻璃，是经磨光抛光后的平板玻璃，分单面磨光和双面磨光两种。对玻璃磨光是为了消除玻璃中的玻筋等缺陷。磨光玻璃表面平整光滑且有光泽，从任何方向透视或反射景物都不发生变形，其厚度一般为 5~6mm，尺寸可根据需要制作。常用于安装大型高级门窗、橱窗或制镜等，如图 12.26 所示。

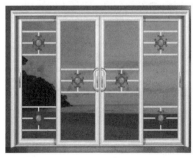

图 12.26 磨光玻璃

3. 折叠磨砂玻璃

磨砂玻璃也称毛玻璃，是用机械喷砂，手工研磨或使用氢氟酸溶液等方法，将普通平板玻璃表面处理为均匀毛面而成的。该玻璃表面粗糙，使光线产生漫反射，具有透光不透视的特点，且使室内光线柔和。它常被用于卫生间、浴室、厕所、办公室、走廊等处的隔断，也可作黑板的板面，如图 12.27 所示。

4. 折叠有色玻璃

有色玻璃也称彩色玻璃，分透明和不透明两种。该玻璃具有耐腐蚀、抗冲刷、易清洗等优点，并可拼成各种图案和花纹。适用于门窗、内外墙面及对光有特殊要求的采光部位，如图 12.28 所示。

图 12.27　磨砂玻璃　　　　　　　　　　图 12.28　有色玻璃

5. 折叠彩绘玻璃

彩绘玻璃是一种用途广泛的高档装饰玻璃产品。屏幕彩绘技术能将原画逼真地复制到玻璃上，它不受玻璃厚度、规格大小的限制，可在平板玻璃上作出各种透明度的色调和图案，而且彩绘涂膜附着力强、耐久性好、可擦洗、易清洁。彩绘玻璃可用于家庭、写字楼、商场及娱乐场所的门窗、内外幕墙、顶棚吊灯、灯箱、壁饰、家具、屏风等，利用其不同的图案和画面来达到较高艺术性的装饰效果，如图 12.29 所示。

图 12.29　彩绘玻璃

6. 折叠光栅玻璃

光栅玻璃也称镭射玻璃，是以玻璃为基材，应用现代高新技术，采用激光全息变光原理，将摄影美术与雕塑的特点融为一体，使普通玻璃在白光条件下显现出五光十色的三维立体图像。光栅玻璃依据不同需要,利用计算机设计、激光表面处理,编入各种色彩、图形及各种色彩变换方式,在普通玻璃上形成物理衍射分光和全息光栅或其他光栅,凹与凸部形成四面对应分布或散射分布,构成不同质感、空间感,不同立面的透镜,加上玻璃本身的色彩及射入的光源,致使无数小透镜形成多次棱镜折射,从而产生不时变换的色彩和图形,具有很高的观赏与艺术装饰价值。光栅玻璃耐冲击性、防滑性、耐腐蚀性均好,适用于家居及公共设施和文化娱乐场所的大厅、内外墙面、门面招牌、广告牌、顶棚、屏风、门窗等美化装饰,如图12.30所示。

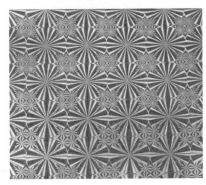 

图 12.30 光栅玻璃

7. 折叠装饰镜

装饰镜是室内装饰必不可少的材料,可映照人及景物、扩大室内视野及空间、增加室内明亮度等,有高质量浮法平板玻璃、真空镀铝或镀银的镜面,可用于建筑物(尤其是窄小空间)的门厅、柱子、墙壁、顶棚等部位的装饰,如图12.31所示。

图 12.31 装饰镜

12.6.2 压花玻璃

压花玻璃也称花纹玻璃或滚花玻璃,是用无色或有色玻璃液,通过刻有花纹的滚筒连续压延而成的带有花纹图案的平板玻璃,如图 12.32 所示。压花玻璃的特点是透光(透光率60%~70%)、不透视,表面凹凸的花纹不仅漫射、柔和了光线,而且具有很高的装饰性。压花玻璃有花纹的一面,经气溶胶喷涂或真空镀膜、彩色镀膜后,具有良好的热反射能力,立体感丰富,给人一种华贵、明亮的感觉,若恰当地配以灯光,装饰效果更佳。应用时注意，花纹面朝向室内侧，透视性要考虑花纹形状。压花玻璃适用于对透视有不同要求的室内各种场合的内部装饰和分隔，可用于加工屏风、台灯等工艺品和日用品等。

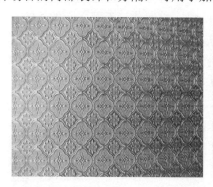

图 12.32　压花玻璃

12.6.3　安全玻璃

1. 折叠钢化玻璃

钢化玻璃是将平板玻璃加热到软化温度后，迅速冷却使其骤冷或用化学法对其进行离子交换而成的。这使得玻璃表面形成压力层，因此与普通玻璃相比抗弯强度提高 5～6 倍，抗冲击强度提高约 3 倍，韧性提高约 5 倍。钢化玻璃在碎裂时，不形成锐利棱角的碎块，因而不伤人。钢化玻璃不能裁切，需按要求加工，可制成磨光钢化玻璃、吸热钢化玻璃，用于建筑物门窗、隔墙及公共场所等防震、防撞部位。弯曲的钢化玻璃主要用于大型公共建筑的门窗、工业厂房的天窗及车窗玻璃等，如图 12.33 所示。

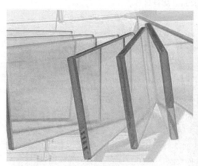

图 12.33　钢化玻璃

2. 折叠夹层玻璃

夹层玻璃是将两片或多片平板玻璃用透明塑料薄片，经热压黏合而成的平面或弯曲的复合玻璃制品，如图 12.34 所示。玻璃原片可采用磨光玻璃、浮法玻璃、有色玻璃、吸热玻璃、热反射玻璃、钢化玻璃等。夹层玻璃的特点是安全性好，这是由于中间黏合的塑料衬片使得玻璃破碎时不飞溅，致使产生辐射状裂纹，不伤人，也因此使其抗冲击强度大大高于普通玻璃。另外，使用不同玻璃原片和中间夹层材料，还可获得耐光、耐热、耐湿、耐寒等特性。夹层玻璃适用于安全性要求高的门窗，如高层建筑的门窗，大厦、地下室的门窗，银行等建筑的门窗，商品陈列柜及橱窗等防撞部位等。

图 12.34 夹层玻璃

3. 折叠夹丝玻璃

夹丝玻璃是将普通平板玻璃加热到红热软化状态后,再将预热处理的金属丝或金属网压入玻璃中而成,如图 12.35 所示。其表面是压花或磨光的,有透明或彩色的。夹丝玻璃的特点是安全性好,这是由于夹丝玻璃具有均匀的内应力和抗冲击强度,因而当玻璃受外界因素(地震、风暴、火灾等)作用而破碎时,其碎片能粘在金属丝(网)上,防止碎片飞溅伤人。此外,这种玻璃还具有隔断火焰和防火蔓延的作用。夹丝玻璃适用于振动较大的工业厂房门窗、屋面、采光天窗、需安全防火的仓库、图书馆门窗、建筑物复合外墙及透明栅栏等。

图 12.35 夹丝玻璃

4. 折叠防盗玻璃

防盗玻璃是夹层玻璃的特殊品种,一般采用钢化玻璃、特厚玻璃、增强有机玻璃、磨光夹丝玻璃等以树脂胶胶合而成的多层复合玻璃,并在中间夹层嵌入导线和敏感探测元件等以接通报警装置。

12.6.4 特种玻璃

1. 折叠吸热玻璃

吸热玻璃是在玻璃液中引入有吸热性能的着色剂(氧化铁、氧化镍等)或在玻璃表面喷镀具有吸热性的着色氧化物(氧化锡、氧化锑等)薄膜而成的平板玻璃,如图 12.36 所示。吸热玻璃一般呈灰、茶、蓝、绿、古铜、粉红、金等颜色,它既能吸收 70%以下的红外辐射能,又保持良好的透光率及吸收部分可见光、紫外线的能力,具有防眩光、防紫外线等作用。吸热玻璃适用于既需要采光、又需要隔热之处,尤其是炎热地区,需设置空调、避免眩光的大型公共建筑的门窗、幕墙、商品陈列窗,计算机房及火车、汽车、轮船的风挡玻璃等,还可制成夹层、中空玻璃等制品。

图 12.36　吸热玻璃

2. 折叠热反射玻璃

热反射玻璃是表面用热、蒸发、化学等方法喷涂金、银、铝、铜、镍、铬、铁等金属及金属氧化物或粘贴有机物薄膜而制成的镀膜玻璃。热反射玻璃对太阳光具有较高的热反射能力,热透过率低,一般热反射率在30%以上,最高可达60%左右,且又保持了良好的透光性,是现代最有效的防太阳光玻璃。热反射玻璃具有单向透视性,其迎光面有镜面反射特性,不仅有美丽的颜色,而且可映射周围景色,使建筑物和周围景观相协调;其背光面与透明玻璃一样,能清晰地看到室外景物。热反射玻璃适用于现代高级建筑的门窗、玻璃幕墙、公共建筑的门厅和各种装饰性部位,用它制成双层中空玻璃和带空气层的玻璃幕墙,可取得极佳的隔热保温及节能效果,如图 12.37 所示。

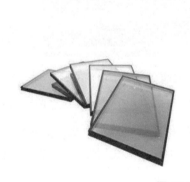

图 12.37　热反射玻璃

3. 折叠光致变色玻璃

光致变色玻璃是在玻璃中加入卤化银,或在玻璃与有机夹层中加入钼和钨的感光化合物而制成。光致变色玻璃受太阳或其他光线照射时,其颜色会随光线的增强而逐渐变暗,停止照射后,又可自动恢复至原来的颜色。其着色、褪色是可逆的,而且耐久,并可达到自动调节室内光线的效果,如图 12.38 所示。光致变色玻璃主要用于要求避免眩光和需要自动调节光照强度的建筑物门窗。

图 12.38 光致变色玻璃

12.6.5 建筑玻璃原料及生产过程

建筑玻璃是以石英砂(SiO_2)、纯碱(Na_2CO_3)、石灰石($CaCO_3$)、长石等为主要原料，经 1550～1600℃高温熔融、成型、退火而制成的固体材料，其生产过程如图 12.39 所示。其主要成分是 SiO_2(含量 72%左右)、Na_2O(含量 15%左右)和 CaO(含量 9%左右)，另外还有少量的 Al_2O_3、MgO 等。这些氧化物在玻璃中起着非常重要的作用，见表 12.7。

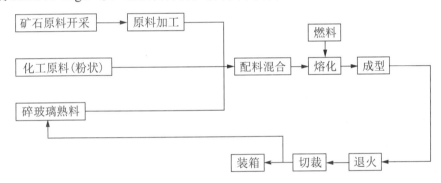

图 12.39 平板玻璃的生产过程

表 12.7 玻璃中主要氧化物的作用

氧化物名称	所起作用	
	增 加	降 低
二氧化硅(SiO_2)	熔融温度、化学稳定性、热稳定性、机械强度	密度、热膨胀系数
氧化钠(Na_2O)	热膨胀系数	化学稳定性、耐热性、熔融温度、析晶倾向、退火温度、韧性
氧化钙(CaO)	硬度、机械强度、化学稳定性、析晶倾向、退火温度	耐热性
三氧化二铝(Al_2O_3)	熔融温度、机械强度、化学稳定性	析晶倾向
氧化镁(MgO)	耐热性、化学稳定性、机械强度、退火温度	析晶倾向、韧性

12.7 建筑塑料

塑料是以合成树脂为主要成分，加入各种填充料和添加剂，在一定的温度、压力条件下塑制而成的材料。塑料与合成橡胶、合成纤维并称为三大合成高分子材料，均属于有机材料。建筑塑料在一定的温度和压力下具有较大的塑性，容易加工成各种形状尺寸的制品，成型后在常温下又能保持既得的形状和必需的强度。一般习惯将用于建筑及装饰工程中的塑料及制品称为建筑装饰塑料。

塑料质轻，是热和电的良好绝缘体，抵抗化学腐蚀能力强。塑料的密度大约为 $0.8 \sim 2.2 \text{g/cm}^3$，比强度(强度与表观密度的比值)较高，弹性模量低，属憎水性材料，一般吸水率和透气性很低，但易产生变形、热膨胀系数大、耐燃性差，可以通过增强、复合等适当措施予以改进。某些玻璃纤维增强塑料的强度重量比，甚至比钢铁还要高。加工塑料时，适当变更其增塑剂、增强剂的用量，可以得到适合各种用途的软制品或硬制品。塑料制品的热导率小，其导热能力约为金属的 1/600～1/500，混凝土的 1/40，砖的 1/20；塑料(特别是泡沫塑料)可减小振动，降低噪声，是良好的吸声材料。

12.7.1 建筑塑料的分类

1. 塑料管和管件

塑料管道的材料主要有聚氯乙烯、聚乙烯、聚丙烯、酚醛树脂等，在建筑电气安装、水暖安装工程中广泛使用。塑料管道与传统的铸铁管、石棉水泥管和钢管相比，具有以下主要优点。

(1) 质量轻。塑料管的质量轻，密度只有钢、铸铁的 1/7，铝的 1/2，故施工时可大大减轻劳动强度。

(2) 耐腐蚀性好。塑料管道不锈蚀，耐腐蚀性好，可用于输送各种腐蚀性液体，如在硝酸吸收塔中使用硬质 PVC 管 20 年无损坏迹象。

(3) 液体的阻力小。塑料管内壁光滑，不易结垢和生苔，在相同压力下，流量比铸铁管高 30%，且不易阻塞。

(4) 安装方便。塑料管的连接方法简单，如用溶剂粘接、承插连接、焊接等，安装简便迅速。

(5) 装饰效果好。塑料管可以任意着色，且外表光滑，不易粘污，装饰效果好。

(6) 维修费用低。

塑料管耐热性较差，因此不能用作热水供水管道，冷热变形比较大。

目前，常用的建筑塑料管有以下几种，如图 12.40 所示。

(1) 硬聚氯乙烯(PVC-U)管，主要用于给水管道的非饮用水、排水管道、雨水管道，通常直径 40～100mm，使用温度不大于 40℃。

(2) 氯化聚氯乙烯(PVC-C)管，主要用于冷热水管、消防水管系统、工业管道，寿命可达 50 年，使用温度高达 90℃。

(3) 无规共聚聚丙烯(PP-R)管，用于冷热水管、饮用水管，不得用于消防给水系统。

(4) 丁烯(PB)管，应用于冷热水管和饮用水管，如地板辐射采暖系统。

(5) 交联聚乙烯(PEX)管，主要用于地板辐射采暖系统的盘管。

(6) 铝塑复合管，用于冷热水管、饮用水管等。

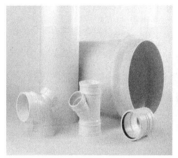
(a) 硬聚氯乙烯(PVC-U)管

(b) 氯化聚氯乙烯(PVC-C)管

(c) 无规共聚聚丙烯(PP-R)管

(d) 丁烯(PB)管

(e) 交联聚乙烯(PEX)管

(f) 铝塑复合管

图 12.40　建筑塑料管

2. 弹性地板

塑料弹性地板有半硬质聚氯乙烯地面砖和弹性聚氯乙烯卷材地板两大类，如图 12.41 所示。地面砖的基本尺寸为边长 300mm 的正方形，厚度 1.5mm，其主要原料为聚氯乙烯或氯乙烯和醋酸乙烯的共聚物，填料为重质碳酸钙粉及短纤维石棉粉等。该产品表面可以有耐磨涂层、色彩图案或凹凸花纹。按规定，产品的残余凹陷度不得大于 0.15mm，磨耗量不得大于 0.02mg/cm。

弹性聚氯乙烯卷材地板的优点是：地面接缝少，容易保持清洁；弹性好，步感舒适；具有良好的绝热吸声性能等。厚度为 3.5mm，比重为 0.6 的聚氯乙烯发泡地板和厚度为 120mm 的空心钢筋混凝土楼板复合使用，其传热系数可以减小 15%，吸收的撞击噪声可达 36 分贝。卷材地板的宽度为 900～2400mm，厚度为 1.8～3.5mm，每卷长 20m。公用建筑中常用不发泡的层合塑料地板，表面为透明耐磨层，下层印有花纹图案，底层可使用石棉纸或玻璃布。用于住宅建筑的为中间有发泡层的层合塑料地板。粘接塑料地板和楼板面用的胶黏剂，有氯丁橡胶乳液、聚醋酸乙烯乳液或环氧树脂等。

3. 化纤地毯

化纤地毯是 1945 年以后出现的新产品，其用量迅速超过了用羊毛等传统原料制作的地毯，主要材料是尼龙长丝、尼龙短纤维、丙烯腈、纤维素及聚丙烯等，如图 12.42 所示。地毯的主要性能指标为耐磨损性、弹性、抗脏及抗染色性、易清洁以及产生静电的难易等。丙烯腈、尼龙和聚丙烯纤维的使用性能均可与羊毛比美。化纤地毯有多种编织法，厚度一般在 4～22mm 范围内。它的主要优点是步感舒适，缺点是有静电现象、容易积尘、不易清扫。与地毯类似的还有无纺地毡，也以化纤为原料。

图 12.41　塑料弹性地板

图 12.42　化纤地毯

4. 门窗和配件

近 20 年来，由于薄壁中空异型材挤出工艺和发泡挤出工艺技术的不断发展，用塑料异型材拼焊的门窗框、橱柜组件以及各种室内装修配件已获得显著发展，受到许多木材和能源短缺国家的重视。采用硬质发泡聚氯乙烯或聚苯乙烯制造的室内装修配件，常用于墙板护角、门窗口的压缝条、石膏板的嵌缝条、踢脚板、挂镜线、天花吊顶回缘、楼梯扶手等处，如图 12.43 所示。它还兼有建筑构造部件和艺术装饰品的双重功能，既可提高建筑物的装饰水平，也能发挥塑料制品外形美观、便于加工的优点。

图 12.43　塑料门窗和配件

5. 壁纸和贴面板

聚氯乙烯壁纸是装饰室内墙壁的优质饰面材料，可制成多种印花、压花或发泡的美观立体感图案，如图 12.44 所示。这种壁纸具有一定的透气性、难燃性和耐污染性，表面可以用清水刷洗，背面有一层底纸，便于使用各种水溶性胶将其粘贴在平整的墙面上。用三聚氰胺甲醛树脂液浸渍的透明纸，与表面印有木纹或其他花纹的书皮纸叠合，热压成为一种硬质塑料贴面板；或用浸有聚邻苯二甲酸二烯丙酯(DAP)的印花纸，与中密度纤维板或其他人造板叠合，热压成装饰板，都可以用作室内的隔墙板、门芯板、家具板或地板等。

图 12.44 壁纸和贴面板

6. 泡沫塑料

泡沫塑料是一种轻质多孔制品，具有不易塌陷、不因吸湿而丧失绝热效果的优点，是优良的绝热和吸声材料。泡沫塑料有板状、块状或特制的形状，可以进行现场喷涂。其中泡孔互相连通的，称为开孔泡沫塑料，具有较好的吸声性和缓冲性；泡孔互不贯通的，称为闭孔泡沫塑料，具有较小的热导率和吸水性。建筑中常用的有聚氨酯泡沫塑料、聚苯乙烯泡沫塑料与脲醛泡沫塑料，如图 12.45 所示。聚氨酯的优点是可以在施工现场用喷涂法发泡，与墙面其他材料的黏结性良好，并耐霉菌侵蚀。

图 12.45 泡沫塑料

7. 玻璃纤维

用玻璃纤维增强热固性树脂的塑料制品，通常称玻璃钢(见图 12.46)，常用于建筑中透明或半透明的波形瓦、采光天窗、浴盆、整体卫生间、泡沫夹层板、通风管道、混凝土模壳等。它的优点是强度重量比高、耐腐蚀、耐热和电绝缘性好等。所用的热固性树脂有不饱和聚酯、环氧树脂和酚醛树脂等。玻璃钢一般采用手糊成型、喷涂成型、卷绕成型和模压成型。手糊成型是先在模壳表面喷涂一层有色的胶状表层，使产品在脱模后有美观、光泽的表面；然后，在胶状层上用手工涂敷浸有树脂混合液的玻璃布或玻璃毡层，待固化后即可脱模。喷涂法是使用一种特制喷枪，将树脂混合液与剪成长约 2~3cm 的短玻璃纤维同时直接均匀地喷附在模壳表面。虽然采用短纤维使玻璃钢的强度有所降低，但其生产效率高，可节约劳动力。玻璃钢管材或罐体多采用卷绕成型法，即将浸有树脂混合液的玻璃纤维编织带或长玻璃纤维束，按产品受力方向卷绕在旋转的胎模上，固化后脱模而成。有些罐体内部衬有铝质内胎，以增强罐体的密封性。模压法是将薄片状浸有树脂的玻璃纤维棉毡或布，均匀叠置于模型中，经热压而成各种成品，如浴盆、洗脸池等。模压法产品的内外两面均有美观耐磨的表层，并且生产效率高，产品质量好。目前正在迅速发展的建筑用玻璃钢制品，有冷却水塔、储水塔、整体式组装卫生间、半组装式卫生间等。

图 12.46　玻璃钢

12.7.2　建筑塑料原料及其生产过程

塑料是以合成高分子化合物或天然高分子化合物为主要基料，与其他原料在一定条件下经混炼、塑化成型，在常温常压下能保持产品形状不变的材料，如图 12.47 所示。塑料在一定的温度和压力下具有较大的塑性变形，容易制成所需的各种形状、尺寸，而成型以后，在常温下能保持既得的形状和必要的强度。

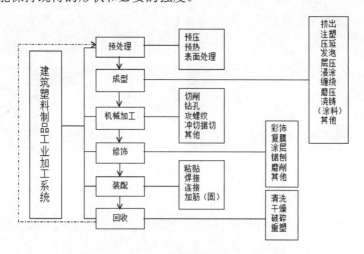

图 12.47　建筑塑料加工系统

塑料的主要成分是合成树脂，根据树脂与制品的不同性质要求加入不同的添加剂，如稳定剂、增塑剂、增强剂、填料、着色剂等。塑料可加工成各种形状和颜色的制品，加工方法简便，自动化程度高，生产能耗低，因此，塑料制品已广泛应用于工业、农业、建筑业和生活日用品中。制造建筑塑料制品常用的成型方法有：压延、挤出、注塑、浇铸、浸涂、层压等。

12.8 建筑涂料

涂料是一种流体，是一种可以采用不同的施工工艺涂覆在物体表面上，干燥后会形成黏附牢固、具有一定强度的连续的固态薄膜，对物体起到装饰、保护或使物体具有某种特殊功能的材料。通常将这样形成的膜统称为涂膜，又称漆膜或涂层，如图12.48所示。

图 12.48 涂料

12.8.1 涂料的分类

1. 按主要成膜物质的化学成分分类

按构成涂膜主要成膜物质的化学成分，可将建筑涂料分为有机涂料、无机涂料、无机—有机复合涂料三类。

1) 有机涂料

有机涂料常用的有三种类型。

(1) 溶剂型涂料。

溶剂型涂料是以高分子合成树脂为主要成膜物质，有机溶剂为稀释剂，加入适量的颜料、填料(体质颜料)及辅助材料，经研磨而成的涂料。常用品种有过氯乙烯、聚乙烯醇缩丁醛、氯化橡胶、丙烯酸酯等。

(2) 水溶性涂料。

水溶性涂料是以水溶性合成树脂为主要成膜物质，以水为稀释剂，加入适量的颜料及辅助材料，经研磨而成的涂料。一般只用于内墙涂料，常用品种有聚乙烯醇水玻璃内墙涂料、聚乙烯醇甲醛类涂料等。

(3) 乳胶涂料。

乳胶涂料又称乳胶漆，它是由合成树脂借助乳化剂的作用，以 0.1～0.5μm 的极细微粒分散于水中构成乳液，并以乳液为主要成膜物质，加入适量的颜料、填料及辅助材料，经研磨而成的涂料。常用品种有聚醋酸乙烯乳液、乙烯－醋酸乙烯、醋酸乙烯－丙烯酸酯、苯乙烯－丙烯酸酯等共聚乳液。

2) 无机涂料

目前所使用的无机涂料是以水玻璃、硅溶胶、水泥等为基料，加入颜料、填料、助剂等经研磨、分散而成的涂料。无机涂料的价格低、资源丰富、无毒、不燃，具有良好的遮盖力，对基层材料的处理要求不高，可在较低温度下施工，涂膜具有良好的耐热性、保色性、耐久性等。

3) 无机－有机复合涂料

不论是有机涂料还是无机涂料，在单独使用时，都存在一定的局限性，为克服其缺点，发挥各自的长处，出现了无机－有机复合的涂料。如聚乙烯醇水玻璃内墙涂料就比聚乙烯醇有机涂料的耐水性好。此外，以硅溶胶、丙烯酸系列复合的外墙涂料在涂膜的柔韧性及耐候性方面更能适应气候的变化。

2. 按建筑物使用部位

1) 内墙装饰涂料

内墙涂料亦可用作顶棚涂料，它的主要功能是装饰及保护内墙墙面及顶棚，建立一个美观舒适的生活环境。

内墙涂料应具有色彩丰富、细腻、协调；耐碱、耐水性好，不易粉化；良好的透气性、吸湿排湿性；涂刷方便、重涂性好；无毒、无污染等性能。

内墙涂料的主要类型有聚乙烯醇水玻璃涂料、聚乙烯醇缩甲醛涂料、聚醋酸乙烯乳液内墙涂料、乙－丙有光乳胶漆、苯－丙乳胶漆内墙装饰涂料、多彩内墙装饰涂料、彩砂涂料、幻彩涂料、仿瓷涂料、仿绒涂料、纤维涂料等，如图 12.49 所示。

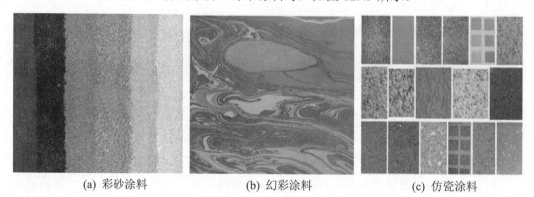

(a) 彩砂涂料　　　　　(b) 幻彩涂料　　　　　(c) 仿瓷涂料

图 12.49　部分内墙涂料

2) 外墙涂料

外墙涂料的主要功能是装饰和保护建筑物的外墙，使建筑物外观整洁美观，达到美化环境的目的，延长其使用时间。为了获得良好的装饰与保护效果，外墙涂料应具有装饰性好、耐水性良好、防污性能良好、耐候性良好等特点。

外墙涂料的主要类型有苯－丙乳液外墙涂料、丙烯酸酯乳胶漆、聚氨酯系外墙涂料、彩砂外墙涂料、复层建筑涂料等，如图 12.50 所示。

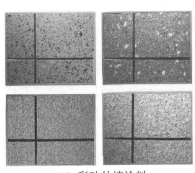 

(a) 彩砂外墙涂料　　　　　　(b) 复层建筑涂料

图 12.50　部分外墙涂料

3) 地面涂料

地面涂料具有耐水、耐磨、耐酸碱、易清洗、漆膜美观、光亮、装饰性好等特点，主要类型有过氯乙烯地面涂料、聚氨酯地面涂料、环氧树脂地面涂料、塑料涂布地面装饰涂料。

3. 按使用功能

1) 防水涂料

建筑防水涂料是经涂布后通过溶剂的挥发、水分的蒸发或反应固化，可在基层表面形成坚韧的防水涂膜的材料，不透水性好，耐油及耐腐蚀性高，主要有聚氨酯防水涂料、丙烯酸防水涂料、有机硅憎水剂等。

2) 防火涂料

防火涂料又叫阻燃涂料，将这类涂料涂刷在建筑物上某些易燃材料的表面，能提高易燃材料的耐火能力，或能减缓火焰蔓延传播速度，在一定时间内能阻止燃烧，控制火势的发展，为灭火提供时间。防火涂料能使可燃基材的耐燃时间延长 10～30min。

3) 防腐涂料

防腐涂料是指在一般条件下，对金属等起到防腐蚀的作用，延长有色金属使用的寿命；重防腐涂料是指相对常规防腐涂料而言，能在相对苛刻的腐蚀环境里应用，具有比常规防腐涂料更长保护期的一类防腐涂料。防腐涂料可分为防碳化乳胶漆、抗氯离子侵蚀涂料、金属防腐涂料等。

4) 建筑保温节能涂料

建筑保温涂料具有高效的对阳光的反射率、优良的抗紫外线性能、超常的抗污染性、良好的附着力、耐洗刷性、耐酸碱腐蚀性和防霉变等性能，是现代建筑隔热保温领域性能优良、适用性强、技术含量高的一种新型建筑保温隔热材料。

5) 防霉涂料

防霉涂料由基料、防霉剂、颜料、填料和助剂等组成，有溶剂可溶性乳胶型、水溶性等多种产品，常用于一般建筑的内外墙，特别是地下室及食品加工厂的厂房、仓库等装饰。

6) 防雾涂料

防雾涂料可用于高档装饰工程中的玻璃，或挡风板、实验室和通风橱窗的玻璃及透明塑料板等。

我国的涂料共分为 17 大类，每一类用一个汉语拼音字母表示(见表 12.8)。

表 12.8 涂料的分类和命名代号

序号	代号	名称	序号	代号	名称
1	Y	油脂漆类	10	X	烯烃树脂漆类
2	T	天然树脂涂料	11	BZ	丙烯酸漆类
3	F	酚醛漆类	12	Z	聚酯树脂漆类
4	L	沥青漆类	13	H	环氧树脂漆类
5	C	醇酸树脂漆类	14	S	聚氨酯漆类
6	A	氨基树脂漆类	15	W	元素有机聚合物漆类
7	Q	硝基漆类	16	J	橡胶漆类
8	M	纤维素漆类	17	E	其他漆类
9	G	过氯乙烯漆类			

12.8.2 涂料的组成

1. 主要成膜物质

涂料所用的主要成膜物质有树脂和油料两类。树脂有天然树脂(虫胶、松香、大漆等)、人造树脂(甘油酯、硝化纤维等)和合成树脂(醇酸树脂、聚丙烯酸酯及其共聚物等)。油料有桐油、亚麻子油等植物油和鱼油等动物油。为满足涂料的各种性能要求，一种涂料可采用多种树脂配合或与油料配合，共同作为主要的成膜物质。

2. 次要成膜物质

次要成膜物质是各种颜料，包括着色颜料、体质颜料和防锈颜料三类，它是构成涂膜的组分之一，主要作用是使涂膜着色并赋予涂膜遮盖力、增加涂膜质感、改善涂膜性能、增加涂料品种、降低涂料成本等。

3. 辅助成膜物质

辅助成膜物质主要指各种溶剂(稀释剂)和各种助剂。涂料所用溶剂有两大类：①有机溶剂，如松香水、酒精、汽油、苯、二甲苯、丙酮等；②水。助剂是为了改善涂料性能、提高涂膜的质量而加入的辅助材料，如催干剂、增塑剂、固化剂、流变剂、分散剂、增稠剂、消泡剂、防冻剂、紫外线吸收剂、抗氧化剂、防老化剂、防霉剂、阻燃剂等。

12.8.3 建筑涂料的功能

建筑涂料具有装饰功能、保护功能和居住性改进功能，各种功能所占的比重因使用目的不同而不尽相同。

(1) 装饰功能是通过美化建筑物来提高它的外观价值。主要包括平面色彩、图案及光泽方面的构思设计及立体花纹的构思设计等。但要与建筑物本身的造型和基材本身的大小和形状相配合，装饰功能才能充分地发挥出来。

(2) 保护功能是指保护建筑物不受环境的影响和破坏的功能。不同种类的被保护体对保护功能的要求也各不相同。例如，室内与室外涂装所要求达到的指标差别就很大，有的建筑物对防霉、防火、保温隔热、耐腐蚀等有特殊要求。

(3) 居住性改进功能主要是对室内涂装而言，就是有助于改进居住环境的功能，如隔音性、吸音性、防结露等。

涂料作用为装饰和保护被涂饰物的表面，防止来自外界的光、氧、化学物质、溶剂等的侵蚀，提高被涂覆物的使用寿命。涂料涂饰在物体的表面，可以改变其颜色、花纹、光泽、质感等，提高物体的美观价值。

本 章 小 结

建筑材料包括防水材料、防火材料、绝热材料、吸声隔声材料、建筑陶瓷装饰制品、建筑装饰玻璃、建筑塑料装饰材料和建筑装饰涂料等。

防水材料包含防水卷材和防水涂料，防水卷材必须具备耐水性、温度稳定性、机械强度、延伸性和抗断裂性、柔韧性和大气稳定性；防水涂料是一种流态或半流态物质，可用刷、喷等工艺涂布在基层表面，经溶剂或水分挥发或各组分间的化学反应，形成具有一定弹性和一定厚度的连续薄膜，使基层表面与水隔绝，起到防水、防潮作用。

防火材料包括纤维增强硅酸钙板、耐火纸面石膏板、泰柏板、纤维增强水泥平板(TK板)、滞燃型胶合板、膨胀珍珠岩防火板、水性防火涂料、透明防火涂料、溶剂型防火涂料、钢结构防火涂料和预应力混凝土楼板防火涂料等，可根据不同使用情况选用相对应的防火材料。

绝热材料可分为多孔型保温隔热材料、纤维型隔热材料、反射型隔热材料。保温绝热材料的保温性能与材料本身物质构成，孔隙率，材料所处环境的温、湿度及热流方向有关。

吸声材料按吸声机理的不同可分为两类，一类是多孔性吸声材料，主要是纤维质和开孔型结构材料；另一类是柔性材料、膜状材料、板状材料和穿孔板等。

建筑装饰材料包含建筑装饰陶瓷、建筑装饰玻璃、建筑塑料和建筑涂料等，在不同位置予以应用，满足建筑在功能及装饰上的要求。

课 后 习 题

1. 相比传统沥青防水卷材，合成高分子防水卷材有哪些优点？
2. 溶剂型、水乳型、反应型防水涂料分别有哪些特点？
3. 简单叙述钢结构火灾的特点和防火措施。
4. 保温隔热材料有哪些种类，其保温隔热机理分别是什么？
5. 提高材料和结构的隔声效果可采取哪些主要措施？
6. 在本章的装饰材料中，哪些适用于外墙装饰，哪些适用于内墙装饰？请说明原因。

第 13 章 土木工程试验

试验 1 材料基本物理性质试验

建筑材料基本性质的试验项目较多，对于各种不同的材料，测试的项目也不相同。本试验包括材料的密度、表观密度、堆积密度和吸水率的测定。

13.1.1 密度试验

1. 试验目的

测定材料在绝对密实状态下，单位体积的质量即密度，据此用于计算材料的孔隙率和密实度。

2. 试验原理

将干燥状态下的固体材料磨成细粉，细粉的体积即是材料在绝对密实状态下的体积，通过排液体积法测定材料的体积，利用天平测定材料的质量，计算得出材料的密度。

3. 试样制备

将试样研碎通过 900 孔/cm² 的筛，除去筛余物，放在 105～110℃的烘箱中，烘干至恒质量，再放入干燥器中冷却至室温备用。

4. 主要仪器

密度瓶(见图 13.1，又名李氏瓶)、量筒、烘箱、干燥器、天平(1kg，感量 0.01g)、温度计、漏斗和小勺等。

图 13.1 密度瓶(尺寸单位：mm)

5. 试验步骤

(1) 在李氏瓶中注入不与试样发生化学反应的液体，使液面达到凸颈下部 0～1mL 刻度之间。

(2) 将密度瓶置于盛水的玻璃容器中，使有刻度的部分能够完全进入水中，并用支架夹住以防密度瓶浮起或歪斜。容器中的水温应保持在(20±2)℃。经过 30min 读出密度瓶内液体凹液面的刻度值 V_1，(精确至 0.1mL，以下同)。

(3) 用天平称取 60～90g 试样，用小勺和漏斗小心地将试样徐徐送入密度瓶中，要防止在密度瓶喉部发生堵塞，直至液面上升到 20mL 刻度左右为止。再称剩余的试样质量，计算出装入瓶内的试样质量 m(g)。

(4) 将密度瓶倾斜一定角度并沿瓶轴旋转，使试样粉末中的气泡逸出，再将密度瓶放入盛水的玻璃容器中(方法同上)，经 30min，待瓶中液体温度与水温相同后，读出密度瓶内液体凹液面的刻度值 V_2(mL)。

6. 试验结果

(1)密度 ρ 按式(13.1)计算，精确至 0.01g/cm^3 。

$$\rho = \frac{m}{V} \tag{13.1}$$

式中：m ——密度瓶中粉末试样的质量(g)；
　　　V——装入密度瓶中粉末试样绝对密实状态下的体积(cm^3)，即两次液面读数之差，$V=V_2-V_1$。

(2) 以两次试验结果的平均值作为密度的测定结果。两次试验结果的差值不得大于 0.02g/cm^3，否则应重新取样进行试验。

7. 数字修约规则

(1) 在拟舍去的数字中，保留数后边第一个数字小于 5(不包括 5)时，则舍去，保留数的末位数字不变。

例如，23.644 保留两位数，修约为 23.64。

(2) 在拟舍去的数字中，保留数后边第一个数字大于 5(不包括 5)时，则进 1。保留数的末位数字加 1。

例如，12.356 保留两位数，修约为 12.36。

(3) 在拟舍去的数字中，保留数后边第一个数字等于 5，5 后面的数字并非全部为零时，则进 1，即保留数末位数字加 1。

例如，12.0501 保留一位数，修约为 12.1。

(4) 在拟舍去的数字中，保留数后边第一个数字等于 5，5 后面的数字全部为零时，保留数的末位数字为奇数时则进 1，若保留数的末位数字为偶数(包括 0)，则不进。

例如，将下列数字修约到保留 1 位小数。修约前 0.3500，修约后 0.4；修约前 0.4500，修约后 0.4；修约前 1.0500，修约后 1.0。

(5) 所拟舍去的数字，若为两位以上的数字，不得连续进行多次(包括两次)修约。应根据保留数后面第一个数字的大小，按上述规定一次修约出结果。

例如，13.2567 修约成整数为 13。

13.1.2 表观密度试验

1. 试验目的

测定材料在自然状态下单位体积的质量，即表观密度。通过表观密度可以估计材料的强度导热性、吸水性、保温隔热等性质，亦可用于计算材料的孔隙率、体积及结构自重等。

2. 试验原理

对于形状规则的材料，用游标卡尺测出试件尺寸，计算其自然状态下的体积；对于不规则材料，通过蜡封后测定其自然状态下的体积。用天平来称量材料质量，计算得出材料的表观密度。

3. 主要仪器

游标卡尺(精度0.1mm)、天平(感量0.1g)、液体静力天平烘箱、干燥器等。

4. 试验步骤与结果计算

1) 形状规则材料(如砖、石块、砌块等)

将欲测材料的试件放入(105±5)℃的烘箱中烘干至恒质量，取出在干燥器内冷却至室温，称其质量m(g)；用游标卡尺量出试件的尺寸，并计算出试件自然状态下的体积V_0(cm³)。

(1) 对于六面体试件，长、宽、高各方向上需测量3处，分别取其平均值a、b、c，按式(13.2)计算：

$$V_0 = a \times b \times c \quad (13.2)$$

(2) 对于圆柱体试件，在圆柱体上、下两个平行切面上及腰部，按两个互相垂直的方向量其直径，求6次的平均值d，再在互相垂直的两直径与圆周交界的4点上量其高度，求4次的平均值h，按式(13.3)计算：

$$V_0 = \frac{\pi d^2}{4} \times h \quad (13.3)$$

表观密度ρ_0按式(13.4)计算，精确至10kg/m³或0.01g/cm³，

$$\rho_0 = \frac{m}{V_0} \quad (13.4)$$

式中：m——试件在干燥状态下的质量，g；

V_0——试件的表观体积，cm³。

试件结构均匀者，以3个试件结果的算术平均值作为试验结果，各次结果的误差不得超过20kg/m³或0.02g/cm³；如试件结构不均匀，应以5个试件结果的算术平均值作为试验结果，并注明最大、最小值。

2) 形状不规则材料

(1) 将不规则材料加工成(或选择)长约20～50mm的试件5～7个，置于(105±5)℃的烘箱内烘干至恒质量，并在干燥器内冷却至室温。

(2) 取出1个试件，称出试件的质量m，精确至0.1g(以下同)。

(3) 将试件置于熔融的石蜡中1～2s取出，使试件表面沾上一层蜡膜(膜厚不超过1mm)。

(4) 称出封蜡试件的质量m_1(g)。

(5) 用液体静力天平称出封蜡试件在水中的质量m_2(g)。

(6) 检定石蜡的密度ρ_0值(一般为0.93g/cm³)。

(7) 结果计算。

① 表观密度 ρ_0 按式(13.5)计算,精确至 10kg/m³ 或 0.01g/cm³:

$$\rho_0 = \frac{m}{m_1 - m_2 - \dfrac{m_1 - m}{\rho_{\text{蜡}}}} \tag{13.5}$$

式中:m ——试件质量,g;
m_1——封蜡试件的质量,g;
m_2——封蜡试件在水中的质量,g。

② 试件结构均匀者,以 3 个试件结果的算术平均值作为试验结果,各次结果的误差不得超过 20kg/m³ 或 0.02g/cm³;如试件结构不均匀,应以 5 个试件结果的算术平均值作为试验结果,并注明最大、最小值。

13.1.3 堆积密度试验

1. 试验目的

测定粉状、粒状或纤维状材料在堆积状态下单位体积的质量,即为堆积密度。它可以用于估算散粒材料的堆积体积及质量、考虑运输工具、估计材料级配情况等。

2. 试验原理

将干燥材料按规定的方法装入容积已知的容量筒中,再用天平称出容量筒中材料的质量,计算得出材料的堆积密度。

3. 主要仪器

标准容器(容积已知)、天平(感量 0.1g)、烘箱、干燥器、漏斗、钢尺等。

4. 试样制备

将试样放在 105~110 ℃的烘箱中,烘干至恒质量,再放入干燥器中冷却至室温。

5. 试验步骤

(1) 材料松散堆积密度的测定。首先称量标准容器的质量 m_1(kg)。再将材料试样经过标准漏斗或标准斜面,徐徐地装入容器内,漏斗口或斜面底距容器口为 5cm,待材料形成锥形,将多余的材料用钢尺沿容器口中心线向两个相反方向刮平(试验过程应防止触动容量筒),称得容器和材料总质量为 m_2(kg)。

(2) 材料紧密堆积密度的测定。首先,称量标准容器的质量 m_1(kg)。取另一份试样,分两层装入标准容器内。装完一层后,在筒底垫放一根ϕ10 钢筋,将筒按住左右交替颠击地面各 25 下,再装第二层。把垫着的钢筋转 90°同法颠击,加料至试样超出容器口,用钢尺沿容器口中心线向两个相反方向刮平,称得容器和材料总质量 m_2(kg)。

6. 试验结果

(1) 松散堆积密度(ρ_0)和紧密堆积密度(ρ_0')均按式(13.6)计算,精确至 10kg/m³:

$$\rho_0 = \frac{m_2 - m_1}{V_0} \tag{13.6}$$

式中：m_2——容器和试样总质量，kg；

m_1——容器质量，kg；

V_0——容器的容积，cm³。

(2) 以两次试验结果的算术平均值作为松散堆积密度和紧密堆积密度测定的结果。

13.1.4 吸水率试验

1. 试验目的

材料的吸水率是指材料在吸水饱和状态下吸入水的质量或体积与材料干燥状态下质量或体积的比。材料吸水率的大小对其强度、抗冻性、导热性等性能影响很大，测定材料的吸水率，可估计材料的各项性能。

2. 试验原理

材料吸水饱和状态下的质量与其干质量的质量之差，即为材料所吸收的水量，所吸收的水量与材料干质量的比值为材料的质量吸水率。

3. 主要仪器

天平(称量1000g，感量0.1g)、水槽、烘箱、干燥器等。

4. 试验步骤

(1) 将试件置于烘箱中，以不超过 110 ℃的温度将试件烘干至恒质量，再放入干燥器中冷却至室温，称其质量 m(g)。

(2) 将试件放入水槽中，试件之间应留 1~2cm 的间隔，试件底部应用玻璃棒垫起，避免与槽底直接接触。

(3) 将水注入水槽中使水面升至试件高度的 1/4 处，2h 后加水至试件高度的 1/2 处，隔 2h 再加入水至试件高度的 3/4 处，又隔 2h 加水至高出试件 1~2cm，再经 24h 后取出试件。这样逐次加水能使试件孔隙中的空气逐渐溢出。

(4) 取出试件后，用拧干的湿毛巾轻轻抹去试件表面的水分(不得来回擦拭)，称其质量后仍放回槽中浸水。

以后每隔 1 昼夜用同样方法称取试样质量，直至试件浸水至恒定质量为止(质量相差不超过 0.05g)，此时称得试件质量为 m_1(g)。

5. 试验结果

(1) 质量吸水率 $W_质$(%)及体积吸水率 $W_体$(%)按式(13.7)计算：

$$m_质 = \frac{m_1 - m}{m} \times 100\% \tag{13.7}$$

$$W_体 = \frac{V_1}{V_0} \times 100\% = \frac{m_1 - m}{m} \times \frac{\rho_0}{\rho_{H_2O}} \times 100\% = W_质 \times \rho_0 \tag{13.8}$$

式中：m_1——材料吸水饱和时的质量，g；

m——材料干燥状态时的质量，g；

V_1——材料吸水饱和时的体积，cm^3；

V_0——干燥材料自然状态时的体积，cm^3；

ρ_0——试样的干体积密度，g/cm^3；

ρ_{H_2O}——水的密度，常温时 $H_2O=1g/cm^3$。

(2) 取 3 个试件吸水率的算术平均值作为结果。

试验 2　水泥技术性质检测试验

13.2.1　一般规定

1. 试验前的准备及注意事项

(1) 当试验水泥从取样至试验要保持 24h 以上时，应把它储存在基本气密的容器里，这个容器应不与水泥起反应，并在容器上注明生产厂名称、品种、强度等级、出厂日期、送检日期等。

(2) 试验室温度为(20±2)℃，相对湿度应不低于 50%，养护箱的温度为(20±1)℃，相对湿度不低于 90%。养护池水温为(20±1)℃。

(3) 检测前一切检测用材料(水泥、标准砂、水等)均应与试验室温度相同，即达到(20±2)℃，试验室空气温度和相对温度及养护池水温在工作期间每天至少记录一次。

(4) 养护箱或雾室的温度与相对湿度至少每 4h 记录一次，在自动控制的情况下记录次数可以减至一天两次。

(5) 检测用水必须是洁净的饮用水，如有争议时应以蒸馏水为准。

2. 水泥现场取样办法

1) 散装水泥

对于同一水泥厂生产的同期出厂的同品种、同强度等级的散装水泥，以一次进场的同一出厂编号的水泥为一批，且总量不超过 500t，随机从不少于 3 个罐车中采取等量水泥，经混拌均匀后称取不少于 12kg。取样工具如图 13.2 所示。

$L = 1000 \sim 2000mm$

2) 袋装水泥

对于同一水泥厂生产的同期出厂的同品种、同强度等级的袋装水泥，以一次进场的同一出厂编号的水泥为一批，且总量不超过 100t。取样应有代表性，可以从 20 个不同部位的袋中取等量样品水泥，经混拌均匀后称取不少于 12kg。取样工具如图 13.3 所示。

检测前，把按上述方法取得的水泥样品按标准规定分成两等份，一份用于标准检测，另一份密封保管 3 个月，以备有疑问时同时复验。

对水泥质量发生疑问需作仲裁检验时应按仲裁检验的办法进行。

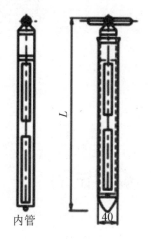
图13.2 散装水泥取样管(尺寸单位：mm)

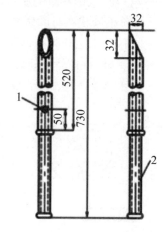
图13.3 袋装水泥取样管(尺寸单位：mm)

13.2.2 细度检测(GB/T 1345—2005)

1. 试验目的

通过筛析法测定水泥的细度，为判定水泥质量提供依据。

2. 试验原理

采用 45μm 方孔筛和 80μm 方孔筛对水泥试样进行筛析试验，用筛上残留筛余物的质量百分数来表示水泥样品的细度。

3. 主要仪器

(1) 试验筛。试验筛分负压筛和水筛两种，其结构尺寸如图 13.4 和图 13.5 所示。筛网应紧绷在筛框上，筛网和筛框接触处应用防水胶密封，防止水泥嵌入。

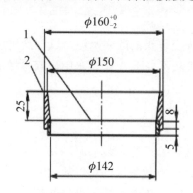

图13.4 负压筛(尺寸单位：mm)

1—筛网；2—筛框

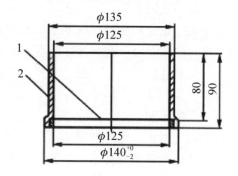

图13.5 水筛(尺寸单位：mm)

1—筛网；2—筛框

(2) 负压筛析仪。负压筛析仪由筛座、负压筛、负压源及吸尘器组成，其中筛座由转速为(30±2)r/min 的喷气嘴、负压表、控制板、微电机及壳体构成，如图 13.6 所示。筛析仪负压可调范围为 4000~6000Pa。喷气嘴上口平面与筛网之间距离为 2~8mm，负压源和吸尘器由功率不小于 600W 的工业吸尘器和小型旋风吸尘筒组成，或其他具有相当功能的设备。

(3) 水筛架和喷头，水筛架和喷头的结构如图 13.7 所示。

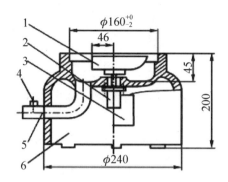

图 13.6　负压筛座(尺寸 单位：mm)

1—喷气嘴；2—微电机；3—控制板开口；4—负压表接口；5—负压源及吸尘器接口；6—壳体

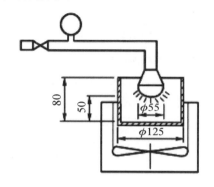

图 13.7　水筛架和喷头(尺寸单位：mm)

(4) 天平。最小分度值不大于 0.01g。

4．试验步骤

1) 负压筛析法

(1) 筛析试验前，应把负压筛放在筛座上，盖上筛盖，接通电源检查控制系统，调节负压为 4000～6000Pa。

(2) 称取试样 25g，置于洁净的负压筛中，进行 45μm 筛析试验。盖上筛盖放在筛座上，开动筛析仪连续筛析 2min，在此期间如有试样附着在筛盖上，可轻轻敲击，使试样落下。

(3) 筛毕，用天平称取筛余物的质量。当工作负压小于 4000Pa 时，应清理吸尘器内水泥，使负压恢复正常。

2) 水筛法

(1) 筛析试验前，调整好水压及水筛架的位置，使其能正常运转，喷头底面和筛网之间距离为 35～75mm。

(2) 称取试样 25g，置于洁净的水筛中，立即用淡水冲洗试样至大部分细粉通过，然后将水筛放在水筛架上，用水压为(0.05 ±0.02) MPa 的喷头连续冲洗 3min。

(3) 筛毕，用少量水把筛余物冲至蒸发皿中，等水泥颗粒全部沉淀后小心倒出清水，烘干，并用天平称量筛余物，精确至 0.01g。

(4) 试验筛必须经常保持洁净，筛孔通畅，使用 10 次后要进行清洗。清洗金属框、铜丝筛网时应用专门的清洗剂，不可用弱酸浸泡。

3) 手工干筛法

(1) 在没有负压筛析仪和水筛的情况下，允许用手工干筛法测定。称取水泥试样的规定同前，将试样倒入干筛内，用一只手执筛往复摇动，另一只手轻轻拍打，拍打速度为约 120 次/min，每 40 次向同一方向转动 60°，使试样均匀分布在筛网上，直至每分钟通过的试样不超过 0.03g 为止。

(2) 称量筛余物，称量精确至 0.01g。

5. 结果评定

(1) 水泥试样筛余百分数按式(13.9)计算(结果精确至 0.1%)：

$$F = \frac{R_t}{W} \times 100\% \tag{13.9}$$

式中：F——水泥试样的筛余百分数，%；

R_t——水泥筛余物的质量，g；

W——水泥试样的质量，g。

(2) 筛余结果修正。应采用试验筛修正系数方法修正上述计算结果，修正系数的确定按《水泥细度检验方法筛析法》(GB/T 1345—2005)中附录 A 进行。

(3) 负压筛法与水筛法或手工干筛法测定的结果发生争议时，以负压筛法为准。

13.2.3 标准稠度用水量测定(标准法)(GB/T 1346—2011)

1. 试验目的

水泥的标准稠度用水量是指水泥净浆达到标准稠度的用水量，以水占水泥质量的百分数表示。通过试验测定水泥的标准稠度用水量，拌制标准稠度的水泥净浆，为测定水泥的凝结时间和安定性提供依据。

2. 试验原理

水泥净浆对标准试杆的下沉具有一定的阻力，不同含水量的水泥净浆对试杆的阻力不同，通过试验确定达到水泥标准稠度时所需加入的水量。

3. 主要仪器

(1) 水泥净浆搅拌机，符合《水泥净浆搅拌机》(JC/729—2005)的要求。

(2) 维卡仪。维卡仪如图 13.8 所示。标准稠度测定用试杆有效长度为(50±1)mm，由直径为ϕ(10±0.05)mm 的圆柱形耐腐蚀金属制成。试杆滑动部分的总质量为(300±1)g。与试杆、试针连接的滑动杆表面应光滑，能靠重力自由下落，不得有紧涩和松动现象。

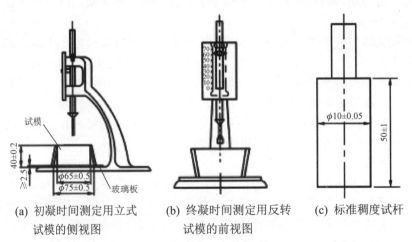

(a) 初凝时间测定用立式试模的侧视图　　(b) 终凝时间测定用反转试模的前视图　　(c) 标准稠度试杆

图 13.8 测定水泥标准稠度和凝结时间用的维卡仪(尺寸单位：mm)

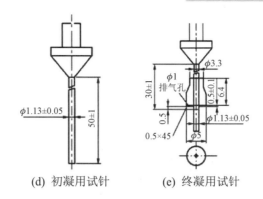

(d) 初凝用试针　　(e) 终凝用试针

图 13.8　测定水泥标准稠度和凝结时间用的维卡仪(尺寸单位：mm)(续)

盛装水泥净浆的试模应由耐腐蚀的、有足够硬度的金属制成。试模为高(40±0.2)mm、顶内径ϕ(65±0.5)mm、底内径ϕ(75±0.5)mm 的截顶圆锥体。每只试模应配备一个尺寸大于试模、厚度不小于 2.5mm 的平板玻璃底板。

(3) 量水器，最小刻度为 0.1mL，精度 1%。

(4) 天平，最大称量不小于 1000g，分度值不大于 1g。

4．试验步骤

(1) 试验前必须确定维卡仪的滑动杆能自由滑动。调整至试杆接触玻璃板时，指针对准零点，净浆搅拌机能正常运行。

(2) 用净浆搅拌机搅拌水泥净浆。搅拌锅和搅拌叶片先用湿布擦过，将拌和水倒入搅拌锅内，然后在 5～10s 内将称好的 500g 水泥加入水中，防止水泥和水溅出。拌和时先将锅放在搅拌机的锅座上，升至搅拌位置，启动搅拌机，低速搅拌 120s，停 15s，同时将叶片和锅壁上的水泥浆刮入锅中间，接着高速搅拌 120s 后停机。

(3) 拌和结束后，立即将拌制好的水泥净浆装入已置于玻璃底板上的试模中，用小刀插捣，轻轻震动数次，刮去多余的水泥净浆，抹平后迅速将试模和底板移到维卡仪上，并将其中心定在试杆下，降低试杆直至与水泥净浆表面接触；拧紧螺钉 1～2s 后放松使试杆垂直自由地沉入水泥净浆中，在试杆停止沉入或释放试杆 30s 时记录试杆距底板之间的距离；升起试杆后，立即擦净；整个操作应在搅拌后 1.5min 内完成。

5．结果评定

以试杆沉入距底板(6±1)mm 的水泥净浆为标准稠度净浆，其拌和水量为该水泥的标准稠度用水量，按水泥质量的百分比计。如测试结果不能达到标准稠度，应增减用水量，并重复以上步骤直至达到标准稠度为止。

13.2.4　凝结时间测定(GB/T 1346—2011)

1．试验目的

凝结时间是水泥的重要技术性质之一。通过试验测定水泥的凝结时间，评定水泥的质量，确定其能否用于工程中。

2. 试验原理

通过试针沉入标准稠度净浆内一定深度所需的时间来表示水泥初凝和终凝时间。

3. 主要仪器设备

(1) 水泥净浆搅拌机。符合《水泥净浆搅拌机》(JC/T 729—2005)的要求。

(2) 维卡仪。测定凝结时间时取下维卡仪的试杆，用试针代替试杆。试针由钢制成，是有效长度为$(50±1)$mm、终凝针为$(30±1)$mm、直径为$\phi(1.13±0.05)$mm 的圆柱体。滑动部分的总质量为$(300±1)$g。与试杆、试针连接的滑动杆表面应光滑，能靠重力自由下落，不得有紧涩和松动现象。

(3) 盛装水泥净浆的试模。其要求见标准稠度用水量内容。

(4) 量水器。最小刻度 0.1mL，精度 1%。

4. 天平

最大称量不小于 1000g，分度值不大于 1g。

5. 试件制备

按标准稠度用水量试验的方法制标准稠度的净浆，将净浆一次装满试模，震动数次后刮平，立即放入湿气养护箱中。记录水泥全部加入水中的时间作为凝结时间的起始时间。

6. 试验步骤

(1) 调整凝结时间测定仪。测定仪的试针接触玻璃板时，指针对准零点。

(2) 初凝时间测定。试模在湿气养护箱中养护至加水后 30min 时进行第一次测定。测定时从湿气养护箱中取出试模放到试针下，降低试针使之与水泥净浆表面接触。拧紧螺钉 1～2s 后放松使试针垂直自由地沉入水泥净浆，观察试针停止下沉或释放试针 30s 时指针的读数。当试针沉至距底板$(4±1)$mm 时，为水泥达到初凝状态，由水泥全部加入水中至初凝状态的时间为水泥的初凝时间，用"min"表示。

(3) 终凝时间的测定。为了准确观测试针沉入的状况，在试针上安装了一个环形。在完成初凝时间测定后，立即将试模连同浆体以平移的方式从玻璃板上取下，翻转 180°，直径大端向上，小端向下放在玻璃板上，再放入湿气养护箱中继续养护。临近终凝时间时，每隔 15min 测定一次。当试针沉入试体 0.5mm 时，即环形附件开始不能在试体上留下痕迹时为水泥达到终凝状态，由水泥全部加入水中至终凝状态的时间为水泥的终凝时间，用"min"表示。

注意：在测试开始时应轻轻扶持金属柱使其徐徐下降，以防试针撞弯。但结果以自由下落为准，在整个测试过程中试针沉入的位置至少要距试模内壁 10mm。临近初凝时，每隔 5min 测定一次，到达初凝或终凝时应立即重复测一次，当两次结论相同时才能定为达到初凝或终凝状态。每次测定不能让试针落入原针孔，测试完毕须将试针擦净并将试模放回湿气养护箱内，整个测试过程要防止试模受震。

13.2.5 安定性测定(标准法)(GB/T 1346—2011)

1. 试验目的

体积安定性是水泥重要的技术性质之一，通过试验测定水泥的体积安定性，来评定水泥的质量，确定其能否用于工程中。

2. 试验原理

雷氏法：通过测定雷氏夹沸煮后两个试针的相对位移来衡量标准稠度水泥试件的膨胀程度，以此评定水泥浆硬化后体积变化是否均匀。

试饼法：观测沸煮后的标准稠度水泥试饼外形的变化程度，评定水泥浆硬化后体积是否均匀变化。

3. 主要仪器设备

(1) 水泥净浆搅拌机。符合相应搅拌机械规范的要求。

(2) 沸煮箱。有效容积为 410mm×240mm×310mm，箅板与加热器之间的距离大于 50mm。箱的内层由不易锈蚀的金属材料制成，能在(30±5)min 内将箱内的试验用水由室温加热至沸腾并可保持沸腾状态 3h 以上，整个试验过程中不需要补充水量。

(3) 雷氏夹。由铜质材料制成，其结构如图 13.9 所示。当一根指针的根部先悬挂在一根金属丝或尼龙丝上，另一根指针的根部再挂上 300g 质量的砝码时，两根针尖距离增加应在(17.5±2.5)mm 范围以内，即 $2x$=(17.5±2.5)mm，如图 13.10 所示。当去掉砝码后针尖的距离能恢复至挂砝码前的状态。每个雷氏夹需配备质量约 75～85g 的玻璃板两块。

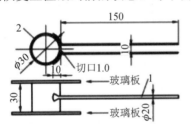

图 13.9 雷氏夹(尺寸单位：mm)

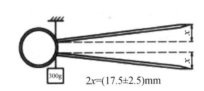

图 13.10 雷氏夹受力示意

(4) 雷氏夹膨胀值测定仪，如图 13.11 所示，标尺最小刻度为 0.5mm。

(5) 量水器(最小刻度为 0.1ml，精度 1%)、天平(感量 1g)、湿气养护箱(20±1)℃，相对湿度不低于 90%。

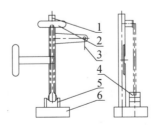

图 13.11 雷氏夹膨胀值测定仪(尺寸单位：mm)

1—支架；2—标尺；3—弦线；4—雷氏夹；5—垫块；6—底座

4. 试样制备

(1) 水泥标准稠度净浆的制备。以水泥标准稠度用水量加水，按标准稠度测定方法制成标准稠度的水泥净浆。

(2) 试饼的成型。将制好的净浆取出一部分，分成两等份，使之呈球形，放在预先准备好的玻璃板上，轻轻震动玻璃板并用湿布擦过的小刀由边缘向中央抹动，做成直径 70~80mm、中心厚约 10mm、边缘渐薄、表面光滑的试饼，然后将试饼放入湿气养护箱内养护(24±2)h。

(3) 雷氏夹试件成型。将预先准备好的雷氏夹放在已擦油的玻璃板上，并立即将已制好的标准稠度净浆一次性装满雷氏夹，装浆时一只手轻轻扶持试模，另一只手用宽约10mm 的小刀插捣数次抹平后，盖上稍涂油的玻璃板，接着立刻将试件移至湿气养护箱内养护(24±2)h。

5. 试验步骤

(1) 安定性的测定可以采用试饼法和雷氏法。雷氏法为标准法，试饼法为代用法。雷氏法是测定水泥净浆在雷氏夹中沸煮后的膨胀值。试饼法是观察水泥净浆试件沸煮后的外形变化检验水泥的体积安定性。当两种方法发生争议时以雷氏法测定结果为准。

(2) 调整好沸煮箱内水位使水能保证在整个沸煮过程中都超过试件，无须中途添补，同时又能保证在(30±5)min 内升至沸腾。

(3) 当用雷氏法测量时，先测量试件指针尖端间的距离 A，精确至 0.5mm。接着将试件放入水中篦板上，指针朝上，试件之间互不交叉，然后在(30±5)min 内加热至水沸腾，并恒沸(180 ±5)min。

(4) 当采用试饼法时，应先检查试饼是否完整，如已开裂翘曲，要检查原因，确证无外因时，该试饼已属不合格不必沸煮。在试饼无缺陷的情况下将其放在沸煮箱的水中篦板上，然后在(30±5)min 内加热水至沸腾，并恒沸(180 ±5)min。

6. 结果评定

沸煮结束即放掉箱中的热水，打开箱盖，冷却至室温，取出试件进行判定。

1) 试饼法

目测试饼未发现裂缝，用钢直尺检查也没有弯曲(使钢直尺和试饼底部紧靠，以两者间不透光为不弯曲)，则为安定性合格，反之为不合格。当两个试饼的判定结果有矛盾时，该水泥的安定性为不合格。

2) 雷氏夹法

测量试件针尖端之间的距离，记录至小数点后一位，准确至 0.5mm。当两个试件沸煮后两针尖增加的距离的平均值不大于 5.0mm 时，即认为该水泥的体积安定性合格。当两个试件的值相差超过 4.0mm 时，应用同一样品立即重做一次试验；再如此，则认为该水泥安定性不合格。

试验 3　建筑用砂、卵石(碎石)试验

13.3.1　砂的颗粒级配和粗细程度试验(JGJ 52—2006)

1. 试验目的

评定普通混凝土用砂的颗粒级配，计算砂的细度模数并评定其粗细程度。

2. 试验原理

将砂样通过一套由不同孔径制成的标准套筛，测定砂样中不同粒径砂的颗粒含量，以此判定砂的粗细程度和颗粒级配。

3. 主要仪器

(1) 方孔筛。应满足《金属丝编织网试验筛》(GB/T 6003.1—2012)和《金属穿孔板试验筛》(GB/T 6003.2—1997)中方孔试验筛的规定，取方孔筛筛孔边长为 150μm、300μm、600μm，1.18mm、2.36mm、4.75mm 及 9.50mm 的筛各一只，并附有筛底和筛盖。

(2) 天平。称量 1000g，感量 0.1g。

(3) 鼓风烘箱。能使温度控制在(105±5)℃。

(4) 其他仪器。摇筛机、浅盘和硬、软毛刷等。

4. 试样制备

按缩分法将试样缩分至约 1100g，放在烘箱中于(105±5)℃下烤干至恒量，待冷却至室温后，筛除大于 9.50mm 的颗粒(并计算出其筛余百分率)，分为大致相等的两份备用。

5. 试验步骤

(1) 称取烘干试样 500g(特细砂可称取 250g)，将试样倒入按孔径大小从上到下(大孔在上，小孔在下)组合的套筛(附筛底)上进行筛分。

(2) 将套筛置于摇筛机上，摇 10min 后取下套筛，按筛孔大小顺序再逐个用手筛，筛至每分钟通过量小于试样总量的 0.1%为止。通过的试样并入下一号筛中，并和下一号筛中的试样一起过筛，这样顺序进行，直至各号筛全部筛完为止。

(3) 称出各号筛的筛余量，精确至 1g。试样在各号筛上的筛余量不得超过按式(13.10)计算出的量，超过时应按下列方法之一处理。

$$M_r = \frac{A \times \sqrt{d}}{300} \tag{13.10}$$

式中：M_r——某一个筛上的筛余量，g；

　　　A——筛面面积，mm²；

　　　d——筛孔边长，mm；

① 将该粒级试样分成少于按式(13.10)计算出的量，分别筛分，并以筛余量之和作为该号筛的筛余量。

② 将该粒级及以下各粒级的筛余物混合均匀，称出其质量，精确至 1g。再用四分法将其缩分为大致相等的两份，取其中一份，称出其质量精确至 1g，继续筛分。计算该粒级

及以下各粒级的分计筛余量时,应根据缩分比例进行修正。

6. 计算结果与评定

(1) 计算分计筛余百分率。分计筛余百分率为各号筛的筛余量与试样总量之比,计算精确至 0.1%。

(2) 计算累计筛余百分率。累计筛余百分率为该号筛的分计筛余百分率加上该号筛以上各筛的分计筛余百分率之和,计算精确至 0.1%。筛分后,如每号筛的筛余量与筛底的剩余量之和同原试样质量之差超过 1% 时,需重新试验。

(3) 根据各筛的累计筛余百分率,评定颗粒级配。

(4) 砂的细度模数 μ_f 按式(13.11)计算,精确至 0.01:

$$\mu_f = \frac{(\beta_2 + \beta_3 + \beta_4 + \beta_5 + \beta_6) - 5\beta_1}{100 - \beta_1} \tag{13.11}$$

式中,β_1、β_2、β_3、β_4、β_5、β_6 分别为公称直径 5.00mm、2.56mm、1.25mm、630μm、315μm、160μm 方孔筛上的累计筛余百分率,代入公式计算时,β 不带%。

(5) 累计筛余百分率。取两次试验结果的算术平均值,精确至 1%。细度模数取两次试验结果的算术平均值,精确至 0.1,如两次试验的细度模数之差超过 0.20 时,需重新试验。

13.3.2 砂的表观密度试验(标准法)

1. 试验目的

测定砂的表观密度,为计算砂的空隙率和混凝土配合比设计提供依据。

2. 试验原理

用天平测出砂的质量,通过排液体体积法测定砂的表观体积,按砂的表观密度的计算公式计算得出砂的表观密度。

3. 主要仪器

(1) 天平,称量 1kg,感量 0.1g。

(2) 容量瓶,500mL。

(3) 鼓风烘箱,能使温度控制在(105±5)℃。

(4) 干燥器、搪瓷盘、滴管、毛刷等。

4. 试样制备

将缩分至 650g 左右的试样放在烘箱中于(105±5)℃下烘干至恒重,放在干燥器中冷却至室温后,分为大致相等的两份备用。

5. 试验步骤

(1) 称取试样 300g(m_0),精确至 1g。将试样装入容量瓶,注入冷开水至接近 500ml 的刻度处,用手旋转摇动容量瓶,使砂样充分摇动,排除气泡,塞紧瓶盖,静置 24h。然后用滴管小心加水至容量瓶 500ml 刻度处,塞紧瓶塞,擦干瓶外水分,称出其质量 m_1,精确至 1g。

(2) 倒出瓶内水和试样，洗净容量瓶，再向容量瓶内注水至 500ml 刻度处，水温与上次水温相差不超过 2℃，并在 15～25℃范围内，塞紧瓶塞，擦干瓶外水分，称出其质量 m_2，精确至 1g。

6. 试验结果

(1) 砂的表观密度 ρ_0 按式(13.12)计算，精确至 10kg/m³：

$$\rho_0 = \rho_水 \times \left(\frac{m_0}{m_0 + m_2 - m_1} - \alpha_1 \right) \tag{13.12}$$

式中：$\rho_水$——水的密度，1000kg/m³；

m_0——烘干试样的质量，g；

m_1——试样、水及容量瓶的总质量，g；

m_2——水及容量瓶的总质量，g；

α_1——水温对表观密度影响的修正系数。当温度是 15℃、16℃、17℃、18℃、19℃、20℃、21℃、22℃、23℃、24℃、25℃时，对应的修正系数分别是 0.002、0.003、0.003、0.004、0.004、0.005、0.005、0.006、0.006、0.007、0.008。

(2) 表观密度取两次试验结果的算术平均值，精确至 10kg/m³，如两次试验结果之差大于 20kg/m³，需重新试验。

13.3.3　砂的堆积密度试验

1. 试验目的

测定砂的堆积密度，为计算砂的空隙率和混凝土配合比设计提供依据。

2. 试验原理

通过测定装满规定容量筒的砂的质量和体积(自然堆积状态下)计算砂的堆积密度及空隙率。

3. 主要仪器

(1) 鼓风烘箱，能使温度控制在(105±5)℃。

(2) 秤，称量 5kg，感量 5g。

(3) 容量筒，圆柱形金属筒，内径 108mm，净高 109mm，壁厚 2mm，筒底厚约 5mm，容积为 1L。

(4) 直尺、漏斗或料勺、搪瓷盘、毛刷、垫棒等。

4. 试样制备

按规定的方法取样，用搪瓷盘装取试样约 3L，放在烘箱中于(105±5)℃下烘干至恒重，待冷却至室温后，筛除公称直径大于 5.00mm 的颗粒，分为大致相等的两份备用。

5. 试验步骤与试验结果

砂的堆积密度的测定包括松散堆积密度和紧密堆积密度，其试验步骤与试验结果参考建筑材料的基本性质试验中堆积密度试验。

13.3.4 砂的含水率试验

1. 试验目的

测定砂的含水率，为混凝土配合比设计提供依据。

2. 试验原理

通过测定湿砂和干砂的质量，计算出砂的含水率。

1) 标准方法

(1) 主要仪器。

① 烘箱，能使温度控制在(105±5)℃。

② 天平，称量1000g，感量0.1g。

③ 浅盘、烧杯等。

(2) 试验步骤。

① 将自然潮湿状态下的试样用四分法缩分至约1100g，拌匀后分为大致相等的两份备用。

② 称取一份试样的质量为 m_2，精确至0.1g。将试样倒入已知质量的烧杯中，放在烘箱中于(105±5)℃下烘干至恒质量。待冷却至室温后，再称出其质量 m_3，精确至0.1g。

(3) 试验结果。

① 砂的含水率 W_{wc} 按式(13.13)计算，精确至0.1%：

$$W_{wc} = \frac{m_2 - m_3}{m_3 - m_1} \times 100\% \tag{13.13}$$

式中：m_1——浅盘质量，g；

m_2——未烘干的试样与浅盘总质量，g；

m_3——烘干后的试样与浅盘总质量，g。

② 以两次测定结果的算术平均值作为试验结果，精确至0.1%。

2) 快速方法

本方法对含泥量过大及有机杂质含量较高的砂不宜采用。

(1) 主要仪器。天平，称量1000g，感量0.1g；电炉(或火炉)、炒盘(铁或铝制)、油灰铲、毛刷等。

(2) 试验步骤。

① 向已知质量为 m_1 的干净炒盘中加入约500g试样，称取试样与炒盘的总质量 m_2(g)。

② 置炒盘于电炉(或火炉)上，用小铲不断地翻拌试样，到试样表面全部干燥后，切断电源(或移出火外)，再继续翻拌1min，稍予冷却(以免损坏天平)后，称量干燥试样与炒盘的总质量 m_3(g)。

(3) 试验结果。

① 砂的含水率 W 按式(13.14)计算,精确至 0.1%。:

$$W = \frac{m_2 - m_3}{m_3 - m_1} \times 100\% \tag{13.14}$$

式中：m_1——炒盘质量,g;

m_2——未烘干的试样与炒盘总质量,g;

m_3——烘干后的试样与炒盘总质量,g。

② 以两次测定结果的算术平均值作为试验结果。

13.3.5 石子的颗粒级配试验

1. 试验目的

测定碎石或卵石的颗粒级配。

2. 试验原理

称取规定的试样,用标准的石子套筛进行筛分,称取筛余量。计算各筛的分计筛余百分数和累计筛余百分数,与国家标准规定的各筛孔尺寸的累计筛余百分数进行比较,满足相应指标者即为级配合格。

3. 主要仪器

(1) 方孔筛。应满足《金属丝编织网试验筛》(GB/T 6003.1—2012)、《金属穿孔板试验筛》(GB/T 6003.2—2012)中方孔筛的规定,筛孔公称直径为 2.5mm、5.0mm、10.0mm、16.0mm、20.0mm、25.0mm、31.5mm、40.0mm、50.0mm、63.0mm、80.0mm 及 100mm 的筛各一只,并附有筛底和筛盖。方孔筛的筛框内径为 300mm。

(2) 天平和秤。称量 5kg,感量 5g。

(3) 烘箱。温度控制范围为(105±5)℃。

(4) 浅盘。

4. 试样制备

按缩分法将试样缩分至略大于表 13.1 规定的数量,烘干或风干后备用。

表 13.1 颗粒级配试验所需试样数量

公称直径/mm	10.0	16.0	20.0	25.0	31.5	40.0	63.0	80.0
最少试样质量/kg	1.9	3.2	3.8	5.0	6.3	7.5	12.6	16.0

5. 试验步骤

(1) 按表 13.1 规定的数量称取试样一份,精确到 1g。将试样倒入按孔径大小从上到下组合的套筛上,然后进行筛分。

(2) 将试样按筛孔大小顺序过筛,当每只筛上筛余物的厚度大于试样的最大粒径值时,应将该筛上的筛余试样分成两份,再次进行筛分,直至各筛每分钟的通过量不超过试样总量的 0.1%为止。

(3) 称出各号筛的筛余量，精确至试样总量的 0.1%。各筛的分计筛余量和筛底剩余量的总和与筛分前测定的试样总量相比，其差不得超过 1%。

6. 结果计算与评定

(1) 计算分计筛余百分率。分计筛余百分率为各号筛的筛余量与试样总质量之比，计算精确至 0.1%。

(2) 计算累计筛余百分率。累计筛余百分率为该号筛的分计筛余百分率加上该号筛以上各筛的分计筛余百分率之和，计算精确至 1%。

(3) 根据各号筛的累计筛余百分率，评定该试样的颗粒级配。

13.3.6 碎石或卵石的表观密度试验

1. 试验目的

测定碎石或卵石的表观密度，为计算石子的空隙率和混凝土配合比设计提供依据。

2. 试验原理

利用排液体体积法测定石子的表观体积，计算石子的表观密度。

1) 液体比重天平法(标准法)

(1) 主要仪器。

① 液体天平，称量 5kg，感量 5g，其型号及尺寸应能允许在臂上悬挂盛试样的吊篮，并能将吊篮放在水中称量，如图 13.12 所示。

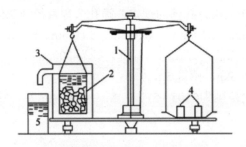

图 13.12 液体天平

1—5kg 天平；2—吊篮；3—带有溢流孔的金属容器；4—砝码；5—容器

② 吊篮，直径和高度均为 150mm，由孔径为 1～2mm 的筛网或钻有 2～3mm 孔洞的耐锈蚀金属板制成。

③ 盛水容器，需带有溢流孔。

④ 烘箱，温度控制范围为(105±5)℃。

⑤ 方孔筛，筛孔公称直径为 5.00mm 的筛一只。

⑥ 温度计，0～100℃。

⑦ 带盖容器、浅盘刷子、毛巾等。

(2) 试样制备。按缩分法将试样缩分至略大于表 13.2 所规定的数量，风干后筛除小于 4.75mm 的颗粒，刷洗干净后分成两份备用。

表 13.2　表观密度试验所需试样数量

最大公称粒径/mm	10.0	16.0	20.0	25.0	31.5	40.0	63.0	80.0
试样最少质量/kg	2.0	2.0	2.0	2.0	3.0	4.0	6.0	6.0

(3) 试验步骤。

① 取试样一份装入吊篮，并浸入盛水的容器中，水面至少高出试样表面 50mm。

② 浸水 24h 后，将吊篮移放到称量用的盛水容器中，并用上下升降吊篮的方法排除气泡(试样不得露出水面)。吊篮每升降一次约为1s，升降高度为30～50mm。

③ 测定水温后(此时吊篮应全浸在水中)，准确称出吊篮及试样在水中的质量 m_2，精确至 5g。称量时盛水容器中水面的高度由容器的溢流孔控制。

④ 提起吊篮，将试样置于浅盘中，放入烘箱中于(105±5)℃下烘干至恒重。取出来放在带盖的容器中冷却至室温后，称其质量 m_0，精确至 5g。

⑤ 称量吊篮在同样温度的水中的质量 m_1，精确至 5g。称量时盛水容器的水面高度仍应由溢流孔控制。

注：试验的各项称量可以在 15～25℃ 的温度范围内进行，但从试样加水静止的 2h 起至试验结束，其温度变化不应超过 2℃。

(4) 试验结果。

① 表观密度 ρ_0 应按式(13.15)计算，精确至 $10kg/m^3$：

$$\rho_0 = \left(\frac{m_0}{m_0 + m_1 - m_2} - \alpha_1 \right) \times \rho_{水} \qquad (13.15)$$

式中：m_0——试样的干燥质量，g；

　　　m_1——吊篮在水中的质量，g；

　　　m_2——吊篮及试样在水中的质量，g；

　　　ρ_0——水的密度，$1000kg/m^3$；

　　　α_1——不同水温下碎石或卵石的表观密度影响的修正系数。当温度是 15℃、16℃、17℃、18℃、19℃、20℃、21℃、22℃、23℃、24℃、25℃、26℃时，修正系数分别是 0.002、0.003、0.003、0.004、0.004、0.005、0.005、0.006、0.006、0.007、0.008。

② 以两次测定结果的算术平均值作为测定值，精确至 $10kg/m^3$。如两次结果之差大于 $20kg/m^3$ 时，应重新取样进行试验。对于颗粒材质不均匀的试样，如两次试验结果之差超过 $20kg/m^3$，可取 4 次测定结果的算术平均值作为测定值。

2) 广口瓶法(简易法)

本方法不宜用于测定公称粒径大于 40mm 的碎石或卵石的表观密度。

(1) 主要仪器。

① 鼓风烘箱，能使温度控制在 (105 ±5)℃。

② 秤，称量20kg，感量 20g。

③ 广口瓶，1000ml，磨口带玻璃片。

④ 方孔筛孔径为 4.75mm 的筛一只。

⑤ 温度计、搪瓷盘、毛巾、刷子等。

(2) 试样制备。同液体比重天平法的试样制备方法。

(3) 试验步骤。

① 将试样浸水饱和，然后装入广口瓶中。装试样时，广口瓶应倾斜放置，注入饮用水，用玻璃片覆盖瓶口，用上下左右摇晃的方法排除气泡。

② 气泡排尽后，向瓶中添加饮用水直至水面凸出瓶口边缘。然后用玻璃片沿瓶口迅速滑行，使其紧贴瓶口水面。擦干瓶外水分后，称取试样、水、瓶和玻璃片的总质量 m_1，精确至 1g。

③ 将瓶中试样倒入浅盘中，放在烘箱中于(105±5)℃下烘干至恒质量。取出来放在带盖的容器中，冷却至室温后称其质量 m_0，精确至 1g。

④ 将瓶洗净重新注入饮用水，用玻璃片紧贴瓶口水面，擦干瓶外水分后称其质量 m_2，精确至 1g。

注：试验时各项称量可以在 15~25℃范围内进行，但从试样加水静止的 2h 起至试验结束，其温度变化不应超过 2℃。

(4) 试验结果。

① 表观密度 ρ_0 应按式(13.16)计算，精确至 10kg/m³。

$$\rho_0 = \left(\frac{m_0}{m_0 + m_1 - m_2} - \alpha_1 \right) \times \rho_水 \tag{13.16}$$

式中：m_0——试样的干燥质量，g；

m_1——试样、水、瓶和玻璃片总质量，g；

m_2——水、瓶和玻璃片总质量，g；

$\rho_水$——水的密度，1000kg/m³；

α_1——不同水温下碎石或卵石的表观密度影响的修正系数。

② 以两次测定结果的算术平均值作为测定值，精确至 10kg/m³；两次结果之差应小于 20kg/m³，否则重新取样进行试验。对于颗粒材质不均匀的试样，如两次测定结果之差超过 20kg/m³，可取 4 次结果算术平均值作为测定值。

试验 4　普通混凝土试验

13.4.1　普通混凝土拌和物性能试验

1. 试验依据

《普通混凝土拌和物性能试验方法》(GB/T 50080—2002)

2. 混凝土拌和物试样制备

1) 主要仪器

(1) 搅拌机，容量 75~100L，转速为 18~22r/min。

(2) 磅秤，称量 50kg，感量 50g。

(3) 拌板、拌铲、量筒、天平、容器等。

2) 材料备置

(1) 在实验室制备混凝土拌和物时，实验室的温度应保持在(20±5)℃，所用材料的温度应与实验室温度保持一致。注：需要模拟施工条件下所用的混凝土时，所用原材料的温度宜与施工现场保持一致。

(2) 拌和混凝土的材料用量应以质量计。称量精度：骨料为±1%，水、水泥掺和料、外加剂均为±0.5%。

3) 拌和方法

(1) 人工拌和法。

按所定配合比备料，以全干状态为准；将拌板和拌铲用湿布润湿，将砂倒在拌板上，然后加入水泥，用拌铲从拌板一端翻拌至另一端，然后再翻拌回来，如此反复，直至颜色混合均匀，再加上石子，翻拌至混合均匀为止；将干混合料堆成堆，在中间做一凹槽，将已称量好的水倒一半左右在凹槽中(勿使水流出)，然后仔细翻拌，并徐徐加入剩余的水，继续翻拌，每翻拌一次，用铲在混合料上铲切一次，直至拌和均匀为止。拌和时力求动作敏捷，拌和时间从加水时算起，应大致符合下列规定：拌合物体积为 30L 以下时 4～5min；拌合物体积为 30～50L 时 5～9min；拌合物体积为 51～75L 时 9～12min；从试样制备完毕到开始做混凝土拌合物各项性能试验(不包括成型试件)不宜超过 5min。

(2) 机械搅拌法。

按所定配合比备料，以全干状态为准；预拌一次，即用按配合比的水泥、砂和水组成的砂浆及少量石子，在搅拌机中进行涮膛，然后倒出并刮去多余的砂浆，其目的是使水泥砂浆先黏附满搅拌机的筒壁，以免正式拌和时影响拌合物的配合比。开动搅拌机，向搅拌机内依次加入石子、砂和水泥，先干拌均匀，再将水徐徐加入，全部加料时间不超过 2min；水全部加入后，继续拌和 2min，将拌合物自搅拌机中卸出，倾倒在拌板上，再经人工拌和 1～2min，即可做混凝土拌合物各项性能试验。从试样制备完毕到开始做各项性能试验(不包括成型试件)不宜超过 5min。

3. 混凝土拌和物和易性试验

1) 试验目的

检验所设计的混凝土配合比是否符合施工和易性要求，以作为调整混凝土配合比的依据。

2) 坍落度与坍落扩展度法

坍落度与坍落扩展度法适用于骨料最大粒径不大于 40mm、坍落度值不小于 10mm 的混凝土拌合物的和易性测定。

(1) 试验原理。通过测定混凝土拌合物在自重作用下自由坍落的程度及外观现象(泌水、离析等)，评定混凝土拌合物的和易性。

(2) 主要仪器。坍落度筒，由薄钢板或其他金属制成，形状和尺寸如图 13.13(a)所示，两侧焊把手，近下端两侧焊脚踏板，捣棒，如图 13.13(b)所示；底板、钢尺、小铲等。

(3) 试验步骤。

湿润坍落度筒及底板，在坍落度筒内壁和底板上应无明水。底板应放置在坚实的水平面上，并把筒放在底板中心。用脚踩住两边的脚踏板，使坍落度筒在装料时保持固定的位置。

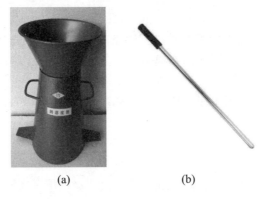

图 13.13 坍落度筒和捣棒

把按要求取得或制备的混凝土试样用小铲分三层均匀地装入筒内，捣实后每层高度为筒高的 1/3 左右。每层用捣棒插捣 25 次，插捣应沿螺旋方向由外向中心进行，各次插捣应在截面上均匀分布。插捣筒边混凝土时，捣棒可以稍稍倾斜。插捣底层时，捣棒应贯穿整个深度，插捣第二层和顶层时，捣棒应插透本层至下一层的表面；浇灌顶层时，混凝土应灌到高出筒口的位置。插捣过程中，如混凝土沉落到低于筒口，则应随时添加。顶层插捣完后，刮去多余的混凝土，并用抹刀抹平。清除筒边底板上的混凝土后，垂直平稳地提起坍落度筒。坍落度筒的提离过程应在 5~10s 内完成。从开始装料到提坍落度筒的整个过程应不间断地进行，并应在 150s 内完成。提起坍落度筒后，测量筒高与坍落后混凝土试体最高点之间的高度差，即为该混凝土拌合物的坍落度值。坍落度筒提离后，如混凝土发生崩坍或一边剪坏现象，则应重新取样另行测定。如第二次试验仍出现上述现象，则表示该混凝土和易性不好，应予记录备查。当混凝土拌合物的坍落度值大于 220mm 时，用钢尺测量混凝土扩展后最终的最大直径和最小直径，在这两个直径之差小于 50mm 的条件下，用其算术平均值作为坍落扩展度值，否则，此次试验无效。

(4) 试验结果评定。

① 坍落度值小于等于 220mm 时，混凝土拌合物和易性的评定如下。

稠度：以坍落度值表示，测量精确至 1mm，结果修约至 5mm。

黏聚性：坍落度值测定后，用捣棒在已坍落的混凝土锥体侧面轻轻敲打，如锥体逐渐下沉，表示黏聚性良好；如锥体倒塌、部分崩裂或出现离析现象，则表示黏聚性不好。

保水性：提起坍落度筒后如底部有较多稀浆析出，锥体部分的混凝土也因失浆而骨料外露，表明保水性不好；如无稀浆或仅有少量稀浆自底部析出，则表明保水性良好。

② 坍落度值大于 220mm 时，混凝土拌合物和易性的评定如下。

稠度：以坍落扩展度值表示，测量精确至 1mm，结果修约至 5mm。

抗离析性：提起坍落度筒后，如果混凝土拌合物在扩展的过程中，始终保持其均匀性，不论是扩展的中心还是边缘，粗骨料的分布都是均匀的，也无浆体从边缘析出，表明混凝土拌和物抗离析性良好；如果发现粗骨料在中央集堆或边缘有水泥浆析出，则表明混凝土拌和物抗离析性不好。

3) 维勃稠度法

本方法适用于骨料最大粒径不大于 40mm，维勃稠度在 5~30s 之间的混凝土拌合物的稠度测定。

(1) 试验原理。通过测定混凝土拌合物在振动作用下浆体布满圆盘所需要的时间，评定干硬性混凝土的流动性。

(2) 主要仪器。维勃稠度仪，如图 13.14 所示，其组成如下。

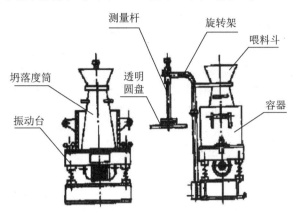

图 13.14　维勃稠度仪

① 振动台，台面长 380mm，宽 260mm，支承在 4 个减震器上。台面底部安有频率为(50±3)Hz 的振动器，装有空容器时台面的振幅应为(0.5±0.1)mm。

② 容器，由钢板制成，内径为(240±5)mm，高为(200±2)mm，筒壁厚 3mm，筒底厚 7.5mm。

③ 坍落度筒，应去掉两侧的脚踏板。

④ 旋转架，与测杆及喂料斗相连。测杆下部安装有透明且水平的圆盘，并用螺钉把测杆固定在套筒中。旋转架安装在支柱上，通过十字凹槽来固定方向，并用定位螺钉来固定其位置。就位后，测杆或喂料斗的轴线应与容器的轴线重合。

⑤ 透明圆盘，直径为(230±2)mm，厚度为(10±2)mm。荷重块直接固定在圆盘上。由测杆、圆盘及荷重块组成的滑动部分总质量应为(2750±50)g。

⑥ 捣棒、小铲、秒表(精度 0.5s)等。

(3) 试验步骤。

把维勃稠度仪放置在坚实的水平面上，用湿布把容器、坍落度筒、喂料斗内壁及其他用具润湿。将喂料斗提到坍落度筒上方扣紧，校正容器位置，使其中心与喂料斗中心重合，然后拧紧固定螺钉。将混凝土拌合物试样用小铲经喂料斗分三层均匀地装入坍落度筒内，装料及插捣的方法同坍落度与坍落扩展度试验。把喂料斗转离，垂直地提起坍落度筒，此时应注意不使混凝土试体产生横向扭动。把透明圆盘转到混凝土圆台体顶面，放松测杆螺钉，降下圆盘，使其轻轻接触到混凝土顶面。拧紧定位螺钉，并检查测杆螺钉是否已完全放松。开启振动台，同时用秒表计时，当振动到透明圆盘的底面被水泥浆布满的瞬间停止计时，并关闭振动台。

(4) 试验结果。

由秒表读出的时间即为该混凝土拌合物的维勃稠度值，精确至 1s。如维勃稠度值小于 5s 或大于 30s，则此种混凝土所具有的稠度已超出本仪器的适用范围。

注：坍落度不大于 50mm 或干硬性混凝土和维勃稠度大于 30s 的特干硬性混凝土拌合

物的稠度可采用增实因数法来测定。

4. 混凝土拌合物表观密度试验

1) 试验目的

测定混凝土拌合物捣实后的表观密度，作为调整混凝土配合比的依据。

2) 主要仪器

(1) 容量筒，金属制成的圆筒，两旁装有提手。上缘及内壁应光滑平整，顶面与底面应平行，并与圆柱体的轴垂直。骨料最大粒径不大于 40mm 的拌合物采用容积为 5L 的容量筒，其内径与内高均为(186±2)mm，筒壁厚为 3mm；骨料最大粒径大于 40mm 时，容量筒的内径与内高均应大于骨料最大粒径的 4 倍。

(2) 台秤，称量 50kg，感量 50g。

(3) 振动台、捣棒。

3) 试验步骤

用湿布把容量筒内外擦干净，称出筒的质量 m_1，精确至 50g。混凝土拌合物的装料及捣实方法应根据拌合物的稠度而定。坍落度不大于 70mm 的混凝土，用振动台振实为宜；坍落度大于 70mm 的混凝土用捣棒捣实为宜。

采用振动台振实时，应一次将混凝土拌合物灌到高出容量筒口，并用捣棒稍加插捣。振动过程中如混凝土沉落到低于筒口，则应随时添加混凝土，直至表面出浆为止。

采用捣棒捣实时应根据容量筒的大小决定分层与插捣次数。用 5L 容量筒时，混凝土拌合物应分两层装入，每层插捣 25 次；用大于 5L 的容量筒时，每层混凝土的高度不应大于 100mm，每层插捣次数应按每 1000mm² 截面不小于 12 次计算。各次插捣应由边缘向中心均匀地进行，插捣底层时捣棒应贯穿整个深度，插捣其他层时，捣棒应插透本层至下一层的表面。每一层插捣完后用橡皮锤轻轻沿容器外壁敲打 5～10 次，进行震实，直至拌合物表面插捣孔消失并不见大气泡为止。用刮尺将筒口多余的混凝土拌合物刮去，表面如有凹陷应予填平。将容量筒外壁擦净，称出混凝土试样与容量筒总质量 m_2，精确至 50g。

4) 试验结果

混凝土拌合物表观密度 ρ_{oh} 按式(13.17)计算，精确至 10kg/m³。

$$\rho_{oh} = \frac{m_2 - m_1}{V_0} \times 1000 \tag{13.17}$$

式中：m_1——容量筒质量，kg；

m_2——容量筒及试样总质量，kg；

V_0——容量筒容积，L。

13.4.2 普通混凝土力学性能试验

1. 试验依据

《普通混凝土力学性能试验方法》(GB/T 50081—2002)。

2. 混凝土的取样

(1) 混凝土的取样或试验室试样制备应符合《普通混凝土拌合物性能试验方法》

(GB/T50080—2002)中的有关规定。

(2) 普通混凝土力学性能试验应以 3 个试件为一组，每组试件所用的拌合物应从同一盘混凝土(或同一车混凝土)中取样或在试验室制备。

3. 混凝土试件的制作与养护

1) 混凝土试件的尺寸和形状

混凝土试件的尺寸应根据混凝土中骨料的最大粒径按表 13.3 选定。边长为 150mm 的立方体试件是标准试件，边长为 100mm 和 200mm 的立方体试件是非标准试件。当必须用圆柱体试件来确定混凝土力学性能时，可采用 $\phi 150mm \times 300mm$ 的圆柱体标准试件或 $\phi 100mm \times 200mm$ 和 $\phi 200mm \times 400mm$ 的圆柱体非标准试件。

表 13.3 混凝土最大粒径

试件尺寸/mm	骨料最大粒径/mm	
	立方体抗压强度试验	劈裂抗拉强度试验
100×100×100	31.5	20
150×150×150	40	40
200×200×200	63	—

2) 混凝土试件的制作

(1) 成型前，应检查试模尺寸，试模内表面应涂一薄层矿物油或其他不与混凝土发生反应的脱模剂。

(2) 取样或实验室拌制的混凝土应在拌制后尽可能短的时间内成型，一般不宜超过 15min。成型前，应将混凝土拌合物用铁锹至少再来回拌和 3 次。

(3) 试件成型方法根据混凝土拌合物的稠度而定。坍落度值不大于 70mm 的混凝土宜采用振动台振实成型，坍落度值大于 70mm 的混凝土宜采用捣棒人工捣实成型。

采用振动台成型时，将混凝土拌合物一次装入试模，装料时应用抹刀沿各试模壁插捣，并使混凝土拌合物高出试模口。振动时试模不得有任何跳动，振动应持续到混凝土表面出浆为止，不得过振。

人工插捣成型时，将混凝土拌合物分两层装入试模，每层每 10 000mm² 截面积内插捣次数不得少于 12 次，插捣应按螺旋方向从边缘向中心均匀进行。在插捣底层混凝土时，捣棒应达到试模底部，插捣上层时，捣棒应贯穿上层后插入下层 20～30mm，插捣时捣棒应保持垂直，不得倾斜。然后应用抹刀沿试模内壁插拔数次。插捣后应用橡皮锤轻轻敲击试模四周，直至捣棒留下的空洞消失为止。

(4) 刮除试模上口多余的混凝土，待混凝土临近初凝时，用抹刀抹平。

3) 混凝土试件的养护

试件成型后应立即用不透水的薄膜覆盖表面，以防止水分蒸发。根据试验的不同，试件可采用标准养护或与构件同条件养护。

(1) 确定混凝土特征值、强度等级或进行材料性能研究时应采用标准养护，检验现浇混凝土工程或预制构件中混凝土强度时应采用同条件养护。

(2) 采用标准养护的试件，应在温度为(20 ±5)℃的环境中静置一昼夜至二昼夜，然后编号、拆模；拆模后应立即放入温度为(20±2)℃，相对湿度为 95%以上的标准养护室中养护，或在温度为(20±2)℃的不流动的 $Ca(OH)_2$ 饱和溶液中养护。标准养护室内的试件应放在支架上，彼此间隔 10～20mm，试件表面应保持潮湿，并不得被水直接冲淋。

(3) 同条件养护试件的拆模时间可与实际构件的拆模时间相同，拆模后，试件仍需保持同条件养护。标准养护龄期为 28d(从搅拌加水开始计时)。

4．混凝土立方体抗压强度试验

1) 试验目的

测定混凝土立方体抗压强度，作为评定混凝土质量的主要依据。

2) 试验原理

将混凝土制成标准的立方体试件，经 28d 标准养护后，测其抗压破坏荷载，计算抗压强度。

3) 主要仪器

(1) 压力试验机，应符合《液压式压力试验机》(GB/T 3722—1992)的规定，测量精度为±1%，其量程应能使试件的预期破坏荷载值大于全量程的 20%，且小于全量程的 80%。试验机应具有加荷速度指示装置或加荷速度控制装置，并应能均匀、连续地加荷；上、下压板之间可各垫一钢垫板，钢垫板的承压面均应机械加工。

(2) 振动台，频率为(50±3)Hz，空载振幅约为 0.5mm。

(3) 试模，由铸铁或钢制成，应具有足够的刚度并拆装方便。

(4) 捣棒、小铁铲、金属直尺、镘刀等。

4) 试验步骤

(1) 试件自养护地点取出后应及时进行试验，以免试件内部的温度发生显著变化。将试件擦拭干净，检查其外观。

(2) 将试件安放在试验机的下压板或钢垫板上，试件的承压面应与成型时的顶面垂直，中心应与试验机下压板中心对准。启动试验机，当上压板与试件或钢垫板接近时，调整球座，使接触均衡。

(3) 加荷应连续而均匀。加荷速度为：混凝土强度等级小于 C30 时，取 0.3～0.5MPa/s；混凝土强度等级不小于 C30 且小于 C60 时，取 0.5～0.8MPa/s；混凝土强度等级不小于 C60 时，取 0.8～1.0MPa/s。当试件接近破坏而开始迅速变形时，应停止调整试验机油门，直至试件破坏。然后记录破坏荷载 $F(N)$。

5) 试验结果

(1) 混凝土立方体抗压强度 f_{cu} 按式(13.18)计算，精确至 0.1MPa：

$$f_{cu} = \frac{F}{A} \tag{13.18}$$

式中：F——试件破坏荷载，N；

A——试件承压面积，mm^2。

(2) 以 3 个试件抗压强度测定值的算术平均值作为该组试件的抗压强度值。3 个测定值中的最大值或最小值中如有一个与中间值的差值超过中间值的 15%时，则取中间值作为该组试件的抗压强度值；如最大值和最小值与中间值的差值均超过中间值的 15%，则该组试件的试验结果无效。

(3) 混凝土抗压强度以 150mm×150mm×150mm 立方体试件的抗压强度为标准值。混凝土强度等级小于 C60 时，用非标准试件测得的强度值均应乘以尺寸换算系数：对于 200mm×200mm×200mm 试件，换算系数为 1.05；对于 100mm×100mm×100mm 试件，换算系数为 0.95。当混凝土强度等级不小于 C60 时，宜采用标准试件，采用非标准试件的尺寸换算系数应由试验确定。

5. 混凝土劈裂抗拉强度试验

1) 试验目的

测定混凝土的劈裂抗拉强度，为确定混凝土的力学性能提供依据。

2) 试验原理

通过在试件的两个相对的表面中线上施加均匀分布的压力，则在外力作用的竖向平面内产生均匀分布的拉应力，根据弹性理论计算得出该应力，即为劈裂抗拉强度。

3) 主要仪器

(1) 压力试验机，要求同立方体抗压强度试验用压力试验机。

(2) 垫块，半径为 75mm 的钢制弧形，长度与试件相同。

(3) 垫条，三层胶合板制成，宽度为 20mm，厚度为 3～4mm，长度不小于试件长度。垫条不得重复使用。

(4) 钢支架，如图 13.15 所示。

4) 试验步骤

(1) 试件从养护地点取出后应及时进行试验。将试件表面与试验机上下承压板面擦干净，在试件上画线定出劈裂面的位置，劈裂面应与试件的成型面垂直。测量劈裂面的边长(精确至 1mm)，计算出劈裂面面积 $A(\mathrm{mm}^2)$。

(2) 将试件放在试验机下压板的中心位置，劈裂承压面和劈裂面应与试件成型时的顶面垂直；在上、下压板与试件之间垫圆弧形垫块及垫条各一条，垫块与垫条应与试件上、下面的中心线对准并与成型时的顶面垂直。宜把垫条及试件安装在定位架上使用。

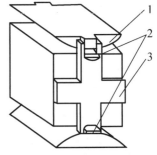

图 13.15 支架示意

1—垫块；2—垫条；3—支架

(3) 启动试验机，当上压板与圆弧形垫块接近时，调整球座，使接触均衡。加荷应连续均匀，当混凝土强度等级小于 C30 时，加荷速度取 0.02～0.05MPa/s；当混凝土强度等级不小于 C30 且小于 C60 时，取 0.05～0.08MPa/s；当混凝土强度等级不小于 C60 时，取 0.08～0.10MPa/s。至试件接近破坏时，应停止调整试验机油门，直至试件破坏，然后记录破坏荷载 F(N)。

5) 试验结果

(1) 混凝土劈裂抗拉强度 f_{ts} 按式(13.19)计算，精确至 0.01 MPa：

$$f_{ts} = \frac{2F}{\pi A} = 0.637 \frac{F}{A} \tag{13.19}$$

式中：F——试件破坏荷载，N；

A——试件劈裂面面积，mm^2。

(2) 以 3 个试件测定值的算术平均值作为该组试件的劈裂抗拉强度值，精确至 0.01MPa。3 个测定值中的最大值或最小值中如有一个与中间值的差值超过中间值的 15%

时，则取中间值作为该组试件的劈裂抗拉强度值；如最大值和最小值与中间值的差值均超过中间值的 15%，则该组试件的试验结果无效。

(3) 混凝土劈裂抗拉强度以 150mm×150mm×150mm 立方体试件的劈裂抗拉强度为标准值。采用 100mm×100mm×100mm 非标准试件测得的劈裂抗拉强度值，应乘以尺寸换算系数 0.85。当混凝土强度等级不小于 C60 时，宜采用标准试件，采用非标准试件的尺寸换算系数应由试验确定。

试验 5　建筑砂浆试验

13.5.1　试验依据

《建筑砂浆基本性能试验方法标准》(JC/T 70—2009)。

13.5.2　取样及试样制备

1. 取样

(1) 建筑砂浆试验用料应从同一盘砂浆或同一车砂浆中取样。取样量应不少于试验所需量的 4 倍。

(2) 施工中进行砂浆试验时，取样方法和原则应按相应的施工验收规范执行。一般从使用地点的砂浆槽、砂浆运送车或搅拌机出料口等至少 3 个不同的部位取样。

(3) 从取样完毕到开始进行各项性能试验不宜超过 15min。

2. 砂浆拌和物实验室制备方法

1) 主要仪器

(1) 砂浆搅拌机。

(2) 磅秤，称量 50kg，感量 50g。

(3) 台秤，称量 10kg，感量 5g。

(4) 拌和铁板、拌铲、抹刀、量筒等。

2) 一般要求

(1) 实验室制备砂浆时，所用材料应提前 24h 运入室内，拌和时实验室温度应保持在 (20±5)℃。

注：需要模拟施工条件下所用的砂浆时，所用原材料的温度宜与施工现场保持一致。

(2) 试验用原材料应与现场使用材料一致，砂应以 5mm 筛过筛。

(3) 称量时材料用量应以质量计。称量精度：水泥、外加剂、掺和料等为±0.5%；砂为±1%。

(4) 用搅拌机搅拌时，搅拌用量宜为搅拌机容量的 30%～70%，搅拌时间不应少于 120s。掺有掺和料和外加剂的砂浆，搅拌时间不应少于 180s。

3) 机械搅拌法

(1) 先拌适量砂浆(应与试验用砂浆配合比相同)，使搅拌机内壁黏附一层砂浆，以保证正式拌和时的砂浆配合比准确。

(2) 称出各材料用量，将砂、水泥装入搅拌机内。

(3) 启动搅拌机将水缓缓加入(混合砂浆需将石灰膏等用水稀释成浆状加入)，搅拌约3min。

(4) 将砂浆拌合物倒在拌和铁板上，用拌铲翻拌约两次，使之均匀。

4) 人工搅拌法

(1) 将称量好的砂子倒在拌和板上，然后加入水泥，用拌铲拌和至混合物颜色均匀为止。

(2) 将混合物堆成堆，在中间做一凹坑，将称好的石灰膏倒入凹坑(若为水泥砂浆，将称量好的水的一半倒入坑中)，再倒入适量的水将石灰膏等调稀然后与水泥、砂共同拌和，逐次加水，仔细拌和均匀。每翻拌一次，需用铁铲将全部砂浆压切一次。一般需拌和 3～5min(从加水完毕时算起)，直至拌合物颜色均匀。

13.5.3 砂浆稠度试验

1. 试验目的

本方法用于确定砂浆配合比或在施工过程中控制砂浆的稠度以达到控制用水量的目的。

2. 主要仪器

(1) 砂浆稠度测定仪，由试锥、容器和支座 3 部分组成，如图 13.16 所示。试锥由钢材或铜材制成，其高度为 145mm，锥底直径为 75mm，试锥连同滑杆的质量应为(300±2)g；圆锥筒由钢板制成，筒高为 180mm，锥底内径为 150mm；支座分底座、支架及稠度显示 3 个部分，由铸铁、钢及其他金属制成。

(2) 捣棒、拌铲、抹刀、秒表等。

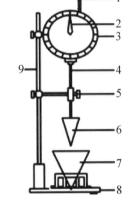

图 13.16 砂浆稠度测定仪

1—齿条测杆；2—指针；3—刻度盘；
4—滑杆；5—固定螺钉；6—试锥；7
—圆锥筒；8—底座；9—支架

3. 试验步骤

(1) 将圆锥筒和试锥表面用湿布擦干净，并用少量润滑油轻擦滑杆，然后将滑杆上多余的油用吸油纸擦净，使滑杆能自由滑动。

(2) 将砂浆拌合物一次装入圆锥筒，使砂浆表面低于容器口约 10mm，用捣棒自容器中心向边缘插捣 25 次，然后轻轻地将容器摇动或敲击 5～6 下，使砂浆表面平整，随后将圆锥筒置于稠度测定仪的底座上。

(3) 拧开试锥滑杆的制动螺钉，向下移动滑杆，当试锥尖端与砂浆表面刚好接触时，拧紧制动螺钉，使齿条测杆下端刚好接触滑杆上端，读出刻度盘上的读数(精确至 1mm)。

(4) 拧开制动螺钉，同时计时间，等待 10s 立即固定螺钉，使齿条测杆下端接触滑杆上端，从刻度盘上读出下沉深度，精确至 1mm，两次读数的差值即为砂浆的稠度值。

(5) 圆锥筒内的砂浆稠度只允许测定一次，重复测定时，应重新取样。

4. 试验结果

(1) 砂浆稠度值取两次试验结果的算术平均值，计算精确至 1mm。

(2) 两次试验值之差如大于 10mm，应重新取样测定。

13.5.4 密度试验

1. 试验目的

本方法用于测定砂浆拌合物捣实后的质量密度，以确定每立方米砂浆拌合物中各组成材料的实际用量。

2. 主要仪器

(1) 容量筒，金属制成，内径 108mm，净高 109mm，筒壁厚 2mm，容积为 1L。

(2) 托盘天平，称量 5kg，感量 5g。

(3) 钢制捣棒，直径 10mm，长 350mm，端部磨圆。

(4) 砂浆密度测定仪。

(5) 振动台，振幅(0.5 ±0.05)mm，频率(50±3)Hz。

(6) 秒表。

3. 试验步骤

(1) 首先按稠度试验方法测定拌好的砂浆的稠度，当砂浆稠度大于 50mm 时，宜采用插捣法，当砂浆稠度不大于 50mm 时，宜采用振动法。

(2) 试验前称出容量筒质量，精确至 5g，然后将容量筒的漏斗套上，将砂浆拌合物装满容量筒并略有富余，根据稠度选择试验方法。

① 采用插捣法时，将砂浆拌合物一次装满容量筒，使稍有富余，用捣棒均匀插捣 25 次。插捣过程中如砂浆沉落低于筒口，则应随时添加砂浆再敲击 5～6 下。

② 采用振动法时，将砂浆拌合物一次装满容量筒连同漏斗在振动台上振 10s，振动过程中如砂浆沉入低于筒口则应随时添加砂浆。

(3) 捣实或振动后，将筒口多余的砂浆拌合物刮去，使表面平整，然后将容量筒外壁擦净，称出砂浆与容量筒总重，精确至 5g。

4. 试验结果

(1) 砂浆拌合物的质量密度按式(13.20)计算：

$$\rho = \frac{m_2 - m_1}{V} \times 1000 \tag{13.20}$$

式中：ρ——砂浆拌合物的质量密度，kg/m³；

m_1——容量筒质量，kg；

m_2——容量筒及试样质量，kg；

V——容量筒容积，L。

(2) 质量密度由两次试验结果的算术平均值确定，计算精确至 10kg/m³。

13.5.5 砂浆分层度试验

1. 试验目的

测定砂浆拌和物在运输及停放时间内各组分的稳定性。

2. 主要仪器

(1) 砂浆分层度筒，如图 13.17 所示，内径为 150mm，无底圆筒高度为 200mm，有底圆筒净高为 100mm，用金属板制成，上、下层连接处需加宽 3～5mm，并设有橡胶垫圈。

(2) 振动台，振幅(0.5 ±0.05)mm，频率(50 ±3)Hz。

(3) 砂浆稠度测定仪。

(4) 捣棒、拌铲、抹刀、木槌等。

图 13.17　砂浆分层度筒

3. 试验步骤

1) 标准法

(1) 按稠度试验方法测定砂浆拌合物稠度。

(2) 将砂浆拌合物一次性装入分层度筒内，待装满后，用木槌在容器周围距离大致相等的 4 个不同地方轻轻敲击 1～2 下，如砂浆沉落低于筒口，则应随时添加砂浆，然后刮去多余的砂浆并用抹刀抹平。

(3) 静置 30min 后，去掉上节 200mm 砂浆，将剩余的 100mm 砂浆倒在拌和锅内拌 2min，再按稠度试验方法测其稠度。前后测得的稠度之差即为该砂浆的分层度值。

2) 快速测定法

(1) 按稠度试验方法测定砂浆拌合物稠度。

(2) 将分层度筒预先固定在振动台上，砂浆一次性装入分层度筒内，振动 20s。

(3) 去掉上节 200mm 砂浆，将剩余 100mm 砂浆倒在拌和锅内拌 2min，再按稠度试验方法测其稠度，前后测得的稠度之差即为该砂浆的分层度值。

(4) 有争议时，以标准法为准。

4. 试验结果

(1) 取两次试验结果的算术平均值作为该砂浆的分层度值(单位：mm)。

(2) 两次试验分层度值之差如大于 10mm，应重做试验。

13.5.6 保水性试验

1. 试验目的

测定砂浆保水性，以判定砂浆拌合物在运输及停放时内部组分的稳定性。

2. 主要仪器

(1) 金属或硬塑料圆环试模，内径 100mm，内部高度 25mm。

(2) 可密封的取样容器，应洁净，干燥。

(3) 2kg 的重物。

(4) 医用棉纱，尺寸为 110mm×10mm，宜选用纱线稀疏、厚度较薄的棉纱。

(5) 超白滤纸，符合《化学分析滤纸》(GB/T 1914—2007)规定中速定性滤纸，直径 110mm。

(6) 2 片金属或玻璃方形或圆形不透水片，边长或直径大于 110mm。

(7) 天平，量程 200g，感量 0.1g；量程 2000g，感量 1g。

(8) 烘箱。

3. 试验步骤

(1) 称量不透水片与干燥试模质量 m_1，和 8 片中速定性滤纸质量 m_2。

(2) 将砂浆拌合物一次性装入试模，并用抹刀插捣数次。当填充砂浆略高于试模边缘时，用抹刀以 45°角一次性将试模表面多余的砂浆刮去，然后再用抹刀以较平的角度在试模表面反方向将砂浆刮平。

(3) 抹掉试模边的砂浆，称量试模、不透水片与砂浆总质量 m_3。

(4) 用 2 片医用棉纱覆盖在砂浆表面，再在棉纱表面放上 8 片滤纸，用不透水片盖在滤纸表面，以 2kg 的重物把不透水片压住。

(5) 静止 2min 后移走重物及不透水片，取出滤纸(不包括棉纱)，迅速称量滤纸质量 m_4。

(6) 根据砂浆的配比及加水量计算砂浆的含水率，若无法计算，可按规定测定砂浆的含水率。

4. 试验结果

砂浆保水性应按式(13.21)计算：

$$W = \left[1 - \frac{m_4 - m_2}{\alpha \times (m_3 - m_1)}\right] \times 100\% \tag{13.21}$$

式中：W——保水性，%；

m_1——不透水片与干燥试模质量，g；

m_2——8 片滤纸吸水前的质量，g；

m_3——试模、不透水片与砂浆总质量，g；

m_4——8 片滤纸吸水后的质量，g；

α——砂浆含水率，%。

取两次试验结果的平均值作为结果，如两个测定值中有 1 个超出平均值的 5%，则此组试验结果无效。

5. 砂浆含水率测试方法

称取 100g 砂浆拌合物试样，置于一干燥并已称重的盘中，在(105 ±5)℃的烘箱中烘干至恒重，砂浆含水率应按式(13.22)计算：

$$\alpha = \frac{m_5}{m_6} \times 100\% \tag{13.22}$$

式中：α——砂浆含水率，%；

m_5——烘干后砂浆样本损失的质量，g；

m_6——砂浆样本的总质量，g。

砂浆含水率值应精确至 0.1%。

13.5.7 砂浆立方体抗压强度试验

1. 试验目的

测定砂浆的强度，确定砂浆是否达到设计要求的强度等级。

2. 主要仪器

(1) 试模，由铸铁或钢制成的立方体带底试模，内壁边长为 70.7mm，应具有足够的刚度并拆装方便。

(2) 压力试验机，采用精度(示值的相对误差)不大于 1%的试验机，其量程应能使试件的预期破坏荷载值不小于全量程的 20%，也不大于全量程的 80%。

(3) 捣棒、刮刀等。

3. 试件制作及养护

(1) 采用立方体试件，每组试件 3 个。

(2) 用黄油等密封材料涂抹试模的外接缝，试模内涂刷薄层机油或脱模剂，将拌制好的砂浆一次性装满试模，成型方法根据稠度而定。当稠度不小于 50mm 时采用人工振捣成型，当稠度小于 50mm 时采用振动台振实成型。

① 人工振捣。用捣棒均匀地由边缘向中心按螺旋方式插捣 25 次，插捣过程中如砂浆沉落低于试模口，应随时添加砂浆，可用油灰刀插捣数次，并用手将试模一边抬高 5～10mm 各振动 5 次，使砂浆高出试模顶面 6～8mm。

② 机械振动。将砂浆一次性装满试模，放置到振动台上，振动时试模不得跳动，振动 5～10s 或持续到表面出浆为止，不得过振。

(3) 待表面水分稍干后，将高出试模部分的砂浆沿试模顶面刮去并抹平。

(4) 试件制作后应放在室温为(20 ±5)℃的环境下静置(24 ±2)h，当气温较低时，可适当延长时间，但不应超过两昼夜。然后对试件进行编号、拆模并立即放入温度为(20±2)℃、相对湿度为 90%以上的标准养护室中养护。养护期间，试件彼此间隔不小于 10mm，混合砂浆试件上面应覆盖以防有水滴在试件上。

4. 试验步骤

(1) 试件从养护地点取出后应尽快进行试验。试验前先将试件擦拭干净，测量尺寸，并检查其外观。尺寸测量精确至 1mm，并据此计算试件的承压面 $A(mm^2)$。如实测尺寸与公称尺寸之差不超过 1mm，可按公称尺寸进行计算。

(2) 将试件安放在试验机的下压板(或下垫板)上，其承压面应与成型时的顶面垂直，其中心应与试验机下压板(或下垫板)中心对准。

(3) 启动试验机，当上压板与试件接近时，调整球座，使接触面均衡受压。承压试验应连续而均匀地加荷，加荷速度应为 0.25～1.5kN/s(砂浆强度 5MPa 及 5MPa 以下时，取下限为宜，砂浆强度 5MPa 以上时，取上限为宜)。

(4) 当试件接近破坏并开始迅速变形时，停止调整试验机油门，直至试件破坏，记录破坏荷载 $N_u(N)$。

5. 试验结果

(1) 砂浆立方体抗压强度 f_m，N_u，按式(13.23)计算，精确至 0.1MPa：

$$f_{m,cu} = \frac{N_u}{A} \tag{13.23}$$

式中：N_u——试件极限破坏荷载，N；
A——试件受压面积，mm²。

(2) 以 3 个试件测值的算术平均值的 1.3 倍作为该组试件的抗压强度(精确至 0.1MPa)。当 3 个测值的最大值或最小值中有一个与中间值的差值超过中间值的 15%时，则把最大值及最小值一并舍除，取中间值作为该组试件的抗压强度值；如有两个测值与中间值的差值超过中间值的 15%时，则该组试件的试验结果无效。

试验 6　钢 筋 试 验

13.6.1　拉伸试验

1. 实验目的

测定钢筋的屈服强度、抗拉强度及伸长率，注意观察拉力与变形之间的关系，为检验和评定钢材的力学性能提供依据。

2. 试验依据

《金属材料室温拉伸试验方法》(GB/T 228—2010)。

3. 试验原理

采用拉力拉伸试样至其断裂，测定钢筋的一项或几项力学性能。试验一般在室温 10～35℃范围内进行，对温度有特殊要求的试验，试验温度应为(23±5)℃。

4. 试验设备

(1) 试验机，应为 I 级或优于 I 级准确度。
(2) 游标卡尺、千分尺等。

5. 试样制备

(1) 试样进行机加工。钢筋平行长度和夹持头部之间应以过渡弧连接，过渡弧半径应不小于 $0.75d$，平行长度(L_c)的直径(d)一般不应小于 3mm，平行长度应不小于 $L_0+d/2$。机加工试样形状和尺寸如图 13.18 所示。

(2) 直径 $d \geqslant 4mm$ 的钢筋试样可不进行机加工。根据钢筋直径(d)确定试样的原始标距(L)，一般取 $L_0=5d$ 或 $L_0=10d$。试样原始标距(L_0)的标记与最接近夹头间的距离不小于 $1.5d$。可在平行长度方向标记一系列套叠的原始标距。不经机加工试样形状与尺寸如图 13.19 所示。

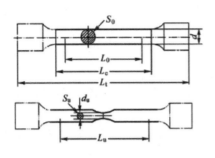

图 13.18 机加工试样

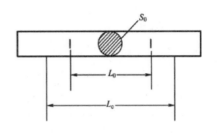

图 13.19 不经机加工试样

S_0—原始横截面面积；S_u—断后最小横截面面积；d—平行长度的直径；d_u—断裂后缩颈处最小直径；L_0—原始标距；L_c—平行长度；L_t—试样总长度；L_u—断后标距。

S_0—原始横截面面积；L_0—原始标距；L_c—平行长度。

(3) 测量原始标距长度(L_0)，准确到±0.5%。

(4) 原始横截面面积 S_0 的测定。应在标距的两端及中间 3 个相互垂直的方向测量直径 d，取其算术平均值，取 3 处测得的最小横截面积，按式(13.24)计算：

$$S_0 = \frac{\pi d^2}{4} \tag{13.24}$$

计算结果至少保留 4 位有效数字，所需位数以后的数字按"四舍六入五单双法"处理。

注：四舍六入五单双法为，5 后非 0 应进 1，5 后皆 0 视奇偶，5 前为偶应舍去，5 前为奇则进 1。

6. 试验步骤

(1) 调整试验机测力度盘的指针，使其对准零点，并拨动副指针，使其与主指针重叠。

(2) 将试样固定在试验机夹头内，启动试验机加荷，应变速率不应超过 0.008/s。

(3) 加荷拉伸时，当试样发生屈服，首次下降前的最高应力就是上屈服强度(R_{eH})，当试验机刻度盘指针停止转动时的恒定荷载，就是下屈服强度(R_{eL})。

(4) 继续加荷至试样拉断，记录刻度盘指针的最大力(F_m)或抗拉强度(R_m)。

(5) 将拉断试样在断裂处对齐，并保持在同一轴线上，使用分辨力优于 0.1mm 的游标卡尺、千分尺等量具测定断后标距(L_0)，准确到±0.25%。

7. 试验结果

1) 钢筋上屈服强度(R_{eH})、下屈服强度(R_{eL})与抗拉强度(R_m)

(1) 直接读数方法。使用自动装置测定钢筋上屈服强度(R_{eH})、下屈服强度(R_{eL})和抗拉强度(R_m)，单位为 MPa。

(2) 指针方法。试验时读取测力盘指针首次回转前指示的最大力和不计初始瞬时效应时屈服阶段中指示的最小力或首次停止转动指示的恒定力，将其分别除以试样原始横截面积 S_0 得到上屈服强度(R_{eH})和下屈服强度(R_{eL})。

读取测力盘上的最大力(F_m)，按式(13.25)计算抗拉强度(R_m)：

$$R_m = \frac{F_m}{S_0} \tag{13.25}$$

式中：F_m——最大力，N；

S_0——试样原始横截面积，mm^2。

计算结果至少保留4位有效数字，所需位数以后的数字按"四舍六入五单双法"处理。

2) 断后伸长率(A)

(1) 若试样断裂处与最接近的标距标记的距离不小于 $L_{0/3}$ 时，或断后测得的伸长率大于或等于规定值时，断后伸长率按式(13.26)计算：

$$A = \frac{L_u - L_0}{L_0} \tag{13.26}$$

式中：L_0——试样原始标距，mm；

L_u——试样断后标距，mm。

(2) 如试样断裂处与最接近的标距标记的距离小于 $L_n/3$ 时，应该按照移位法测定断后伸长率(A)。

试验前将原始标距(L_0)细分为 N 等分。试验后，以符号 X 表示断裂试样短段的标距标记，以符号 Y 表示断裂试样长段的等分标记，此标记与断裂处的距离最接近于断裂处至标距标记 X 的距离。

如 X 与 Y 之间的分格数为 n，按如下方法测定断后伸长率。

如 $N-n$ 为偶数，如图 13.20(a)所示，测量 X 与 Y 之间的距离并测量从 Y 至距离为 $(N-n)/2$ 个分格的 Z 标记之间的距离。断后伸长率(A)按式(13.27)计算：

$$A = \frac{XY + 2YZ - L_0}{L_0} \tag{13.27}$$

如 $N-n$ 为奇数，如图 13.20(b)所示，测量 X 与 Y 之间的距离并测量从 Y 至距离分别为 $(N-n-1)/2$ 和 $(N-n+1)/2$ 个分格的 Z' 和 Z'' 标记之间的距离。断后伸长率(A)按式(13.28)计算：

$$A = \frac{XY + YZ' + YZ'' - L_0}{L_0} \times 100 \tag{13.28}$$

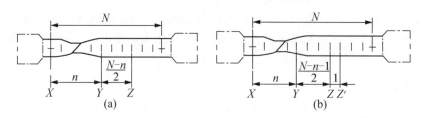

图 13.20 移位法的图示说明

(3) 试验出现下列情况之一，则试验结果无效，应重做同样数量试样的试验。

① 试样断在标距外或断在机械刻画的标距标记上，而且断后伸长率小于规定最小值。

② 试验期间设备发生故障，影响了试验结果。

(4) 试样出现缺陷的情况。试验后试样出现两个或两个以上的缩颈以及显示出肉眼可见的冶金缺陷(如分层、气泡、夹渣、缩孔等)时，应在试验记录和报告中注明。

13.6.2 冷弯试验

1. 试验目的

检验钢筋承受规定弯曲程度的弯曲塑性变形能力,从而评定其工艺性能。

2. 试验依据

《金属材料弯曲试验方法》(GB/T 232—2010)。

3. 试验原理

钢筋在弯曲装置上经受弯曲塑性变形,不改变加力方向,直至达到规定的弯曲角度。试验时,试样两臂的轴线保持在垂直于弯曲轴的平面内。如为 180°角的弯曲试验,按照相关产品标准的要求,将试样弯曲至两臂相距规定距离且相互平行或两臂直接接触。

试验一般在室温 10~35℃范围内进行,如有特殊要求,试验温度应为(23±5)℃。

4. 试验设备

(1) 试验机或压力机。
(2) 弯曲装置。
(3) 游标卡尺等。

5. 试样制备

(1) 试样应尽可能是平直的,必要时应对试样进行矫直。
(2) 试样应通过机加工去除由于剪切或火焰切割等影响材料性能的部分。
(3) 试样长度 L 按式(13.29)计算:

$$L = 0.5\pi(d + \alpha) + 140 \tag{13.29}$$

式中:π——圆周率,其值取 3.14;

d——弯心直径,mm;

α——试样直径,mm;

L——试样长度,mm。

6. 试验步骤

(1) 根据钢材等级选择弯心直径 d 和弯曲角度。
(2) 将试样弯曲至规定角度。
① 根据试样直径选择压头并调整支辊间距,将试样放在试验机上,试样轴线应与弯曲压头轴线垂直,如图 13.21(a)所示。
② 启动试验机加荷,弯曲压头在两支座之间的中点处对试样连续施加力使其弯曲,直至达到规定的弯曲角度,如图 13.21(b)所示。
③ 将试样弯曲至 180°角,即两臂相距规定距离且相互平行。
a. 首先对试样进行初步弯曲(弯曲角度应尽可能大),然后将试样置于两平行压板之间,如图 13.22(a)所示。
b. 将试样置于两平行压板之间连续施加力,使试样两端进一步弯曲,直至两臂平行,如图 13.22(b)、图 13.22(c)所示。试验时可以加或不加垫块，除非产品标准中另有规定，垫块厚度等于规定的弯曲压头直径。

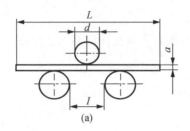
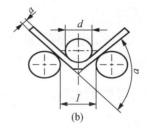

图 13.21　支辊式弯曲装置

④ 将试样弯曲至两臂直接接触。

a. 对试样进行初步弯曲(弯曲角度应尽可能大)，如图 13.22(a)所示。

b. 将试样置于两平行压板之间，连续施加力压其两端使进一步弯曲，直至两臂直接接触，如图 13.23 所示。

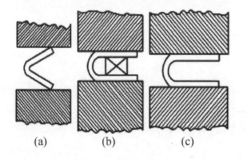
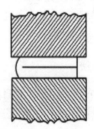

图 13.22　试样弯曲至两臂平行　　　　图 13.23　试样弯曲至两臂直接接触

7. 试验结果

(1) 应按照相关产品规定标准的要求来评定弯曲试验结果。如未规定具体要求，弯曲试验后试样弯曲外表面无肉眼可见裂纹，应评定为冷弯合格。

(2) 相关产品标准规定的弯曲角度认作最小值，规定的弯曲半径认作最大值。

试验 7　石油沥青及防水卷材试验

13.7.1　针入度试验

1. 试验目的与依据

通过测定沥青的针入度，了解沥青的黏稠程度。本试验按《沥青针入度测定法》(GB/T 4509—2010) 规定进行。

2. 试验原理

沥青的针入度以标准针在一定的载荷、时间及温度条件下垂直穿入沥青试样的深度表示,单位为 0.1mm。除非另行规定,标准针、针连杆与附加砝码的总质量为(100±0.05)g,温度为(25±0.1)℃,时间为5s。

3. 主要仪器

(1) 针入度仪,如图 13.24 所示。

(2) 标准针,应由硬化回火的不锈钢制造。

(3) 试样皿,金属或玻璃的圆柱形平底皿。

(4) 恒温水浴,容量不小于 10L,能保持试验温度控制在±0.1℃范围内。

(5) 平底玻璃皿,容量不小于 350ml,深度要没过最大的样品。

(6) 温度计,液体玻璃温度计,刻度范围-8~55℃,分度为 0.1℃。

(7) 计时器,刻度为 0.1s,60s 内的准确度达到±1s 内的任何计时装置均可。

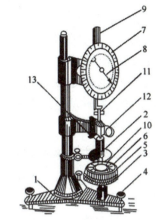

图 13.24 针入度仪

1—底座;2—小镜;3—圆形平台;
4—调平螺钉;5—保温皿;
6—试样;7—刻度盘;8—指针;
9—活杆;10—标准针;11—连杆;
12—按钮;13—砝码

4. 试样的制备

(1) 小心加热,不断搅拌以防局部过热,加热到使样品能够流动,石油沥青不超过软化点的 90℃,加热时间在保证样品充分流动的基础上应尽量少。加热、搅拌过程中避免试样中进入气泡。

(2) 将试样倒入预先选好的试样皿中,试样深度应至少是预计锥入深度的 120%。如果试样皿的直径小于 65mm,而预期针入度高于 200(0.1mm),每个实验条件都要做 3 个样品。如果样品足够,浇注的样品要达到试样皿边缘。

(3) 将试样皿盖住以防灰尘落入。在 15~309℃的室温下,小试样皿冷却 45min~1.5h;中等试样皿冷却 1 ~1.5h;较大试样皿冷却 1.5~2.0h。冷却结束后将试样皿和平底玻璃皿一起放入测试温度下的水浴中,水面应没过试样表面 10mm 以上。在规定的试验温度下,小试样皿恒温 45min~1.5h;中等试样皿恒温 1~1.5h;较大试样皿恒温 1.5~2.0h。

5. 试验步骤

(1) 调节针入度仪至水平,检查针连杆和导轨,确保上面没有水和其他物质。先用合适的溶剂将针擦干净,再用干净的布擦干,然后将针插入针连杆中固定。按试验条件放好砝码。

(2) 如果测试时针入度仪在水浴中,则直接将试样皿放在浸入水中的支架上,使试样完全浸在水中。如果实验时针入度仪不在水浴中,将已恒温到试验温度的试样皿放在平底玻璃皿中的三角支架上,用与水浴同温的水完全覆盖样品,将平底玻璃皿旋转到针入度仪的平台上。慢慢放下针连杆,使针尖刚好接触到试样的表面,必要时用放置在合适位置的光源观察针头位置,使针尖与水中针头的投影刚好接触为止。轻轻拉下活杆,使其与针连杆顶端相接触,调节针入度仪上的表盘计数指零或归零。

(3) 用手紧压按钮,同时启动秒表,使标准针自由下落穿入沥青试样,到规定时间停压按钮，使标准针停止移动。

（4）拉下活杆，使其与针连杆顶端相接触，此时表盘指针的读数即为试样的针入度，用 0.1mm 表示。

（5）同一试样至少重复测定 3 次，每一次试验点与试样皿边缘的距离都不得小于 10mm。每次试验前都应将试样与平底玻璃皿放入恒温水浴中，每次测定都要用干净的针。当针入度超过 200(0.1mm)时，至少用 3 根针，每次试验用的针留在试样中，直到 3 根针扎完时再将针从试样中取出。针入度小于 200(0.1mm)时可将针取下用合适的溶剂擦净后继续使用。

6. 数据处理与试验结果

（1）3 次测定针入度的平均值取整数作为试验结果，3 次测定的针入度值相差不应大于表 13.4 的规定数值。

（2）重复性。同一操作者、同一样品利用同一台仪器测得的两次结果不超过平均值的 4%。

（3）再现性。不同操作者、同一样品利用同一类型仪器测得的两次结果不超过平均值的 11%。

表 13.4 沥青针入度的最大差值

针入度值	0～49	50～149	150～249	250～349	350～500
最大差值	2	4	6	8	20

如果误差超过了以上规定的范围，利用第二个样品重复试验。如果结果再次超过允许值，则取消所有的试验结果，重新进行试验。

13.7.2 延度试验

1. 试验目的与依据

通过测定沥青的延度和沥青材料的拉伸性能，了解其塑性和抵抗变形的能力。
本试验按《沥青延度测定法》(GB/T 4508—2010) 规定进行。

2. 试验原理

石油沥青的延度是在一定温度下以一定速度拉伸规定的试件到断裂时试件的长度，以 cm 表示。非经特殊说明，试验温度为 (25 ± 0.5) ℃，拉伸速度为 (5 ± 0.25) cm/min。

3. 主要仪器

（1）延度仪，配模具，如图 13.25 所示。

（2）水浴，容量至少为 10L，能保持试验温度变化不大于 0.5℃，试样浸入水中深度不小于 10cm。

（3）温度计，0～50℃，分度 0.1℃和 0.5℃各 1 支。

（4）筛孔为 0.3～0.5mm 的金属网。

（5）砂浴或可控制温度的密闭电炉。

（6）隔离剂，以重量计，由两份甘油和一份滑石粉调制而成。

(7) 支撑板，金属板或玻璃板。

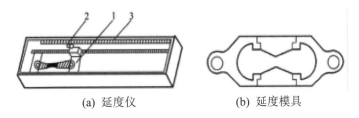

(a) 延度仪　　　　　(b) 延度模具

图 13.25　沥青延度仪

1—滑板；2—指针；3—标尺

4. 试样的制备

(1) 将模具组装在支撑板上，涂抹隔离剂于支撑板表面和模具侧模的内表面。

(2) 小心加热样品，以防样品局部过热而倾倒。石油沥青加热温度不超过预计软化点 90℃，加热时间尽量短。将熔化后的样品充分搅拌后呈细流状从模具的一端往另一端往返倒入，使试样略高出模具。待试件在空气中冷却 30～40min 后，放在规定温度的水浴中保持 30min 取出，用热刀将高出模具的沥青刮出，使试样与模具齐平。

(3) 恒温。将支撑板、模具和试件一起放入水浴中，并在试验温度下保持 85～95min，然后取下准备试验。

5. 试验步骤

(1) 把试样移入延度仪中，将模具两端的孔分别套在实验仪器的柱上，然后以一定的速度拉伸试件，直到试件断裂。拉伸速度允许误差±5%，测量试件从拉伸到断裂所经过的距离，以 cm 表示。试验时，试件距水面和水底的距离不小于 2cm，并且要使温度保持在规定温度的±0.5℃范围内。

(2) 如果沥青浮于水面或沉入槽底时，则试验不正常，应使用乙醇或氯化钠调整水的密度，使沥青材料既不浮于水面，又不沉入槽底。

(3) 正常的试验应将试样拉成锥形，直至试件断裂时实际横截断面面积近似于零。如果 3 次试验不能得到正常结果，则报告在该条件下延度无法测定。

6. 数据处理与试验结果

同一样品、同一操作者重复测定两次结果不应超过平均值的 10%。同一样品，在不同实验室测定的结果不应超过平均值的 20%。

若 3 个试件测定值在其平均值的 5%内，取 3 个结果的平均值作为测定结果。若 3 个试件测定值不在其平均值的 5%以内，但其中两个较高值在平均值的 5%以内，则舍去最低测定值，取两个较高值的平均值作为测定结果，否则重新测定。

13.7.3　软化点试验

1. 试验目的

通过测定石油沥青的软化点，了解其耐热性和温度稳定性。

2. 试验原理

将两块水平沥青圆片置于黄铜肩或锥状环中，在加热介质中以一定速度加热沥青圆片，每块沥青片上置有一只钢球，当试样软化到使两个钢球下落 25mm 距离时，则此时的温度平均值(℃)即作为石油沥青的软化点。

3. 主要仪器

(1) 环，两只黄铜肩或锥环，其尺寸规格如图 13.26(a)所示。

(2) 支撑板，扁平光滑的黄铜板，尺寸约为 50mm×75mm。

(3) 球，两只直径为 9.5mm 的钢球，每只质量为(3.50±0.05)g。

(4) 钢球定位器，两只钢球定位器用于定位钢球于试样中央，其一般形状和尺寸如图 13.26(b)所示。

(5) 浴槽，可以加热的玻璃容器，其内径不小于 85mm，离加热底部的深度不小于 120mm。

(6) 环支撑架和支架，一只铜支撑架用于支撑两个水平位置的环，其形状和尺寸如图 13.26(c)所示，其安装图形如图 13.26(d)所示。支撑架上肩环的底部距离下支撑板的上表面为 25mm，下支撑板的下表面距离浴槽底部为(16+3) mm。

(7) 温度计，测温范围在 30～180℃，最小分度值为 0.5℃的全浸式温度计。

(8) 材料，甘油滑石粉隔离剂(以重量计：甘油 2 份、滑石粉 1 份)、新煮沸过的蒸馏水、刀、筛孔为 0.3～0.5mm 的金属网。

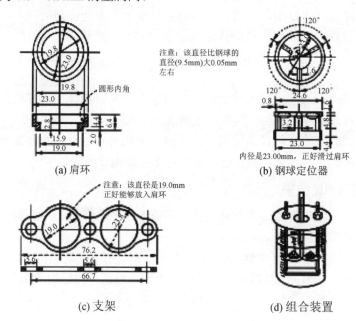

图 13.26 环、钢球定位器、支架、组合装置(尺寸单位：mm)

4. 试样的制备

(1) 将预先脱水的试样环置于涂有甘油、滑石粉隔离剂的试样底板上，并加热至其熔化，不断搅拌，以防止局部过热，直到样品可以流动。此过程时间不超过 2h。

如估计软化点在 120℃ 以上时，应将黄铜环与支撑板预热至 80~100℃，然后将铜环放到涂有隔离剂的支撑板上。

(2) 向每个环中倒入略过量的沥青试样，让试样在室温下至少冷却 30min。

(3) 试样冷却后，用热刮刀刮除环面上多余的试样，使得每一个圆片饱满且和环的顶部齐平。

5. 试验步骤

(1) 选择下列一种加热介质。

① 新煮沸过的蒸馏水，适于软化点为 30~80℃ 的沥青，起始加热介质温度应为 (5±1)℃。

② 甘油，适于软化点为 80~157℃ 的沥青，起始加热介质温度应为(30±1)℃。

③ 为了进行比较，所有软化点低于 80℃ 的沥青应在水浴中测定，而高于 80℃ 的在甘油浴中测定。

(2) 把仪器放在通风橱内并配置两个样品环、钢球定位器，将温度计插入合适的位置，在浴槽装满加热介质，并使各仪器处于适当位置。用镊子将钢球置于浴槽底部，使支架的其他部位达到相同的起始温度。

(3) 如果有必要，可将浴槽置于冰水中或小心加热并维持适当的起始浴温达 15min。需要使仪器处于适当位置，注意不要污染浴液。

(4) 用镊子从浴槽底部将钢球夹住并置于定位器中。

(5) 从浴槽底部加热使温度以恒定的速率 5℃/min 上升。为防止通风的影响，必要时可用保护装置。试验期间不能取加热速率的平均值，但在 3min 后，升温速率应达到 (5±0.5)℃/min，如温度上升速率超出此范围，则此次试验应重做。

(6) 当两个钢球刚刚触及下支撑板时，分别记录温度计所显示的温度。无须对温度计的浸没部分进行校正。取两个温度的平均值作为沥青的软化点。如两个温度的差值超过 1℃，则重新试验。

6. 数据处理与试验结果

同一操作者对同一样品重复测定的两个结果之差应不大于 1.2℃。同一试样、两个实验室各自提供的试验结果之差应不超过 2.0℃。

同一试样平行试验两次，当两次测定值的差值符合重复性试验精密度要求时，取其平均值作为软化点试验结果。

13.7.4 弹性体改性沥青防水卷材(SBS 卷材)试验

1. 试验依据

《弹性体改性沥青防水卷材》(GB 18242—2008)。
《沥青防水卷材试验方法：低温柔性》(GB/T 328.14—2007)。
《沥青防水卷材试验方法耐热性》(GB/T 328.11—2007)。

2. 取样方法

以同一类型、同一规格 10 000m² 为一批，不足 10 000m² 时亦可作为一批。在每批产品中随机抽取 5 卷进行单位面积质量、面积、厚度及外观检查，从合格的卷材中随机抽取 1 卷进行物理力学性能试验。

3. 试验条件

通常情况试验在常温下进行，有争议时，在(23±2)℃条件进行，试件在该温度中放置不少于 20h。

4. 单位面积质量、面积、厚度及外观检查

1) 单位面积质量

称量每卷卷材卷重，根据面积计算单位面积质量(kg/m²)。

2) 面积

抽取成卷卷材放在平面上，小心地展开卷材，保证与平面完全接触。长度测量整卷卷材宽度方向的两个 1/3 处，精确到 10mm；宽度测量距卷材两端头各(1±0.01)m 处，精确到 1mm。以其平均值相乘得到卷材的面积。

3) 厚度

(1) 从试样上沿卷材整个宽度方向裁取至少 100mm 宽的一条试件。使用测量装置(测量面平整，直径 10mm，精确到 0.01mm，施加在卷材表面的压力为 20kPa)在卷材宽度方向平均测量 10 点，取平均值，单位 mm。

(2) 对于细砂面防水卷材，去除测量处表面的砂粒再测量卷材厚度；对于矿物粒料防水卷材，在卷材留边处距边缘 60mm 处，去除砂粒后在长度 1m 范围内测量卷材的厚度。

4) 外观

抽取成卷卷材放在平面上，小心地展开卷材，用肉眼检查整个卷材上下表面有无气泡、裂纹、孔洞或裸露斑、疙瘩或任何其他能观察到的缺陷存在。

5) 试验结果

在抽取的 5 卷样品中，上述各项检查结果均符合规定时，判定其单位面积质量、面积、厚度与外观合格。若其中一项不符合规定，允许在该批产品中再随机抽取 5 卷样品，对不合格项进行复查，如全部达到标准规定时则判为合格，否则，则判定该产品不合格。

5. 物理力学性能试验

1) 试件制作

将取样卷材切除距外层卷头 2500mm 后，取 1m 长的卷材，按规定方法均匀分布裁取试件，试件的形状和数量按表 13.5 裁取。

表 13.5 试件尺寸和数量

序 号	试验项目	试件形状(纵向×横向)/mm	数量/个
1	拉力及延伸率	(250-320)×50	纵横向各 5
2	不透水性	150×150	3
3	耐热性	125×100	纵向 3

续表

序号	试验项目	试件形状(纵向×横向)/mm	数量/个
4	低温柔性	150×25	纵向10
5	撕裂强度	200×100	纵向5

2) 拉力及最大拉力时延伸率试验

(1) 试验原理。将试样两端置于夹具内并夹牢，然后在两端同时施加拉力，测定试件被拉断时能承受的最大拉力。

(2) 主要仪器。

① 拉力试验机，能同时测定拉力与延伸率，测力范围 0～2000N，最小分度值不大于 5N，伸长范围能使夹具间距(180mm)伸长 1 倍，夹具夹持宽度不小于 50mm。

② 切割刀等。

(3) 试件制备。制备两组试件，一组纵向 5 个，一组横向 5 个。用模板(或裁刀)在试样距边缘 100mm 以上任意裁取，矩形试件宽(50±0.5)mm，长 200+2x 夹持长度。

(4) 试验步骤。试件应在(23±2)℃、相对湿度 30%～70%的条件下至少放置 20h。校准试验机，拉伸速度设置为 50mm/min；将试件夹持在夹具中心，不得歪扭，上下夹具之间距离为(200±2)mm；启动试验机使受拉试件被拉断为止，记录最大拉力时试件伸长值。

(5) 试验结果。

① 分别计算纵向或横向 5 个试件拉力的算术平均值作为卷材纵向或横向拉力，单位 N，平均值达到标准规定的指标时判为合格。

② 分别计算纵向或横向 5 个试件承受最大拉力时延伸率的算术平均值作为卷材纵向或横向延伸率，平均值达到标准规定的指标时判为合格。

3) 不透水性试验

(1) 试验原理。将试件置于不透水仪的不透水盘上，在一定时间内一定压力作用下，观察有无渗漏现象。

(2) 主要仪器。不透水仪，具有 3 个透水盘，透水盘底座内径为 92mm，透水盘金属压盖上有 7 个均匀分布的直径 25mm 的透水孔。压力表，测量范围为 0～0.6MPa，精度 2.5 级。

(3) 试验步骤。卷材上表面作为迎水面，上表面为细砂、矿物粒料时，下表面作为迎水面。下表面材料为细砂时，在细砂面沿密封圈去除表面浮砂，然后涂一圈 60～100 号热沥青，涂平待冷却 1h 后检测不透水性。不透水仪充水直到溢出，彻底排出水管中空气，将试件上表面朝下放置在透水盘上，盖上 7 孔圆盘，放上封盖，慢慢夹紧直到试件夹紧在盘上，用布或压缩空气干燥试件的非迎水面。加到规定的压力，保持(30±2)min，观察试件的不透水性(水压突然下降或试件的非迎水面有水)。

(4) 试验结果。所有试件在规定的时间内不透水，则认为不透水性试验通过。

4) 耐热性试验

(1) 试验原理。将从试样裁取的试件分别垂直悬挂在规定温度的烘箱中，在规定的时间后测量试件两面涂盖层相对于胎体的位移及流淌、滴落等。

(2) 主要仪器。

① 鼓风烘箱，在试验范围内最大温度波动为±2℃。当门打开 30s 后，恢复到工作温

度的时间不超过 5min。

② 热电偶，连接到外面的电子温度计，在规定范围内能测量到±1℃。

③ 悬挂装置，至少 100mm 宽，能夹住试件的整个宽度，并被悬挂在试验区域。

(3) 试件制备。均匀地在试样宽度方向裁取试件，长边是卷材的纵向。试件应距卷材边缘 150mm 以上，从卷材的一边开始连续编号，上表面和下表面应做标记。试件试验前至少放置在(23±2)℃的平面上 2h，相互之间不要接触或粘住。必要时将试件分别放在硅纸上防止黏结。

(4) 试验步骤。

① 将烘箱预热到规定温度。将制备的一组 3 个试件露出的胎体用悬挂装置夹住，不要夹到涂盖层，用细铁丝或回形针穿挂好试件小孔，垂直悬挂试件在规定温度烘箱的相同高度，相互间隔至少 30mm。此时烘箱的温度不能下降太多，开关烘箱门放入试件的时间不超过 30s。

② 放入试件后加热 2h，加热结束后，将试件从烘箱中取出，相互间不要接触，目测观察并记录试件表面的涂盖层有无滑动流淌、滴落、集中性气泡等。

(5) 结果评定。以 3 个试件分别达到标准规定的指标时判为该项合格。

5) 低温柔度试验

(1) 试验原理。将从试样裁取的试件上表面和下表面分别绕着浸在冷冻液中的机械弯曲装置进行 180°弯曲，弯曲后检查试件涂盖层存在的裂纹。

(2) 仪器设备。试验装置的操作示意和方法如图 13.27 所示。该装置由两个直径 20mm 不旋转的圆筒，一个 30mm 的圆筒或半圆筒弯曲轴组成，该轴在两个圆筒中间能向上移动。整个装置浸在温度为-40～+20℃的冷冻液中。试验时弯曲轴从下面顶着试件以 360mm/min 的速度升起，试件可以弯曲 180°。

(3) 试件制备。从试样宽度方向均匀裁取试件，长边是卷材的纵向。裁取试件时应距卷材边缘不少于 150mm，从卷材的一边开始做连续的记号，同时标记卷材的上表面和下表面。

试验前，试件应在(23±2)℃的平板上放置至少 4h，并且相互之间不能接触，也不能粘在板上。两组各 5 个试件，全部试件经规定温度处理后，一组做上表面试验，另一组做下表面试验。

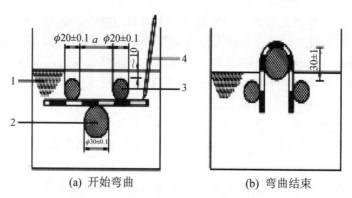

(a) 开始弯曲　　(b) 弯曲结束

图 13.27　试验弯曲过程和原理(尺寸单位：mm)

1—冷冻液；2—弯曲轴；3—固定圆筒；4—半导体温度计(热敏探头)

(4) 试验步骤。将试件放在圆筒和弯曲轴之间，试验面朝上。设置弯曲轴以(360±40)mm/min 速度顶着试件向上移动，试件同时绕轴弯曲。轴移动的终点在圆筒上面(30±1)mm 处。试件的表面应明显露出冷冻液，同时液面也因此下降。

完成弯曲过程 10s 内，在适宜的光源下用肉眼检查试件有无裂纹，必要时用光学装置辅助。若有一条或更多的裂纹从涂盖层深入到胎体层，或完全贯穿无增强卷材，即存在裂缝。一组 5 个试件应分别进行试验检查。

(5) 试验结果。一个试验的 5 个试件在规定温度下至少 4 个无裂缝方为通过。上表面和下表面的试验结果要分别记录。

6) 撕裂性能(钉杆法)

(1) 试验原理。通过用钉杆垂直刺穿试件测量撕裂力。

(2) 主要仪器。拉伸试验机应有连续的记录力和对应距离的装置，有足够的荷载能力(至少 2000N)和足够的夹具分离距离，夹具拉伸速度为(100±10)mm/min，夹持宽度不少于100mm。U 形装置的一端通过连接件连在拉伸试验机夹具上，另一端有两个支撑试件，臂上有钉杆穿过的孔，其位置能满足试验要求，如图 13.28 所示。

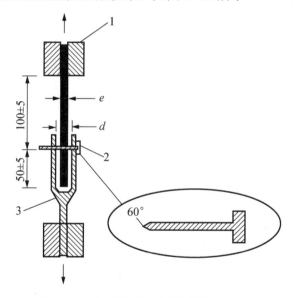

图 13.28 钉杆撕裂试验(尺寸单位：mm)

1—夹具；2—钉杆($\phi 2.5 \pm 0.1$)；3—U 形头；e—样品厚度；d—U 形头间隙($e+1 \leqslant e+2$)

(3) 试件制备。试件宽(100±1)mm，长至少 200mm，距卷材边缘 100mm 以上，沿纵向裁取 5 处。任何表面的非持久层均应去除。

(4) 试验步骤。将试件放入打开的 U 形头的两臂中，用一直径 2.5±0.1mm 的尖钉穿过U 形头的孔；同时钉杆在试件的中心线上，距 U 形头中的试件一端 50±5mm，距上夹具 100±5mm。把试件一端的夹具和另一端的 U 形头放入拉伸试验机，启动试验机使穿过材料表面的钉杆一直移到材料的末端，拉伸速度为 100±10mm/min。

(5) 试验结果。记录试验的最大力，取 5 个试件的平均值作为卷材的撕裂强度，单位N。平均值达到标准规定的指标时判定该项为合格。

7) 物理力学性能试验结果判定

物理力学性能各项试验结果均符合标准规定时，判定该批产品物理力学性能合格。若有一项指标不符合标准规定，允许在该批产品中再随机抽取 5 卷，并从中任取 1 卷对不合格项进行单项复验。达到标准规定时，则判定该批产品合格。

6. 结果总评

单位面积、质量、表观密度、外观与物理力学性能均符合标准规定的全部技术要求，且包装、标志符合规定时，则判定该批产品合格。

参 考 文 献

[1] 吴东云，吕春. 土木工程材料[M]. 武汉：武汉理工大学出版社，2014.

[2] 杭美艳，张黎明. 土木工程材料[M]. 北京：化学工业出版社，2014.

[3] 陈德鹏，阎利. 土木工程材料[M]. 北京：清华大学出版社，2014.

[4] 刘家友，王清标，俞家欢. 土木工程材料[M]. 西安：西安交通大学出版社，2015.

[5] 申爱琴. 道路工程材料[M]. 2版. 北京：人民交通出版社，2016.

[6] 中华人民共和国建材行业标准. JC/T 479—2013 建筑生石灰[S]. 北京：中国建材工业出版社，2013.

[7] 中华人民共和国建材行业标准. JC/T 481—2013 建筑消石灰[S]. 北京：中国建材工业出版社，2013.

[8] 中华人民共和国国家标准. GB/T 5483—2008 天然石膏[S]. 北京：中国标准出版社，2008.

[9] 中华人民共和国国家标准. GB/T 9776—2008 建筑石膏[S]. 北京：中国标准出版社，2008.

[10] 中华人民共和国建材行业标准. JC/T 2038—2010 α型高强石膏[S]. 北京：中国建材工业出版社，2010.

[11] 中华人民共和国国家标准. GB/T 4209—2008 工业硅酸钠[S]. 北京：中国标准出版社，2008.

[12] 中华人民共和国国家标准. GB 175—2007 通用硅酸盐水泥[S]. 北京：中国标准出版社，2007.

[13] 中华人民共和国国家标准. GB 201—2000 铝酸盐水泥[S]. 北京：中国标准出版社，2000.

[14] 中华人民共和国国家标准. GB 20472—2006 硫铝酸盐水泥[S]. 北京：中国标准出版社，2006.

[15] 中华人民共和国国家标准. GB 748—2005 抗硫铝酸盐水泥[S]. 北京：中国标准出版社，2005.

[16] 中华人民共和国国家标准. GB 13693—2005 道路硅酸盐水泥[S]. 北京：中国标准出版社，2005.

[17] 中华人民共和国国家标准. GB/T 2015—2005 白色硅酸盐水泥[S]. 北京：中国标准出版社，2005.

[18] 中华人民共和国国家标准. JC/T 870—2012 彩色硅酸盐水泥[S]. 北京：中国建材工业出版社，2012.

[19] 中华人民共和国国家标准. GB/T 3183—2003 砌筑水泥[S]. 北京：中国标准出版社，2003.

[20] 中华人民共和国石油化工行业标准. NB/SH/T 0522—2010 道路石油沥青[S]. 北京：中国石化出版社，2010.

[21] 中华人民共和国国家标准. GB/T 15180—2010 重交通道路石油沥青[S]. 北京：中国标准出版社，2010.

[22] 中华人民共和国国家标准. GB 50092—1996 沥青路面施工与验收规范[S]. 北京：中国计划出版社，1996.

[23] 中华人民共和国国家标准. GB/T 2290—2012 煤沥青[S]. 北京：中国标准出版社，2012.

[24] 中华人民共和国国家标准. JTG E20—2011 公路工程沥青及沥青混合料试验规程[S]. 北京：人民交通

出版社，2011.

[25] 中华人民共和国国家标准. JTG F40—2004 公路沥青路面施工技术规范[S]. 北京：人民交通出版社，2004.
[26] 施惠生，郭晓潞. 土木工程材料[M]. 重庆：重庆大学出版社，2013.
[27] 王培铭. 商品砂浆的研究与应用[M]. 北京：机械工业出版社，2005.
[28] 符芳. 土木工程材料[M]. 南京：东南大学出版社，2006.
[29] 王福川. 土木工程材料[M]. 北京：中国建材工业出版社，2004.
[30] 施惠生，孙振平，邓恺. 混凝土外加剂实用技术大全[M]. 北京：中国建筑出版社，2008.
[31] 刘祥顺. 土木工程材料[M]. 北京：中国建材工业出版社，2001.
[32] 黄政宇. 土木工程材料[M]. 北京：高等教育出版社，2002.
[33] 陈雅福. 土木工程材料[M]. 广州：华南理工大学出版社，2001.
[34] 钱晓倩. 土木工程材料[M]. 杭州：浙江大学出版社，2003.
[35] 李亚杰. 建筑材料[M]. 4 版. 北京：中国水利水电出版社，2002.
[36] 林克辉. 新型建筑材料及应用[M]. 广州：华南理工大学出版社，2006.
[37] 苏达根. 土木工程材料[M]. 北京：高等教育出版社，2003.
[38] 王福川. 新型建筑材料[M]. 北京：中国建筑工业出版社，2003.
[39] 赵方冉. 土木工程材料[M]. 上海：同济大学出版社，2004.
[40] 柳俊哲. 土木工程材料[M]. 北京：科学出版社，2005.
[41] 魏鸿汉. 建筑材料[M]. 北京：中国建筑工业出版社，2004.
[42] 卢经扬，赵建民. 建筑材料[M]. 北京：煤炭工业出版社，2004.
[43] 王春阳. 建筑材料[M]. 北京：高等教育出版社，2006.
[44] 范文昭. 建筑材料[M]. 4 版. 北京：中国建筑工业出版社，2013.
[45] 宋岩丽. 建筑材料与检测[M]. 2 版. 上海：同济大学出版社，2013.
[46] 国家质量监督检验检疫总局，国家标准化管理委员会. GB 13545—2014 烧结空心砖和空心砌块[S]. 北京：中国标准出版社，2015.
[47] 住房和城乡建设部. JGJ 55—2011 普通混凝土配合比设计规程[S]. 北京：中国建筑工业出版社，2011.
[48] 住房和城乡建设部. CB 50164—2011 混凝土质量控制标准[S]. 北京：中国建筑工业出版社，2012.
[49] 住房和城乡建设部. GB/T 50107—2010 混凝土强度检验评定标准[S]. 北京：中国建筑工业出版社，2010.
[50] 住房和城乡建设部，国家质量监督检验检疫总局. GB 50345—2012 屋面工程技术规范[S]. 北京：中国建筑工业出版社，2012.
[51] 国家质量监督检验检疫总局，国家标准化管理委员会. GB 26541—2011 蒸压粉煤灰多孔砖[S]. 北京：中国标准出版社，2012.
[52] 国家质量监督检验检疫总局，国家标准化管理委员会. GB 13544—2011 烧结多孔砖和多孔砌块[S]. 北京：中国标准出版社，2012.
[53] 工业和信息化部. JC/T 481—2013 建筑消石灰[S]. 北京：建材工业出版社，2013.
[54] 工业和信息化部. JC/T 479—2013 建筑生石灰[S]. 北京：建材工业出版社，2013.
[55] 建设部. JGJ 52—2006 普通混凝土用砂、石质量及检验方法标准[S]. 北京：中国建筑工业出版社，2007.

[56] 住房和城乡建设部. JGJ 70—2009 建筑砂浆基本性能试验方法[S]. 北京：中国建筑工业出版社，2009.

[57] 国家质量监督检验检疫总局，国家标准化管理委员会. GB 1499.1—2008 钢筋混凝土用钢第 1 部分：热轧光圆钢筋[S]. 北京：中国标准出版社，2008.

[58] 国家质量监督检验检疫总局，国家标准化管理委员会. CB 1499.2—2007 钢筋混凝土用钢第 2 部分：热轧带肋钢筋[S]. 北京：中国标准出版社，2008.

[59] 国家质量监督检验检疫总局，国家标准化管理委员会，GB/T 494—2010 建筑石油沥青[S]. 北京：中国标准出版社，2011.

[60] 国家质量监督检验检疫总局，国家标准化管理委员会，GB 18173.1—2012 高分子防水材料第 1 部分：片材[S]. 北京：中国标准出版社，2013.

[61] 湖南大学. 土木工程材料[M]. 2 版. 北京：中国建筑工业出版社，2013.

[62] 马保国，刘军. 建筑功能材料[M]. 武汉：武汉理工大学出版社，2004.